CIRCLE 7

CIRCLE 7

重返自然
阿公阿嬤教你的手感生活DIY

親手為生活做一點事！
把好吃的做出來╳用大自然做禮物╳
為住家做點事╳打造戶外家園

史托瑞出版社（Storey Publishing）—編著
駱香潔　譯

CIRCLE 07

重返自然，阿公阿嬤教你的手感生活 DIY：
親手為生活做一點事！
把好吃的做出來╳用大自然做禮物╳為住家做點事╳打造戶外家園

原書書名	Country Wisdom & Know-How: Everything You Need to Know to Live Off the Land
原書作者	史托瑞出版社（Storey Publishing）
譯　　者	駱香潔
封面設計	林淑慧
主　　編	劉信宏
總 編 輯	林許文二

出　　版	柿子文化事業有限公司
地　　址	11677 臺北市羅斯福路五段 158 號 2 樓
業務專線	（02）89314903#15
讀者專線	（02）89314903#9
傳　　真	（02）29319207
郵撥帳號	19822651 柿子文化事業有限公司
投稿信箱	editor@persimmonbooks.com.tw
服務信箱	service@persimmonbooks.com.tw

業務行政	鄭淑娟、陳顯中

初版一刷	2020 年 11 月
定　　價	新臺幣 460 元
I S B N	978-986-99409-2-4

Country Wisdom & Know-How: Everything You Need to Know to Live Off the Land

This edition published bu arrangement with Black Dog & Leventhal,

an imprint of Perseus Books, LLC, a subsidiary of Hachette Book Group, Inc.,

New York, New York, USA.

All Rights Reserved

國家圖書館出版品預行編目 (CIP) 資料

重返自然，阿公阿嬤教你的手感生活 DIY：親手為生活做一點事！
把好吃的做出來╳用大自然做禮物╳為住家做點事╳打造戶外家園
/ 史托瑞出版社 (Storey Publishing) 編著；駱香潔譯 . -- 一版 . -- 臺北
市：柿子文化，2020.11
　面；　公分 . -- (Circle；7)
譯自：Country wisdom & know-how : everything you need to know to
live off the land.
ISBN 978-986-99409-2-4(平裝)

1. 家政

420　　　　　　　　　　　　　　　　　　　　　　　　109015828

前言 Introduction

親手為自己的生活多做一些事，掌握一項技術，讓自己變得更加獨立，與自己的土地、房屋、泥土建立真實連結。這種喜悅，是這本書吸引我們的原因。

一九七〇年代是「回歸大地時期」，那時候嬉皮在自己家裡耕種，汽油與原物料價格飆漲。史托瑞出版社順應時情出版了一系列《鄉村智慧手冊》，每一本手冊都提供一點點鄉村生活的必備知識，並介紹簡單的生活技術與手工藝相關資訊。這些手冊出版了數百集，賣出了一千五百多萬冊，幫助不少讀者探索自力更生的樂趣與成就感。

本書把數百本《鄉村智慧手冊》的珍貴知識集結成冊。你肯定會像蒼蠅喜歡傳統捕蠅紙那樣為這本書著迷，就像許多讀者一樣。

無論是親手打造石牆圍籬、製作草莓大黃果醬、還是拓印大自然，這本書猶如在身旁耳提面命的祖父或祖母，手把手地教導你各種技能。

傳統智慧換上新裝。期待你也能樂在其中！

潘姆・亞特（Pam Art）

史托瑞出版社（Storey Publishing LLC）董事長

⋯⋯⋯⋯⋯⋯⋯⋯⋯⋯⋯⋯⋯⋯⋯⋯ 名人推薦 ⋯⋯⋯⋯⋯⋯⋯⋯⋯⋯⋯⋯⋯⋯⋯⋯

劉德輔，里山共學塾塾長 / 臺中花博四口之家永續家園策展人

Part 3　親手為住家做一點事　199

Part 4　從戶外打造你的家園　243

PART 1

把好吃的做出來

Chapter *1*

自製乳酪、奶油與優格

如果你的農場有養山羊或乳牛（如果沒有就太可惜了，這是鄉村生活最讓人心靈富足的活動之一），你手邊肯定會有幾加侖的羊乳或牛乳。在青草地上養一頭乳牛，就能產出喝也喝不完的牛乳，就算全家人都愛喝牛乳也喝不完；而大部分的山羊在夏季的每日平均產乳量，就可達 1 加侖（約 3.8 公升）。

你當然可以做奶油與白脫牛乳，也可以做優格。你也可以把奶油分裝冷凍，或是直接冷凍全脂乳，留到產乳量較少的冬天，你甚至可以把牛乳裝罐保存。

但處理過剩牛乳最好的方法是做成乳酪。在保存牛奶的各種方法之中，乳酪是最美味、營養價值最高的選擇。

就算你沒有養乳牛或山羊，也可以向農夫或乳牛牧場購買沒有化學添加物的新鮮生乳。夏天時，乳牛跟山羊有蔥鬱的青草可以吃，產乳量很大，價格會比較低廉。

製作乳酪的步驟看起來很複雜，其實比烤蛋糕還簡單。在閱讀不同的乳酪作法之前，請先把「基本步驟」看過一遍。一邊做，一邊仔細閱讀每一個步驟，只要練習一下，你就可以能變成製作乳酪的高手。

隨著信心增強，你會慢慢發現影響乳酪的各種因素：牛奶的熟度以及它對

風味的影響，凝乳加熱的時間以及它對質地的影響，鹽的份量，要壓多少磚塊，磚塊數量對水分的影響，以及熟成多久才能出現強烈風味，這些因素都會影響成品，也是乳酪有這麼多不同風味與質地的原因。愈深入了解，愈能領略製作乳酪的精妙之處。

乳酪 種類

乳酪基本上分為三種：硬乳酪、軟乳酪、茅屋乳酪。

硬乳酪是與乳清（像水一樣的透明液體）分離後的凝乳（白色固體）。將凝乳壓成密實的塊狀，然後靜置熟成，培養風味。經過確實壓榨與熟成的乳酪，能保存好幾個月。大部分的硬乳酪一做好就能馬上吃，但熟成後風味更佳。熟成的時間愈長，風味愈強烈，而壓榨的重物愈重，質地就愈硬。硬乳酪最好用全脂乳製作。

軟乳酪的製作方式跟硬乳酪相同，只是縮短壓榨的時間。軟乳酪不用石蠟密封，熟成的時間很短，或是完全不熟成。大部分軟乳酪一做好就能吃，但最好幾週內吃完，卡門貝爾乳酪、古岡佐

拉乳酪與洛克福乳酪,都是熟成過的軟乳酪,由於水分較多,它們的保存時間比硬乳酪短。軟乳酪可用全脂乳製作,也可用脫脂乳製作。

　　茅屋乳酪是用高含水量的凝乳做成的軟乳酪,不經過熟成。市面上的茅屋乳酪通常是用脫脂乳製作,但用全脂乳也可以。茅屋乳酪是製作方法最簡單的乳酪。

設備

　　製作乳酪需要的設備很多,但你無須因此感到怯步,因為你可以即興發揮。製作乳酪需要的大部分用具,你的廚房裡本來就有,濾盆或大篩網都很好用。做乳酪可使用漂浮式乳製品溫度計,但其實只要是能泡在液體裡的溫度計都能用。一個咖啡罐、幾塊木板加上一根掃帚柄,就能改造成乳酪加壓器。

工具

乳酪模型	長柄湯匙
壓板	大刀子
乳酪加壓器	2 塊 1 平方碼的紗布
2 個大鍋	6 到 8 個磚塊
濾網	1 磅（約 0.45 公斤）石蠟
溫度計	

▶ 乳酪模型

　　把一個 2 磅（約 900 公克）裝的咖啡罐底部打洞,就能變成乳酪模型。記住,打洞時要從裡面打出去,粗糙的邊緣才會在罐子外面,以免戳破乳酪。將

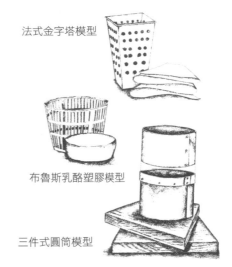

法式金字塔模型

布魯斯乳酪塑膠模型

三件式圓筒模型

各種樣式的乳酪模型

紗布鋪在乳酪模型裡,倒入凝乳,然後鋪上另一塊紗布,蓋上壓板準備加壓。從凝乳裡壓出來的乳清會透過咖啡罐底部的小洞流出。不過,你也可以買現成的乳酪模型。

▶ 壓板

　　壓板式厚度 0.5 英寸（1.3 公斤）的圓形夾板或 1 英寸（2.5 公分）的圓形木板,直徑略小於咖啡罐,能輕鬆放進咖啡罐裡,並在咖啡罐裡上下移動。壓板的功能是把凝乳往下壓,擠出乳清,在咖啡罐底部形成密緻的塊狀。

▶ 乳酪加壓器

　　你可以買一個乳酪加壓器,也可以用傳統的手動榨油機替代。你也可以找一天下午,用廢木材跟掃帚柄自己做一個。（見下頁圖示）

　　自製乳酪加壓器的作法是:取一塊厚度 1 英寸（2.5 公分）的夾板,將木板

裁成兩塊，寬度約 11.5 英寸（約 29 公分），長度約 18 英寸（約 46 公分）。在其中一塊木板的中心鑽一個直徑 1 英寸（2.5 公分）的孔，乳清會從這個孔流出。另一塊板子上鑽兩個孔，直徑都是 1 英寸（2.5 公分），兩個孔遙遙相望，分別位在離板子邊緣 2 英寸（5 公分）的地方。孔徑應能容納掃帚柄穿過和滑動。

掃帚柄切成三段：兩段長度 18 英寸（約 46 公分），一段長 15 英寸（約 38 公分）。18 英寸的掃帚柄放在底板上，分別距離邊緣 2 英寸（5 公分），對準頂

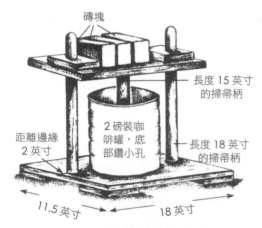

用廢木材、掃帚柄、磚塊與 2 磅（約 900 公克）裝咖啡罐製作乳酪加壓器

圖中標示：
磚塊
長度 15 英寸的掃帚柄
距離邊緣 2 英寸
2 磅裝咖啡罐，底部鑽小孔
長度 18 英寸的掃帚柄
11.5 英寸
18 英寸

你也可以買一個乳酪加壓器

板上的兩個孔。另一段掃帚柄的一端用釘子固定在頂板的中央，將壓板固定在另一端。

在底板上釘兩個木塊，或是將底板放在兩個磚塊或木塊上，目的是製造放置容器的空間，接住排水孔流出的乳清（製冰盒就很適合）。

將模型（咖啡罐）放在加壓器上，凝乳倒進鋪了紗布的模型裡。多出來的紗布摺起來蓋在凝乳上。放上壓板。頂板上用一、兩個磚塊壓住。加重的壓板會慢慢對乳酪施壓，擠出乳清。若要製作更硬的乳酪，之後可以再加四個磚塊，但以四個為限。

▶ 容器

我把一個 24 夸脫（約 22.7 公升）的蒸鍋，放在另一個 36 夸脫（約 34 公升）的蒸鍋裡。這是我建議的作法，因為操作時重量較輕（4 加侖〔約 15 公升〕牛奶很重），蒸鍋的材質最好是搪瓷（凝乳中的酸會影響鋁鍋）。

24 夸脫的蒸鍋約可裝 4 加侖牛奶，不會太深，所以不會妨礙你用長刀（如麵包刀）切凝乳，而且使用起來很方便。製作番茄、桃子與其他酸性蔬果的醃漬罐時，都能使用這種密封罐蒸鍋。

材料

你需要山羊或乳牛的生乳、乳酸菌、凝乳酵素跟鹽。若你希望乳酪是亮橘色，也可以加入色素，但我個人喜歡天然的乳白色。

▸ 羊乳或牛乳

　　山羊或乳牛的全脂生乳能做出濃郁的乳酪，但你也可以用脫脂乳。貼著「低溫殺菌」標籤的羊乳或牛乳通常都有加防腐劑，所以最好使用生乳。低溫殺菌過的羊乳或牛乳不會凝固成凝乳，奶粉泡出來的也不行。首先，它經過高度加工；其次，脫脂乳做的乳酪品質不佳。

　　請使用來自沒有生病或乳腺感染的動物、新鮮優質的生乳。若動物接受過抗生素治療，請使用與最後一次治療相隔至少 3 天產出的生乳。生乳裡就算只有少量抗生素，都會在製作乳酪的過程中阻礙乳酸發揮作用。

　　無論是生乳或低溫殺菌過的乳汁，已在冰箱冷藏幾天或是剛擠出來，都必須先放到跟室溫一樣的溫度，再靜置到乳汁裡產生乳酸（熟化），然後才能開始做乳酪。味道應該是微酸，乳酪的製作過程中，會有更多乳酸產生。

　　最好是把傍晚與早晨產山的乳汁混合使用。將傍晚的乳汁降溫至攝氏 15.5 度，維持這個溫度放置一夜，否則會太酸。早晨的乳汁降溫至攝氏 15.5 度，再與傍晚的乳汁混合。

　　若你只使用早晨的乳汁，先降溫至攝氏 15.5 至 17 度之間，然後熟化 3 至 4 個小時，否則可能酸性不足，以至於無法產生你想要的風味，質地也很鬆散。

　　如果你只有一頭乳牛或幾頭山羊，你必須把早晨與傍晚的乳汁混合後，留一份放在冰箱裡，等到累積到 3 或 4 加侖（約 11 至 15 公升）後再做乳酪。

　　準備做乳酪之前，從最好的乳汁裡倒出 10 或 11 公升。記住，劣質乳汁會做出劣質乳酪。4 公升乳汁大概能做出 450 公克的硬乳酪，軟乳酪會更多一些，茅屋乳酪差不多也是 4 公升。

▸ 乳酸菌

　　若要提升乳酪風味，需要添加乳酸菌來產生適量的酸，不同的乳酸菌會發展出不同的味道。你可以買白脫牛乳、優格或乳酸菌粉，也可以自製乳酸菌，作法是把 2 杯新鮮乳汁在室溫下擺放 12 至 24 小時，直到乳汁凝結變酸。

▸ 凝乳酵素

　　凝乳酵素是用小牛的胃黏膜做成的產品。凝乳酵素一發揮作用，會使牛奶在 1 小時內凝結，讓你在製作乳酪時掌握凝乳的時間。凝乳酵素可在藥局、超市或乳製品專賣店購買，有液體包裝，也有顆粒包裝。健康食品或高級食品專賣店的乳酪製作區，應該也買得到。你也可以選擇郵購的方式。

　　天然的凝乳酵素取自動物，所以有很多吃素的人不會用它來做乳酪。現在有些健康食品行會賣一種新的全素凝乳酵素。

▸ 鹽

　　等你做過幾次乳酪之後，你會知道該加多少鹽，才會符合你的口味，但乳酪確實需要加鹽才能提味，我們提供的作法只加最少量的鹽。

　　你可以用普通的食鹽，但是乳酪吸收片鹽的速度會更快。

製作硬乳酪的 **基本步驟**

1. <u>乳汁熱化</u>：乳汁加熱至攝氏 30 度，加入 2 杯乳酸菌。攪拌 2 分鐘，確定乳酸菌充分溶入乳汁。蓋上蓋子，靜置於溫暖的地方，可放置一夜。隔天早上先嚐嚐乳汁的味道，如果味道微酸，就表示可以進行下一步驟。

2. <u>加入凝乳酵素</u>：在室溫的乳汁裡加入半茶匙液態凝乳酵素，或是半杯溶化了 1 顆凝乳酵素的冷水。蓋上蓋子，靜置到乳汁凝固為止，大約需 30 至 45 分鐘。

3. <u>切凝乳</u>：凝乳變硬，表面滲出少許乳清時，就表示可以切了。拿一把乾淨

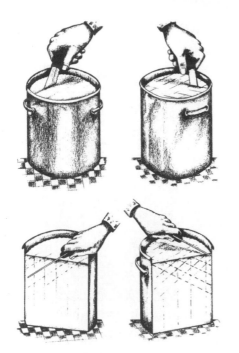

用一把乾淨的長刀子，以半英寸為距離切割凝乳塊。接著盡量傾斜刀身，斜著切開凝乳。將鍋子轉四分之一圈，從與第一刀垂直的角度下刀，重複相同的切法。

的刀子，把凝乳切成半英寸（約 1.3 公分）的小丁。接著先把凝乳小丁縱向對切，然後盡量傾斜刀身改成橫切。將鍋子旋轉四分之一圈，以相同的手法繼續切凝乳。用木勺或攪拌棍輕輕攪拌凝乳，把凝乳塊切成一樣大小。小心攪拌，不要弄破凝乳塊。

4. <u>加熱凝乳</u>：把一個小容器放進大容器裡，大容器裝滿溫水，像隔水加熱的雙層蒸鍋。以每 5 分鐘上升攝氏 1 度的速度，慢慢加熱凝乳與乳清。花 30 至 40 分鐘加熱至攝氏 38 度左右，然後維持這個溫度，直到凝乳達到你想要的硬度。繼續輕柔攪拌，防止凝乳塊黏在一起，變成一團一團。凝乳漸漸變硬後，可降低攪拌頻率。

抓一小把凝乳捏捏看，測試凝乳的硬度，捏完後快速放回去。如果凝乳很容易碎開，而且幾乎不會黏在一起，就表示可以了。凝乳應該在你加入凝乳酵素 1.5 至 2.5 小時左右，達到這種狀態。

凝乳一定要夠硬才能壓出乳清，如果不夠硬，做出來的乳酪會很鬆散，而且會有口感不佳的酸味。但如果太硬，乳酪會很乾，而且欠缺風味。

凝乳變硬了之後，取出泡在溫水裡的小鍋。

5. <u>瀝出乳清</u>：將凝乳跟乳清倒進鋪了紗布的容器裡。拉起紗布，讓乳清流進濾盆或大篩網裡。這個步驟可使用打了洞的一加侖裝罐子，很方便。

瀝出大部分的乳清後，將紗布裡的凝乳放進容器裡，傾斜容器幾次，把剩

下的乳清瀝乾。偶爾可攪拌一下凝乳，防止結塊。

攪拌凝乳，或是用手揉一揉凝乳，防止結塊。凝乳溫度降至攝氏 32 度，捏一小塊在嘴裡嚼一嚼有橡膠般的口感時，就表示可以加鹽了。

乳清不要丟掉。乳清營養豐富，動物跟寵物都很愛吃，我們會把乳清留下來餵雞跟豬，但很多人會拿來喝，或是拿來做菜。

6. **加鹽**：將 1 至 2 茶匙的片鹽均勻撒在凝乳上，充分混合拌勻。確定鹽已溶化，且凝乳已降溫至攝氏 29 度後，把凝乳舀進側面與底部都鋪了紗布的乳酪模型裡。一定要確定已冷卻至攝氏 29 度。

7. **加壓**：凝乳全數放入模型之後，頂部用一塊圓形的紗布蓋住。蓋上壓板，然後將模型放進加壓器裡。

先用三、四個磚塊壓 10 分鐘，接著取出壓板，把模型裡的乳清倒乾淨。再次蓋上壓板，然後多加一塊磚。重複上述步驟，直到加壓器上有 6 至 8 個磚塊。以這樣的重量壓 1 小時，應該就可以準備包上紗布。

施壓是極為重要的一個步驟。如果你想做比較乾的硬乳酪，比例是 2.5 至 3 磅（約 1 至 1.4 公斤）重的乳酪，至少要用 30 磅（約 13.6 公斤）的重量施壓。

8. **包紗布**：移除磚塊，把乳酪模型上下顛倒，乳酪會自己掉出來。你也可以拉一拉紗布鬆動乳酪。拆掉紗布，把乳酪泡在溫水裡，洗去表面的脂肪。

用手指撫摸乳酪表面，磨掉表面的小孔或液體，使表面變得平滑。最後，擦乾乳酪。

裁一塊紗布，長度和寬度都比乳酪多 2 英寸（5 公分），以便包裹乳酪後能有多餘的布料可以重疊。將紗布把乳酪緊緊地捲起來，上下各用一塊圓形的紗布蓋住。

把乳酪重新放回模型裡，蓋上壓板，用 6 至 8 個磚塊壓 18 至 24 小時。

9. **擦乾乳酪**：壓好後，將乳酪從模型中取出，用乾淨的乾布擦拭乳酪，檢查有沒有開口或裂縫。用熱水或乳清沖洗乳酪，使外皮變硬。把乳酪泡在溫水裡，用手指或餐刀消除乳酪表面的小孔。

將乳酪放置在乾燥涼爽的架子上。每天翻轉、擦拭，直到表面摸起來乾乾的，外皮漸漸變硬。這需要 3 至 5 天的時間。

10. **封上石蠟**：將 0.5 磅（約 227 公克）的石蠟放在派盤裡，加熱至攝氏 100 度；也可以用拋棄式鋁盤，只要深度可達乳酪厚度的一半即可。石蠟一定要隔水加熱，不能直接加熱。

乳酪泡在熱石蠟裡 10 秒鐘，拿出來 1 分鐘等石蠟變硬，然後翻面浸泡另一半。必須檢查乳酪的表面是否完全被石蠟覆蓋。

11. **熟成**：把乳酪放回架上熟成，並每天翻面，架子也要每星期沖洗和曬乾一次。在攝氏 4 至 15 度的溫度下熟成 6 星期，就能產生紮實的質地與溫和的風味。風味強烈的乳酪至少需要熟成

3 到 5 個月。溫度愈低，熟成的時間愈長。你做的第一塊乳酪熟成期間，不妨偶爾嚐嚐味道，你可以在上石蠟之前，把乳酪切成四塊，其中一塊用來確認味道。

熟成時間有多久，取決於每個人的口味。原則上，寇比乳酪的熟成時間是 30 至 90 天，切達乳酪至少要 6 個月，羅馬諾乳酪至少要 5 個月，其他種類的乳酪，有些僅需熟成 2 到 3 個星期即可。熟成室的溫度愈低，熟成的時間愈長。一旦你掌握了溫度與時間，就能知道你的乳酪何時可以吃。

記住，這些是製作硬乳酪的一般原則，不同的作法會有不同的變化，尤其是溫度與加壓時間上的差異。

各式 硬乳酪 作法

▶ 切達乳酪

切達乳酪有好幾種製作方式，我的作法跟前面的「基本步驟」1 到 5 相同，也就是到瀝出乳清為止。

接下來，我會把加熱過的凝乳塊放進濾盆裡，加熱到攝氏 38 度。這個步驟可以用烤箱，也可以在爐子上隔水加熱，溫度一定要維持在攝氏 35 至 38 度之間，時間是 1.5 小時。

開始加熱 20 至 30 分鐘左右，凝乳會變成一個團塊。這時候請把凝乳切成寬度約 1 英寸（2.5 公分）的條狀，每隔 15 分鐘用木勺翻面一次，使凝乳均勻乾燥。將條狀的凝乳繼續用攝氏 38 度加熱 1 小時。停止加熱後，回到「基本步驟」

的第 6 步驟，為凝乳加鹽。最後熟成 6 個月。

▶ 寇比乳酪

3 茶匙乳酸菌加到 1 加侖（約 3.8 公升）微溫的乳汁裡，就能做出一小塊寇比乳酪。將乳汁靜置一夜凝固，然後進行「基本步驟」的 1 到 4，加熱凝乳。

凝乳加熱到看起來不會再凝固的時候，容器從火上移開，讓凝乳靜置 1 小時，每隔 5 分鐘攪拌一次。

回到「基本步驟」的第 6 步驟，瀝出乳清。凝乳加壓 18 個小時後，乳酪陰乾一天左右就成了軟乳酪，也可以熟成 30 天。

▶ 莫札瑞拉乳酪

莫札瑞拉是一種細緻的、半硬的義大利乳酪，無需熟成，做完即可食用。通常用於義大利料理。

先做「基本步驟」的 1 到 3，也就是切凝乳。但是，這次不用刀子切，而是用手把凝乳捏碎，一邊捏，一邊加熱凝乳，以雙手能承受的熱度為極限，直到凝乳硬到捏下去時會吱吱作響的程度。

接著進行「基本步驟」的第 5 步驟，瀝出乳清。然後是第 8 步驟，包紗布。

把壓好的乳酪從模型裡倒出，丟掉原本的紗布。把乳酪放在加熱至攝氏 82 度的乳清裡，蓋上蓋子，靜置至冷卻。

冷卻後，取出乳酪，陰乾 24 小時後，就能直接食用或是用來做菜。

▶ 菲達乳酪

菲達乳酪是一種醃漬的白乳酪，原料是山羊或母羊乳。製作這種加鹽熟成的乳酪，請先進行「基本步驟」的 1 到 3，切凝乳。接下來加熱凝乳，溫度不要超過攝氏 35 度。當凝乳的硬度比大部分的硬乳酪略軟一點時，將凝乳瀝乾。

把凝乳與乳清倒入紗布袋裡瀝出乳清，懸掛 48 小時，直到乳酪變硬。菲達乳酪不需經過重壓成型。凝乳變硬後，切片撒鹽，再用手把鹽揉進乳酪裡，然後再將乳酪放回紗布袋，擰出大部分的乳清，使乳酪變硬。24 小時後，將乳酪擦乾，放在架子上等外皮變硬，3 至 4 天後就可食用。

各式 軟乳酪 作法

軟乳酪通常味道溫和，幾乎不需熟成，保存期限比硬乳酪短。軟乳酪不封石蠟，而是用蠟紙包裹，存放在冰箱裡。除了少數幾種熟成過的軟乳酪，大部分都應該在幾星期之內吃完，才能吃到最佳風味。

作法最簡單的軟乳酪是新鮮凝乳，就是那種祖母手做的，把新鮮的溫牛奶放在陽光下，直到凝乳與乳清分離。大家最熟悉的軟乳酪是奶油乳酪，只需把乳清放在布袋裡瀝乾幾分鐘就大功告成。如果看到這裡，你認為軟乳酪的作法不像硬乳酪那麼複雜，你沒想錯。以下是幾種最簡單的軟乳酪作法。

▶ 甜乳酪

煮沸 1 加侖（約 3.8 公升）全脂乳。冷卻至微溫，再加入 1 品脫（約 473 毫升）白脫牛乳與 3 顆打勻的蛋，輕輕攪拌 1 分鐘，靜置到乳汁凝結。將凝乳放進布袋裡瀝乾，直到乳酪變硬，12 小時後即可食用。

▶ 奶油乳酪

將一杯乳酸菌加入 2 杯溫乳汁裡，靜置 24 小時。然後加入 2 夸脫（約 2 公升）溫牛奶，再靜置 24 小時，等牛奶凝結。將凝乳隔水加熱 30 分鐘，倒進布袋瀝乾，靜置 1 小時。加鹽調味後，用蠟紙包起來。可以馬上用來做三明治、配餅乾，或是用於需要奶油乳酪的料理。需冷藏。

奶油乳酪還有一種作法：1 湯匙鹽加進 1 公升濃稠的酸奶油裡。再倒進布袋裡，掛在陰涼處瀝乾 3 天即可。

▶ 乳酪抹醬

把 2.5 加侖（約 9.5 公升）的脫脂乳汁發酵至濃稠，慢慢加熱到摸起來覺得燙，但不可煮沸。維持這個溫度，直到凝乳與乳清分離。用紗布瀝乾，等凝乳稍微冷卻後，用手捏碎，裝進 4 個杯子裡，在室溫裡靜置 2 至 3 天。

在 4 杯凝乳中加入 2 茶匙小蘇打，

用手拌勻，再靜置 30 分鐘。加入 1.5 杯溫牛奶、2 茶匙鹽與 $\frac{1}{3}$ 杯奶油。隔水加熱，一邊將水煮沸，一邊用力攪拌。分次少量加入 1 杯鮮奶油或乳汁，一邊加入一邊攪拌。煮到質地滑順。冷卻之前須偶爾攪拌一下，成品是 1.5 夸脫（約1420 毫升）的乳酪抹醬。

若想為抹醬增添風味，可加入 3 湯匙培根脆片或 1 湯匙碎橄欖，也可以加入 4 湯匙切碎瀝乾的鳳梨。

▶ 荷蘭乳酪

把一鍋凝固的乳汁放在柴燒爐的後面，慢慢加熱到凝乳與乳清分離。瀝出乳清後，把凝乳倒進布袋，懸掛 24 小時瀝乾。用做馬鈴薯泥的工具或圓底玻璃杯，把凝乳搗碎，加入鮮奶油、奶油、鹽與胡椒調味。將乳酪捏成小球，或是放在盤子裡壓實，切片來吃。

▶ 德國乳酪

把 2 加侖（約 7.6 公升）的凝固乳汁放在鐵鍋裡，小火加熱，以 45 分鐘的時間加熱至攝氏 82 度。瀝掉乳清，把凝乳倒進濾盆。凝乳冷卻到手可接受的程度時，用手擠壓，把剩下的乳清擠出來，這個步驟溫度愈高愈好。擠完之後，把凝乳放在盤子裡，加 2 茶匙小蘇打、1 茶匙鹽，用手充分攪拌。把凝乳揉成厚厚的方塊，靜置 1 小時。當凝乳膨脹後，就表示可以切片了。放在陰涼處可保存好幾天。

如果乳酪太乾、太脆，可能是加熱或是揉捏的時間太久。如果是軟軟黏黏的質地，應該是加熱不夠久，或是揉捏得不夠。

▶ 乳酪球

在每 1 品脫（473 毫升）瀝乾的凝乳中，加入 2 盎司（約 60 毫升）溶化奶油、1 茶匙鹽、少許胡椒與 2 湯匙鮮奶油。攪拌至柔軟滑順，做成小球後，拌入沙拉一起吃。

茅屋乳酪 作法

茅屋乳酪可以直接吃，也可以過濾（或是放進調理機）後做成低熱量沾醬，或是用於需要酸奶油的食譜中。冷卻之後馬上吃最好，可冷藏保存 1 個星期。

自製茅屋乳酪不含防腐劑，所以保存期限不像市售商品那麼久。

▶ 作法一

1 加侖（3.8 公升）全脂或脫脂乳加溫至攝氏 23 至 25 度，加入 1 杯乳酸菌。蓋上蓋子，在溫暖的地方靜置 12 至 24 小時，或是放到乳汁凝固，表面滲出些許乳清。

乳汁凝固後，用長刀切成 0.5 英寸（1.3 公分）的小丁。大鍋裡加溫水，放入盛裝凝乳小丁的容器，加熱凝乳至攝氏 43 度，經常攪拌，以免凝乳黏在一起。注意，溫度不要過高。

凝乳達到適當溫度後，偶爾嚐一嚐確認硬度，達到你喜歡的硬度時（有些人喜歡軟一點的茅屋乳酪，有些人喜歡紮實有顆粒的口感），立刻倒進鋪了紗布的濾盆，瀝乾 2 分鐘。把紗布連同乳酪從濾盆裡拿起來，用溫水沖洗掉乳清，直到水漸漸變冷。把冷卻的凝乳放在盤子裡，加鹽與鮮奶油調味，完全冷卻後即可食用。

▶ 作法二

　　1 加侖（3.8 公升）新鮮生乳加入 1 杯乳酸菌，蓋上蓋子，在溫暖的地方靜置一夜。隔天早上先將半顆凝乳酵素溶於半杯水，再把半杯水倒進去，攪拌 1 分鐘，再次蓋上蓋子，靜置 45 分鐘。將凝乳切成 0.5 英寸（1.3 公分）小丁，倒入容器裡。

　　大鍋裡加溫水，放入盛裝凝乳小丁的容器，加熱凝乳至攝氏 39 度。當凝乳達到你想要的溫度與硬度時，接下來的步驟同作法一。

▶ 作法三

　　在 2 加侖（7.6 公升）的溫脫脂乳裡加入 1 杯乳酸菌，充分攪拌後，倒進有蓋的深烤盤裡。在已關火的熱烤箱裡（攝氏 32 度）放置一夜，或放置 12 個小時。隔天早上從凝固的脫脂乳中取出 1 品脫（473 毫升）冰在冰箱裡，做為下一批乳酪的乳酸菌。

　　烤箱開火，溫度設為攝氏 38 度。凝乳在烤箱裡加熱 1 小時，然後切成 0.5 英寸（1.3 公分）小丁，非必要無需攪拌或移動烤盤。凝乳留在烤箱裡，直到凝乳與乳清完全分離。凝乳膨脹到與乳清相同高度時，關火靜置冷卻。倒掉多餘乳清，取出凝乳，放進鋪了紗布的濾盆瀝乾，將凝乳倒進盤子裡，加鹽與鮮奶油調味。

▶ 作法四

　　雙層蒸鍋的下層放熱水，上層倒入 1 夸脫酸乳（約 946 毫升）加熱，直到乳汁微溫。大篩網裡鋪上浸過熱水的紗布，倒入酸乳。在酸乳上倒入 1 夸脫溫水。水瀝乾後，再倒 1 夸脫溫水，重複三次。第三次瀝乾後，拉起紗布邊緣形成一個布袋，懸掛一夜。最後加鹽調味。

▶ 作法五

　　2 夸脫（約 2 公升）凝固乳汁倒入大鍋裡，慢慢加入滾水，直到乳汁漸漸變成凝乳。靜置到表層能夠撈起凝乳的程度，混入鮮奶油，加鹽調味。

製作 奶油

　　鮮奶油或酸奶油都能做奶油，製作工具也很多元，包括電動攪拌器、調理機與蓋子能蓋緊的普通玻璃罐。

　　如果你經常自己做奶油，可以考慮買攪拌桶。攪拌桶種類很多，如傳統的大木桶，能攪拌 5 加侖（約 19 公升）鮮奶油，也有用木槳片攪拌的小玻璃罐，

電動攪拌桶的前身

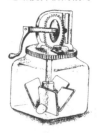

桶式奶油攪拌器

百貨公司就買得到，有手動的，也有電動的。

用鮮奶油做奶油，比用酸奶油花時間，就算鮮奶油非常新鮮，攪拌仍需花費好幾個小時，酸奶油則只需攪拌 30 至 35 分鐘。將鮮奶油與酸奶油在冰箱裡熟成 2 至 3 天，可縮短攪拌時間。鮮奶油做的奶油味道香醇、溫和，酸奶油做的奶油則口感較豐富。

如果你累積 1 週的鮮奶油、每週製作奶油一次，鮮奶油會有時間稍微熟成，有助於提升口感，攪拌起來也更容易。你也可以把鮮奶油在室溫裡靜置 1 天左右，等它漸漸凝固。

把冰的高脂鮮奶油倒進冰過的攪拌盆裡，攪拌器從慢速開始漸漸加快，讓鮮奶油從打發的鬆軟狀態變成凝固狀態，再從凝固狀態分離成「奶油」與「白脫牛乳」。若使用攪拌桶，請緩慢旋轉 15 至 20 分鐘。奶油與白脫牛乳分離的最後階段，是需要小心處理的階段，你必須把速度調成慢速，否則會濺得到處都是。分離完成後，把白脫牛乳倒掉（白脫牛乳不要丟掉，它很適合用來做餅乾、鬆餅，也可以直接喝）。

用一把濕木勺或橡膠刮刀按壓柔軟的奶油，把乳汁壓出來，一邊壓，一邊倒掉。乳汁壓乾淨後，將冰水倒入攪拌盆持續攪拌，把奶油裡剩下的乳汁洗出來（奶油裡若有乳汁殘留，會導致奶油腐壞）。把冰水倒掉，倒入新的冰水繼續攪拌，直到冰水變清澈為止。

這樣做出來的奶油叫甜奶油。若你想加鹽，可加 1 茶匙片鹽。未加色素的奶油是令人食指大動的乳白色，如果你喜歡亮黃色奶油，可加入奶油色素。

1 夸脫（約 946 毫升）與乳清完全分離的高脂鮮奶油，大約可做出 1 磅（454 公克）奶油和 473 毫升白脫牛乳。

▶ 用酸奶油製作奶油

以 1 夸脫（約 946 毫升）高脂鮮奶油加 $\frac{1}{4}$ 杯乳酸菌的比例，使鮮奶油熟成，在室溫環境裡靜置 24 小時，偶爾攪拌。熟成後先放入冰箱 2 至 3 小時，然後放入攪拌桶。

冷卻後，將鮮奶油倒進攪拌奶油用的木桶或玻璃罐，若想使用色素，請現在加入。鮮奶油與攪拌桶都要保持低溫，以中等速度持續攪拌，通常攪拌 30 至 35 分鐘就能做出奶油，但鮮奶油的新鮮程度、溫度，以及是取自早晨或傍晚產出的乳汁，都會影響攪拌所需的時間。

當奶油變成麥粒狀時，抽出白脫牛乳，加入冰水，慢慢攪拌 1 分鐘，然後把水抽光。

把奶油倒進木碗裡，1 磅（454 公克）奶油撒 2 湯匙片鹽。靜置幾分鐘後，用木勺壓出殘餘的白脫牛乳和水，然後加鹽攪拌。如果太鹹，就用冰水沖洗，如果不夠鹹，再多加點鹽。

攪拌時，奶油需維持低溫，若天氣太熱導致奶油太軟，先用冰箱冰得硬一點再攪拌。

製作 優格

製作優格的方法跟製作乳酸菌基本上一樣。乳汁加熱到攝氏 38 至 43 度，加入乳酸菌混合後，在理想的溫度下靜置數小時。在攝氏 38 度的環境，靜置 5 至 6 小時就能做出優格；喜歡酸一點的風味，可以放 10 至 12 小時。

掌握適當的溫度與時間很重要，這樣乳酸菌才能生長。如果你有優格機，只要照著說明書使用即可，沒有優格機，就請發揮創意。

▶ 保溫瓶優格

把溫乳汁（攝氏 38 度）裝入保溫瓶（最好是寬口），加入 2 湯匙原味優格，充分攪拌。

蓋上瓶蓋，用 2 至 3 條毛巾包裹保溫瓶，將保溫瓶放在溫暖無風的地方一夜（若是冬夜，暖爐口是個好地方）。

▶ 烤箱優格

1 夸脫（約 946 毫升）溫乳汁倒進砂鍋，加 3 湯匙原味優格，充分攪拌後蓋上鍋蓋。

用烤箱加溫至攝氏 38 度，關火後，讓砂鍋在烤箱中靜置一夜。

▶ 電毯優格

將電毯溫度調到中溫，放在一個有蓋的紙箱底部（大鞋盒就很適合）。在幾個小的塑膠容器裡放入溫乳汁，一一加入優格粉，攪拌均勻後，將塑膠容器蓋上蓋子。

先用電毯包住塑膠容器，再往紙箱裡塞滿毛巾。蓋上箱蓋，靜置 5 至 6 小時即可。

▶ 陽光優格

溫乳汁倒進蓋子是玻璃的碗或砂鍋裡。加入優格粉，蓋上玻璃蓋，也可用透明的玻璃盤當蓋子。

在溫暖的夏日（但是不可太熱），將容器放在陽光下，靜置 4 至 5 小時。仔細觀察陽光走向，不要讓優格落在陰影裡。

▶ 爐灶優格

晚餐後，祖母會把一碗剛擠好的乳汁放在爐灶後面，讓它凝固。她會在約 2 公升的乳汁裡加一杯乳酸菌，蓋上一條擦碗盤的布巾，放在冷卻的爐灶後面一夜。如果你家廚房有爐灶，這種方法非常好用。

Chapter *2*

冰淇淋和霜凍優格

　　廢話不多說，做冰淇淋與冷凍甜點是一個既合理又好玩的選擇。原料唾手可得，口味千變萬化。你做的冰淇淋價格比市售的大品牌便宜，品質卻是小品牌遠遠不及。更重要的是，你可以控制冰淇淋的成分。熱量可以高到逆天，也可以低到遁地，不會吃到不必要的成分。若你決定使用冰淇淋機，新的機型有多種尺寸，價格比以前低廉，用法也比過去簡單許多。

　　自製冰淇淋不再是「夏季專屬」的美味。全年都可享用，不是嗎？

原料

　　冰淇淋的基本原料包括乳製品（鮮奶油或乳汁）、甜味劑與調味料。自己做冰淇淋可依照自己的口味與資源來變換原料。

▶ 乳製品

　　自己養乳牛或山羊，意味著你有源源不絕的新鮮乳汁，健康、原料與成本三方面兼備。

　　但就算使用市售乳品，做出來的冰淇淋也比外面賣的更強，而且更省錢。吃純素的人，可以用豆奶做冰淇淋、雪酪與霜凍優格。

打發用鮮奶油

　　乳脂含量高達 36%，當然能做出奶油風味最香醇濃郁的甜點，但價格比較貴，熱量也很高。大部分的市售打發用鮮奶油都有低溫殺菌過度的問題，而且含有乳化劑跟安定劑。

低脂鮮奶油

　　也叫做咖啡鮮奶油，乳脂含量20%。低脂鮮奶油做的冰淇淋也很濃郁，而且熱量較低。

半奶半油（half-and-half）

　　牛奶與鮮奶油各半，乳脂含量約12%，冰淇淋口味算可口，略有濃郁感。

全脂乳

　　新鮮全脂乳的乳脂含量 3.5%，是大部分冰淇淋與雪酪的原料。

低脂乳

　　若你想要控制熱量，低脂乳（乳脂2%）、99% 脫脂與脫脂乳（乳脂含量低於 0.5%）都是不錯的選擇，但冰淇淋的質地會粗一點。

脫脂奶粉

　　脫脂奶粉是一種方便又經濟的選

擇，無須冷藏，只要加水就能還原。依照說明書上建議的比例加水溶解奶粉即可。奶粉跟水以 1：4 的比例混合，若想讓冰淇淋濃郁一些，可改成 1：2。可直接用果汁機攪拌，也可以先加少量的水調成奶糊，再把剩下的水加進去。

酪乳

酪乳原本是製作奶油時，攪拌桶裡剩下的液體。作法是把特定的菌種放進低溫殺菌過的脫脂牛奶裡。酪乳的口感濃稠滑順，熱量低，有酸味，很適合用在冷凍的甜點裡。

淡奶

淡奶是將新鮮乳汁稍微脫去一些水分，再添加多種化學安定劑的產品。封裝成罐，並且經過高溫殺菌。直接使用淡奶的冰淇淋，味道會比使用全脂乳更香濃，口感也更滑順。

優格

你可以用新鮮的全脂乳、低脂乳、脫脂乳、脫脂奶粉或甚至豆奶來製作優格。用這些原料製作的霜凍優格，會有優格獨有的酸味與強烈風味。自己做優格非常經濟實惠。若購買現成優格，一定要買含有活菌的品牌，最好是原味，或是底部有果肉而且沒有添加物的優格。

酸奶油

原料是低脂鮮奶油與乳酸菌，市售酸奶油可能會含有改善口感的添加物。酸奶油能使冰淇淋香濃中帶點酸味。

豆奶

豆奶的蛋白質含量不輸牛奶，但脂肪含量僅是牛奶的 $\frac{1}{3}$，而且還是不飽和脂肪。若要製作更濃郁的豆奶冰淇淋，以 3：$\frac{1}{4}$ 的比例調和豆奶與植物油。你也可以使用豆奶粉；或是把黃豆泡一夜，磨碎後加水一起煮，再過濾出豆奶。

▶ 甜味劑

甜味劑種類繁多，孰優孰劣可說是眾說紛紜。簡單起見，以下的食譜使用最常見的兩種甜味劑：蜂蜜與白砂糖。用別種甜味劑取代也可以。

製作冰淇淋時，白砂糖與乳製品的比例是 $\frac{3}{4}$：4，蜂蜜與乳製品的比例是 $\frac{1}{3}$：4。糖漿跟蜂蜜做出來的冰淇淋比較滑順，因為它們會抑制晶體的形成。

不過，跟蜂蜜跟糖漿不同的是，砂糖能增加冰淇淋基底的固體含量。固體含量高的冰淇淋基底冰點較低，凝固後質地會比較紮實，比較好挖。蜂蜜跟糖漿的水分含量比砂糖多，這一點也會影響成品。你自己實驗一下應該就知道不同的甜味劑會造成哪些差異。

白砂糖

白砂糖是最常見的甜味劑，完全不含營養素。

紅糖

紅糖是含有糖蜜的白砂糖，含有微量維生素與礦物質。紅糖有獨特風味，使用份量與白砂糖相同，但是需輕壓出空氣再補滿。

蜂蜜

有些蜂蜜能為冰淇淋增添細微風味，有些則是強烈風味。顏色較深的蜂蜜通常味道比較香甜。標註為未過濾或未煮過的生蜂蜜含有微量維生素與礦物質。蜂蜜的調和比例是白砂糖的一半。

白砂糖的替代品

製作冰淇淋時，可用以下的甜味劑取代 1 杯白砂糖：

$\frac{1}{2}$ 杯蜂蜜　　　　　$\frac{1}{2}$ 杯糖蜜

$\frac{2}{3}$ 杯楓糖漿　　　　$\frac{1}{3}$ 杯結晶果糖

$1\frac{1}{2}$ 杯麥芽糖　　　$\frac{1}{2}$ 杯高粱糖漿

1 杯紅糖，輕壓

非硫化糖蜜

糖蜜是蔗糖精煉過程的副產品，含有些許鐵、鈣和磷。糖蜜氣味獨特，僅適合用來做特定口味的冰淇淋。用 $\frac{1}{2}$ 杯糖蜜取代 1 杯白砂糖。

楓糖漿

楓糖漿不只是能為食物增加甜味，還有一種獨特的風味。一定要用不含添加物的純楓糖漿，加了香料的鬆餅糖漿不行。用 $\frac{2}{3}$ 杯楓糖漿取代 1 杯白砂糖。

淡玉米糖漿

製作水果冰與雪酪時，有時加入淡玉米糖漿能使質地輕盈、滑順，又不會影響風味。淡玉米糖漿是精製糖混合部分消化澱粉、水、鹽和香草。自製糖漿或蜂蜜是比較便宜的選擇。

黑玉米糖漿

這是一種風味獨特的深色玉米糖漿，跟淡玉米糖漿有相同的缺點。也可用深色蜂蜜或糖蜜取代。

果糖

果糖是水果與蜂蜜中的天然糖分，對血糖沒有負面影響。果糖的甜度比白砂糖高了 $\frac{2}{3}$，所以可減少用量。用 $\frac{1}{3}$ 杯結晶果糖取代 1 杯白砂糖。液體果糖濃度互異，請詳細閱讀成分表。雖然叫做「果糖」，但市售果糖的原料通常是精煉玉米、甜菜或甘蔗。

麥芽糖

最常見的麥芽糖是大麥麥芽糖漿與稻米糖漿，兩種都是發酵穀物熬煮而成，風味細緻。麥芽糖不會導致血糖起伏，但是甜度不如其他甜味劑，所以用量要增加。用 $1\frac{1}{2}$ 杯麥芽糖取代 1 杯白砂糖。

高粱糖漿

高粱糖漿跟糖蜜有點像，原料是高粱。用 $\frac{1}{2}$ 杯高粱糖漿取代 1 杯白砂糖。

調味料

調味料是你在冰淇淋製作過程中揮灑創意的好機會。一定要用純的萃取物與最好的原料，無論是香草、巧克力、角豆、水果、堅果、咖啡或利口酒。用自己種的水果與堅果做原料，不但會很有成就感，也能用合理的成本取得最好的原料。

▶ 填充劑、安定劑與乳化劑

這些添加劑能夠把冰晶變小，使冷凍甜點的口感更加滑順。此外，它們也能融入更多的空氣，讓成品更加豐盈、濃郁。

既然自製冷凍甜點的原因之一是減少添加劑，你也可以選擇不用這些東西。但如果你打算使用添加劑，最好選擇能提高營養價值的添加劑。

還有別忘了，這也會增加成本。

雞蛋

雞蛋是絕佳的完整蛋白質來源，而且價格低廉。此外，雞蛋也含有礦物質與維生素。冰淇淋裡加入蛋黃，能使冰淇淋更濃郁、豐厚。打發的蛋白能使冰淇淋更加豐盈、濃郁，口感更滑順、蓬鬆。加了雞蛋的冰淇淋也能在冰箱裡存放更久。

使用雞蛋注意事項

美國農業部強烈建議消費者不要使用生雞蛋、生蛋黃或生蛋白製作冰淇淋，避免沙門桿菌造成的食物中毒。使用雞蛋時，要確定雞蛋在製作過程中會變熟。蛋黃霜一定要加溫到攝氏 71 度，殺死所有細菌。

塔塔粉

這是一種葡萄製成的天然果酸，能用來增加蛋白體積，也能安定及凝固蛋白。打蛋白之前加入，2 到 4 顆蛋白加 $\frac{1}{4}$ 茶匙。

葛粉

葛粉是幾種熱帶植物的根做成的澱粉，非常適合用來勾芡或當作填充劑。葛粉很好消化，加水稀釋後是透明的。葛粉比麵粉耐酸，適合跟水果加在一起。跟其他增稠劑比起來，葛粉不怕低溫，也不怕短暫滾煮。用 $1\frac{1}{2}$ 茶匙葛粉取代 1 湯匙麵粉或玉米澱粉。

玉米澱粉

殺菌後磨成細粉的玉米，製作蛋黃霜時能做為增稠劑，使冰淇淋更加滑順。幾乎沒有營養價值。製作卡士達冰淇淋時，2 杯熟蛋黃霜加 1 湯匙玉米澱粉。

全麥麵粉

全麥麵粉可當成增稠劑加到熟蛋黃霜裡，增添滑順口感。全麥麵粉稍有營養價值。製作卡士達冰淇淋時，2 杯熟蛋黃霜加 1 湯匙全麥麵粉。

無調味明膠

無調味明膠是一種萃取自動物的蛋白質，乾燥之後磨成粉狀，能使冰淇淋口感更滑順。先將明膠溶在水裡加熱，再加入其他原料。1.5 夸脫（約 1.4 公升）的冰淇淋加 $1\frac{1}{2}$ 茶匙無調味明膠。

洋菜

洋菜是一種富含礦物質的海洋植物，可用來取代無調味明膠。洋菜有粉狀、片狀或棒狀可選購，它不像明膠需要冷藏。洋菜沒有味道，吸水力強。1 夸脫液體（約 0.9 公升）加 $1\frac{1}{2}$ 湯匙洋菜。

▶ 鹽

鹽能提升與加強風味，是常用的調味料。不過冰淇淋不加鹽也嚐不出來，可考慮不加。

設備

家用冰淇淋機有很多尺寸，小至 1 夸脫（約 0.9 公升），大至 2 加侖（約 7.6 公升）。有些冰淇淋機功能繁複、價格昂貴，但大部分還算便宜，而且功能實在。

在決定要買哪一款冰淇淋機之前，成本、你想要何時以及如何使用它、耐用性、輕便性與收納空間，都是必須考量的因素。

大型機台可以做少量冰淇淋，也可以做大量冰淇淋。

傳統冰淇淋攪拌桶

這種攪拌桶有手動的，也有電動的。材質是塑膠、纖維玻璃或木頭的大桶，裡面還有一個較小的金屬罐。將冰淇淋基底倒進連接著攪拌器的金屬罐，然後蓋上金屬罐的蓋子。冰塊加鹽拌成冰鹽

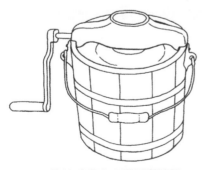

傳統手動式冰淇淋攪拌桶

水，倒進攪拌桶，讓金屬罐泡在冰鹽水裡，使冰淇淋基底結冰。轉動金屬罐頂部的曲柄與齒輪，攪拌器就會旋轉攪拌冰淇淋基底。

如果把金屬罐裡的攪拌器延伸至頂部，能刮下罐壁上的冰晶，把冰晶混合到冰淇淋裡。通常需要轉動攪拌 20 分鐘，即可完成。

冷凍庫冰淇淋攪拌桶

這種攪拌桶的構造是攪拌器、金屬罐、塑膠桶與電器配件，冷凍冰淇淋基底的是冰櫃或冰箱冷凍庫的冷風，而不是用加了鹽的冰塊。通常需要轉動 1.5 小時，即可完成。

全自動冰淇淋機

全自動冰淇淋機的容量都差不多在 1 夸脫（約 0.9 公升）左右。內附冷媒冷凍裝置，插電使用，20 分鐘就能做好冰淇淋。

雖然價格昂貴，但是操作簡單、速度快、乾淨俐落，很是令人心動。

無論哪一種設備，使用與維護時一定要依照產品說明書。用完之後一定要清洗乾淨，徹底晾乾。用擠乾水的濕海綿擦拭電動馬達與齒輪罩，然後再用乾布擦一遍。

冰塊

自製冰塊最便宜。先算好需要的冰塊數量，再動手製冰。8 個製冰盒或 6 磅（2.7 公斤）冰塊能做 1.5 夸脫（約 1.4 公升）冰淇淋。你可以把冰塊敲碎，增

加熱交換的表面積。只用冰塊也沒問題。把冰塊放進麻布袋或較厚的袋子裡，用鎚子敲碎。

鹽

　　鹽可降低水的結冰溫度。若使用冰塊，請加食鹽。若使用碎冰，請加溶解較慢的粗鹽。

　　製作 1.5 公升冰淇淋，約需要 $1\frac{1}{2}$ 杯食鹽或 1 杯粗鹽。如果冰淇淋在桶內變硬，就必須加入更多鹽。

其他設備	
● 量匙	● 打蛋器
● 量杯	● 木匙
● 玻璃量杯	● 電動攪拌器或旋
● 平底深鍋	轉打蛋器
● 果汁機、調理機	● 淺鍋，如 20 公分
或食物研磨器	圓形或方形蛋糕烤
● 細孔濾網	盤，或是製冰盒
● 玻璃、陶瓷或不	● 橡膠刮刀
鏽鋼碗	● 冷凍容器

攪拌製作冰淇淋的 基本步驟

1. 準備好冰淇淋或其他冷凍甜點的基底，倒進碗裡，蓋上蓋子，在冰箱裡冷藏幾個小時。這能使成品口感滑順，同時節省冷凍時間。

2. 清潔攪拌器、蓋子與金屬罐，沖乾淨後晾乾，放入冰箱降溫。維持器材低溫，能加速冰淇淋基底的冷凍速度。

3. 將冷藏過的冰淇淋基底倒入金屬罐，只能倒 $\frac{2}{3}$ 滿，要保留膨脹空間。蓋上蓋子。

4. 金屬罐放進攪拌桶，接上曲柄與齒輪配件。

5. 攪拌桶倒入 $\frac{1}{3}$ 滿的冰塊，均勻撒上一層鹽，厚度約 0.3 公分。以相同比例加入冰塊與鹽，直到裝滿攪拌桶，但高度不可超過金屬罐。鹽與冰塊的比例會影響結冰溫度，以及結冰的時間。鹽太多，冰淇淋會太快結冰，質地粗糙。鹽太少，冰淇淋就不容易結冰。影響冰鹽比例的因素很多，但最好的冰鹽重量比例是 8：1。

6. 若使用冰塊，可在冰與鹽混合之後再加 1 杯冰水，幫助冰塊融化沉澱。若使用碎冰，可讓裝滿碎冰的塑膠桶靜置 5 分鐘再開始攪拌。攪拌時一邊加入冰塊跟鹽，比例與之前相同，讓冰塊維持與金屬桶相同高度。

7. 一開始請慢慢攪拌，轉速是 1 秒不到一下，感覺冰淇淋基底變硬時再加速。加速後，盡量以穩定轉速攪拌 5 分鐘。最後放慢速度再轉幾分鐘，直到基底難以攪動。

8. 若是電動攪拌桶，將冰淇淋基底倒入金屬罐之後，插上電源。讓攪拌桶轉動 15 至 20 分鐘，切掉電源。大部分的機種都有自動開關，冰淇淋做好之後會自動切掉電源，避免馬達損壞。若攪拌桶被冰塊卡住，馬達可能會關閉或暫停。重新啟動前，先用手轉一轉金屬罐。

9. 冰淇淋做好之後，拆掉曲柄與齒輪配件。擦掉金屬桶上的冰塊和鹽。打開蓋子，取出攪拌器。冰淇淋應該是糊糊的。把攪拌器上的冰淇淋刮下來。

依照個人喜好加入切碎的堅果與水果，或是拌入製造紋路效果的醬汁。用湯匙把冰淇淋壓實。攪拌桶裡鋪上幾層蠟紙，蓋上蓋子，蓋子上的洞塞一個軟木塞。

10. 把冰淇淋放進冰櫃或冰箱冷凍庫等它成熟變硬。或是放回攪拌桶裡，外面層層鋪疊冰塊與鹽，冰塊與鹽要完全覆蓋金屬桶；這次鹽要放得比製作冰淇淋時更多。用毯子或厚毛巾蓋住攪拌桶，放在陰涼的地方約一小時即可完成。

用攪拌桶做冰淇淋的小撇步

● 冰淇淋的基底一定要足夠冰才能送進去冷凍。
● 金屬罐裡的冰淇淋基底高度不能超過 $\frac{1}{3}$，最好是 $\frac{2}{3}$。
● 如果用手動攪拌，開始的時候一定要慢，感受到冰淇淋基底變硬再加速。
● 鹽與冰塊的比例不是固定的，若冰淇淋基底的糖或酒精含量較高，就需要多加鹽；糖或酒精含量低，或是乳脂含量高，需要的鹽會比較少。

靜置冷凍冰淇淋的 基本步驟

1. 將做好的冰淇淋基底倒進淺鍋裡，例如蛋糕烤盤或沒有間隔的製冰盒。
2. 將淺鍋放進冷凍庫，溫度調到最低；或是放進冰櫃裡。靜置 30 分鐘到 1 小時，或是冰到冰淇淋基底變成糊狀，但不能凍結成固態。
3. 將冰淇淋基底挖進一個冰過的碗裡，

用旋轉打蛋器或電動攪拌器高速攪拌，直到質地變得柔滑。

4. 冰淇淋基底重新倒進淺鍋裡，放回冷凍庫。
   等到幾乎凍結成固態的時候，須重複攪拌的過程，再視個人的喜好，加入切碎的堅果與水果、利口酒或製造紋路的醬汁。

5. 用保鮮膜封住淺鍋，防止頂部形成冰晶。放回冷凍庫，等冰淇淋凝固。

靜置冷凍冰淇淋的小撇步

● 盡量不要使用甜味劑。
● 若使用打發用鮮奶油，打發至鮮奶油拉起時可形成柔軟的小山即可，這樣能做出最豐盈、風味最好的冰淇淋。
● 若使用打發用鮮奶油，等冰淇淋基底冰透了或是半冷凍狀態時，再把鮮奶油加進去。
● 盡量把冷凍庫溫度調到最低。
● 不要使用同一個冷凍庫來做冰塊跟冰淇淋。
● 冰箱的冷凍庫要先除霜。
● 除非必要，等待冰淇淋在冷凍庫裡凝固時，不要打開冷凍庫的門。
● 等到冰淇淋基底冷凍到一半時，再加入堅果。

各式冰淇淋的 製作

　　以下每一個食譜的份量都是 1.5 夸脫（約 1.4 公升），大約 6 人份。可根據冷凍庫的大小調整冰淇淋的製作份量。若是靜置冷凍冰淇淋，這個份量相當於兩個淺鍋。

▶ 香草冰淇淋：基本款

這個簡單又快速的香草冰淇淋可依照個人喜好調整成濃郁版或低熱量版。變化無窮無盡，請依個人喜好調整。

材料

1 夸脫（約 946 毫升）高脂鮮奶油、低脂鮮奶油或半奶半油，或是 2 杯高脂或低脂鮮奶油

1 杯白砂糖，或 $\frac{1}{3}$ 杯蜂蜜

1 湯匙純香草精

作法

以上原料可以直接混合使用，也可先將鮮奶油加熱至沸騰邊緣，這能濃縮乳汁裡的固形物，提升風味。

加熱鮮奶油的方式是將鮮奶油倒進平底深鍋裡，慢慢加熱到沸騰邊緣，你會看到鍋子邊緣開始冒出小小氣泡。攪拌幾分鐘之後，讓鍋子離開熱源，拌入甜味劑。

將鮮奶油倒進碗裡，蓋上蓋子冷卻。完全冷卻之後，加入香草精，再放入攪拌桶或靜置冷凍。

▶ 基本款的各種變化

超濃郁香草冰淇淋

除了基本款的原料之外，把 $1\frac{1}{2}$ 茶匙的無調味明膠加入 $\frac{1}{4}$ 杯水裡軟化，再跟白紗糖一起倒進幾乎煮沸過的牛奶裡。繼續用低溫加熱，直到明膠融化。也可用 $1\frac{1}{2}$ 湯匙洋菜取代。

冰牛奶

原料跟基本款相同，但是用全脂乳、低脂乳、脫脂乳或奶粉取代鮮奶油。

冰酪乳

原料跟基本款相同，但是用酪乳取代鮮奶油，且無須加熱。

冰酸奶油

原料跟基本款相同，但是用酸奶油取代鮮奶油，且無須加熱。

冰豆奶

原料跟基本款相同，但用豆奶取代鮮奶油，且無需加熱。將材料與 $\frac{1}{4}$ 杯植物油混合，用果汁機攪拌即可。

▶ 香草冰淇淋之外

掌握了製作冰淇淋的技巧後，你一定會想試試其他又快又方便的口味。

白蘭地櫻桃冰淇淋

原料跟基本款相同，加入 $1\frac{1}{2}$ 杯新鮮黑甜櫻桃果泥，然後送進冰箱。不加香草精，改放 $\frac{1}{2}$ 茶匙杏仁精與 $\frac{1}{2}$ 杯櫻桃白蘭地或櫻桃，或是巧克力櫻桃利口酒。

烤杏仁冰淇淋

原料跟基本款相同，但是用黃砂糖取代白砂糖，輕壓。烤箱攝氏 176 度，烘烤 1 杯去皮杏仁碎片至微焦。冰淇淋冰成糊狀時，加入杏仁。

焦糖冰淇淋

原料跟基本款相同。白砂糖用平底鍋加熱融化，慢慢倒入 $\frac{1}{2}$ 杯滾水。攪拌至砂糖完全溶解，滾煮 10 分鐘或煮到糖水變稠，再倒進熱的冰淇淋基底裡。

巧克力冰淇淋

原料跟基本款相同。把 2 到 6 片 1 盎司（28 公克）的方塊苦巧克力或半甜巧克力（視個人喜好）放進小鍋裡，低溫加熱至融化，再加進幾乎煮沸的牛奶裡。加糖調味，通常是標準份量的 2 倍。

角豆碎片冰淇淋

原料跟基本款相同。冰淇淋基底送入冰箱之前，放入 1 杯角豆糖塊碎片。

咖啡冰淇淋

原料跟基本款相同。把 3 湯匙即溶咖啡粉、濃縮咖啡或菊苣咖啡溶解在 4 湯匙熱水裡，或是煮 $\frac{3}{4}$ 杯咖啡，加入冰淇淋基底之後送進冰箱。

水果冰淇淋

原料跟基本款相同。在 $1\frac{1}{2}$ 杯水果泥裡拌入 2 茶匙新鮮檸檬汁提味，再加 2 湯匙白砂糖或 1 湯匙蜂蜜。冰淇淋基底送入冰箱之前，加入水果泥。

請用新鮮水果或未加糖的冷凍水果，如草莓、桃子、杏桃、櫻桃、藍莓、覆盆莓、黑莓、芒果或李子。若使用鳳梨，一定要用罐頭鳳梨，不可用新鮮鳳梨。新鮮鳳梨的酸性會分解蛋白質，包括乳蛋白，導致冰淇淋無法凝固。有籽的水果在壓成果泥之後應把籽過濾掉，如覆盆莓跟黑莓。

漩渦冰淇淋

可用基本款食譜或其他適合的食譜做冰淇淋基底，冰淇淋完成後，取出攪拌器。用刀子或窄刮刀，把 1 杯濃稠的甜點醬汁或果醬拌進冰淇淋中，製造漩渦效果。甜點醬汁可考慮焦糖、牛奶糖、藍莓醬、角豆醬、巧克力醬或棉花糖；果醬可考慮草莓醬、黑莓醬、覆盆莓醬、桃子醬、杏桃醬或蘋果奶油醬。

薄荷糖冰淇淋

原料跟基本款相同。加熱牛奶時，倒入 $\frac{1}{4}$ 杯敲碎的薄荷糖，攪拌至融化。在冰過的冰淇淋基底裡加入 1 茶匙薄荷精。在冰成糊狀的冰淇淋基底裡拌入 $\frac{1}{4}$ 杯薄荷糖碎片。

岩石冰淇淋

原料跟巧克力或角豆冰淇淋相同。在冰成糊狀的冰淇淋基底裡加入 $\frac{1}{2}$ 杯碎堅果與 $\frac{1}{2}$ 杯碎棉花糖。

蘭姆葡萄冰淇淋

原料跟基本款相同。把 $\frac{2}{3}$ 杯葡萄乾泡在蘭姆酒裡，泡到膨脹。瀝乾後切碎。把蘭姆酒與葡萄乾碎片加進冰成糊狀的冰淇淋基底裡。

Chapter *3*
食物的保存、醃製、裝罐與蒸餾

自製 乾貨

　　將食物脫水乾燥是人類保存食物最古老的方式之一，在食物充足的時候將食物保存下來，等食物匱乏的時候就不怕沒東西吃。早在《聖經》有紀錄的年代之前，漁夫就會做魚乾和燻魚，地中海的農夫會利用炎熱乾燥的氣候把橄欖與棗子做成果乾。

　　乾燥絕對是最簡單也最天然的保存方法。幾乎不需要任何設備，但一切取決於氣候。若你剛好住在溫暖又乾燥的地方，只需要準備新鮮食材，然後等待一段時間就行了。食材天然乾燥得愈快，加水還原後的味道就愈好。若你住在氣候相對潮濕的地方，就得學習更主動的乾燥方法：食物乾燥機、烤箱，也可以用太陽曬。別忘了，原料愈好，做出來的乾貨品質也愈佳，所以請使用最新鮮的食材。

　　脫水乾燥的概念相當簡單。食物完全脫水之後，會導致食物腐壞的微生物就無法生長。細菌、黴菌跟酵母菌，都需要有足夠的水才能欣欣向榮。

　　果乾必須脫水約 80%，蔬菜乾必須脫水約 90%。你自製的乾貨可以保存 0.5 至 2 年左右，時間長短取決於儲存溫度（見本章後方表格）。儲存溫度愈低愈好。例如儲存在攝氏 10 度環境裡的食物，會比攝氏 20 度耐放。

準備 食材

　　只能用沒有瑕疵的水果與蔬菜。水果應完全成熟，但不可過熟。食材的體積愈小，需要的乾燥時間愈短。盡量把食材切成同樣大小，讓每一塊食材以相同的速度乾燥。

▶ 汆燙

　　汆燙指的是加熱食物、卻不把食物煮熟，目的是殺死會讓食物腐壞的酵素。若要乾燥的食材是蔬菜，用蒸氣汆燙是我推薦的唯一方法。

　　世上很多地方都用滾水汆燙，這裡之所以不推薦這種方式，是因為這樣會讓蔬菜吸收更多水，延長乾燥時間。滾水汆燙加熱的時間較長、溫度較高，不但會讓蔬菜流失養分，也無法完全阻擋微生物破壞蔬果。若你只能用滾水汆燙，滾水與食材的比例是 11.5：1 公升，起鍋後將水瀝乾，食材浸泡冰水終止加熱，最後將食材擦乾。

　　若使用蒸氣汆燙，你需要蒸鍋、鑄鐵鍋，或是有鍋蓋的密封罐蒸鍋。你可以用有腳的金屬籃、剛好能卡在鍋口的金屬籃，或是能讓深度至少 2 英寸（約 5 公分）的水沸騰時也不會碰到食材的濾盆。如果你住在海拔 5 千英尺（約 1524 公尺）以上的地方，蒸的時間要比原定時間多 1 分鐘。汆燙後將熱水倒掉，食材浸泡冰水終止加熱。瀝掉冰水後，用毛巾擦乾。

微波爐也能汆燙，只是處理的量不大。微波爐的功率不盡相同，請詳讀產品說明書。

如使用蒸氣汆燙，將食材放在蒸籃裡，蒸籃放在鍋子上方，鍋內水深至少 2 英寸。

冷卻時，將食材浸泡冰水。完成後，食材放在毛巾上晾乾。

四種 脫水乾燥法

肉類與蔬果的脫水乾燥很簡單，只

要把食材放在溫熱又通風的地方就行了。例如太陽下、食物乾燥機、戶外，或者烤箱裡。

▶ 風乾

風乾跟曬乾，這兩種方式很相似。讓乾燥的風吹過食材，吸收水分後將水分帶走。不要讓食材直接曝曬，這樣較不容易褪色。

若要風乾蒸氣汆燙過的菜豆，可試試用棉線把菜豆串起來，吊在屋簷底下、門廊上或是通風良好的閣樓裡。若一切順利，2 至 3 天後就能晾成乾燥的、有彈性的「豆莢乾」[1]，適合用來煮湯。晚上要把屋外的菜豆收進來，以免沾上露水。不要直曬陽光，否則會褪色。

風乾香菇之前，先把香菇擦乾淨，用針線把香菇串在一起，吊在通風的地方。你也可以把乾淨的香菇放在幾層報紙上，每天翻動香菇幾次，報紙吸收了水分就換掉。香菇要放在乾燥、通風的地方（可以直接曬太陽，但別忘了晚上要收進室內）。香菇只要曬 1 至 2 天就會變硬。

風乾之後，菜豆和香菇都必須在烤

乾燥香菇的方式是把香菇串在乾淨的線上。

1   譯註：英文俗稱 leather britches，直譯的意思是「皮馬褲」。

箱裡用攝氏 80 度烤 30 分鐘，目的是殺死昆蟲卵。適當處理後（見〈乾燥後的處理方式〉〔p.32〕），儲存在涼爽乾燥的地方，最多可放 6 個月。

▶ 日曬

日曬要花較長時間，因此汆燙或其他的前置作業會更加重要。理想的溫度是攝氏 38 度，且濕度要低。如果你剛好住在這樣的氣候區，請務必試試日曬法。其他氣候區使用日曬法要小心。在你的食材脫水乾燥之前，低溫與高濕是食材腐壞的完美組合。

把紗布或普通布料釘在畫框上，就成了好用的日曬架。

把紗布或普通布料釘在畫框上，就成了好用的日曬架。

日曬工具

說到日曬工具，我喜歡用在跳蚤市場買的舊畫框。抹布用肥皂水沾濕後，把畫框擦乾淨。接著用礦物油塗抹畫框。將乾淨的純棉布或紗布鋪在畫框上，用釘書針固定。有些人會用紗窗，這也可以，只是要注意紗窗沒有鍍鋅，否則食材會沾上異味。把要日曬的食材鋪在布上，再將畫框放在陽光下。畫框要架高，好讓空氣從四面八方吹過食材（晚上要收進室內，以免沾上露水）。你可在日曬到一半的時候（大約 2 天）幫食材翻面。大約 2 至 4 天後，食材就會變成棕色，質地有彈性。這是最適合日曬番茄的方式。

自己種的蔬果可能有蟲卵，為了殺死蟲卵，日曬完成後可將食材在零下低溫冷凍 2 至 4 天，或是送進烤箱用攝氏 80 度烤 10 到 15 分鐘（見〈乾燥後的處理方式〉〔p.32〕）。無論你選擇冷凍或加熱，結束後都要等食材恢復到室溫，再放進密封罐裡儲存，最多可放 6 個月。

▶ 食物乾燥機

食物乾燥機用起來很簡單：在托盤上擺放預先處理好的食材，設置計時器，轉動開關就不用再管它了。市售食物乾燥機很貴，但使用幾季之後就能回本。

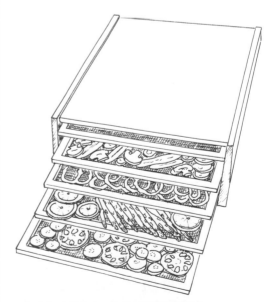

你可以購買市售食物乾燥機，或是自己做一台。

大部分的食物乾燥機都是透過郵購販售，很難貨比三家。下訂單之前，可先寫信要求廠商提供資訊。多數廠商都有網站可參考，請搜尋關鍵字「食物乾燥機」或「食物乾燥」。購買前，有幾個地方要注意：

● 食物乾燥機應該要有保險商實驗室（Underwriters Laboratories，UL）的認證。
● 確認你訂購的尺寸你家放得下，而且能讓你一次乾燥適量的蔬果或肉類。
● 托盤應該又輕又堅固。塑膠托盤容易清潔，比金屬托盤好用。金屬托盤可能會鏽蝕，散熱不易，而且可能會烤焦食物。
● 若你的食物乾燥機有門，要確認門好不好開，以及能否整個拆下來。
● 控制面板應該清楚易懂。調整氣流閥門與溫度的設定很重要，內建自動計時器會很好用。
● 機體外層使用的材質大不相同。請考慮搬動、清潔與儲存是否方便。此外也要注意是不是雙層隔熱結構。
● 挑選省電的食物乾燥機。

▸ 烤箱

在所有的的脫水乾燥法之中，使用烤箱最費力。但這是有效的方式（雖然可能比較貴）。把食物直接放在烤架上，或是先在烤架上鋪乾淨的純棉布或紗布。

烤箱預熱攝氏 63 度。時常用烤箱溫度計確認溫度。每台烤箱都不一樣，所以你必須在攝氏 50 到 63 度之間來回實驗。我的瓦斯烤箱用攝氏 63 度乾燥食物

效果最佳。用木匙卡住烤箱的門，讓烤箱散出水氣。切記，烤箱不能裝得太滿，否則乾燥時間會很長。乾燥通常需要花 4 到 12 小時，時間長短取決於食材多寡。冷卻後，食材應該變得乾燥而有彈性。（不妨先用一、兩片試試看。）

有些專家說，微波爐也能用來脫水乾燥食物，但我不建議，因為在你的食材脫水前，微波爐就已經把它煮熟了。

乾燥後的 處理方式

脫水乾燥之後，將食材倒進一個無蓋大容器裡，例如搪瓷煮鍋。不要用鋁鍋或多孔隙的鍋子，可能會影響食材的風味或質地。把大鍋放在溫暖、乾燥而通風的地方。

接下來的 10 到 14 天裡，每天攪拌一、兩次。不要把剛脫水乾燥好的食材放進去，同一鍋裡應放置同一批食材，這樣才能在相同的時間完成乾燥。

▸ 低溫殺菌

低溫殺菌是一種為食物部分殺菌的方式。戶外乾燥與烤箱乾燥都是沒那麼精準的乾燥方式，完成後的食物應再經過低溫殺菌。想要延長乾貨的保存期限，就需要低溫殺菌。低溫殺菌能夠殺死蟲卵和導致食物腐敗的微生物，讓食物保存得更長久。

低溫殺菌的方式有兩種：

● 加熱。把一層薄薄的乾貨鋪在烤盤上，送進烤箱，以攝氏 63 度烤 10 到 15 分鐘。冷卻。

- 冷凍。乾貨放進塑膠夾鏈袋，在零下冷凍庫冰 2 至 4 天。跟烤箱比起來，冷凍殺菌破壞的維生素較少。冷凍溫度必須是零下，所以不能用冰箱的冷凍庫。

▶ 包裝與儲存

乾貨必須依據每餐的使用份量立即分裝。光線、濕氣與空氣都對乾貨有害，所以最好存放在陰涼乾燥的地方（不一定是冰箱，因為冰箱是潮濕又黑暗的空間）。把乾貨放在透明的氣密玻璃罐裡，或是擠光空氣的乾淨夾鏈袋裡。將玻璃罐或夾鏈袋放入棕色紙袋，阻擋光照。紙袋上標註乾貨的名字，一定要註明日期。取用時，先拿日期較早的乾貨。

若夏天太熱，可把乾貨放進冰箱，但包裝一定要密封才能隔絕濕氣。

擠出夾鏈袋裡的空氣，在把食物放進棕色紙袋裡阻擋光照。

▶ 加水還原

乾貨加水還原的方式是浸泡在滾水裡，靜置幾個小時，讓乾燥的食材吸收水分，然後用浸泡過的水烹煮。還原蔬菜需要的時間比水果長，因為蔬菜脫去的水分比較多。跟沒有浸泡過的乾燥蔬菜相比，事先浸泡可節省大量烹煮時間。乾豆浸泡過後要把水瀝掉，用乾淨的水烹煮，因為乾豆浸泡時會釋出不好消化的氮。

乾燥香草

▶ 採收與風乾

香草應該在精油含量最高的時候採收，通常是正要開花或抽苔（種子成形）的時候。採收的最佳時刻是露水蒸發之後、太陽變大之前。

從距離底部 6 到 8 英寸（約 15 至 20 公分）的地方剪下。有些香草專家建議，除非葉子沾滿沙土或是被雨打濕，否則不需要洗葉子，因為清洗會沖掉部分香草精華。你可以在採收的前一晚先用水管把香草沖一遍。沖洗完把香草盆搖一搖，別讓水珠重壓挺直的香草。隔天採收時，香草上不會有沙土，採收後也不用清洗。

用麻繩把剪下來的香草綁成小束，葉子朝下吊掛在通風、溫暖、乾燥的地方，不可直接日曬。重力會讓精油往下流到葉子裡。

把香草頭上腳下吊掛在一條鐵絲、繩子或晾衣繩上。如果擔心沾上塵土，可用小紙袋套住香草，紙袋上有小洞或開口以便通風。

不要把香草吊掛在爐台、冰箱或冰櫃上方。這些設備散發的熱會破壞香草。同理，買回來的香草跟香料也不要放在這些設備上方。

若你打算使用食物乾燥機，請詳讀說明書上的乾燥香草步驟。

存放之前，先檢查殘餘水分。把乾燥的香草、香草莖放入密封容器，在溫暖的地方放置 1 至 2 天。如果容器裡出現濕氣，最好再多乾燥一下。香草葉完全乾燥之後，放在托盤上，送進預熱的烤箱烤 2 至 3 分鐘，進一步烘乾。用手把葉子摘下。把葉子存放在涼爽的地方，避免日曬，最好是用深色玻璃罐裝著，然後收進櫥櫃裡。

使用前，需要用手捏碎香草葉，釋放香草的強烈風味與香氣。也可以用研缽和碾杵把香草葉磨成粉。無論是風乾或使用食物乾燥機，香草都只能存放 0.5 至 1 年，所以下一季得重新製作。

乾燥肉類

肉類的乾燥方式跟蔬果差不多，只是乾燥溫度必須在攝氏 60 到 65 度左右，預防腐壞。除非是做生肉乾，否則做肉乾的肉都必須煮過再乾燥。若要達到最長的保存期限，也就是 1 年，一定要用最新鮮的瘦牛肉，成品用夾鏈袋密封，放入冰櫃保存。若是冷藏，乾燥肉類可放 2 個月。

肉乾可先醃漬調味再乾燥，保存期限比其他事先煮過的乾燥肉類短。肉乾可存放 2 到 6 個月，做法簡單而且使用方便。我都用夾鏈袋裝肉乾，存放在冰櫃裡。

豬肉不太適合做肉乾，因為脂肪含量比瘦牛肉多，容易產生油臭味。雞肉也不適合，同樣是因為脂肪含量太高，難以脫水乾燥，甚至可能危害健康。若要做肉乾，牛肉的瘦肉是最可靠的選擇。

▶ 乾燥牛肉

2 磅（約 907 公克）重的瘦牛肉放入厚重的平底鍋，加水至完全蓋住牛肉。牛肉切成 1 英寸（約 2.5 公分）的小丁（也可用瘦羊肉）。水加熱至沸騰，蓋上鍋蓋悶 1 小時。將牛肉丁單層鋪在托盤或餅乾烤盤上，送進烤箱以攝氏 60 到 65 度烤 4 到 6 小時。用木匙卡住烤箱的門，讓烤箱散出水氣。切開一塊牛肉丁檢查裡面是否仍有水分。4 到 6 小時後，烤箱溫度降為攝氏 54 度繼續烘烤。烤到牛肉丁裡完全沒有水分為止。可用烤箱溫度計維持穩定的低溫。

加水還原的方法是 1 杯肉浸泡在 1 杯滾水裡。靜置 3 到 4 小時。可用來做燉菜、砂鍋或湯。可視需要醃肉，增添風味。

跟水一起用小火滾煮，可加速還原。肉跟水的比例一樣是 1：1，用有蓋的平底深鍋煮 40 到 50 分鐘。

將肉切成小丁能加速乾燥。

蔬菜乾燥法

蔬果種類	食材準備	預先處理	用烤箱或乾燥機（hr）	日曬或風乾（天）	成品狀態	1 杯乾貨能煮成幾杯	烹煮時間（min）	攝氏 11 度的保存時間（月）
豆類（長豆）	切段或去殼，吊起來風乾	蒸氣汆燙 4-6 分鐘	12-14	2-3	強韌	$2\frac{1}{2}$	45	8-12
豆類（其他）	去殼，選過熟的豆子	蒸氣汆燙 5 分鐘	48	4-5	堅硬		120-180	8-12
玉米	去殼，汆燙後剝下玉米粒	蒸氣汆燙整根玉米 10-15 分鐘	8-12	1-2	乾、脆	2	50	8-12
香菇	擦乾淨，吊起來或鋪在紙上風乾	非風乾的話，蒸氣汆燙 3 分鐘	8-12	1-2	強韌	$1\frac{1}{4}$	20-30	4-6
秋葵	切片	蒸氣汆燙 5 分鐘	8-12	1-2	乾、脆	$1\frac{1}{2}$	30-45	9-12
豌豆	去殼	蒸氣汆燙 3 分鐘	12-18	2-3	乾皺	2	40-45	8-12
辣椒	整條串在一起風乾	無	不建議	2-3	乾皺	$1\frac{1}{2}$	直接使用	16-24
甜椒	切絲或切塊	無	12-18	1-2	強韌	$1\frac{1}{2}$	30-45	
義式番茄	縱向切半，去籽，風乾	無	6-8	1-2	強韌，有彈性	$1\frac{1}{2}$	30	6-9

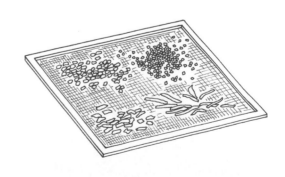

水果乾燥法

蔬果種類	食材準備	預先處理	用烤箱或乾燥機（hr）	日曬或風乾（天）	成品狀態	1杯乾貨能煮成幾杯	烹煮時間(min)	攝氏11度的保存時間（月）
蘋果	削皮，去核，切片	浸泡果汁或抗壞血酸，或是蒸氣汆燙5分鐘	6-8	2-3	強韌，有彈性	$1\frac{1}{4}$	30	18-24
杏桃	切片，去核	浸泡果汁或抗壞血酸，或是蒸氣汆燙5分鐘	8-12	2-3	強韌，有彈性	$1\frac{1}{2}$	30-45	24-32
香蕉	去皮，切片	浸泡蜂蜜、果膠、抗壞血酸，或是蒸氣汆燙5分鐘	6-8	2	薄脆	…	不建議	12-16
莓果（黑莓、藍莓、覆盆莓）	丟進滾水裡脫皮	浸泡蜂蜜或果膠	12-24	2-4	堅硬	…	不建議	18-24
櫻桃	去核	浸泡果膠、果汁或抗壞血酸	12-24	2-4	堅硬	$1\frac{1}{2}$	30-45	36-48
無花果	去蒂頭	無	36-48	5-6	乾皺	…	不建議	18-24
葡萄	去蒂頭	破皮	24-48	3-6	乾皺	…	不建議	18-24
桃子	去皮，去核，切片或切半	浸泡蜂蜜、果膠、果汁或抗壞血酸	10-12	2-6	強韌	$1\frac{1}{4}$	20-30	18-24
梨子	去皮，切片或切半	浸泡抗壞血酸，或是蒸氣汆燙2分鐘	12-18	2-3	強韌	$1\frac{1}{2}$	20-30	18-24
李子／李乾	去核，切半或完全不切	破皮	12-18	4-5	乾皺	$1\frac{1}{2}$	20-30	24-32
草莓	切半	浸泡蜂蜜	8-12	1-2	堅硬	……	不建議	18-24

Chapter *4*

果凍、果醬與糖漬水果

果凍

　　果凍是點綴餐點的最佳選擇，任何場合都深受喜愛。

　　果凍的原料是濾過的果汁。果汁應該很清澈、繽紛，有維持固定形狀的硬度，同時軟嫩得能夠輕易抹開。

▸ 工具
- 一個大果醬鍋，搪瓷或不鏽鋼材質都可以
- 有蓋的玻璃罐
- 濾袋或紗布
- 搗馬鈴薯泥或其他食物泥的工具
- 木製攪拌匙
- 乾淨的濕布
- 冷卻玻璃罐的架子
- 量杯
- 糖果溫度計
- 蔬菜刷
- 削皮刀
- 計時器
- 漏勺

▸ 製作步驟

1. 榨汁

　　微生的水果最適合拿來做果凍。洗乾淨。鳳梨需要去皮，木梨需要去核，

其他水果都不用。水果切塊後丟進果醬鍋裡。若使用莓果，底下幾層須搗成泥。只有在水果的果汁不夠多時，才需要加入少量的水，以免燒焦。蘋果跟李子都需要加水。先從小火開始加熱，隨著果汁變多慢慢轉成大火。煮到水果變軟，莓果約需 3 分鐘，硬一點的水果需要 15 到 25 分鐘。

2. 過濾

　　煮軟的水果放進濕的濾袋裡，讓果汁自然流進碗裡。擠壓濾袋會使果汁混濁，做出混濁的果凍。果汁可以冷凍或做成密封罐儲存，要做果凍時再拿出來使用。

　　你可以將四層紗布疊在一起，四個角綁起來吊掛在碗上，充當濾袋。另一個方法是把四層紗布鋪在濾盆裡。這兩

種方法都必須先把紗布弄濕，才能把果泥倒進去。

3. 測試果膠含量

舀 1 湯匙果汁到玻璃罐裡，加入 1 湯匙消毒酒精，輕輕搖晃。不可以嚐試味道。果膠應該會形成一個透明團塊，這表示果膠含量很高，做果凍時，果汁與砂糖的比例是 1：1；如果出現兩、三個團塊，表示果膠含量較少，果汁與砂糖的比例應是 1：$\frac{2}{3}$ 或 $\frac{3}{4}$；如果團塊很小，果汁與砂糖的比例應是 1：$\frac{1}{2}$。

在製作果凍的果汁裡加入酸蘋果汁可提高果膠含量。

果凍靠果膠凝固，有些果汁的果膠含量很高，例如蘋果與野生酸蘋果、蔓越莓、木梨、鵝莓與紅醋栗。低果膠水果包括覆盆莓、藍莓、草莓、黑莓、杏李、桃子、梨子、櫻桃和葡萄。

高果膠水果（尤其是未熟的蘋果）經常與低果膠水果混在一起做果凍。

有些食譜會使用市售果膠。液體果膠的加入時機，是果汁加了砂糖並煮滾後。粉末果膠則是倒進尚未加熱、加糖的果汁裡。請使用食譜裡指定的果膠。若食譜說要用液體果膠，就別用粉末。

額外加果膠的食譜，通常需要加更多砂糖。不加果膠的食譜必須煮久一點，才能達到果凍的狀態。

4. 滾煮成凍

量好份量的果汁倒入果醬鍋裡。不加鍋蓋，小火滾煮 5 分鐘。撈掉表面的泡沫。加糖。快速煮滾。

許多食譜可用蜂蜜跟玉米糖漿取代砂糖。美國農業部的建議如下：
- 無添加果膠
  可用淡玉米糖漿取代 $\frac{1}{4}$ 的砂糖。
- 添加果膠
  （粉末）至多 $\frac{1}{2}$ 杯砂糖
  （液體）至多 2 杯砂糖

2 杯蜂蜜可取代 2 杯砂糖。但若是份量不到 6 個 8 盎司（177 至 237 毫升）的果凍食譜，僅能用蜂蜜取代 $\frac{3}{4}$ 至 1 杯砂糖。

5. 測試果凍狀態

凝固溫度是攝氏 104 度（使用糖果溫度計），也就是比水的沸點高 4 度。或是用湯匙舀起果凍，讓果凍從湯匙裡落下。若果凍落下時像一張薄片，就表示已達凝固溫度。

滾煮 10 分鐘之後可開始測試。確定達到凝固溫度後，將鍋子從熱源上移開，用漏勺撈掉泡沫。

6. 密封果凍

用勺子將熱果凍分裝到殺菌過的熱玻璃罐裡，也可以直接倒入，罐頂保留 $\frac{1}{8}$ 英寸（0.3 公分）的空間。用乾淨的濕布擦掉沾到罐口的果醬，以免影響密封。取出熱水裡的金屬蓋，放在玻璃罐上用力鎖緊。

在小火微滾的水裡放置金屬架，把密封的玻璃罐放在架上。加水，水面超過玻璃罐 2 英寸（5 公分）。蓋上鍋蓋，加熱至完全沸騰，滾煮 10 分鐘後立刻取出玻璃罐，靜置在冷卻用的架子上。

7. 最後……

冷卻完成後，貼標籤，存放在低溫乾燥的地方。

> ### 注意：密封罐製作的新標準
> 以下有許多食譜都說果凍密封之後，玻璃罐應在滾水裡浸泡 5 分鐘。這個標準已經改了。美國農業部發布新的密封罐製作標準，建議滾水浸泡的時間應延長至 10 分鐘。
> 請無視浸泡滾水 5 分鐘的步驟，把你的果凍玻璃罐浸泡滾水 10 分鐘。

▶ 常見錯誤

● 混濁的果凍
　果汁過濾不當
　擠壓濾袋
　使用太多未熟的水果
　太慢倒進玻璃罐
　滾煮過頭
● 太硬的果凍
　果膠太多
　滾煮過頭
● 太軟的果凍
　果膠太少

水太多
不夠酸
滾煮的量太大
注意：滾煮久一點或是多加一點果膠，也許能修復錯誤。
● 腐壞的果凍
　糖放得太少
　密封不當
● 有氣泡的果凍
　裝罐不當
　密封不當
● 漂浮的水果（果醬與糖漬水果）
　使用太多未熟的水果
　滾煮不夠久
● 形成結晶
　滾煮不當：時間太長、太短，或者加熱太慢
　糖放得太少

▶ 各式果凍食譜
蘋果或野生酸蘋果果凍（無添加果膠）
材料
4 磅（約 1.8 公斤）蘋果
4 杯水
3 杯砂糖

作法
選擇很硬的酸蘋果。蘋果洗乾淨，去掉蒂頭。將蘋果切成小塊，放入果醬鍋。加水的比例是 1 磅（約 454 公克）蘋果配 1 杯水。加熱至沸騰後，小火滾煮 25 分鐘。將果肉與果汁倒入懸掛的紗布濾袋，讓果汁滴一個晚上。隔天早上，量 4 杯果汁倒進果醬鍋裡，加糖，一邊加熱一邊攪拌，直到糖完全融化。加熱

至沸騰，快速滾煮，直到測試確認果凍凝固。撈掉泡沫。倒進熱玻璃罐中密封。

份量：4 到 5 個 8 盎司（約 237 毫升）玻璃杯

莓果果凍

　　黑莓、黑覆盆莓、懸鉤子、接骨木莓、羅甘莓、紅覆盆莓、草莓、楊氏莓

材料

3 夸脫（約 2.8 公升）莓果

$7\frac{1}{2}$ 杯砂糖

6 盎司（約 177 毫升）液體果膠

作法

　　莓果洗淨搗碎。用濾袋濾出果汁。量 4 杯果汁倒進果醬鍋裡，加糖，煮沸，偶爾攪拌。轉小火，加入果膠。重新沸騰，攪拌 1 分鐘。從熱源上移開，撈掉泡沫，舀進熱玻璃罐中密封。

份量：8 個 8 盎司（237 毫升）玻璃杯

注意：若混合使用黑莓、接骨木莓與黑覆盆莓，可加入 $\frac{1}{4}$ 杯檸檬汁

酸櫻桃果凍

材料

3 磅（約 1.4 公斤）紅色酸櫻桃

$\frac{1}{2}$ 杯水

7 杯砂糖

6 盎司（約 177 毫升）液體果膠

作法

　　洗淨，去蒂頭，搗碎。加水後滾煮

至沸騰。轉小火微滾 10 到 20 分鐘。用濾袋濾出果汁。3 杯果汁加入砂糖，加熱至砂糖融化。滾煮之後，從熱源上移開。加入果膠。攪拌並撈掉泡沫。倒進殺菌過的玻璃罐後密封。

份量：約 7 個 8 盎司（約 237 毫升）玻璃杯

葡萄果凍（無添加果膠）

材料

康科德葡萄，微生

水

砂糖

作法

　　洗淨，去蒂頭，搗碎。量好果肉份量，放入果醬鍋。加水，水與果肉的比例為 1：8。加熱至沸騰，轉小火繼續微滾 15 分鐘。

　　用吊掛濾袋過濾果汁一夜。不要擠壓濾袋，否則果汁會變混濁。

　　隔天早上量好果汁份量，1 杯果汁配 $\frac{3}{4}$ 杯砂糖。一次滾煮 1 公升果汁，加熱至果汁通過凝固測試為止。倒進玻璃罐密封。

　　若果汁無法通過凝固測試，參考果膠包裝上的說明加入適量液體果膠，重新加熱。

果醬

　　果醬的原料是搗碎的果肉，有些添加果膠，有些沒有。這是最省錢的水果加工法，因為只需要煮一次，而且果肉也保留下來。

製作方法很簡單。洗淨水果，堅硬的水果切成小塊，軟嫩的水果搗成泥。取適當份量，放入果醬鍋。加砂糖或蜂蜜。滾煮時經常攪拌，以免燒焦。溫度達到攝氏 105 度時（比水的沸點高 5 度），就表示已煮熟。這差不多需要半小時。果醬鍋從熱源上移開，撈掉泡沫，攪拌果醬約 5 分鐘，靜置冷卻，這能防止果肉浮到果醬頂部。把果醬倒進殺菌過的玻璃罐後密封（詳見製作果凍的步驟 6）。

▶ 製作各種果醬

莓果果醬（無添加果膠）

黑莓、黑覆盆莓、籃莓、懸鉤子、接骨木莓、鵝莓、酸越莓、羅甘莓、紅覆盆莓、草莓、楊氏莓

材料

2 磅（約 900 公克）搗碎莓果

2 磅（約 900 公克）砂糖

* 檸檬汁

作法

搗碎莓果。籽較多的莓果可用食物調理機打碎。果肉拌入砂糖。加熱至沸騰，需經常攪拌。轉小火，持續加熱到你喜歡的黏稠度。

* 若混合使用黑莓、接骨木莓與黑覆盆莓，可加入 $\frac{1}{4}$ 杯檸檬汁，充分攪拌。

舀進殺菌過的玻璃罐後密封。

份量：約 7 個 8 盎司（約 237 毫升）玻璃罐

蔓越莓果醬

材料

2 磅（約 900 公克）蔓越莓

3 杯砂糖

作法

洗淨，去蒂頭。加少量的水滾煮至外皮破裂。放入食物調理機，打成果泥。

果泥倒入果醬鍋，加糖，一邊滾煮一邊攪拌，直到煮成你喜歡的黏稠度。

倒入殺菌過的熱玻璃罐後密封。

份量：約 3 品脫（約 1.4 公升）

桃子或李子果醬

材料

2 公升處理好的水果，搗碎

3 湯匙檸檬汁

6 杯砂糖

3 盎司（約 89 毫升）液體果膠

作法

去皮，去籽。搗碎後，與檸檬汁混合。慢火煮 10 分鐘。加糖，加熱至沸騰。一邊攪拌，一邊滾煮 10 分鐘。從熱源上移開，加入果膠。

倒進殺菌過的玻璃罐後密封。

份量：4 品脫（約 1.9 公升）

大黃果醬

材料

2 磅（約 900 公克）處理好的大黃

3 杯砂糖

1 顆檸檬，榨汁，去皮

3 盎司（約 89 毫升）液體果膠

作法

大黃洗淨，切成小塊。拌入砂糖後，靜置一夜。加熱，加入檸檬汁與檸檬皮，攪拌均勻。加入果膠。加熱至沸騰，攪

拌 1 分鐘。從熱源上移開，撈掉泡沫，舀進殺菌過的玻璃罐密封。

份量：6 品脫（約 2.8 公升）

草莓果醬

材料

2 公升搗碎的草莓果肉（大約等於 3.8 公升完整草莓）

6 杯砂糖

作法

洗淨，壓碎。拌入砂糖。慢慢加熱至沸騰，同時攪拌。一邊滾煮一邊攪拌至濃稠。差不多需要 45 分鐘。

舀進殺菌過的熱玻璃罐後，密封並做適當處理。

份量：約 4 品脫（約 1.9 公升）

水果奶油

水果奶油跟果醬很像，應該既濃稠又容易抹開。滾煮時請用小火，經常攪拌以免燒焦。

水果奶油應存放在密封玻璃罐裡，這樣才能確實密封，長期保存。將水果奶油舀進殺菌過的玻璃罐，罐頂保留 $\frac{1}{4}$ 英寸（0.6 公分）的空間。從熱水中取出瓶蓋，迅速放在罐口鎖緊。將玻璃罐浸泡在水裡小火滾煮，水面超過玻璃罐頂 2 英寸（5 公分），蓋上鍋蓋，轉大火滾煮 5 分鐘。立刻取出玻璃罐，靜置在冷卻用的架子上。

蘋果奶油

材料

6 磅（約 2.7 公斤）蘋果（24 到 36 顆中等大小蘋果）

2 公升水

1 夸脫（約 946 毫升）蘋果汁

3 杯砂糖

肉桂粉

丁香粉

作法

蘋果洗淨，切成小塊。不去皮，不去核。加水滾煮至蘋果變軟（約需 30 分鐘）。放入食物調理機打碎，或是放在濾網上按壓過篩。

將蘋果汁滾煮至體積減半，加入熱蘋果泥、砂糖與香料，滾煮至可塗抹的濃稠程度，不會流來流去。偶爾攪拌，防止沾鍋或燒焦。舀進殺菌過的熱玻璃罐裡，罐頂保留 $\frac{1}{4}$ 英寸（0.6 公分）的空間，鎖蓋密封。浸泡滾水 5 分鐘。

份量：5 至 6 品脫（約 2.4 至 2.8 公升）

糖漬水果

糖漬水果能保留原本的形狀，而且會變得既透明又閃亮。目標是煮出透明的糖漿，濃稠如蜂蜜，或是更加濃稠，差不多快要凝固的程度。糖漿不會達到（或超越）那樣的程度。如果水果已經煮到透亮，但糖漿卻依然太稀，用漏勺撈出水果，放進加熱過的玻璃罐裡，然後持續滾煮糖漿，煮到你喜歡的濃稠度為止。若糖漿太濃稠，可加入少量滾水（一次 $\frac{1}{4}$ 杯），使糖漿不至於在果肉變得透明之前就達到凝固溫度。

　　所有的糖漬水果罐都應該在滾水裡浸泡 5 分鐘（見前頁水果奶油作法）。

▶ 甜蜜蜜的糖漬水果食譜

糖漬櫻桃

材料

5 磅（約 2.3 公斤）櫻桃
4 磅（約 1.8 公斤）砂糖

作法

　　洗淨，去蒂頭，去核。果肉與砂糖分層鋪在果醬鍋裡，最上面一層是砂糖。靜置一夜。隔天早上加熱至沸騰，頻繁攪拌。小火微滾 30 分鐘，直到果肉變軟，砂糖完全融化。若你想煮得濃稠一點，濾掉果汁之後重新加熱，滾煮至濃稠；也可加入 $\frac{1}{2}$ 瓶果膠。舀進殺菌過的熱玻璃罐後密封，浸泡滾水 5 分鐘。

份量：4 品脫（約 1.9 公升）
若喜歡香料風味，可在滾煮之前加入 $\frac{1}{2}$ 茶匙肉桂粉與 $\frac{1}{2}$ 茶匙丁香粉。

糖漬梨子（薑味）

材料

2 磅（約 0.9 公斤）梨子
3 杯砂糖
2 杯水
1 顆檸檬，榨汁，磨檸檬皮屑
$\frac{1}{4}$ 杯糖漬薑片，切碎

作法

　　梨子去皮，去核，切片。加糖、加水，小火滾煮至梨子變軟，砂糖融化。

加入檸檬汁、檸檬皮屑與薑。滾煮至你想要的濃稠度。

　　舀進殺菌過的玻璃罐後密封，浸泡滾水 5 分鐘。

份量：5 個 8 盎司（約 237 毫升）玻璃罐

糖漬李子

材料

12 杯處理好的李子
$\frac{3}{4}$ 杯水
8 杯砂糖

作法

　　李子洗淨，切半，去核。加水、加糖，小火滾煮，頻繁攪拌，直到砂糖融化。一邊加熱至沸騰，一邊攪拌。持續滾煮到你想要的濃稠度。

　　舀進殺菌過的玻璃罐後密封，浸泡滾水 5 分鐘。

份量：12 個 8 盎司玻璃罐

糖漬南瓜

材料

4 磅（1.8 公斤）處理好的南瓜
5 杯砂糖
$\frac{1}{2}$ 茶匙肉桂粉
$\frac{1}{2}$ 茶匙多香果

作法

　　南瓜去皮，切成 $\frac{1}{2}$ 英寸（1.3 公分）小丁。加糖，靜置一夜。加入香料，小火慢煮，頻繁攪拌，直到南瓜變軟、變透明。

　　煮完即可食用。不要裝罐，也無須存放在密封容器裡。冷藏保存。

份量：3 到 4 品脫（約 1.4 至 1.9 公升）

糖漬番茄／梨

材料

1 顆柳橙

2 顆檸檬

3 磅（約 1.4 公斤）小顆的硬番茄

2 磅（約 0.9 公斤）梨子

5 杯砂糖

2 湯匙糖漬薑片

作法

柳橙與檸檬榨汁，保留果汁。將柳橙與檸檬皮切成細絲，完全浸泡在水裡，加熱至沸騰後轉小火，滾煮 15 分鐘。瀝乾。番茄用熱水燙過，去皮。梨子去皮，去核，切片。檸檬汁、柳橙與檸檬皮、番茄、梨子與剩下的原料混合在一起，加熱至沸騰後轉小火，煮到你喜歡的濃稠度，大約需要 2 小時。

舀進殺菌過的熱玻璃罐後密封，浸泡滾水 5 分鐘。

份量：4 品脫（約 1.9 公升）

糖漬西瓜皮

材料

3 磅（約 1.4 公升斤）處理好的西瓜皮

2 公升水，溶解 4 湯匙鹽巴

2 杯冰水

1 湯匙薑粉

4 杯砂糖

$\frac{1}{4}$ 杯檸檬汁

7 杯水

1 顆檸檬，切片

作法

切掉西瓜皮上殘餘果肉和外層綠皮。切成 1 英寸（2.5 公分）小丁，在鹽水裡泡一夜。瀝乾後，浸泡冰水 2 小時。再次瀝乾。薑粉撒在西瓜皮上，用水蓋過，滾煮至變軟。

加入砂糖、檸檬汁與 7 杯水。滾煮至砂糖融化，加入瀝乾的西瓜皮，滾煮 1.5 小時。加入檸檬片，滾煮至西瓜皮變透明。舀進殺菌過的熱玻璃罐後密封，浸泡滾水 5 分鐘。

份量：3 品脫（約 1.4 公升）

糖漬草莓

材料

3 品（約 1.4 公升）脫草莓

5 杯砂糖

1 杯檸檬汁

作法

草莓洗淨，去蒂頭。拌入砂糖後，靜置 4 小時。一邊加熱至沸騰，一邊攪拌，然後加入檸檬汁。滾煮到草莓變透明，糖漿達到你想要的濃稠度。倒進淺鍋裡，靜置一夜冷卻。舀進殺菌過的熱玻璃罐後密封，浸泡滾水 5 分鐘。

份量：約 4.5 品脫（約 2 公升）玻璃罐

Chapter *5*
醃黃瓜與開胃小菜

　　無論是甜辣爽口、酸得令人皺眉，還是辣到讓人掉眼淚，醃黃瓜與開胃小菜都能使餐桌充滿活力。它們把平凡的菜餚變得有趣，幫沙拉提味，為野餐和聚餐增添色彩，為大家帶來非常特別的體驗。在現代技術的輔助下，只要在廚房裡花幾個小時，就能把菜園裡的當季蔬果，變成一整年醃漬珍饈的來源。

　　以下大部分的食譜都使用新鮮黃瓜：生黃瓜處理好之後，裝進玻璃罐。蔬菜的醃漬時間通常很短，加鹽之後僅靜置幾個小時就裝罐。這樣的醃菜比較爽脆。裝罐後，淋上滾燙的糖漿或鹽水。玻璃罐密封，在煮鍋裡短暫滾煮，除非是要冷藏或冷凍。

　　除此之外，也有傳統醃黃瓜的食譜。就是以前的雜貨店放在大缸裡的那種。用這種方式的醃菜，通常是醃黃瓜，蔬菜會再醃漬好幾個星期，然後才分裝到玻璃罐裡，最後浸泡滾水或冷藏。

　　醃漬是一種發酵作用，最適合的溫度是攝氏 21 到 26 度。細菌利用蔬菜裡的糖製造出乳酸，賦予醃菜一種獨特而酸爽的風味。

▶ 原料

　　好吃醃黃瓜與超棒醃黃瓜之間的差別，通常在於原料有多新鮮。請選擇鮮嫩或甚至還沒成熟的、沒有損傷的蔬果。最好是早上採收，在太陽變大之前，採收後立刻處理。當然不一定每次都能做到，這時你要盡快幫蔬果徹底降溫，才能做出爽脆的醃菜。醃黃瓜尤須注意這件事。若你沒有菜園，請向附近的農夫、路邊小攤或是去農夫市場買食材。若你只能在超市購買食材，不要買上過蠟的蔬果。無論蔬果來自何處，一定要洗乾淨並完全瀝乾才能使用。

　　黃瓜有兩種，小黃瓜與大黃瓜。小黃瓜皮薄，體積小，表層凹凹凸凸。大黃瓜還沒長大的時候，可做成夾麵包用的醃黃瓜片，也可當開胃小菜，但是絕對不適合用蒔蘿調味。

　　大部分的醃黃瓜食譜都會用到醋、鹽、香草與香料、水和甜味劑。最好使用市售醋。為了安全保存醃黃瓜，醋必須含有 4 到 6% 的醋酸，自家的手工醋很可能酸性不夠強。同理，絕對不能減少食譜裡醋的用量。白醋最常使用，因為它不會給醃黃瓜染上顏色。蘋果醋有一種既豐厚又溫和的風味，也比較不酸。很多酸甜黃瓜與印度酸甜醬食譜，都愛用蘋果醋。麥芽醋有一種纖細、近乎香甜的味道，有幾個食譜會用到它。這些醋可以互相替換，但別忘了醋不一樣，風味也會隨之改變。

鹽既可調味，也有保存功能。這是因為鹽會讓食材脫水、變乾，讓微生物難以生存。一定要用純天然日曬鹽或乳製品用鹽，並且精準測量用量。

傳統的醃香草與香料包括蒔蘿、芥末籽、芹菜籽、蒜頭、辣椒、丁香，以及市售的綜合醃漬香料。但調味的方式有無限可能，這裡的食譜包括夏香薄荷、羅勒、茴香、芫荽、龍蒿、辣椒和肉豆蔻等等。香草與香料都必須用新鮮採收的，若你喜歡清澈的醃漬鹽水，請使用整株植物，不要用磨碎的。很多食譜都是將香草與香料封在布袋裡，方便拿取。也可用紗布、棉布和不鏽鋼濾茶球取代布袋。

▶ 設備

一定要用不鏽鋼、玻璃或搪瓷材質的鍋、碗與容器。醃黃瓜裡的鹽分和酸性會與金屬相互作用，產生異味。食物調理機很省時，品質也很穩定，有助於改善醃黃瓜的口感。

兩件式瓶蓋的密封玻璃罐最為常見。頂蓋無法重複使用，但有螺紋的環蓋可以。老式的金屬環密封罐也能用來製作醃漬罐。玻璃蓋被封在玻璃罐上，蓋子與罐口之間有一個無法重複使用的橡膠墊圈（要注意蓋子或罐口有沒有會破壞密封的刮傷或缺口）。需要長時間醃漬的醃黃瓜，適合用玻璃、塑膠或搪瓷大缸。容器先用肥皂水徹底清潔，沖洗乾淨後，用滾水殺菌。無論使用哪一種設備製作醃漬罐，一定要依照說明書使用。

▶ 密封罐煮鍋

美國農業部建議使用浸泡滾水的密封罐煮鍋來製作醃黃瓜。浸泡滾水，基本上就是把玻璃罐放在大鍋裡，水面完全淹過玻璃罐。

玻璃罐會放在一個金屬架上，防止罐子撞來撞去，同時方便拿取。

雖然做醃黃瓜的人都很愛用密封罐蒸鍋，但這種鍋子並未獲得美國農業部核可。蒸鍋有一個裝水的淺盤，一個可以將密封罐放在滾水上方的托架，還有一個留住蒸氣的圓頂蓋。

無論使用哪一種方式，都必須先把裝滿醃黃瓜的玻璃罐放進鍋內，等水沸騰才開始計算滾煮。蒸鍋溫度升高得比較快，因此無法像煮鍋那樣保證食材都能充分殺菌。但是，蒸鍋的優勢是水沸騰得較快。由於加熱時間縮短，做出來的醃黃瓜更加爽脆。為了方便親手做醃黃瓜的朋友，這兩種方法的醃漬步驟本書都有介紹。

醃漬 訣竅

　　裝罐時，寬口漏斗跟木匙能幫你把蔬菜排得既整齊又緊密。可用一根筷子或抹刀來消除氣泡。視需要添加鹽水，調整罐內空間。食材的份量是粗估，所以請多準備一、兩個玻璃罐。

　　玻璃罐滾煮後，放在毛巾或木架上，置於通風良好的地方。靜置 24 小時，然後檢查密封狀態。若是兩件式瓶蓋，瓶蓋中央應是凹下去。若是金屬環玻璃罐，傾斜玻璃罐，讓內容物觸碰到瓶蓋，沒有氣泡才表示確實密封。非密封的玻璃罐冷藏保存，需在 2 週內食用完畢。

　　保存醃黃瓜的方式是把罐子洗乾淨，貼上標籤並註明日期。存放在陰暗乾燥的櫥櫃裡，溫度在攝氏 0 到 10 度之間，以防止維生素流失與褪色。大部分的醃黃瓜應至少存放 6 週才會入味。

　　長期醃漬：將黃瓜浸泡在醃漬缸的鹽水裡，蓋上板子施以重壓。兩天內會開始發酵。偶爾嚐嚐味道，觀察黃瓜是否已經夠酸。冷藏會終止醃漬。不再有氣泡冒到缸頂時，就表示發酵已完成，

哪裡出了錯？

問題	原因
醃黃瓜太軟或太滑	表面的渣沒有每天撈乾淨（長期醃漬） 沒有完全浸泡在鹽水裡 玻璃罐的存放地點太熱 水質太硬 果頂沒有切掉 玻璃罐沒有確實密封
醃黃瓜皺縮	鹽水太鹹 糖漿太甜 醋太酸 黃瓜不新鮮
醃黃瓜變黑	水質太硬 使用了紅銅、黃銅、鍍鋅金屬或鐵質器具 玻璃罐的蓋子生鏽 黃瓜的氮含量較低
醃黃瓜變空心	黃瓜過熟或曬傷 罐頂保留的空間不夠
瓶蓋未密封	使用非標準尺寸的瓶子或瓶蓋 玻璃瓶處理不當 瓶口沒有擦乾淨

接下來有幾個食譜不用密封罐煮鍋滾煮玻璃罐，原因是那幾款醃黃瓜是以冷藏或冷凍保存。大部分都能在〈冷藏與冷凍醃黃瓜〉裡找到，若在其他地方出現，會以星號「*」標示。

時間會在第 2 與第 4 週之間。你可以輕敲缸身,確認是否還有氣泡。

糖醋黃瓜

甜黃瓜
材料

5 夸脫(約 4.7 公升)小黃瓜,切成 $1\frac{1}{2}$ 到 3 英寸(3.8 到 7.6 公分)長(約 3.2 公斤)

$\frac{1}{2}$ 杯粗鹽

8 杯砂糖

6 杯白醋

$\frac{3}{4}$ 茶匙薑黃粉

2 茶匙芹菜籽

2 茶匙綜合醃漬香料

8 根 1 英寸(約 2.5 公分)肉桂條

$\frac{1}{2}$ 茶匙茴香(可省)

2 茶匙香草精(可省)

作法

1. 第一天早上:洗淨小黃瓜,用蔬菜刷刷乾淨。蒂頭可保留。瀝乾。放進大容器,浸泡滾水。

2. 下午(6 ~ 8 小時後):瀝乾,浸泡新的滾水。

3. 第二天早上:瀝乾,浸泡新的滾水。

4. 下午:瀝乾,加鹽,浸泡新的滾水。

5. 第三天早上:瀝乾。用叉子戳刺小黃瓜。用 3 杯砂糖與 3 杯醋調製糖漿,加入薑黃粉與香料。加熱至沸騰後,淋在小黃瓜上。(這時候的小黃瓜只有部分浸泡在液體裡。)

6. 下午:把糖漿過濾到鍋子裡,加 2 杯砂糖與 2 杯醋,加熱至沸騰後,再度淋在小黃瓜上。

7. 第四天早上:把糖漿過濾到鍋子裡,加 2 杯砂糖與 1 杯醋,加熱至沸騰後,再度淋在小黃瓜上。

8. 下午:把糖漿過濾到鍋子裡,加入最後 1 杯砂糖與香草精,加熱至沸騰。小黃瓜裝進容量 1 品脫(約 473 毫升)、高溫、乾淨的玻璃罐裡,倒入煮滾的糖漿,糖漿必須蓋過小黃瓜。罐頂要保留 $\frac{1}{2}$ 英寸(1.3 公分)的空間。密封。用密封罐煮鍋或蒸鍋滾煮 5 分鐘。

份量:7 到 8 品脫(約 3.3 至 3.8 公升)

醃黃瓜片
材料

25 條黃瓜,切成中等厚度(約 10 磅〔4.5 公斤〕)

$\frac{1}{3}$ 杯粗鹽

5 杯白醋

5 杯砂糖

2 茶匙芥末籽

1 茶匙丁香粉

作法

1. 在玻璃、搪瓷或不鏽鋼大碗裡攪拌黃瓜片和粗鹽,然後靜置 3 小時。瀝乾。

2. 把其他原料放進中等大小的平底深鍋,加熱至沸騰。加入黃瓜片,但無須重新煮沸。

3. 將黃瓜片與糖漿倒進容量 1 品脫(約 473 毫升)、高溫、乾淨的玻璃罐裡，罐頂必須保留 $\frac{1}{4}$ 英寸（0.6 公分）的空間。密封。用煮鍋或蒸鍋滾煮 5 分鐘。

份量：7 到 8 品脫（約 3.3 至 3.8 公升）。

陽光醃黃瓜

材料

4 杯成熟黃瓜，去皮切塊

1 湯匙粗鹽

1 顆中等大小洋蔥，切薄片

1 顆紅椒，切絲

$\frac{1}{2}$ 杯白醋

1 茶匙芹菜籽

1 杯砂糖

1 茶匙芥末籽

作法

1. 切好的黃瓜拌入粗鹽，然後浸泡在水裡。靜置 2 小時，瀝乾。
2. 將剩餘的原料放進大平底深鍋，加入黃瓜，煮到能用叉子輕易叉入。把黃瓜跟糖漿舀進容量 1 品脫（約 473 毫升）、高溫、乾淨的玻璃罐裡，罐頂保留 $\frac{1}{2}$ 英寸（1.3 公分）的空間。密封。用煮鍋或蒸鍋滾煮 5 分鐘。

份量：2 品脫（約 946 毫升）

派蒂斯畢爾的蜂蜜醃黃瓜

● **材料**

12 條成熟大黃瓜，去皮，去籽

6 顆大洋蔥，切薄片

$\frac{1}{2}$ 杯粗鹽

1 加侖（約 3.8 公升）水

3 杯蘋果醋

1 杯水

2 杯蜂蜜或楓糖漿

2 湯匙芥末籽

2 茶匙芹菜籽

2 茶匙薑黃粉

作法

1. 黃瓜切成條狀。在玻璃、搪瓷或不鏽鋼大碗裡攪拌粗鹽和水。加入黃瓜與洋蔥，浸泡一夜。
2. 隔天早上，將其他原料放進大果醬鍋裡，滾煮 5 分鐘。加入黃瓜與洋蔥。加熱至沸騰。把果醬鍋裡的混合物舀進容量 1 品脫（約 473 毫升）、高溫、乾淨的玻璃罐裡，罐頂保留 $\frac{1}{4}$ 英寸（0.6 公分）的空間。密封。用密封罐煮鍋或蒸鍋滾煮 10 分鐘。

份量：5 到 6 品脫（約 2.4 至 2.8 公升）

蒔蘿醃黃瓜

猶太蒔蘿醃黃瓜

材料

4 磅（約 1.8 公斤）黃瓜，長度 2 到 4 英寸（5 至 10 公分）

3 湯匙粗鹽

1 湯匙芥末籽

3 杯水

3 杯白醋

6 片月桂葉

6 瓣蒜頭

6 枝蒔蘿頭，或 $1\frac{1}{2}$ 湯匙蒔蘿籽

作法

1. 洗淨黃瓜，切掉果頭部分。鹽、芥末籽、水、醋一起放入平底深鍋。加熱至沸騰。

2. 在每一個容量 1 品脫（約 473 毫升）、高溫、乾淨的玻璃罐裡放入 1 片月桂葉、1 瓣蒜頭與 1 枝蒔蘿。放入黃瓜。最後再放上 1 片月桂葉、1 瓣蒜頭和 1 枝蒔蘿。倒入剛才煮沸過的熱鹽水，罐頂保留 $\frac{1}{4}$ 英寸（0.6 公分）的空間。密封。在滾水裡浸泡 10 分鐘。煮鍋關火時，裡面的玻璃罐完全浸泡在滾水中，10 分鐘後立刻取出。也可使用蒸鍋，同樣是加熱 10 分鐘。2 至 3 週後即可食用。

份量：約 2 至 3 公升

* 冷藏蒔蘿醃黃瓜

材料

2 枝蒔蘿頭

3 瓣蒜頭

2 湯匙綜合醃漬香料

2 片月桂葉

1 加侖（約 3.8 公升）小黃瓜

1 杯白醋

粗鹽

作法

1. 將蒔蘿、蒜頭、醃漬香料與月桂葉，放進容量 1 加侖的玻璃罐底部。放入小黃瓜，若黃瓜很大，可再切分。

2. 醋、水和粗鹽放入中等大小的平底深鍋裡，加熱至沸騰，然後冷卻。冷卻後，淋在小黃瓜上，送進冰箱冷藏。

3. 3 天後，小黃瓜與鹽水分裝到小玻璃罐裡。繼續冷藏。

份量：4 夸脫（約 3.8 公升）

* 新鮮蒔蘿醃黃瓜

材料

8 杯小黃瓜

4 枝蒔蘿頭

2 瓣蒜頭

2 片辣根（可省）

4 杯水

1 杯白醋

$\frac{1}{4}$ 杯粗鹽

作法

1. 小黃瓜洗淨、擦乾。每一根都戳刺幾個洞。

2. 在每一個容量 1 夸脫（約 946 毫升）、殺菌過的玻璃罐裡放 1 枝蒔蘿、1 瓣蒜頭與 1 片辣根。放入小黃瓜，最後放上蒔蘿。

3. 醋、水和粗鹽放入中等大小的平底深鍋裡，加熱至沸騰，冷卻至室溫。淋在小黃瓜上。須完全覆蓋。密封。冷藏至少 8 週後，即可食用。

份量：約 2 夸公升

冷藏 與 冷凍 醃黃瓜

冷藏醃黃瓜

材料

6 條中型小黃瓜，切薄片

3 顆中型洋蔥，切薄片

1 顆中型青椒，切丁

1 顆中型紅椒，切丁；或以 1 小罐多香果取代

2 杯白醋

3 杯砂糖

1 湯匙粗鹽

1 茶匙芹菜籽

作法

1. 蔬菜洗淨切好，充分拌勻，放進乾淨
   的玻璃罐裡。
2. 將剩下的原料放入中等大小平底深
   鍋。加熱至砂糖融化。淋在蔬菜上。
   冷卻至少 24 小時，即可食用。這種
   醃菜可冷藏存放好幾個月。

份量：約 3.8 公升

香料冷凍醃黃瓜

材料

8 杯黃瓜薄片

2 湯匙粗鹽

1 顆大洋蔥，切片

$1\frac{1}{3}$ 杯砂糖

1 杯白醋

$\frac{3}{4}$ 杯水

1 湯匙綜合醃漬香料

1 湯匙芹菜籽

作法

1. 黃瓜跟粗鹽一起攪拌，加水至完全淹
   沒。靜置一夜。清水沖洗，瀝乾。加
   入洋蔥。
2. 將其他原料放入中等大小平底深鍋，
   低溫加熱至砂糖融化。冷卻後，濾掉
   固體，汁液淋在黃瓜上。分裝到冷凍
   用塑膠袋裡，送進冷凍庫。食用前 8
   小時先放在冷藏室解凍。

份量：約 2 公升

冷凍薄荷醃黃瓜

材料

8 杯黃瓜薄片

1 顆青椒，切碎

2 湯匙粗鹽

1 杯蘋果醋

$\frac{1}{2}$ 杯水

12 片新鮮薄荷葉，或 1 茶匙薄荷精

4 顆多香果

作法

1. 蔬菜放在一起，撒上粗鹽。充分攪拌
   後，靜置 2 小時。
2. 用冷水沖洗。砂糖、醋與水拌勻後，
   淋在蔬菜上。充分攪拌。加入薄荷葉
   與多香果。冷藏一夜。
3. 隔天早上，將黃瓜放進冷凍用容器
   裡，冷凍存放。食用前 8 小時先放在
   冷藏室解凍。

份量：約 2 公升

冷凍醃黃瓜

材料

2 杯砂糖

1 杯白醋

2 茶匙粗鹽

2 茶匙芹菜籽

7 杯黃瓜薄片

1 杯洋蔥薄片

1 杯青椒丁

作法

1. 在玻璃、搪瓷或不鏽鋼大碗裡倒入砂
   糖、醋、粗鹽與芹菜籽。加入處理好
   的蔬菜，充分拌勻。靜置一夜。
2. 將蔬菜與鹽水一起放入冷凍用容器或

袋子裡，冷凍存放。食用前 8 小時先
放在冷藏室解凍。

份量：約 2.8 公升

醃漬蔬果

香料醃甘藍菜
材料
4 夸脫（約 3.8 公升）紅甘藍或綠甘藍
$\frac{1}{2}$ 杯粗鹽
1 夸脫（約 946 毫升）白醋
$1\frac{1}{2}$ 砂糖
1 湯匙芥末籽
4 茶匙辣根泥
1 茶匙整粒丁香
4 根肉桂條
作法
1. 將甘藍菜與粗鹽鋪在大果醬鍋或大缸底部。靜置一夜。
2. 隔天瀝乾甘藍菜，擠乾菜汁。用清水沖洗乾淨，再次瀝乾。醋、砂糖、芥末籽與辣根泥放入平底深鍋，煮沸。
3. 丁香與肉桂放入紗布袋，綁緊，放入平底深鍋。小火滾煮 15 分鐘。
4. 甘藍菜放進 1 品脫（約 473 毫升）、高溫、乾淨的玻璃罐裡，倒入醋汁，罐頂保留 $\frac{1}{4}$ 英寸（0.6 公分）空間。
5. 用非金屬的抹刀去刮玻璃罐內壁，消除氣泡。密封。用密封罐煮鍋或蒸鍋滾煮 20 分鐘。

份量：約 2 公升

醃菜豆
材料
4 磅（約 1.8 公斤）菜豆
5 杯白醋
5 杯水
$\frac{1}{2}$ 杯粗鹽
每個玻璃罐加入：
$\frac{1}{2}$ 茶匙蒔蘿籽
1 瓣蒜頭
$\frac{1}{2}$ 茶匙完整芥末籽
$\frac{1}{2}$ 茶匙紅辣椒碎片
作法
1. 菜豆清洗乾淨，切成適合玻璃罐的長度。醋、水和粗鹽拌勻後煮沸。
2. 在每一個容量 1 品脫（約 473 毫升）、高溫、乾淨的玻璃罐裡，放入 $\frac{1}{2}$ 茶匙蒔蘿籽、1 瓣蒜頭、$\frac{1}{2}$ 茶匙芥末籽與 $\frac{1}{2}$ 茶匙辣椒碎片。放入菜豆。倒入熱鹽水，罐頂保留 $\frac{1}{4}$ 英寸（0.6 公分）的空間。密封。用密封罐煮鍋或蒸鍋滾煮 10 分鐘。
3. 存放至少 4 個星期，才能醃漬出完整風味。

份量：約 3.3 公升

亞洲風菜豆
材料
8 杯菜豆（2 磅〔約 900 公克〕）
4 杯白醋
1 杯水
2 湯匙醬油
2 湯匙烹調用雪莉酒
$1\frac{1}{2}$ 杯砂糖
1 湯匙薑泥或薑絲

$\frac{1}{2}$ 茶匙卡宴辣椒粉

4 片月桂葉

4 瓣蒜頭

作法

1. 菜豆洗淨，切成 4 英寸（約 10 公分）長。醋、水、醬油、雪莉酒、砂糖、薑與辣椒放入中等大小平底深鍋。加熱至沸騰。

2. 在容量 1 品脫（約 473 毫升）、高溫、乾淨的玻璃罐裡分別放入 1 片月桂葉和 1 瓣蒜頭。菜豆放入玻璃罐，塞緊。倒入熱糖漿，罐頂保留 $\frac{1}{4}$ 英寸（0.6 公分）空間，鎖上蓋子密封。用煮鍋或蒸鍋滾煮 10 分鐘。

份量：約 2 公升

醃甜菜

材料

10 至 12 磅（約 4.5 至 5.4 公斤）甜菜

1 夸脫（約 946 毫升）蘋果醋

$\frac{2}{3}$ 杯砂糖

1 杯水

2 湯匙粗鹽

作法

1. 甜菜切掉頭尾，徹底刷洗乾淨。將甜菜放在烤架上，送進大烘烤器裡，蓋上蓋子，以攝氏 204 度烤到甜菜變軟。若是中等大小的甜菜，差不多需要 1 小時。烤甜菜的同時，用煮鍋預熱水和玻璃罐。

2. 醋、砂糖、水、鹽放入平底深鍋，加熱至沸騰。甜菜烤軟之後，將冷水倒入烘烤器，剝掉甜菜外皮。甜菜放入容量 1 品脫（約 473 毫升）、高溫、

乾淨的玻璃罐裡，倒入鹽水，罐頂保留 $\frac{1}{2}$ 英寸（1.3 公分）的空間。用密封罐煮鍋或蒸鍋滾煮 10 分鐘。

份量：約 3.3 公升

中東風醃白花椰菜

這款醃白花椰菜會變成令人驚艷的粉紅色，適合送禮。

材料

3 顆白花椰菜（4.5 至 5 磅〔2 至 2.3 公斤〕）

3 杯白醋

6 杯水

2 湯匙粗鹽

1 湯匙孜然

6 片辣根

3 顆小甜菜，煮熟切片

作法

1. 白花椰菜洗淨，切成小朵。用滾水蒸 1 分鐘，不要過熟。醋、水、粗鹽與孜然加入中等大小平底深鍋裡，加熱至沸騰，轉小火煮 5 分鐘。

2. 在容量 1 品脫（約 473 毫升）、高溫、乾淨的玻璃罐裡分別放入 1 片辣根、2 片甜菜。把白花椰菜放入玻璃罐，塞緊。倒入鹽水，罐頂保留 $\frac{1}{4}$ 英寸（0.6 公分）的空間。密封。用密封罐煮鍋或蒸鍋滾煮 15 分鐘。

份量：2.8 公升

蒔蘿醃櫛瓜

材料

3 夸脫（約 2.8 公升）櫛瓜或其他胡瓜

$\frac{1}{4}$ 杯粗鹽

$2\frac{1}{2}$ 杯白醋

$2\frac{1}{2}$ 杯水

6 瓣蒜頭

3 枝新鮮蒔蘿葉

18 顆胡椒粒

3 片葡萄葉

作法

1. 櫛瓜切成條狀，大小配合玻璃罐。鹽、醋和水攪拌均勻，加熱至沸騰。

2. 容量 1 夸脫（約 946 毫升）、高溫、乾淨的玻璃罐裡分別放入 2 瓣蒜頭。櫛瓜放入玻璃罐內，接著依序放入蒔蘿與胡椒粒，最後放葡萄葉。倒進熱鹽水，罐頂保留 $\frac{1}{4}$ 英寸（0.6 公分）的空間。密封，用密封罐煮鍋或蒸鍋滾煮 10 分鐘。

份量：2.8 公升

蒔蘿醃珍珠洋蔥

材料

6 磅（約 2.7 公斤）白色小洋蔥

$\frac{1}{2}$ 杯粗鹽

2 湯匙砂糖

4 杯白醋

4 杯水

8 枝蒔蘿頭

4 茶匙綜合醃漬香料

16 顆胡椒粒

作法

1. 洋蔥去皮。粗鹽、砂糖、醋、水放進大平底深鍋，加熱至沸騰。加入洋蔥，小火微滾 3 分鐘。

2. 於此同時，在容量 1 夸脫（約 946 毫升）、高溫、乾淨的玻璃罐裡分別放入 2 枝蒔蘿頭、1 茶匙綜合醃漬香料與 4 顆胡椒粒。洋蔥放入玻璃罐，倒入熱鹽水，罐頂保留 $\frac{1}{4}$ 寸（0.6 公分）的空間。密封。用密封罐煮鍋或蒸鍋滾煮 10 分鐘。

份量：2 公升

* 香甜醃梨

若要醃桃子，可泡一下熱水，再用毛巾搓掉細毛。一顆桃子配 4 粒丁香，而不是 3 粒。

材料

6-7 磅（約 2.7 至 3.2 公斤）梨子

丁香

2 磅（約 900 公克）紅糖

2 杯蘋果醋

1 盎司（約 28 公克）肉桂條

作法

1. 梨子洗淨。不用削皮（除非皮很硬）。大梨子可切成四等分。1 顆梨子配 3 粒丁香。砂糖、醋與肉桂滾煮 20 分鐘。梨子跟糖漿一起煮到變軟，用叉子可輕鬆叉入。殺菌過的熱玻璃罐裡放入梨子，倒入熱糖漿，密封。

2. 若用大缸醃漬，請把梨子放進大缸裡，倒入糖漿，放上壓板讓梨子全數浸泡在糖漿裡。可存放在涼爽乾燥的地方，或是冷藏保存。

份量：2.8 到 3.8 公升

開胃小菜

醃彩椒

材料

12 顆紅椒

12 顆青椒

12 顆洋蔥

2 公升滾水

2 杯白醋

2 杯砂糖

3 茶匙粗鹽

作法

1. 彩椒跟洋蔥切碎，泡在滾水裡。靜置 5 分鐘後，瀝乾。

2. 白醋、砂糖和粗鹽攪拌均勻，跟彩椒、洋蔥一起滾煮 5 分鐘。倒進消毒過的熱玻璃罐裡，罐頂保留 $\frac{1}{4}$ 英寸（0.6 公分）的空間。密封。用密封罐煮鍋或蒸鍋滾煮 5 分鐘。

份量：2.8 公升

印度風酸甜番茄醬

材料

6 磅（約 2.7 公斤熟番茄，中等大小（約 24 顆）

6 磅（約 2.7 公斤）酸的青蘋果，中等大小（約 12 顆）

2 磅（約 900 公克）洋蔥，中等大小（約 6 顆）

$\frac{1}{2}$ 磅（約 227 公克）紅椒（約 3 顆）

$\frac{1}{2}$ 磅（約 227 公克）綠甜椒（約 3 顆）

1 杯芹菜，切碎

5 杯蘋果醋或麥芽醋

$2\frac{1}{2}$ 杯砂糖

4 湯匙粗鹽

1 磅（約 450 公克）蘇丹娜葡萄乾，或類似的葡萄乾

作法

1. 番茄、蘋果與洋蔥去皮切碎。彩椒切碎。將這些食材與芹菜、醋、砂糖和粗鹽一起放進大果醬鍋裡。

2. 快速煮沸，持續攪拌，直到實材變得透明、微稠。加入葡萄乾，繼續滾煮 20 到 30 分鐘。持續攪拌，以免燒焦。

3. 湯汁收到約 7 品脫（約 3.3 公升）的時候，舀進容量 1 品脫（約 473 毫升）、高溫、乾淨的玻璃罐裡，罐頂必須保留 $\frac{1}{2}$ 英寸（1.3 公分）的空間。密封。用密封罐煮鍋或蒸鍋滾煮 15 分鐘。

份量：3.3 公升

康妮的印度風酸甜梨醬

材料

10 杯硬熟梨（約 5 磅〔約 2.3 公斤〕），切片

$\frac{1}{2}$ 杯青椒，切碎

$1\frac{1}{2}$ 杯無籽葡萄乾

4 杯砂糖

1 杯糖漬薑片

3 杯蘋果醋

$\frac{1}{2}$ 茶匙粗鹽

$\frac{1}{2}$ 茶匙多香果

$\frac{1}{2}$ 茶匙整粒丁香

3 根肉桂條，2 英寸（5 公分）長

作法

1. 梨子和它以下的 6 種原料一起放入平底深鍋。多香果與丁香放進紗布袋綁

緊，跟肉桂一起放進平底深鍋。小火慢煮，直到梨子變軟，湯汁變得濃稠。約需 1 小時。

2. 撈出香料。舀進容量半品脫（約 237 毫升）、高溫、乾淨的玻璃罐裡，罐頂保留 $\frac{1}{2}$ 英寸（1.3 公分）的空間。密封。用密封罐煮鍋或蒸鍋滾煮 10 分鐘。

份量：10 個約 237 毫升的玻璃罐。

蜜漬綠番茄

材料

12 顆綠番茄
4 顆大洋蔥
1 顆紅甜椒
1 顆綠甜椒
1 湯匙粗鹽
1 杯黑蜂蜜
1 杯白醋
1 湯匙芥末籽
1 湯匙芹菜籽

作法

　　番茄、洋蔥與甜椒切塊。瀝乾。加入其他原料攪拌均勻。小火煮至蔬菜變軟，約需 20 分鐘。舀進容量 1 品脫（約 473 毫升）、高溫、乾淨的玻璃罐裡，罐頂保留 $\frac{1}{2}$ 英寸（1.3 公分）的空間。密封。用密封罐煮鍋或蒸鍋滾煮 10 分鐘。

份量：5 品脫（約 2.4 公升）

醃玉米

材料

8 杯生玉米粒
3 杯碎洋蔥

$\frac{1}{2}$ 杯碎青椒
$\frac{1}{2}$ 杯碎紅甜椒
$\frac{3}{4}$ 杯紅糖，壓實
$\frac{1}{2}$ 杯白玉米糖漿
7 茶匙粗鹽
1 湯匙乾芥末
3 杯蘋果醋

作法

　　所有的原料放在一起拌勻，蓋上鍋蓋滾煮 15 分鐘，偶爾攪拌。舀進容量 1 品脫（約 473 毫升）、高溫、乾淨的玻璃罐裡，罐頂保留 $\frac{1}{2}$ 英寸（1.3 公分）的空間。密封。用密封罐煮鍋或蒸鍋滾煮 15 分鐘。

份量：4 到 5 品脫（約 1.9 至 2.4 公升）

Chapter *6*
風味醋的製作與使用

經過調味的醋很好用，送禮自用兩相宜。市面上有很多優質的風味醋，但自己親手做會更好：更新鮮、味道更豐富也更獨特（價格也差很大）。

風味醋的製作方法很簡單。你想像得到的口味都能做，只要你願意發揮想像力，它可以開創無限可能。

先從我提供的食譜開始做，然後開發屬於自己的味道。你想加入任何香草、香料與調味料，都沒有問題。

製作 風味醋

許多風味醋僅需用你打算存放或送禮的醋瓶子就能完成，前提是你有足夠的時間，等待風味藉由浸泡慢慢滲進醋裡。也就是將調味料丟進瓶子裡，醋倒進去，然後等。

但如果你突然在 12 月中決定送舅媽一瓶美味的醋，祝福她佳節愉快，就必須加快入味的過程。首先，你必須搗碎調味用的原料。你可以用壓蒜器、胡椒碾磨器、咖啡研磨器，甚至用鎚子也可以（若使用新鮮香草，用手捏一捏即可）。把調味料放進有蓋子的玻璃罐裡

（如美乃滋的罐子）。將醋加熱至沸騰，然後倒進玻璃罐。

蓋上蓋子，靜置於室溫環境。1 至 2 天後嚐嚐味道（如滴幾滴在一小塊麵包上），確認味道是否剛剛好，很多時候，只要幾小時就能入味。

確定味道剛剛好之後，把調味料濾掉。仔細檢查醋是否清澈，如果有懸浮物，或是看起來混濁，用咖啡濾紙過濾到清澈為止。

放一些你使用過的調味料到瓶子裡（但這次是形體完整的原料）做為裝飾，最後再把醋倒進去。

有些醋最好先跟主要原料一起短暫煮過，然後才開始浸泡，例如覆盆莓醋。無論使用哪一種方法，風味醋都是一種不用花費什麼力氣就能帶來美好成果的調味品。

所有的醋都能永久保存，但如果打算放很久，建議製作風味醋之前先將醋殺菌，以免長出像雲朵的「醋蛾子[2]」。醋擁有絕佳的防腐特性，浸泡在醋裡的任何香草將永遠保持新鮮的樣貌。

以下食譜能做醋大約 2 杯的份量。若想多做一點，按比例增加原料即可。

2　譯註：醋蛾子（mother of vinegar）是纖維素與醋酸菌所形成的膠膜狀物質，會將酒精變成醋酸。

▶ 基底醋

我在不同的食譜中建議了不同的醋,每一種選擇都是有原因的。紅酒醋能為覆盆莓醋增添色彩,白酒醋能突顯百里香、檸檬皮與黑胡椒醋的特色,以此類推。不過,你完全可依照個人的喜好做調整。

以下這幾款醋,大部分超市都找得到(不一定要買最貴的品牌。你將親手做出獨樹一格、滿足挑嘴老饕的醋)。

● 紅酒醋:顏色美麗,微嗆。
● 白酒醋:偏黃的白,味道細緻。
● 香檳醋:跟白酒醋味道類似。
● 日式或中式米酒醋(白或紅):味道非常纖細(要注意有些「調過味」的米醋添加了糖)。
● 蒸餾白醋:無色,酸性強,最適合像「辣辣辣醋」這樣張牙舞爪的風味醋。
● 蘋果醋:淺棕色,濃郁的蘋果風味。
● 麥芽醋:深棕色,味道濃郁卻宜人,不容易買到,但加拿大(用來配薯條吃)跟英格蘭(炸魚薯條的標準調味料)很常見。
● 雪莉酒醋:棕色,濃郁的雪莉風味,通常自西班牙進口,價格較貴。

以上這幾款醋,大部分的風味醋用頭四款來做最適合,也就是紅酒醋、白酒醋、香檳醋與日式米酒醋。其他幾款的風味太過強烈(除非是重口味的風味醋,如原料用了辣椒、紅蔥頭、蒜頭或洋蔥等等)。

覆盆莓醋

很多人認為這是最棒的一款風味醋。因為原料是新鮮水果,所以製作方式會有點不一樣。別省略加糖或蜂蜜的步驟,這款風味醋需要一點甜味才能讓風味完整釋放。

材料

2 到 $2\frac{1}{2}$ 杯新鮮紅色覆盆莓,稍微壓碎(也可使用等量的冷凍覆盆莓,如果是加了甜味劑的覆盆莓,就不用再加糖或蜂蜜)
2 湯匙砂糖或蜂蜜
2 杯紅酒醋

作法

1. 原料放進非鋁製的雙層鍋上鍋。下鍋煮水至沸騰,轉小火微滾,不蓋鍋蓋煮 10 分鐘。
2. 倒進有螺旋蓋的大玻璃罐裡,靜置 3 星期,過濾掉醋裡的覆盆莓,把莓果裡的汁壓出來。如果覺得醋看起來太混濁,可使用咖啡濾紙過濾。把醋倒進準備好的瓶子裡,加入幾顆新鮮覆盆莓作裝飾。

份量:約 2 杯

藍莓醋

這是一款非常時尚也非常健康的水果醋,製作方式跟覆盆莓醋一模一樣。

選擇喜歡的紅酒醋或白酒醋。紅酒醋做的藍莓醋顏色較深,會帶點紫色。

完成加熱、靜置、擠壓、過濾之後,裝瓶前可在瓶子裡放幾顆新鮮的大顆藍莓和一小根肉桂條作裝飾,這樣的裝瓶很美。藍莓將在醋裡永保新鮮,肉桂條會膨脹(並且為醋增添風味),視覺效果也很吸引人。

桃子、杏李與其他水果醋

　　任何水果都能用這種方式做醋，但基底醋必須是白酒醋。想像一下桃子醋淋在水果沙拉上，或是杏李醋跟美乃滋拌在一起，淋在雞肉沙拉上。這是我大力推薦的好滋味。

　　將杏李、桃子或油桃在滾水裡短暫泡一下，然後用手指去皮。如果體積較大，可切成塊狀。接下來的步驟就跟覆盆莓醋一樣。

香草醋

　　個人喜好與手邊可取得哪些香草，將決定你的香草醋會使用哪些原料。

　　你可以只用一種香草，也可以把好幾種香草混合使用，數量不限。此外，你也可以把香草跟其他調味料混在一起。

　　我將提供單一香草、混合香草以及香草加上調味料的食譜各一。每一個食譜都包括幾種其他建議。你可以在這個基礎上自由發揮。

　　我個人喜歡用白酒醋或香檳醋來做香草醋，原因很簡單，這樣比較方便欣賞瓶內的裝飾香草。白米醋也有一樣的效果，而且味道比較溫和。蒸餾過的白醋味道比較刺激，容易蓋過香草氣味。

羅勒與其他單一香草醋

　　請遵循一個大原則：任何新鮮香草都可使用。蒔蘿就很好用，細葉香芹也是。香艾菊風味醋是最棒的醋。蝦夷蔥風味醋味道細緻，記得一定要在瓶子裡放很多蝦夷蔥。小葉型的香草，例如百里香，可多放個一、兩枝。

材料
4 大枝新鮮羅勒
2 杯白酒醋或香檳醋
作法
　　羅勒放入容量 1 品脫（約 473 毫升）的瓶子裡，倒入醋（若瓶子較小，可分裝成 2 瓶）。密封。靜置 2 到 3 週，即可使用。（若想加快製成香草醋，請見 56 頁「製作風味醋」的步驟。）

迷迭香 - 香艾菊醋（及其他香草組合）

　　若要我挑選一款我最愛的香草醋，肯定是這一款。迷迭香與香艾菊是絕佳組合，兩種香草放在一起別有一番異國情調。還有其他不錯的香草組合，只要是香草搭在一起不錯，你也可以把好幾種混合在一起。牛至跟蒔蘿是很有趣的搭配，羅勒跟香薄荷也是。

材料
2 大枝迷迭香
2 大枝香艾菊
2 杯白酒醋或香檳醋
作法
　　做法跟剛才的羅勒醋一樣。若分裝成 2 瓶，一定要在 2 個瓶子裡各放 1 枝迷迭香 1 枝香艾菊。

百里香、檸檬皮與黑胡椒醋（及其他香草香料組合）

　　除了美味之外，這款醋很漂亮，非

常適合送禮。適合跟香草一起做醋的調味料還包括蒔蘿籽、整粒多香果、白胡椒粒、肉桂條、橙皮、小紅辣椒乾與芹菜籽。醃漬香料也能做出與眾不同的醋。（如果不希望醋是辣的，記得把醃漬香料裡的小辣椒挑出來。）

材料

1 大枝新鮮百里香

1 長條螺旋狀檸檬皮

2 茶匙滿滿的黑胡椒粒

2 杯白酒醋

作法

百里香、檸檬皮與胡椒粒放進一個容量 1 品脫（約 473 毫升）的瓶子，也可分裝在 2 個 8 盎司（約 237 毫升）的瓶子裡。倒入白酒醋。密封。靜置 1 個月即可使用。每隔 1 至 2 天輕輕搖晃瓶子一次（若想立即使用，請參考 56 頁「製作風味醋」的步驟）。

* 注意：如果你使用 8 盎司的瓶子，就選小枝一點的百里香、短一點的檸檬皮。在 2 個瓶子裡分別放入百里香、檸檬皮，以及 1 茶匙胡椒粒。

胡椒粒三重奏風味醋

胡椒粒三重奏用了黑、白、綠三種胡椒粒。若是四重奏，可以多加粉紅色胡椒粒，但粉紅色胡椒粒可能有毒，所以我不建議使用。

這款風味醋時尚到不行，味道也屬上等。

材料

1 茶匙黑胡椒粒

1 茶匙白胡椒粒

1 茶匙綠胡椒粒，瓶裝或罐裝都可以

2 杯白酒醋

作法

醋煮沸後，從熱源上拿開，加入黑胡椒和白胡椒粒。靜置冷卻，然後倒進瓶子裡（若你使用多個瓶子，請平均分配胡椒粒）。最後加入綠胡椒粒。靜置 2 至 3 週即可使用。胡椒粒不用濾掉。

▶ 辣辣辣醋

雖然你能控制辣椒用量來調整辣度，但仍需小心使用。這款醋的基底醋是蒸餾白醋或蘋果醋，因為它們的風味夠強勁。

辣辣辣醋是一款好用的醋。做墨西哥菜或亞洲菜的時候，可用來立刻增加辣度。你等於隨時都有新鮮辣椒可以用，因為泡在醋裡的辣椒不會壞。從醋瓶子裡取出一條辣椒，切一點丟進鍋子裡，剩下的再丟回醋瓶子裡就行了。

若要做非常非常辣的醋，就把乾淨的乾辣椒塞滿玻璃罐，倒進足以淹沒辣椒的醋，然後密封。靜置 1 至 2 週即可使用。我用的是墨西哥辣椒和更小、更辣的塞拉諾辣椒，但任何新鮮辣椒都可使用。

若想做溫和一點的醋，就用不那麼辣的辣椒（當然），數量也可減少，或是用紅甜椒或綠甜椒取代部分辣椒。甜椒只增添風味，不增加辣度。

香料日式米醋

節食的人有福了，這款風味柔和的醋可直接當成沙拉醬汁使用，一滴油或一粒鹽都不用加！

材料

1 瓣剝皮的紅蔥頭或蒜頭

10 顆黑胡椒粒

$\frac{1}{4}$ 塊薑，去皮

2 杯日式米醋，白醋或紅醋皆可

作法

　　紅蔥頭或蒜頭、胡椒粒與薑放進瓶子裡（如果瓶口太窄，就把薑切小塊一點），再倒進米醋。密封瓶子，靜置 2 週後即可使用。

七椒風味醋

　　名字這麼厲害的東西，很適合當成有趣的禮物送人，只是這樣東西剛好是美味的醋。

材料

黑胡椒

白胡椒

四川花椒

綠胡椒

綠甜椒

紅甜椒

辣椒（如果是八味醋，可以用紅辣椒跟青辣椒）

2 杯白酒醋

作法

　　作法跟胡椒粒三重奏風味醋一模一樣，除了以下步驟：

　　四川花椒跟黑、白胡椒一起裝瓶，甜椒跟辣椒要切得非常細碎，跟綠胡椒一起放入瓶中。

　　這款醋不需要過濾，醋裡的調味料將永保新鮮。

　　如果你不知道什麼是四川花椒，可去超市的中國食材區找一找，當然亞洲超市也找得到。花椒氣味濃郁，但是一點也不辣。

蒜頭、紅蔥頭或洋蔥醋

　　幾乎任何不甜的料理，只要加了蒜頭、紅蔥頭或洋蔥醋就能立刻變得香辣。紅蔥頭是這三種醋裡味道最溫和的醋，適合一聞到蒜味就想逃的人。洋蔥醋雖不含蓄，卻也宜人。至於蒜頭醋，喜愛蒜味的人會認為除了巧克力冰淇淋之外，都得淋一點才夠味。

　　至於該用哪一種基底醋：蒜頭跟洋蔥似乎適合酸度較強的醋，可使用蘋果醋跟蒸餾白醋。紅蔥頭味道較細緻，跟酒醋比較搭。

材料

$\frac{1}{3}$ 杯蒜頭、紅蔥頭或洋蔥，切末

2 杯醋（選擇如前述）

作法

　　將蒜末、紅蔥頭末或洋蔥末跟醋一起放進有螺旋蓋的玻璃罐內，靜置 2 至 3 週，過濾後裝瓶，並在瓶內放入適當的裝飾物，例如 1 瓣去皮的蒜頭或紅蔥頭、1 塊去皮洋蔥，或是 1 顆去皮的小洋蔥。

普羅旺斯風味醋

　　法國南部的普羅旺斯省，是一個充滿各式風味的地方。你可以用這種簡單的方式，為料理增添普羅旺斯氣息。

材料

1 小枝百里香

1 小枝迷迭香

1 小片月桂葉

1 大瓣蒜頭，去皮
1 塊橙皮，約 1 乘 4 英寸（2.5×10 公分）
1 品脫（約 473 毫升）白酒醋
作法
　　百里香、迷迭香、月桂葉、蒜頭與橙皮放入容量 1 品脫（約 473 毫升）的瓶子裡（或是兩個 8 盎司〔約 237 毫升〕的瓶子裡）。加入白酒醋。密封。靜置 1 個月即可使用，每隔 1 至 2 天輕輕搖晃瓶子一次。（若想立即使用，請參考 56 頁「製作風味醋」的步驟。）

適用風味醋的 食譜

　　你可以參考以下的食譜，使用你親手做的風味醋。這些使用方式只是大原則，你可以自己發明新的用法，例如取代其他食譜裡使用的醋，或是為你正在烹調的菜餚增加一點魔力。

　　如果你做出來的醋不適合你想嘗試的料理，也可用其他醋來替代。

芥末豬排佐紅蔥頭醋
　　這道豬排是全世界最好吃的豬排。
材料
2 湯匙奶油或人造奶油
4 $\frac{3}{4}$ 英寸（12 公分）厚的豬排，切除大部分的脂肪
2 湯匙第戎芥末醬
鹽與現磨黑胡椒
作法
　　奶油放入大平底鍋，小火融化。豬排下鍋，小火慢煎約 30 到 35 分鐘，偶爾翻面，煎到焦黃軟嫩。鍋子從熱源上

移開，放在保溫的地方。火轉小一點，加醋後攪拌至湯汁收乾，一邊攪拌，一邊刮除黏在鍋底的渣。接著先拌入芥末，再加入鮮奶油。小火微滾，攪拌 2 至 3 分鐘。醬汁可淋在豬排上，或是把豬排放在醬汁上。

份量：4 人份

川味雞肉沙拉
　　這是一道充滿香氣、不太辛辣的神奇沙拉（如果想要辣一點，可以在鍋子裡加幾滴辣辣辣醋，跟其他調味料拌在一起）。熱醬汁上桌前再淋，但其他食材要事先準備好。大部分超市都買得到四川花椒與海鮮醬。

材料
4 片半塊雞胸肉（也就是兩塊雞胸肉）
1 塊 1 英寸（2.5 公分）生薑，去皮
3 顆大紅蔥頭
$\frac{1}{4}$ 杯沙拉油
2 湯匙香料日式米醋
1 茶匙花椒，用咖啡研磨器、胡椒碾磨器或研缽和碾杵磨碎
1 湯匙海鮮醬
1 湯匙蜂蜜
1 湯匙溜醬油或其他醬油
$\frac{1}{2}$ 茶匙現壓或現磨蒜泥
$\frac{1}{4}$ 杯花生或腰果（可省）
幾滴辣辣辣醋（可省）
蘿蔓萵苣，切絲
2 顆中等大小番茄，切成楔形
作法
　　切下一塊錢硬幣大小的薑片，再把一顆紅蔥頭切成 1 英寸（2.5 公分）小

塊，一起放進大鍋裡。大鍋倒入 2 公升的水，加熱至沸騰，然後加入雞胸肉，轉小火蓋上蓋子煮 15 分鐘。鍋子從熱源上移開，靜置冷卻半小時。

剩下的薑與紅蔥頭磨成泥，放進小鍋裡，加入沙拉油、香料日式米醋、花椒、海鮮醬、蜂蜜、溜醬油、蒜泥與堅果（若有）。攪拌後嚐嚐味道，可加幾滴辣辣辣醋。暫時靜置。

雞胸肉冷卻後，去皮去骨，撕成雞絲，放進耐熱的碗裡。在個別的盤子或一個大盤裡鋪上蘿蔓萵苣。上菜前，把小鍋裡的醬汁煮滾，然後淋在雞絲上充分攪拌，放在蘿蔓萵苣上。楔形番茄放在萵苣旁裝飾。

份量：4 人份

烤雞佐羅勒醋

這樣的美味佳餚在法國與義大利料理很常見。香草醋的風味滲入雞肉，形成單純而鮮美的少量醬汁。

材料
4 湯匙橄欖油
1 隻 3 磅（約 1.4 公斤）重的全雞，切塊或切成四等分
鹽與現磨黑胡椒
$\frac{1}{4}$ 杯羅勒醋

作法
雞肉抹上鹽與胡椒。大煎鍋以中火加熱橄欖油，放入雞肉煎至微焦。雞肉起鍋，放進淺烤盤，倒入羅勒醋，以攝氏 176 度烤 35 到 40 分鐘，過程中淋上雞油 3 至 4 次。

份量：4 人份

法式馬鈴薯沙拉

法國人處理馬鈴薯沙拉的方法很讚。跟美國人的野餐版本不一樣，美國人的馬鈴薯沙拉是冷的，還會加一大堆美乃滋。法式馬鈴薯沙拉是熱的，搭配醋、油與味道細緻的調味料。

傳統的法式馬鈴薯沙拉，馬鈴薯滾煮之後要立刻去皮。現在有很多廚師選擇不去皮，他們使用小顆的新鮮馬鈴薯，通常是紅色的。

材料
2 磅（約 900 公克）「滾煮」用的馬鈴薯，新鮮的或老的都可以（如前述）
$\frac{3}{4}$ 杯沙拉油（法式一點可用橄欖油）
2 湯匙百里香、檸檬皮與黑胡椒醋
$\frac{1}{4}$ 杯碎洋蔥或紅蔥頭
鹽與胡椒
2 湯匙歐芹，切碎

作法
馬鈴薯在鹽水裡煮到變軟。於此同時，將油、醋、鹽跟胡椒放在小平底深鍋裡。馬鈴薯去不去皮都可以（如前述）。馬鈴薯切片，趁熱放進大碗裡。平底深鍋裡的醬汁煮到微滾，拌入洋蔥或紅蔥頭以及歐芹，然後立刻淋在熱馬鈴薯片上。輕輕拌勻。現在可以吃，不過靜置至少 30 分鐘後再加熱會更入味。

份量：4 到 6 人份

Chapter *7*
製作最棒的蘋果汁

就算你以前從未做過蘋果汁[3]，只要多費點功夫挑選蘋果，加上幾樣必備器具以及來自親朋好友的協助，在家也能做出比市售品牌更好喝、風味更濃郁的蘋果汁。如果你口味挑剔、能取得優質的蘋果汁專用蘋果，而且也對製作新鮮蘋果汁有興趣，說不定實驗個幾季之後，你也可以創業販售蘋果汁了。

製作蘋果汁，你需要混合不同品種的蘋果，並從中找到平衡。味道平淡的蘋果用來做「基底」，酸度高的蘋果用來提味，富含單寧的苦澀蘋果用來打造口感與個性，香氣奔放的蘋果用來做為果香主調與獨特風味。

你需要一台研磨機，把蘋果磨成蘋果泥；一台榨汁機，榨出蘋果泥裡的果汁；容器用來盛裝新鮮得果汁。若蘋果汁幾週內就會喝光，你就需要低溫儲藏空間（冰箱或冰櫃），以免你的蘋果汁發酵成蘋果酒。

設備

短短幾年前，自製蘋果汁的設備仍非常稀少。但隨著回歸田園運動的興起，有愈來愈多製造商開始製作奶油攪拌桶、紡車、以馬為動力的機械，以及蘋果研磨機和榨汁機。

許多新設備變得更有效率、更容易清洗、重量更輕，比曾祖父時代的鑄鐵鍋跟橡木桶好用多了。新型研磨機的材質有不鏽鋼也有鑄鋁，有些配備碾磨齒，有整台現成的，也有套件組裝的。研磨蘋果切勿使用葡萄或軟的水果使用的研磨機，會把機器弄壞。

有愈來愈多廠商開始製作小型的手動與液壓榨汁機。紐約州農業實驗所的第八號報告也提供了自製蘋果榨汁機的方法。這間實驗所擁有全美面積最大的各品種蘋果園，品種數量超過一千，包括許多適合榨蘋果汁的品種。

研磨機

通常是櫟木製的手動設備，搭配不鏽鋼或鋁製刀刃，或是有碾磨齒的齒輪；上方有一個寬口的進料斗，能容納 35 公升的蘋果。市售研磨機有整台現成的，也有套件組裝的。電動研磨機種類繁多，包括專業級的錘磨機，以及約 1 公分的小型家用電鑽。

---

3   譯註：這裡所說的蘋果汁是「cider」，而非「apple juice」。前者指的是早摘、未過濾、通常含有果肉的蘋果汁，後者則是濾掉果肉的清澈蘋果汁。

榨汁機

對想在家裡自製蘋果汁的人來說，榨汁機的種類多到令人意外。現成或組裝的小型單缸手動螺旋榨汁機；現成的雙缸螺旋榨汁機；現成的單棘輪與雙棘輪系統榨汁機；小型的液壓手動式榨汁機，使用壓榨果泥的支架，其實就是大型商用榨汁機的縮小版；還有改良版的19世紀榨汁機。

壓榨袋與紗布

若你使用壓榨支架，你需要壓榨用的紗布，因為蘋果泥將包在尼龍紗布裡，放在分層的支架上施壓。通常壓榨支架會附紗布，新的紗布也很容易買到。若你使用缸式榨汁機，會需要堅韌的尼龍網袋，用來盛裝蘋果泥。尼龍袋既堅固又好洗。

過濾紗布

若要濾掉新鮮果汁裡的枝葉、種子與大塊果渣，可用一層棉紗布或尼龍布。最好喝、最營養的蘋果汁會有點混濁，帶點果膠顆粒。

把蘋果汁過濾到完全清澈其實多此一舉，這樣會把營養好喝的果膠濾掉，只是視覺上好看罷了。

主要容器

用來接剛壓好的果汁，可以是桶子、大碗或大缸。建議材質包括不鏽鋼、無氣味的聚乙烯或尼龍、玻璃，或是沒有缺口的搪瓷。絕對不能用鍍鋅金屬容器（如舊牛奶罐）、鋁、紅銅或其他金屬容器，有缺口的搪瓷容器也不行。蘋果汁裡的酸碰到金屬會快速產生化學反應，使蘋果汁產生異味。

塑膠虹吸管

用一條直徑 $\frac{1}{4}$ 英寸（0.6公分）、長度4英尺（1.2公尺）的塑膠管，就能有效率地把蘋果汁灌進果汁壺與瓶子裡。

塑膠漏斗

用來填裝5加侖（約19公升）細頸玻璃瓶或其他大型容器。

儲存容器

傳統的蘋果汁陶壺是軟木塞蘋果汁陶壺，新的舊的都買得到。自製蘋果汁的人大多節省，會用乾淨的、螺旋蓋的塑膠或玻璃壺來裝瓶果汁。若你打算冷凍蘋果汁，可使用塑膠容器，並且保留冷凍膨脹的空間。

哪一種 蘋果 最適合做蘋果汁？

釀造蘋果酒需要釀酒師的技術，他們知道哪些品種既能挨得住發酵的考驗，又能在陳放過程中釋放出美好的風味。但是蘋果汁需要的蘋果，必須讓濃郁的果汁帶有新鮮的蘋果香氣，喝進嘴裡就像一口咬下現摘熟蘋果一樣新鮮香甜。

▶ 蘋果的差異

蘋果有不同的顏色、形狀、風味。但是說到製作蘋果汁，要注意的是其他差異。蘋果有一個共通點：含有 75 到 90% 的水分，些許糖分（葡萄糖、果糖與蔗糖），蘋果酸與其他酸、單寧、果膠、澱粉、類蛋白素、油、灰、含氮物質與微量元素。大部分的蘋果都含糖，含量介於 10 到 14% 之間。雖然甜蘋果（dessert apples）嚐起來比料理蘋果或野生酸蘋果甜很多，但原因不是含糖量較高，而是因為「酸」蘋果的蘋果酸含量較高，所以讓人嚐不到甜味。謹記一個大原則：甜蘋果的蘋果酸含量較低。

單寧、酸度與芳香油含量，會決定不同蘋果的果汁品質。單寧會在口中形成澀味，蘋果酸則是刺激的酸味，蘋果酒的酒體與風味就是來自這兩樣東西。若比例適中，它們也可為蘋果汁帶來舒爽的新鮮口感。

北美洲大部分的蘋果汁，都是用淘汰或剩餘的甜蘋果製成。此類蘋果的糖分與酸度適合做蘋果酒，也適合做蘋果汁，可惜的是幾乎少有香氣，而且大部分的甜蘋果都缺少單寧，因此不是做蘋果汁的首選。加入野生蘋果或野生酸蘋果，可彌補單寧不足的問題。這兩種蘋果都富含單寧。

▶ 適合榨汁的「完美」蘋果

確實有適合榨汁的「完美」蘋果，這些品種的芳香油、糖分、單寧與酸含量比例平衡，只是數量稀少，而且愈來愈少。過去羅鎮紅棕蘋果、金紅棕蘋果、李布斯頓皮平蘋果與極品蘋果等品種，一直被視為優質的單一榨汁品種。但現在這些品種已很難找到，所以多數人只好將就使用能取得的蘋果，以混合的方式平衡各種味道。好喝的未過濾與過濾蘋果汁大部分都混用了多種蘋果，而且風味更佳。

▶ 混用蘋果

與其用「亂槍打鳥」的方式，把能取得的各種蘋果都丟進榨汁機裡賭一把，謹慎挑選混用的品種能帶來更可預期、品質也更好的蘋果汁。你可以把常見的品種依照特質分類，關鍵在於取得能使風味平衡的幾個品種。

蘋果的品種多達數千，有很多蘋果屬於同一個家族，擁有相似的明顯特性。旭蘋果是深受喜愛的蘋果家族，混用幾種旭蘋果榨汁不太明智，因為這樣的蘋果汁會有過度濃烈的旭蘋果香氣。馬科恩、科特蘭、斯巴達、喬納麥與帝國蘋果，都屬於旭蘋果家族。同一個家族裡，有幾個遠親比較適合用來跟芳香的旭蘋果混合榨汁：坤特、蘭傑與卡拉瓦。

「野生蘋果」比人工栽培的「馴化蘋果」更適合釀蘋果酒，但是純野生蘋果汁或是使用高比例的野生蘋果的混合蘋果汁，對習慣喝甜味果汁的人來說，會覺得太苦澀或太酸。野生蘋果做的蘋果酒之所以比蘋果汁好喝，是因為釀酒的第二個階段（蘋果酸乳酸發酵）會中和掉大部分的蘋果酸。不過，如果你有辦法取得野生蘋果，而且你使用的基底蘋果汁味道平淡、缺乏個性，除了混入酸性較高、單寧含量較多的國產品種之外，不妨考慮加入野生蘋果汁或野生酸蘋果汁。

▶「野生」蘋果

什麼是「野生」蘋果？地窖門旁或廢棄果園裡人工培育的老蘋果樹不是野生蘋果樹。雖然疾病、害蟲與營養不良會讓這些樹結的果子看起來像野生蘋果，但無論看起來如何雜亂，它們仍是人工培育的品種，具備所屬家族的特性。

野生蘋果是已知品種自然繁育的後代，或是從砧木吸芽生長而成的果樹，種類與特性不明（並非所有的野生蘋果都適合做蘋果汁，有些風味模糊、缺乏個性。先嚐嚐味道再決定，如果味道平淡無趣，就算了）。蘋果不是用種子播種的方式栽種，而是嫁接繁殖，因此人們熟悉的品種若是有種子獨立生長成了果樹，結出的蘋果通常會跟古老的祖先（野生酸蘋果）更為相似。

▶ 其他考慮事宜

長期以來，北美洲用來榨汁的蘋果主要是不適合販售或產量過剩的蘋果。雖然這是充分利用易腐敗商品的好方法，但令人遺憾的是，蘋果汁工廠一直被用來解決遭風雨打落、自然掉落，甚至是快要腐爛的蘋果。

最好的原料才能做出最好的產品，不想做出有異味或刺激酸味的蘋果汁，就只能用完整無缺的成熟蘋果。

未熟的蘋果糖分低、酸度高、澱粉含量也高，不適合做蘋果汁。自然掉落的蘋果與地面接觸太久，容易有霉味。有黑點的蘋果跟爛蘋果含有醋酸菌，會使蘋果帶有醋味。遭風雨打落的蘋果可能含有一種叫做棒麴黴素的毒素。未熟或過熟的蘋果無論用來榨汁或是釀酒，都很難喝。

如何判斷蘋果是否成熟？順時針扭轉樹上的蘋果。如果很容易扭下來，就表示已經成熟。還有一種測試方法是切開蘋果，觀察蘋果籽。深棕色的籽表示蘋果已成熟。淺棕色或灰白色表示還不能採收。夏末或九月時被強風吹落尚未成熟的蘋果，不要用來榨汁，可用來做蘋果果凍或香草風味的果凍。

旭蘋果、酒樹蘋果與五爪蘋果不能用來做為單一榨汁品種。酒樹蘋果本身帶有苦味，而五爪蘋果酸度很低，做出來的蘋果汁平淡無趣。不過五爪蘋果的糖分高、香氣足，若混合比較有活力的紅龍蘋果或紐頓蘋果，就很適合用來當成基底蘋果汁。旭蘋果香氣濃郁，會蓋過蘋果汁的其他特色。如果你跟某些人一樣喜歡旭蘋果的香氣，可在蘋果汁裡混入旭蘋果。

混用蘋果汁是一個味覺上的試誤過程，你可以嘗試到找出最對味的混合比例為止。這將是專屬於你的蘋果汁，世上獨一無二。

▶ 尋找蘋果

如果你自己沒有種蘋果樹，你或許可以種幾種熟得快的半侏儒蘋果樹來做蘋果汁。若你決定從路邊的果樹或廢棄果園撿拾野生蘋果，切記要先取得地主的同意，說不定對方也想用這些蘋果榨汁。實驗所的果園通常能找到市面上難以找到的品種；商用果園或觀光果園也是收集蘋果的好去處。

蘋果分類表

高酸度	中等酸度	低酸度（中性基底）
克羅斯	鮑德溫	班戴維斯
考克斯橙皮平	科特蘭	五爪
埃索普斯	帝國	金冠
格拉芬斯坦	雪蘋果	格萊姆絲黃金
紅玉	金紅棕	林德爾
梅爾巴	艾達紅	羅馬
紐頓	澤西旭	威斯非無雙
國王	路寶	
坤特	旭蘋果	
羅德島	藍波	
李布斯頓皮平	羅鎮紅棕	
貝拉	葡萄酒釀	
花嫁	斯巴達	
	韋恩	
	酒樹	
	約克帝國	

香氣濃郁	澀（單寧）	
考克斯橙皮平	多爾戈野生酸蘋果	
五爪	日內瓦野生酸蘋果	
雪蘋果	林德爾	
金冠	蒙洛伊爾	
金紅棕	紐頓	
格拉芬斯坦	紅魁	
旭蘋果	西伯利亞野生酸蘋果	
李布斯頓皮平	大部分的野生蘋果	
羅鎮紅棕	年輕的美國野生酸蘋果	
花嫁		
冬日香蕉		

若你的蘋果來自噴過農藥的果園，建議你在榨汁前仔細清洗蘋果，切除蒂頭與果頂。

蘋果汁的 製作步驟

決定蘋果汁風味與品質因素不光是品種與混合比例，也包括蘋果熟成的夏季天氣、果園的照護、催熟技巧與個人口味。請在戶外榨蘋果汁，最好是涼爽有風的天氣。

低溫能抑制細菌滋長，微風能驅趕使新生蘋果感染醋酸菌（acetobacter）的黑腹果蠅，醋酸菌會把液體變成醋，讓蘋果汁變得酸澀難喝。

蘋果汁的品管有一個極為重要的關鍵：乾淨。所有的原料與設備都必須維持乾淨、保持衛生。每天使用完畢後，榨汁機、研磨機、容器都必須刷洗並用清水（不加肥皂）沖乾淨，就算隔天早上會繼續榨汁也一樣。

若設備安裝在室內，每次作業完畢，牆壁跟地板都必須沖洗，防止醋酸菌滋生，以免為黑腹果蠅提供舒適的環境。骯髒的設備是蘋果汁的直接汙染源。

1. 採收蘋果與「發汗」：採收或購買成熟且完好無缺的蘋果。不要用未熟或被風雨打落的蘋果，這樣只會做出劣質蘋果汁。被風雨打落的蘋果有很多細菌，會使蘋果汁產生異味。
   將蘋果存放在乾淨、無異味的地方幾天或幾星期，讓蘋果「發汗」，直到蘋果能在你使勁握住時稍微凹陷。這道熟化程序能提升蘋果汁的風味，也

能讓蘋果產出更多果汁。絕對不能用腐爛或快要壞掉的蘋果。若你打算在榨汁後調和出風味平衡的蘋果汁，就把不同品種的蘋果分開放。

2. 選擇蘋果：1 蒲式耳（約 20.4 公斤）蘋果能榨出 3 加侖（約 11 公升）果汁。遵循以下的混合比例，就能調和出不錯的蘋果汁，不過實際情況取決於你能收集到的品種。
   以中等酸度或低酸度果汁為基底：佔總體積的 40 到 60%。味道平淡的「甜」蘋果汁很容易跟味道較強烈、香氣較濃的蘋果汁融為一體。
   中等至高酸度：佔總體積的 10 到 20%。參考前頁〈蘋果分類表〉，選擇你喜歡的品種。
   香氣：佔總體積的 10 到 20%。蘋果汁的香氣來自這些蘋果。大部分芳香油都集中在蘋果皮，但蘋果皮的細胞很難破壞，你需要有效率的研磨機。
   澀（單寧）：佔總體積的 5 到 20%。澀到讓舌頭縮起來的蘋果別放太多，否則你的蘋果汁會過度刺激味蕾。北美洲的蘋果通常富含單寧與酸，混用時須謹慎。

3. 清洗：研磨之前，將蘋果放在一大桶乾淨的冷水裡清洗。用澆花的高壓水管直接沖洗，能沖掉細菌與果園裡的髒東西。把腐爛和發霉的蘋果丟掉。

4. 研磨：洗好的蘋果放入研磨機的進料斗，磨成小顆粒的果泥。過去磨果泥的作法是用佈滿釘子的木槌敲打放在石磨裡的蘋果。北美洲的甜蘋果滿軟的，強力研磨可能會使果泥變得太

美國傳統手動榨汁工法：研磨前蘋果的清洗時要特別仔細。

濕，野生蘋果的果泥軟硬較適中。若研磨的量很少，可用食物調理機或切碎機，但若蘋果汁的容量超過 1 到 2 加侖（約 3.8 到 7.6 公升）就不適宜。如果這是你第一次做蘋果汁，不同品種的蘋果、果泥與果汁都要分開存放，最後再嚐嚐不同比例的味道。在你知道各品種的混合比例之後，下一次可以把不同品種的蘋果放在一起研磨。每年秋天都有很多人喜歡嘗試新的蘋果混合比例，做出既好喝又獨特

美國傳統手動榨汁工法：磨蘋果泥

的蘋果汁。果泥不能久放，磨好了得立刻榨汁。

5. **榨汁**：若使用單缸螺旋榨汁機或棘輪榨汁機，把尼龍濾袋放在缸裡，舀入果泥。不可使用鍍鋅或金屬的勺子，果泥裡的酸碰到金屬會產生化學反應。把尼龍濾袋綁好或摺好，慢慢在果泥上施壓，但不能壓得太快，否則會壓破濾袋。

隨著果汁流出，你可以慢慢轉動螺旋把手或棘輪，施加更多壓力。榨乾果泥約需 25 分鐘，無論使用哪一種榨汁機都差不多。

若使用連環運作的雙缸榨汁機，可請一、兩個人來幫忙。一人磨果泥，果泥會掉進研磨機後方的缸；另一人轉動螺旋把手或棘輪，對前缸裡的果泥施壓。果汁榨乾之後，前缸往前滑出榨汁機，倒掉果渣；而裝滿新鮮果泥的後缸會往前進，取代前缸接受施壓。倒光果渣的前缸被推到位於榨汁機後方的研磨機底下，繼續盛接新鮮果泥。

這套「連環」系統 1 小時能產出 8 到 10 加侖（約 30 到 38 公升）蘋果汁，對負責轉動研磨機把手的人來說也是不錯的運動方式。

小型液壓榨汁機的設計，是把果泥放在有凹槽的架子上，每個架子上都鋪著尼龍濾網。果泥倒進濾布裡，濾布把果泥完全包起來，再將另一組支架放在果泥上。重複相同過程，直到堆疊了 6 至 8 層支架，也就是有 6 至 8 層果泥「餅」。用腳踏板操作的液壓

榨汁機慢慢對支架施壓，直到果泥裡的果汁被榨乾，約需半小時。這屬於

美國傳統手動榨汁工法：放置壓板。

美國傳統手動榨汁工法：把果泥壓成果汁。

美國傳統手動榨汁工法：用容器盛接蘋果汁。

大型榨汁機，在蘋果汁工廠很常見。用乾淨的不鏽鋼桶、塑膠桶或搪瓷容器盛接蘋果汁。蘋果汁不可與其他金屬接觸。

若你不打算在研磨果泥之前先決定蘋果的比例，而是榨汁後再混合不同品種的蘋果汁，那一定要把各種蘋果汁分開存放在陰涼處，而且要有蓋子。榨汁後的果渣集中存放。

6. 混合果汁：如果你是第一次做蘋果汁，找出你喜歡的品種混合比例，之後秋天做蘋果汁會更方便。在現場用小筆記本記錄數量，明年可省下不少時間與力氣。真心愛喝蘋果汁的人到最後都會買一支糖度計來測量蘋果汁的含糖量，還會買酸度計來測定酸度。有些人則是完全靠味覺來混合蘋果汁。

每一個品種的果汁取 1 夸脫（約 940 毫升）樣本。用量杯精準測量，找出味道最平衡的比例。先試喝單寧的含量。在中性或低酸度的基底蘋果汁裡，分次加入少量的高單寧蘋果汁，直到澀味令你滿意。澀味就是那種讓你覺得口水被吸乾的感覺，跟酸味不一樣。單寧含量高的果汁會讓舌頭感覺粗粗的，彷彿每顆味蕾都豎起來。酸度高的果汁會有一種酸和刺激的感覺，不會有口水被吸乾的感覺。

接下來加入香氣濃郁的果汁，然後小心加入高酸度果汁，直到嚐起來很爽口、芬芳、平衡。依照筆記以相同比例混合所有果汁，過濾之後就能準備儲存了。

享用美味蘋果汁。

你可以把實驗所測試過的蘋果汁平衡比例，當成主要的混合原則。蘋果汁的混合比例以十等分為基礎。

3 到 6 分：低酸或中性蘋果汁做為「基底」

0.5 到 2 分：高單寧蘋果汁

1 到 2 分：香氣濃郁的蘋果汁

1 到 2 分：中等至高酸度蘋果汁

可依照個人喜好調整比例。

7. 過濾：幾年前，很多人喜歡清澈的蘋果汁，所有的果膠都用濾布或酵素清除掉。

現在大家偏好自然、無添加、非精製的食物，包括混濁的天然蘋果汁。這種蘋果汁只用一層薄紗布或尼龍網濾掉雜質與果渣。天然蘋果汁裡的果膠和纖維能帶來飽足感，也能調節消化系統。

近年來研究發現，果膠與調節人體膽固醇濃度有關。大部分的營養師也建議，含有天然果膠的蘋果汁比清澈的果汁更加健康。

存放 蘋果汁

冷藏

若以正常的冷藏溫度存放，果汁可用乾淨的玻璃壺或塑膠壺、或是上蠟的紙盒冷藏一段時間。新鮮的口感可保留 2 到 4 週，時間長短取決於蘋果的情況以及研磨與榨汁設備的乾淨程度。如果設備不夠乾淨，滋生大量酵母與細菌，蘋果汁很快就會發酵，或是孳生有害細菌。

冷凍

除了冷藏，也可將蘋果汁放在塑膠或上蠟的紙盒冷凍存放。多數家庭使用的容器都是半加侖（約 473 毫升）左右，因為幾天內就會喝光容器內的飲料。但如果你有大量蘋果汁，就需要大容量的容器。容器頸部保留 2 英寸（約 5 公分）的冷凍膨脹空間。要喝之前，把蘋果汁放在冷藏室解凍一天。冷凍蘋果汁可存放一年，幾乎不會變壞。

低溫殺菌

低溫殺菌後倒入瓶子或玻璃罐，蘋果汁幾乎可在櫥櫃裡永久存放。這是一種熱裝瓶法，使用殺菌過的金屬蓋瓶子或附新蓋的玻璃罐。若使用瓶子與金屬蓋，你需要一台封蓋機。此外你也需要金屬探針式的高溫溫度計，類似做糖果或油炸時使用的那種。你還需要一個大果醬鍋來消毒和保溫容器，一個不鏽鋼或沒缺口的搪瓷大鍋來加熱蘋果汁。蘋果汁裡的酸碰到其他金屬會產生化學反應、汙染蘋果汁。蘋果汁以攝氏 71 度加熱 15 秒，然後灌入容器裡、蓋上瓶蓋。讓容器側躺在幾層紙上，靜置在無風的地方冷卻，確認是否完整密封。冷卻後的蘋果汁放置於陰涼處。

蘋果酒

釀造優質蘋果酒的複雜程度，不亞於釀造優質葡萄酒。這裡僅介紹自製蘋果酒的基本步驟，未添加糖的天然蘋果酒將糖分發酵後，酒精濃度可達 6 或 7%。

▶ 什麼是蘋果酒？

蘋果酒的原料是蘋果汁。將新鮮蘋果汁（也就是「原汁」）倒入發酵槽，接下來的發酵會分為兩階段。第一個階段是蘋果汁裡的天然酵母菌把蘋果糖分裡的己糖變成酒精，當糖分耗盡，就會停止製造酒精。接下來的第二個階段會在發酵槽或裝瓶後出現，是乳酸菌發酵蘋果汁裡的蘋果酸，產生乳酸與二氧化碳氣泡。乳酸的味道比新鮮蘋果汁裡的蘋果酸更加溫和、細緻。

▶ 傳統木桶

過去蘋果汁會放在木桶裡發酵，現在仍有許多人相信，用櫟木桶才能釀造出好喝的蘋果酒。然而，木桶是不穩定、難控制的容器，現在的蘋果酒廠已不再使用木桶。他們喜歡用高密度的聚乙烯槽和玻襯鋼桶。

如果你是第一次釀造蘋果酒，讓蘋果汁在容量 5 加侖（約 18.9 公升）的細頸玻璃瓶或聚乙烯容器裡發酵，較有可能釀出好喝的蘋果酒。細頸玻璃瓶或許能向瓶裝水供應商購買，較便宜的聚乙烯容器在折扣商店跟五金行都買得到。聚乙烯容器價格便宜、重量輕、堅固、好清洗，而且能裝螺旋蓋式的氣密發酵鎖（fermentation locks）。這兩種容器釀酒材料行都有販售。

▶ 製作蘋果酒的基本步驟

製作蘋果酒只有一個鐵律：無論是發酵還是儲存，都絕對不能接觸到空氣。

剛榨好的蘋果汁要立刻混合。若非必要，不能讓蘋果汁接觸空氣。空氣會增加醋酸菌汙染蘋果汁的機會，醋酸菌會把蘋果汁變成醋。

在涼爽、乾淨的地方，將蘋果原汁過濾到發酵槽裡，而且要裝到最滿。不要在有濃烈氣味的地方做蘋果酒，例如儲油槽，或是儲存汽油、橡膠、清潔劑、洋蔥或根莖作物的地方。蘋果酒會吸收環境氣味，在這些地方釀酒會產生惱人異味。

溫度愈高，發酵速度愈快，但緩慢的發酵釀造出來的蘋果酒品質較佳。適合的發酵溫度是攝氏 10 到 15 度，但溫度更高的地方也能釀出不錯的蘋果酒。

另外準備 1 加侖（約 3.8 公升）的新鮮蘋果汁，蓋上蓋子放在冰箱裡冷藏，做為補充之用。發酵槽的頂部不加蓋，這個階段不會受空氣汙染，因為蘋果汁不停散發氣體。幾天之內，蘋果汁的發酵作用將顯而易見。第一階段的劇烈發酵會形成一層厚厚的泡沫，那是蘋果汁釋放的雜質跟髒東西。

把附著在發酵槽壁上的泡沫刮乾淨。每天加一些新鮮蘋果汁進去，維持高水位。只要讓蘋果汁在幾乎全滿的情況下持續發酵，醋酸菌藉由空氣汙染蘋果汁的可能性就微乎其微。

當泡沫變少，塞入發酵鎖，讓蘋果汁自己慢慢發酵。這個過程從幾週到5、6個月都有可能，時間長短取決於酒窖的溫度、蘋果汁的含糖量、天然酵母的活性與蘋果的化學成分。

當液體裡的氣泡慢慢減少，就表示酵母菌已耗盡糖分，蘋果酒已完成發酵，可供飲用。

用塑膠管以虹吸的方式抽出蘋果酒，導入殺菌過的瓶子，蓋上金屬蓋（釀酒材料行有賣）、螺旋蓋或軟木塞。若使用軟木塞請讓瓶子側躺，瓶中液體會使軟木塞膨脹，塞緊瓶口。酒窖裡涼爽陰暗的角落很適合用來存放這種金黃色的佳釀，這是專屬於你的蘋果酒，可以立刻享用，也可以陳放數年。

如果你是第一次釀造蘋果酒，而且使用了全新的榨汁機，蘋果上的天然酵母菌或許沒有多到能讓蘋果汁劇烈發酵。很多人發現原汁倒進發酵槽的時候摻入市售的香檳或白葡萄酒酵母，對發酵作用很有幫助。

想要釀烈一點的蘋果酒，或是認為低溫多雨的夏天導致蘋果糖分太低的人，可以在原汁裡加糖來提高酒精濃度。酒精濃度低於 5.7% 的蘋果酒難以保存。發酵前，每加侖原汁加入 1 杯糖，可釀出酒精濃度 10 到 11% 的蘋果酒。加太多糖可能會終止發酵。

新英格蘭人以前會用葡萄乾取代糖，加進原汁裡。在 5 加侖（約 18.9 公升）的瓶果汁裡加幾把天然葡萄乾，發酵作用將獲得額外糖分，以及葡萄乾表面的葡萄酒酵母。

釀造蘋果酒若全憑直覺，不使用測量糖分或酒精濃度的工具，也有可能做出非常好喝的蘋果酒，但這取決於釀造者的專業程度、天氣、蘋果特性和運氣。

▶ 牛排迷思

有此一說：在蘋果酒裡放一塊多汁的大牛排能幫助蘋果酒「變熟」。若真這麼做，通常的下場是腐敗，不是發酵。這種壞掉的蘋果酒連魔鬼都不敢喝。

古早年代，蘋果汁有時會發酵到一半就停止冒泡（也稱為「發酵停滯」），急切的釀酒人不知道問題出在原汁裡的氮含量太少，只知道丟一塊生肉到木桶裡就能重啟發酵。腐敗的肉能為蘋果汁提供足夠的氮，促進發酵。喝過這種有異味的蘋果酒的人說它「很烈」。時至今日，你可以在釀酒材料行購買「營養片」（nutrient tablets）來解決發酵停滯，不需要依靠生肉。

▶ 蘋果醋

從工廠的釀醋塔到被你遺忘在食物儲藏室角落的那一罐蘋果酒，醋的製作方法應有盡有。雖然很多時候釀醋是無心插柳的結果，但精心釀造的醋才是最好的醋。

蘋果醋是蘋果酒二次發酵的產物。醋酸菌碰到氧，會把蘋果酒裡的酒精變成醋酸。醋酸菌可經由空氣傳播；藉由被酵母吸引的黑腹果蠅的腳，直接落入蘋果酒裡；或是刻意加入。因為變成醋酸的是酒精，所以光是讓蘋果汁接觸空氣就想釀出好醋是很冒險的作法。蘋果汁裡的酵母必須先把糖分變成酒精，醋酸菌才有機會生長。

空氣中有很多細菌跟黴菌，都喜歡吃蘋果汁或部分發酵的蘋果汁裡的糖分，因此你的蘋果汁變成發霉臭果汁的可能性，會高於變成酸酸的蘋果醋。除非你一開始用來釀醋的原料，是已將糖分發酵完的蘋果酒。

如前所述，釀造好醋的原料是蘋果酒（在進入下一個階段之前，記得不要在擺放蘋果汁、發酵中的蘋果汁或儲藏蘋果汁的地方釀醋。醋酸菌汙染的風險很高）。蘋果酒倒入寬口容器（玻璃、釉陶、不鏽鋼或搪瓷），增加跟氧和醋酸菌接觸的面積。容器開口處蓋上幾層紗布，阻擋昆蟲和老鼠。別擔心醋酸菌，它們可以穿透紗布。醋缸應放在溫暖且光線昏暗的地方，日照會阻礙醋的形成。

蘋果酒裡的酒精變成醋可能需要幾週到幾個月的時間。如果你釀是無添加糖分的天然蘋果酒，酒精濃度會在 6% 左右。變成醋之後，醋酸濃度也差不多是 6%，是適合餐桌的調味料。若高於這個濃度，就必須加入蒸餾水稀釋，否則會刺激到難以入口。

醋蛾子：蘋果酒變成醋之後，你會發現醋缸裡出現醋酸菌形成的膠狀物質。這種物質叫做醋蛾子，很有價值。好的醋蛾子可用來買賣或交易，因為它是加

速蘋果酒變成蘋果醋的催化劑。急著釀醋的人可以去健康食品店購買醋蛾子。

裝瓶：蘋果酒完全發酵成蘋果醋之後，可倒入消毒過的瓶子裡，加蓋後存放。若蘋果酒沒有完全發酵，就表示醋裡含有糖，需要浸泡熱水低溫殺菌才能長期存放。醋瓶的蓋子請使用有安全塗層的蓋子、有軟木襯墊的金屬蓋、橡膠蓋或玻璃蓋，或直接使用軟木塞。金屬蓋必須有安全塗層，因為醋酸對金屬有強烈腐蝕性。

▶ 如何處理剩下的果渣

榨完蘋果汁後，會剩下一大堆濕果渣，組成物包括果皮、果核、種子、果莖跟果肉。很多人覺得處理變黑的果渣很頭痛，在他們眼中這是必須丟掉的垃圾。但果渣有很多用途，如果你用不上，可以跟別人以物易物。農夫與綿羊飼主很樂意拿果渣來餵牲口。

以下介紹果渣的其他用途。

淡蘋果汁與無酒精蘋果酒

淡蘋果汁曾是一種兒童飲品，口感清爽，現在仍有許多人喜歡喝。作法是把仍有香氣、含有很多糖分、酵母與風味的果渣泡在水裡一夜，隔天把泡過水的果渣再榨一次。這種淡蘋果汁味道細緻微甜，可直接飲用。若在淡蘋果汁裡加糖跟酵母，可發酵成為無酒精蘋果酒。

牲口飼料

果渣與飼料以 1：4 的比例混合，就是絕佳的牛隻或綿羊飼料。牲口很愛吃

果渣,但直接攝取大量果渣可能會導致腹瀉。很多綿羊飼主喜歡在秋市開市的前幾週餵小羊吃蘋果渣,豬也喜歡吃蘋果渣。如果你自己沒有飼養動物,可以把果渣賣給其他飼主,或是跟他們以物易物。

蘋果幼苗

你是否好奇苗圃如何取得那些用來嫁接的、堅固的砧木?它們大多是從蘋果汁工廠的果渣裡發芽生長的強壯樹苗。如果你的果渣還沒被錘磨機磨碎,你可以把種子最多的果渣撒在剛犁好的空地上,建立屬於自己的蘋果苗圃;你也可以把種子一顆顆種在苗圃裡。幼苗生長幾年後就能當成砧木,用來嫁接或劈接你最喜歡的蘋果品種。你也可以讓這些果樹成長茁壯,這會花很長的時間,但誰知道呢?說不定其中一棵果樹會結出最適合榨汁的蘋果,你可以賭賭看。

堆肥

果渣很酸,必須堆放 2 年才能成為庭園堆肥。2 年後,發酵過程的高溫已為種子殺菌,又或者你早已把發芽的種子都挑出來。

若要把果渣徹底變成堆肥,請分層堆放:以一層果渣、一層石灰、一層泥土的方式重複堆疊。

抑制灌木生長與清除雜草

新鮮果渣的酸度很高,能抑制許多植物的生長。你可在你想要減少雜草和灌木叢的地方撒上果渣。

吸引野生動物

走進果渣堆裡的鹿,或是從果渣堆旁匆忙跑過的松鼠,兩頰塞滿蘋果籽的可愛模樣,這些景象人見人愛。

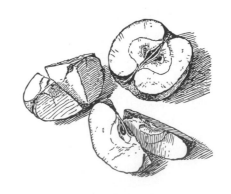

Chapter *8*

釀造葡萄酒

葡萄酒是最容易釀造的酒精飲料。釀啤酒需要嚴格控溫,釀葡萄酒不用。烈酒需要蒸餾,葡萄酒不用。除非你打算賣你釀的葡萄酒(我們不建議你這麼做),否則自己釀酒無須繳稅。你可以用葡萄或其他水果釀造美酒,甚至可以用蔬菜、穀物或花朵做為原料。

只要是專門技術,就會有一套專門術語,釀造葡萄酒也不例外。在開始釀酒之前,容我先介紹幾個術語。

釀造香檳:在二次、密閉的發酵過程中,將碳酸氣泡留在靜置的葡萄酒裡。

蘋果酒:以蘋果為原料所釀出的低酒精濃度(6 到 9%)釀造酒,有些有氣泡,有些沒有。

澄清:去除令葡萄酒混濁的小顆粒。

馬德拉化:加熱葡萄酒,使其具有馬德拉葡萄酒的特色。存放環境溫度過高的葡萄酒,常被認為已「馬德拉化」。

原汁:這種濃郁的果汁是葡萄酒的前身。原汁變身為葡萄酒的時間點難以界定,但一般認為是原汁比重達到 1.030 時,或是當 60% 的糖分已轉化為酒精,也就是酒精濃度至少達到 7% 的時候。

珍珠氣泡:輕微發酵後產生的二氧化碳氣泡。有些葡萄酒的質地介於香檳和非氣泡酒之間,在仍有細微氣泡的時候就裝瓶。

梨酒:以梨子為原料的釀造酒。請參考蘋果酒。

白酒:法語白色「blanc」的錯誤拼法,通常用來指稱來自法國的白葡萄酒。

換桶:用虹吸管幫葡萄酒換容器。

比重:液體密度與水的重量的比值。含有大量糖分的葡萄酒原汁,重量會比水高出 8 到 12%,因此比重介於 1.080 到 1.120 之間。原汁發酵到糖分耗盡時,葡萄酒的重量會比水少 0.7 到 1.2%(酒精比水輕)。葡萄酒的酒精濃度愈高,比重就愈低。

釀酒:即「釀造葡萄酒」。

設備

在家釀葡萄酒不需要太多設備。這裡列出的很多工具,其實你家本來就有。就算沒有,也很容易在釀酒材料行買到。

▶ 基本工具

若你打算自己釀葡萄酒,有些器具得事先準備。

發酵鎖:能釋放細頸玻璃瓶裡的二氧化碳氣體,同時防止空氣進入瓶內。每個玻璃瓶都要一個。

細頸玻璃瓶:二次發酵的大玻璃容器。細頸玻璃瓶能裝 5 加侖(約 19 公升)液體。你需要多備一個空瓶，以便換桶。無論你打算做多少葡萄酒，都要多買一個細頸玻璃瓶。

漏斗：買一個大漏斗。

水管與 J 型管：用於虹吸，使虹吸的液體高度高於容器底部的酵母殘渣。

比重計：包含測量糖分含量的比重計與一支量筒。

尼龍網袋：選擇小網眼或中網眼的網袋，大小為 2×2 英尺（60×60 公分）。網袋將搭配木槌充當自製榨汁機。

塑膠布：蓋住酒槽。

勺子：最好用的是長柄木勺，但塑膠的也不錯。用來攪拌原汁。

濾網：可使用廚房的大濾盆。

繩子：找一段比酒槽周長約短 4 英寸（10.2 公分）的繩子，末端用一條 3 英寸（7.6 公分）長的橡皮筋相連接。這條有彈性的鬆緊帶可以用來固定酒槽上的塑膠布。

滴定儀：測量原汁的酸度。

酒槽：你需要一個大容器或大桶子，用於第一階段發酵。我個人愛用 17 加侖（約 64 公升）的垃圾桶。

軟木塞　漏斗　虹吸管　酒瓶　濾網

釀酒的基本工具

▶ 有用但非必要的工具

打塞機：能將軟木塞壓入瓶口。

封蓋機：做氣泡葡萄酒或蘋果酒會需要用到。

壓碎機：使用新鮮水果的大規模作業必須使用壓碎機。若只釀造 10 加侖（約 38 公升）或 20 加侖（約 75.7 公升），不會用到。壓碎機可以用租的，若你想要經常榨汁，也可以考慮買一台。

除梗機：去除新鮮葡萄上的梗。也可用義大利麵的撈麵勺代替。

過濾泵：這是澄清葡萄酒的最終手段。我曾經用這種方式處理了 250 桶自製的葡萄酒。

1 加侖（約 3.8 公升）玻璃罐：在細頸玻璃瓶與酒瓶之間的階段，這種玻璃罐很好用。有些餐廳會免費提供。

酒精比重計：測量葡萄酒裡已經發酵完糖分的酒精濃度。不適用於含有殘留糖分的葡萄酒。

葡萄酒壓榨機：酒槽裡第一次發酵之前或結束時，用來壓榨葡萄取汁的裝置。如果你一年用新鮮葡萄或水果釀造的酒有超過 100 加侖（約 380 公升），就必須準備一台。

原料

以下列出除了水果之外，在家釀酒需要的其他原料。

▶ 可長期保存的必備原料

複合酸：提高低酸度原汁與虛弱酒體的酸度。

坎普登錠（campden tablets）：為新鮮原汁與換桶時的葡萄酒殺菌。

葡萄單寧粉：為濃縮果汁釀造的蘋果酒、梨酒與葡萄酒加強風味與個性。

▶ 無法長期保存的必備原料

消毒劑：水與偏亞硫酸鉀結晶的溶液，存放於 1 加侖（約 3.8 公升）容量的玻璃罐。殺菌必備。

果膠酵素：去除酒裡的果膠顆粒，要在酵素之前放入原汁。保存期限 3 個月。

酵母菌，液態與粉末：發酵必備。酵母菌會把糖變成酒精。如果尚未開封，以原本的密封玻璃罐或小袋包裝，保存期限 1 年。

▶ 非必要原料

澄清劑：去除使酒液混濁的細微顆粒的粉劑。

甘油：為佐餐酒增添餘味。

櫟木塊：增加木桶風味，常用於紅酒。

未調味的純穀物酒精或葡萄酒精：提高波特酒、雪莉酒與馬德拉酒的酒精濃度。

山梨酸（山梨酸鉀）：在裝瓶前穩定葡萄酒。

維生素 C 錠，劑量 250mg：防止白葡萄酒氧化。

釀造 葡萄酒 的基本方法

想要成功釀造葡萄酒，只須遵守四個條件。

在比重計上的比重或糖分讀數應該介於 1.060 與 1.080 之間（這裡所有的糖度讀數都是指比重而言，也就是與水的重量比值）。

原汁的酸度在 0.55 到 0.80% 之間，防止過早腐壞。請用滴定儀測定。

控制適當的溫度。發酵的頭 10 天，紅酒原汁的溫度上限為攝氏 24 度，水果酒與白酒的溫度上限是攝氏 21 度。原汁的溫度不得低於攝氏 13 度。切記，原汁發酵時會產生不少熱能。

絕對的清潔。這意味著不能讓空氣接觸到發酵中的果汁與酒液，以及所有的設備使用前後都要仔細清洗。用亞硫酸鹽結晶製作的溶液消毒所有設備，亞硫酸鹽結晶可向釀酒材料行購買。

在這些前提之下，你只需要一份活酵母菌，幾樣簡單的工具以及些許耐心，就能釀造出好喝的葡萄酒。細節稍後再說，當然，我指的是除了耐心之外，我自己是個超沒耐心的人。待會你將慢慢發現，釀造葡萄酒既不複雜也不困難。

釀造葡萄酒共有八個階段，我們會仔細介紹前面七個階段：事前準備、初次發酵、二次發酵、細頸玻璃瓶熟化、澄清（可省）、收尾與裝瓶、陳放。喝酒是第八個階段，你可以自己來。

我們介紹的程序將花費好幾天、好幾週、好幾個月。你將有充分的時間掌握每個步驟。按部就班釀造葡萄酒，就從事前準備開始。

▶ 準備設備

用亞硫酸鹽溶液仔細消毒所有以下設備，這是必要步驟。清潔設備有幾個原則。

釀造葡萄酒的步驟

1. 洗淨葡萄，去除枝葉，然後把葡萄搗爛壓碎。
2. 加入碾碎的坎普登錠。
3. 用比重計與滴定儀檢測原汁。
4. 加入酵母菌元。
5. 塑膠布蓋住酒槽，用繩子固定。
6. 當原汁比重達到 1.025 與 1.030 之間時，把原汁倒入細頸玻璃瓶，瓶口塞入發酵鎖。
7. 換桶進行二次發酵。
8. 用特殊的動物膠溶液澄清葡萄酒，再次換桶。
9. 裝瓶。

- 絕對不能用清潔劑，只能用氯溶液（僅用於消除污漬）和亞硫酸鹽溶液。在你的酒窖裡用 1 加侖（約 3.8 公升）溫水和一包從釀酒材料行購買的亞硫酸鹽結晶，調製出亞硫酸鹽溶液。
- 玻璃器具應先用溫水沖洗內部，瀝乾，再用亞硫酸鹽溶液沖洗一次。玻璃器具收起來之前，先倒入少量亞硫酸鹽溶液（高度約 $\frac{1}{8}$ 英寸〔0.3 公分〕），

再塞入蓋子。使用之前，或許可用清水沖洗，但非必要。

- 軟木塞與螺旋蓋應完全浸泡在亞硫酸鹽溶液裡 60 秒消毒。軟木塞不可在沸水裡滾煮。
- 若有果泥黏在設備上，使用塑膠菜瓜布跟熱水清除。
- 初次發酵的容器收起來之前，先用亞硫酸鹽溶液沖洗，蓋上塑膠布，再用繩子牢牢固定塑膠布。

▶ 準備葡萄

　　葡萄洗淨並去除枝葉之後，就能準備壓碎。你可以使用市售的壓碎機，也可以用一個大塑膠桶跟木槌搗碎葡萄。若是白葡萄和其他樹木果實，直接用榨汁機把果汁壓出來，原汁裡只含有果汁。若是紅葡萄，請先發酵 5 至 10 天再榨汁。如果你每年只釀造 35 到 40 加侖（約 132.5 到 151.4 公升）的葡萄酒，可使用中網眼或小網眼的尼龍網袋來榨汁。把葡萄放在網袋裡搗碎，再把果汁擠出來就行了。

　　在壓碎的葡萄裡倒入熱水和其他原料（請見 88 頁〈釀酒配方〉）製成原汁，也就是幾乎已做好發酵準備的液體。在原汁裡加入坎普登錠，殺死破壞葡萄酒的細菌。

檢測 原汁

　　首先，比重計檢測原汁。若比重介於 1.080 與 1.095 之間，可以直接發酵。若低於 1.080，請加糖。若高於 1.095，

用比重計測定比重。有些比重計的校正溫度是華氏 60 度，有些是 68 度。請確認你在適當的溫度下使用比重計。觀察比重計上的讀數時，不要看比重計與量筒壁上因表面張力而呈弧形的液體表面，要看水平的地方。

請加水稀釋，除非你想釀造非常甜或酒精濃度非常高的葡萄酒。溫度會嚴重影響比重讀數，可在原汁溫度為華氏 60 度（攝氏 15.5）或 68 度（攝氏 20 度）的時候校正比重計。

接下來，用滴定儀測定原汁的酸度。若紅酒原汁的酸度是 0.65%，白酒原汁的酸度是 0.75%，都很令人滿意。

若酸度太低，請加入複合酸（檸檬酸、蘋果酸或酒石酸）。長途運送來的加州葡萄天然酸度會太低。

若酸度太高（若是東方葡萄，這個可能性很高），你或許可加入比重 1.090 的糖水，或是把熱帶濃縮葡萄汁還原的低酸度原汁稀釋之後加入（這種濃縮果汁釀酒材料行也買得到）。

我有朋友會用天然酸度（1.5%）發酵東方葡萄，但他們都是很有耐心的人。這樣的酸度釀造出來的葡萄酒要嘛不太好喝，要嘛得等到天荒地老，差不多 5 年吧（葡萄酒的酸度會隨著時間下降）。

使用濃縮葡萄汁，或是向附近的果汁商人購買現成葡萄汁，都能幫你快速輕鬆地完成這個階段。若你使用濃縮葡萄汁有過不好的經驗，不要因此灰心。

▶ 加入酵母菌

事前準備的最後一道手續是加入酵母菌。啟動發酵的酵母菌溶液應該在葡萄榨成原汁或調製原汁的 2 至 3 天之前就先調好。

以 5 加侖（約 18.9 公升）的葡萄酒為例，酵母菌溶液的調製配方如下：
3 盎司（約 89 毫升）冷凍濃縮柳橙汁
24 盎司（約 710 毫升）水
6 盎司（約 177 毫升）糖
2 茶匙（滿匙）酵母營養劑

將冷凍柳橙汁、水與糖放入一個平底深鍋，加熱至沸騰，然後從熱源上移開，加入酵母營養劑，蓋上鍋蓋後冷卻至室溫。

把發酵啟動溶液倒入消毒過的 1 加侖（約 3.8 公升）玻璃罐，加入酵母，然後用發酵鎖塞住罐口。24 至 36 小時後，會有活酵母形成的「小島」漂浮在液體表面。每隔 6 到 8 小時搖晃一下玻璃罐。當溶液開始劇烈發酵（搖晃玻璃罐時，發酵鎖釋出許多二氧化碳），就可以加到原汁裡。

只要是釀造 3 加侖（約 11.4 公升）

為了固定初次發酵酒槽上的塑膠布，我發明了一種叫做「克魯艾特鬆緊帶」的繩子：準備一條比酒槽周長短 4 英寸（10.2 公分）的繩子，尾端與一條 3 英寸（7.6 公分）的橡皮筋綁在一起，就成了好用的鬆緊帶，能牢牢固定塑膠布。

以上的葡萄酒，都要先讓酵母菌開始發酵。以上的配方能處理 3 到 12 加侖（約 11.4 到 45.4 公升）的葡萄酒。若量更大，你可以把相同配方乘以 2 倍、3 倍或 4 倍。若原汁量很少，可將小玻璃瓶或小袋裡的酵母菌直接倒進原汁裡，因為酵母不會像在大量原汁裡變得那麼稀。

▶ 初次發酵

調整了比重與酸度，加入酵母菌之後，把進行第一次（初次）發酵的酒槽緊緊蓋上塑膠布，並且用繩子固定。當劇烈的發酵開始之後（24 至 48 小時），每天攪拌原汁兩次，並且要把「酒帽」（cap，在原汁表面累積的葡萄渣）壓進原汁裡。請使用徹底殺菌過的木勺。

第三天之後，每天幫原汁秤重，觀察發酵的速度。每天應減輕 0.007 至 0.015 的比重，超過就表示原汁應放在更涼爽的地方。

請經常使用最好的釀酒人測試器檢查原汁，也就是你的鼻子。發酵中的原汁氣味強烈，至少在它發酵的空間是如此，有時甚至會瀰漫整間屋子。如果除了葡萄跟二氧化碳的味道，你還聞到其他香氣，不用擔心。除非那個氣味是硫磺或醋的味道。若是如此，請參考〈問題排除〉。

當比重達到 1.025 至 1.030 之間，用虹吸管與 J 型管把葡萄酒轉移到細頸玻璃瓶裡。若是釀造紅酒，把發酵槽裡的酒渣再壓榨一次（同樣可用尼龍袋取代）。用裝滿亞硫酸鹽溶液的發酵鎖塞住玻璃瓶的瓶口，發酵鎖能讓二氧化碳

散出去，同時防止空氣接觸葡萄酒。把葡萄酒留在初次發酵槽裡 5 至 10 天。

▶ 二次發酵

下一個步驟是換桶，把葡萄酒移到殺菌過的細頸玻璃瓶裡，進行二次發酵。換桶時，先把裝著葡萄酒的容器放在高度至少 30 英寸（76.2 公分）的架子上或桌上。把殺菌過的細頸玻璃瓶或酒壺放在地上。取一條 5 或 6 英尺（12.7 或 15 公分）長、尾端接著 J 型管的透明管，將 J 型管放進葡萄酒裡，沉到酒槽底部。讓塑膠管吸滿酒液，然後快速將排出口放進盛接的容器裡。

葡萄酒全部換桶之後，沖洗並消毒使用過的酒槽與塑膠管，並更換發酵鎖裡的消毒劑。

除非你已經驗老到，否則進行這個步驟時仍需確認比重。1.005 到 1.010 屬於適中，但一開始比重讀數高的葡萄酒（超過 1.010）此時會發酵得比較慢，因為酒精濃度會抑制酵母反應。劇烈發酵

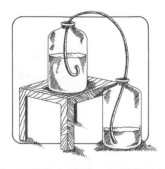

使用塑膠 J 型管與虹吸管，將葡萄酒從第一個細頸玻璃瓶抽到進行二次發酵的容器裡。原本的玻璃瓶放在比新瓶高 30 英寸（76.2 公分）的位置。管口一定要完全泡在酒液裡，減少葡萄酒與空氣接觸的機會。

的葡萄酒，比重或許會低於 1.000。就算偶爾才有氣泡從發酵鎖裡冒出來，都表示發酵仍在持續。

▶ 熟化

6 到 12 週之後再次換桶，每加侖加入 1 顆碾碎的坎普登錠。我喜歡每 6 週換桶一次，尤其是水果酒。第二次換桶的 3 個月之後，你應該再次換桶，並且再次加入坎普登錠。接下來每 6 個月換桶一次。發酵鎖裡的消毒劑每 3 個月更換一次。溶液裡的二氧化硫極易揮發，而偏偏身上帶有醋酸菌的黑腹果蠅又特別難驅趕。發酵鎖更換新的消毒劑，是阻擋黑腹果蠅的最佳辦法。

▶ 澄清

第 6 個月，可以準備澄清白葡萄酒（若是克魯艾特白酒〔Cluett's Plonk〕，或許第 6 週就可以；有些用濃縮葡萄汁釀造的低酸度葡萄酒則是在第 3 個月）。

澄清就是去除令酒液混濁的微小顆粒，過去使用牛血或蛋白，但這兩種物質都容易搞得一團亂。更好的作法是以動物膠為原料的澄清劑。

把這種特殊的動物膠熱溶液，倒進裝了葡萄酒的細頸玻璃瓶，微小顆粒會凝結在一起沉到瓶底。澄清作用大功告成之後（1 至 28 天），你可以把清澈的酒液換桶，告別沉澱在瓶底的黏糊物質。現在你可以穩定葡萄酒（每加侖〔約 3.8 公升〕加入 1 茶匙山梨酸），然後灌入酒壺或酒瓶裡，也可以留在細頸玻璃瓶裡繼續熟化。

▶ 收尾

在 第 7 個月與第 12 個月之間，大部分的白酒與水果酒應該都已裝瓶，紅酒也裝瓶了一部分。一定要確定葡萄酒不會再次發酵；若裝瓶後再次發酵，酒窖會因為酒瓶爆裂而一團糟。

封蓋機。

防止再次發酵的方式有兩種方式。一種是繼續用發酵鎖塞住瓶口，直到比重介於 0.993 與 0.990 之間（初始比重介於 1.080 與 1.100 之間），而且尚未裝瓶。這可能得無止盡地等待。比重 0.996 或 0.998 仍有可能持續發酵，這意味著酒液裡仍殘留些許糖分，以及些許活酵母菌。比重 0.998 的葡萄酒可能維持 18 至 24 個月的穩定狀態，卻因為天氣變化而突然重新發酵。

我認為穩定葡萄酒最好的方式就是每加侖（約 3.8 公升）加入 $\frac{3}{4}$ 茶匙的山梨酸（山梨酸鉀），無論裝瓶時的比重是多少。

另一種方式是葡萄酒從細頸玻璃瓶換到酒瓶之前，先把放在 1 加侖（約 3.8 公升）的酒壺裡熟化。

若是另有用途的葡萄酒，例如釀造香檳，我會在壺口塞 1 個發酵鎖；其他葡萄酒則是加入 $\frac{3}{4}$ 茶匙山梨酸，然後鎖上螺旋蓋。

用容量 1 加侖（約 3.8 公升）的酒壺有許多好處，像克魯艾特白酒這樣的葡萄酒來說，裝瓶實在沒必要，不如用 4 個有蓋的 1 公升寬口玻璃水瓶裝好，冰在冷藏室裡，可保存 5 至 6 週。

　　1 加侖（約 3.8 公升）的酒壺還有一個優點，那就是保留混合葡萄酒的彈性，特別是紅酒。有些葡萄酒顏色太深，有些顏色太淺；有些葡萄酒太澀，有些太滑順（是的，太滑順也是缺點，表示保存期限很短）。諸如此類的酒只要味道不是很差，通常能藉由跟特性相對的酒混合而獲得改善。我會留幾壺用接骨木莓調味的小西拉葡萄酒，可用來為顏色很淡的加州卡利濃葡萄酒賦予主調並增色。我每年都會做差不多一細頸玻璃瓶的卡利濃葡萄酒。

　　這個時候（第 7 個月），你或許想在較好的紅酒裡放一袋櫟木片，浸泡 1 個月（釀酒材料行有賣）。這能為葡萄酒增添櫟木單寧和桶味，通常有加分效果。移除櫟木片時，需再次換桶。

　　泡過櫟木片之後（說不定你會想再泡一次），先嚐嚐葡萄酒的尾韻，也就是味道能否停留在味蕾上。首先，在大酒杯裡倒 1 英寸（2.5 公分）高的葡萄酒，旋轉酒杯。若有甘油的紋路留在杯壁上（俗稱「酒腳」），是好現象。接著，把葡萄酒含在嘴裡，把它擠到牙縫裡跟舌頭下面，然後吞下。如果酒的風味與勁道沒有消失，這是第二個、也是充滿說服力的好現象。

　　如果沒有酒腳，而且入喉之後風味迅速消失，可加入 4 盎司（約 118.3 毫升）甘油，8 週後再用相同方式品嚐一次。若結果還是一樣既沒有酒腳也沒有

尾韻，那就再加一次甘油。差不多到第 18 個月，就能穩定並裝瓶葡萄酒。

▶ 裝瓶

　　品質較好的葡萄酒，我一定會裝瓶和使用軟木塞。雖然有人堅信塑膠螺旋蓋比較好，但大多數的業餘釀酒人還是偏好軟木塞。軟木塞會呼吸，能讓酒以非常緩慢的速度氧化，幫助熟化。酒的品質愈好，就愈有使用軟木塞的價值。

　　請勿回收使用軟木塞。一定要向可靠的供應商購買全新、上過蠟的軟木塞。好酒應使用長一點的軟木塞。你的軟木塞長度至少要有 1 英寸（2.5 公分），直徑應略寬於酒瓶瓶口。

　　裝瓶前，先把軟木塞處理好。將軟木塞泡在剛煮沸過的水裡（切勿滾煮軟木塞），蓋上鍋蓋，靜置 5 分鐘。接著把軟木塞泡在亞硫酸鹽溶液裡，把軟木塞往下壓，一定要完全浸泡。這樣就算處理好了。用虹吸管把葡萄酒抽到殺菌

品質較好的葡萄酒，我一定會裝瓶和使用軟木塞。你可以用回收的汽水瓶裝葡萄酒。這是幾種傳統的酒瓶樣式，由左至右：勃根地、蘇玳（sauterne）、萊茵河。

過的瓶子裡，酒瓶可使用回收玻璃瓶（塑膠瓶不行），前提是一定要徹底洗淨並且用亞硫酸鹽溶液沖洗過。

用軟木塞封口時，不要把軟木塞推到低於瓶口，應與瓶口齊平，或稍微突出平口。還有一個建議：若使用手動打塞機，在打入軟木塞之前，已裝瓶的葡萄酒要放在有分格的酒箱裡。這樣能防止酒瓶亂動翻覆，導致酒灑出來或是摔破酒瓶。

我不建議用塑膠或金屬密封瓶口與瓶頸。這種封口蓋純屬裝飾，還會阻礙軟木塞呼吸。

▶ 陳放

裝瓶後，通常得等上半年或更久，而且可能是久很多。若想把握最適飲的時機，定期檢查是關鍵。除非澀到無與倫比（若是如此，一年檢查一次足矣），否則每半年打開一瓶喝喝看，就能掌握葡萄酒的陳放進度。不要忘記，葡萄酒的很多問題耐心等待就能解決。我的幾個朋友在酒剛釀好時，都認為「難以下嚥」。但 3 到 5 年後，卻變成美味佳釀。別放棄得太早。

「正確」的儲存方式眾說紛紜，其中有幾個迷思蠢笨無誤。不過，陳放葡萄酒的四個基本原則確實充滿了大智慧。

- 葡萄酒要放在沒有光的地方，尤其是直接日照或日光燈。這些光源會導致葡萄酒馬德拉化，或是味道變差。
- 使用軟木塞的酒瓶要側躺存放。若直立存放，軟木塞會乾掉，空氣進入後接觸到酒液，最終將導致腐敗。

- 葡萄酒的儲存溫度不可超過攝氏 24 度，除非時間很短暫。攝氏 24 度的葡萄酒會開始氧化。
- 存放葡萄酒的地方溫度應該盡量維持穩定，若溫度有變化，也不宜太劇烈。例如溫差攝氏 20 到 22 度會比攝氏 7 到 15 度好，雖然前者更接近危險的攝氏 23 度。溫度上升會透過軟木塞導致酒液膨脹，溫度下降酒瓶會吸進空氣。葡萄酒承受的溫差愈大，換氣過度會導致過早熟化。

遵循這四個原則，你的酒窖（或衣櫃）就不會損壞一瓶好酒。

每日 摘要

以下列出釀造葡萄酒的每日摘要。

第 1 天：準備酵母菌

第 3 天：壓碎葡萄，去除枝葉。加入坎普登錠。測定比重、酸度，調整糖分與酸度的平衡。榨汁（白葡萄酒與多數水果酒），原汁加入已啟動發酵的酵母菌。

第 4 或 5 天：每天戳破酒帽並攪拌，直到比重達到 1.030。

第 10 天：（或是當比重達到 1.030）紅酒的葡萄榨汁。將原汁轉移到細頸玻璃瓶內。發酵鎖灌入亞硫酸鹽，然後塞住瓶口。

第 25 天：換桶，酒液轉移到乾淨的細頸玻璃瓶內。加入坎普登錠。

第 3 個月：再次換桶。靜置 3 個月後，再換桶一次。接下來變成每 6 個月換桶一次。

第 7 個月：（或更早）澄清白葡萄酒。穩定並裝瓶多數的白酒與部分紅酒。紅酒可浸泡櫟木片。

第 12 個月：第 7 個月裝瓶的白酒或許已能飲用。法國的薄酒萊與其他淡紅酒也可飲用。

第 18 個月：裝瓶較優質的紅酒，至少存放 6 個月再喝。

第 24 個月至第 40 年：葡萄酒進入適飲期，並逐漸走向陳放期限。

釀酒風格對熟化速度的影響極鉅，紅酒尤其如此。你可以保留葡萄梗一起發酵，為葡萄酒賦予更多單寧與酸度。這樣的酒年輕時難以入口，但可以存放很久。同樣地，葡萄榨汁榨得愈徹底，葡萄酒就會含有愈多的單寧、酸與色素。若要釀造淡一點的紅酒，就縮短榨汁的時間與力道（但葡萄酒仍要在發酵槽裡放到比重達 1.030）。過濾也會使葡萄酒變得更淡，而且熟化得更快。

問題排除

每個人釀造葡萄酒都有獨一無二的風格，因此會遇到的問題都不一樣，相應的解決方法自然也不同。不過，有些問題幾乎是 95% 的釀酒人都會遇到的。這些問題我全都碰過，除了生膜菌（mycoderma）跟醋化之外。這兩個問題我的鄰居碰過，所以我間接感受過他們的痛苦。

以下列舉釀造葡萄酒常見的問題和解決方法，大致上依照問題在釀酒過程中出現的順序。

1. <u>發酵失敗</u>：酵母菌不發酵。
   原因：發酵啟動溶液溫度太低，或是酵母菌太老。
   方法：將瓶子移到冰箱頂層，或是換年輕酵母。下次將發酵啟動溶液的溫度維持在攝氏 20 至 22 度，只向最好的供應商購買酵母。

2. <u>初次發酵時，發酵停滯</u>：（第 1 週到第 10 天）可能的原因有四個。
   - 原汁或葡萄酒溫度過高（超過攝氏 24 度），高溫殺死酵母。
   - 方法：移到溫度較低的地方；加入新的酵母發酵溶液。仔細觀察溫度，避免再次發生。
   - 原汁溫度太低（不到攝氏 14 度），酵母無法發酵。
   - 方法：移到溫度較高的地方，仔細觀察溫度。
   - 原汁比重過高（1.115 以上），糖分抑制發酵。
   - 方法：加水與複合酸稀釋糖分。預防的方法則是分次加糖，不要一開始全加。（我猜你最初的打算是提高酒精濃度或甜度，或是想兩者兼具。）
   - 酵母沒有足夠養分，抑制了發酵。藍莓、梨子跟桃子原汁特別容易碰到這個問題。
   方法：加入酵母營養劑和新鮮酵母菌。下次請改用較好的配方。

3. <u>二次發酵時，發酵停滯</u>：
   原因：跟上述相同。但葡萄酒終止發酵的原因（通常發生在比重 1.012 的時候）有時候就是個謎。

方法：加入「超級營養劑」，這是一種鎂與維生素 B 群的綜合營養劑，比普通的氮素與尿酸更有力。如果超級營養劑沒效，請加入新鮮酵母菌。如果依然沒效，等酒液澄清之後，以 1：5 的比例跟正常二次發酵的葡萄酒混合。

還有一種方法是乾脆改成釀造甜酒；裝瓶前，請先穩定。

4. **硫化氫（臭雞蛋味）**是低酸度葡萄酒的大敵，特別是克魯艾特白酒與使用長途跋涉過的葡萄釀造的酒。這種臭雞蛋的味道很強烈，通常會在第 2 到第 4 週左右出現，但我曾在第 5 天就碰到，因為天氣很熱。

原因：死掉的酵母菌與腐爛果泥在低酸度的酒液裡產生化學反應。

方法：把酒液倒入（不可虹吸）乾淨的細頸玻璃瓶，每加侖（約 3.8 公升）加入 1 顆坎普登錠。使用漏斗，讓酒液盡量與空氣接觸，通常酒液要盡量避免空氣接觸，這種情況是唯一的例外。預防方法是頻繁換桶，關注酸度。

5. **生膜菌**是指漂浮在葡萄酒表面的灰色小島。

原因：衛生不佳。

方法：立刻用小網眼紗布過濾，每加侖（約 3.8 公升）加入 2 顆坎普登錠。不過，若生膜菌已完全覆蓋葡萄酒表面，一切就玩了，只能倒掉。預防方法是確實消毒設備，避免空氣接觸酒液。

6. **醋味**的形成原因是衛生不佳。無法解

決，只能終止釀酒。下次確實消毒設備，避免空氣接觸酒液。

7. **氧化褐變**的原因是白酒使用了過熟的葡萄，或是酒液過度接觸空氣。無法解決，但可使其停止，方法是調整酸平衡、加入抗壞血酸（每加侖〔約 3.8 公升〕250 毫克），以及避免接觸空氣。防止氧化褐變的方法是不要用過熟的葡萄，以及不要讓葡萄酒接觸空氣。

8. **澄清停滯**

原因：可能葡萄酒溫度太高，或酸度太低。

方法：細頸玻璃瓶裡加入 1 湯匙複合酸，將溫度降低約攝氏 2 度。如果沒效（偶爾會發生），向附近店家租一台過濾泵過濾葡萄酒。下次要在適當的溫度（攝氏 18 度以下）與酸度（0.06 以上）澄清葡萄酒。

9. **酒瓶爆開或噴出葡萄酒**

原因：裝瓶時，酒液仍有殘餘糖分和活酵母。

方法：打開同一批葡萄酒的瓶蓋，加入山梨酸鉀，重新裝瓶。預防方法是仔細觀察糖度計，穩定葡萄酒之後再裝瓶。

10. **葡萄酒開瓶後有臭味**，這可能有兩個原因。

● 如果是硫磺味，這表示裝瓶時，瓶內有很多亞硫酸鹽。

方法：醒酒 1 小時再喝，醒酒器不要蓋上。二氧化硫會揮發。下次裝瓶時，消毒完酒瓶後用清水再沖洗一次，或是倒放一段時間。

- 如果是霉味，可能是軟木塞壞了，或是使用了發霉的葡萄，而這無法解決。同一批葡萄酒再開兩、三瓶，看看是否都有霉味；如果喝起來都有霉味，就整批倒掉；如果只有部分有霉味，完好的幾瓶換上新的軟木塞。預防方法是嚴格管理衛生。挑選葡萄時，一定要剔除可能有問題的葡萄汁後再壓果泥。

11. 口感過度刺激

原因：酸度太高、單寧太多或時間太短，也或許可能三種原因都有，或是其中兩種。

方法：發揮耐心，與特色相對的葡萄酒混合，等待至少幾個月之後再混酒。預防方法是向最好的供應商買葡萄與濃縮果汁。

釀酒 配方

這裡提供的配方涵蓋蘋果酒、無氣泡葡萄酒與香檳、主要的原料（葡萄、其他水果、穀物與花朵），以及在家釀酒的人最容易取得的樹木與爬藤類水果。若你手邊的材料不在此列（如稻米），可選擇材料最相近的配方試試看。以稻米為例，請使用小麥的配方。

找到適合自己的配方後，可以嘗試各種變化。例如，每加侖（約 3.8 公升）葡萄酒加入滿滿 1 茶匙的複合酸，嚐嚐味道是否變乾。其實這麼做不會讓葡萄酒變乾（也就是甜度降低），只會變得更酸。你可以在比重 1.002 的時候啟動發酵，或是在比重 1.002 至 1.005 的時候加

入山梨酸終止發酵，兩種作法都能使葡萄酒變甜。原汁加入酵母菌之前先加一些單寧，能延長葡萄酒的保存期限；加入葡萄梗、葡萄籽或冷凍乾燥葡萄也有類似效果。原汁裡加入更多糖分能提高酒精濃度，加糖的最好時機是在開始發酵之後。

配方並未註明酵母菌的數量，但你可遵循以下的原則。若釀造葡萄酒在 3 加侖（約 11.4 公升）以下，在原汁冷卻至攝氏 21 度以下時，加入 1 包或 1 小瓶釀酒酵母菌。若超過 3 加侖（約 11.4 公升），建議製作啟動發酵的酵母菌溶液，加入冷卻的原汁裡，方法如前述。

若使用濃縮果汁，我沒有註明某些原料的精準數量。單寧、酵母營養劑、水、果膠酵素等原料該加多少，請參考濃縮果汁的使用說明。

我們將不再重複殺菌的重要性。但記住在發酵開始前，每加侖（約 3.8 公升）原汁加入 1 顆搗碎的坎普登錠是很好的保護措施。換桶每隔一次加入 1 顆搗碎的坎普登錠。若使用濃縮果汁，可詢問供應商加入坎普登錠的必要性。

克魯艾特白酒

這是一款好用的乾白酒，6 到 10 週即可飲用。

材料

1 單位（100 盎司〔約 30 公升〕）杏李濃縮果汁
1 單位非美洲白葡萄濃縮果汁
玉米糖（使用說明數量的 75%）
葡萄單寧（見使用說明）

酵母營養劑（見使用說明）

複合酸（比使用說明的總量少 $1\frac{1}{2}$ 盎司）

溫水（見使用說明）

酵母菌

果膠酵素（見使用說明）

作法

　　在 17 加侖的塑膠桶裡混合所有原料，酵母菌與果膠酵素先不加。水溫攝氏 40 至 43 度。塑膠桶蓋上塑膠布，用繩子固定。將塑膠桶放在室溫環境裡（攝氏 18 至 23 度）。靜置 24 小時，測定比重並調整至 1.080。若比重太高，加水；若比重太低，加糖。測定酸度，加入複合酸或水調整至 0.55 到 0.60%。若加了水，須加糖將比重調整至 1.080。達到適當的酸度與比重後，加入酵母菌與果膠酵素。

　　發酵開始 5 天後，將酒液轉移到細頸玻璃瓶。10 天後，再次換桶。這款酒富含果肉，酸度低，很溶液受到硫化氫汙染，必須頻繁換桶。雖然麻煩，但想要如此快速釀造出適飲酒款，總得付出代價。

份量：25 個 1 加侖（約 3.8 公升）細頸玻璃瓶，或是 50 支酒瓶，差不多能喝 1 個月

花香酒

　　因為加了金銀花與苜蓿，有些釀酒人會用山梨酸穩定酒液，然後加糖調整比重至 1.005 或 1.010 再裝瓶。

材料

2 夸脫（約 2 公升）花朵（蒲公英、苜蓿與金銀花的花朵）

$\frac{1}{4}$ 磅（約 113 公克）葡萄乾，切碎

2 顆柳橙果汁與橙皮

2 顆檸檬果汁與檸檬皮

3 磅（約 1.4 公斤）砂糖

1 盎司（約 28.3 公克）複合酸

$\frac{1}{4}$ 茶匙葡萄單寧

1 加侖（約 3.8 公升）滾水

酵母菌

作法

　　選擇乾爽晴朗的一天去採花，要採已經完全綻放的花朵。移除綠色的莖葉，把花朵放在 2 加侖（約 7.6 公升）的塑膠容器裡，然後只放入橙皮與檸檬皮。倒入滾水。

　　牢牢蓋上蓋子，每隔 12 小時攪拌一次，讓花朵維持吸飽水的狀態。4 天後，花泥瀝乾榨汁。瀝出來的花汁加入其他原料，包括柳橙汁與檸檬汁，充分攪拌至砂糖融化。

　　調整原汁比重製 1.100，發酵至 1.030 汁後，將原汁轉移到 1 加侖（約 3.8 公升）的玻璃罐裡，塞上發酵鎖。3 週後換桶，接下來等 3 個月後再換桶，當酒液變得清澈，即可穩定和裝瓶。

份量：5 支酒瓶或 3.8 公升，1 年後適飲

杏李或桃子酒

材料

5 磅杏李或桃子

1 加侖（約 3.8 公升）滾水

$2\frac{1}{4}$ 磅砂糖

1 湯匙複合酸

$\frac{1}{2}$ 茶匙酵母營養劑

$\frac{1}{2}$ 茶匙果膠酵素

酵母菌

作法

　　果實去核切塊，放在 2 加侖（約 7.6 公升）的塑膠桶裡。倒入滾水，靜置 2 天。瀝乾，榨汁。加入砂糖與複合酸。調整原汁比重製 1.095。加入酵母營養劑、果膠酵素與酵母菌，充分攪拌。

　　每天攪拌。比重達 1.030 時，將酒液轉移到 1 加侖（約 3.8 公升）玻璃罐裡，塞上發酵鎖。3 週後換桶，接下來等 3 個月後再換桶。當酒液變得清澈，即可穩定和裝瓶。

份量：1 加侖（約 3.8 公升）或 5 支酒瓶

香檳、冷鴨與加拿大雁

　　氣泡酒課的稅比一般的酒更高，因此氣泡酒的價格比較貴。其實碳酸氣體會遮蓋真正的風味，所以對沒有霉味和醋味、但香氣不足的酒來說，釀成香檳是絕佳的補救方式。

　　做這款氣泡酒，你需要 25 支容量 26 盎司（約 769 毫升）的充氣飲料瓶，搭配金屬瓶蓋與封蓋機。

材料

1 個 5 加侖（約 19 公升）細頸玻璃瓶，裝滿發酵過的葡萄酒，比重為 1.080，尚未加入山梨酸穩定。

水

複合酸

10 盎司（約 283.5 公克）砂糖

1 包乾燥香檳酵母

作法

　　若你使用的葡萄酒初始比重為 1.090，加入相當於體積 $\frac{1}{9}$ 的水，以及每

半加侖（約 1.9 公升）水兌 1 湯匙（平匙）複合酸。若初始比重為 1.095，加入相當於體積 $\frac{1}{6}$ 的水，以及每加侖（約 3.8 公升）水兌半湯匙複合酸。

　　消毒酒瓶，然後用清水沖洗。每個酒瓶裡放 1 茶匙（滿匙）砂糖與幾個酵母顆粒。葡萄酒灌入酒瓶，頂部保留 3 英寸（7.5 公分）空間。蓋上消毒過的金屬瓶蓋。用力搖晃酒瓶。接著分別在第 7 天與第 13 天再次用力搖晃酒瓶。搖晃前後，酒瓶都是直立擺放。

　　第 13 天之後，靜置 2 個月。打開一支酒，觀察氣泡。若氣泡強勁，可立即飲用；若氣泡微弱，你可以選擇喝掉，或是重新蓋上靜置 90 天，耐心等候應可讓你享用更多氣泡。

　　這個配方能做出 24 瓶酒，也就是兩箱，外加一瓶試飲酒。

　　克魯艾特白酒是很棒的香檳基酒。曾有行家說，用克魯艾特白酒釀造的香檳不輸瑪歌堡出產的香檳。另一種有趣的氣泡酒基酒，是趁裝瓶的時候，把 3、4 個細頸玻璃瓶的酒倒入 1 加侖（約 3.8 公升）的玻璃罐裡。你只需要 5 支酒瓶、2 盎司砂糖與 5 個金屬瓶蓋。這種氣泡酒在北美洲叫做冷鴨（Cold Duck）和加拿大雁（Canada Goose），在東歐叫做黑格爾綜論（Hegel's Synthesis）。

蘋果酒或梨酒

　　這是一款歡樂的酒飲，酒精濃度 7.5%，帶有細微珍珠氣泡，適合夏日派對！你需要 5 支 26 盎司（約 768.9 毫升）汽水瓶與 5 個金屬瓶蓋。

材料

3 磅（約 1.36 公斤）蘋果或梨子

2 顆坎普登錠

1 加侖（約 3.8 公升）滾水

25 盎司（約 708.7 公克）砂糖

3 茶匙複合酸

1 茶匙酵母營養劑

$\frac{1}{2}$ 茶匙葡萄單寧

$\frac{1}{2}$ 茶匙果膠酵素

酵母菌

作法

去蒂頭，切成四等分，在塑膠桶裡壓碎。在滾水裡溶解坎普登錠，然後把水倒進塑膠桶，水位蓋過果泥，充分攪拌，桶牢牢蓋住 72 小時後，倒掉液體，果泥榨汁。加入砂糖、複合酸、酵母營養劑與單寧，調整原汁比重至 1.060，再加入果膠酵素與酵母菌。蓋上蓋子。每天攪拌 2 次，每天測量比重，持續約 5 天。比重達 1.030 時，將發酵的原汁倒到玻璃瓶裡，瓶口塞入發酵鎖。

每隔 2 到 3 天測量比重一次，直到比重為 1.010。這時可將酒液轉移到殺菌並且沖洗過的酒瓶裡，蓋上消毒過的金屬瓶蓋，酒瓶頂部應保留 3 英寸（7.5 公分）的空間。直立擺放。當酒液變得澄清，即可飲用。飲用時，小心不要激起瓶底的沉澱物。

份量：1 加侖或 5 支酒瓶

接骨木莓酒

材料

6 盎司（約 170 公克）接骨木莓乾，或 $3\frac{1}{2}$ 磅（約 1.59 公斤）

8 盎司（約 226.8 公克）葡萄乾，切碎

$2\frac{1}{2}$ 磅（約 1.13 公斤）砂糖

4 茶匙複合酸（可省）

1 茶匙營養劑

2 顆坎普登錠

1 加侖（約 3.8 公升）熱水

$\frac{1}{2}$ 茶匙果膠酵素

酵母菌

維生素錠

作法

在初次發酵桶裡混合接骨木莓與葡萄乾，然後加入砂糖、複合酸、營養劑、坎普登錠與熱水，蓋上蓋子。當原汁冷卻至攝氏 21 度，調整比重至 1.100。加入果膠酵素與酵母菌，蓋上塑膠布，以繩子固定。每天攪拌原汁，持續 7 天。瀝掉果渣，用虹吸管把酒液灌入玻璃瓶，瓶口塞入發酵鎖，不要擠壓果肉。

接骨木莓受到擠壓時，會釋出一種可怕的綠色黏液，設備一沾上就很難洗，千萬小心。

3 週後換桶，接下來每 3 個月換桶一次。當酒液變得清澈，即可穩定和裝瓶，每加侖（約 3.8 公升）加入一顆 250 毫克維生素 C 錠。

份量：1 加侖（約 3.8 公升）或 5 支酒瓶

馬鈴薯或胡蘿蔔或歐防風酒

材料

$4\frac{1}{2}$ 磅（約 2 公斤）馬鈴薯、胡蘿蔔或歐防風

2 顆柳橙果汁與橙皮

2 顆檸檬果汁與檸檬皮

1 加侖（約 3.8 公升）滾水

$2\frac{1}{2}$ 磅（約 1.13 公斤）砂糖

1 茶匙酵母營養劑

$\frac{1}{2}$ 茶匙果膠酵素

$\frac{1}{2}$ 茶匙葡萄單寧

酵母菌

作法

　　蔬菜刷洗乾淨，去皮，切除變色部位，僅加入橙皮與檸檬皮，加水煮沸至蔬菜變軟。靜置 1 小時，原汁過濾倒塑膠容器裡，加糖，蓋上蓋子。冷卻後，加入其他原料，包括橙汁與檸檬汁（有些人會在此時加入薑泥、磨碎的丁香與／或切碎的葡萄乾）。

　　調整比重至 1.085，每天攪拌，持續 5 天。換到玻璃容器裡，加上發酵鎖（若有加葡萄乾，酒液必須先過濾）。3 週後換桶，接著 3 個月後再換桶。當酒液變得清澈，即可穩定和裝瓶。6 至 15 個月後將達到巔峰適飲期。

份量：1 加侖（約 3.8 公升）或 5 支酒瓶

蘋果或梨子葡萄酒
材料

8 磅（約 3.63 公斤）蘋果或梨子

2 顆坎普登錠

1 加侖（約 3.8 公升）滾水

2 磅（約 907 公克）砂糖

2 顆檸檬汁或 4 茶匙複合酸

$\frac{1}{2}$ 茶匙果膠酵素

$\frac{1}{2}$ 茶匙葡萄單寧

酵母菌

作法

　　去除蒂頭，切成四等分，在大塑膠桶裡壓碎。在滾水裡溶解坎普登錠，然

後把水倒進塑膠桶，水位蓋過果泥，充分攪拌，塑膠桶牢牢蓋起來。

　　72 小時後，倒掉液體，果泥榨汁，加入砂糖，調整原汁比重至 1.090。接著加入檸檬汁（或複合酸）、酵母營養劑、果膠酵素、單寧與酵母菌，再蓋上蓋子。每天攪拌 2 次，持續 7 天。將發酵的原汁轉移到玻璃瓶裡，瓶口塞入發酵鎖。3 週後換桶，接下來等 3 個月後再換桶。當酒液變得清澈，即可穩定和裝瓶。

份量：1 加侖（約 3.8 公升）或 5 支酒瓶

覆盆莓或李子酒
　　這個配方做出來的果味葡萄酒味道偏乾、柔和，酒精濃度約 11%。鄉下人喜歡飽滿一點、甜一點的果味葡萄酒。若是如此，砂糖可增加至 $3\frac{1}{2}$ 磅（約 1.6 公斤），一開始先加 2 磅（約 0.9 公斤），第 4 天再加 1 磅（約 0.45 公斤），第 6 天加入 $\frac{1}{2}$ 磅（約 227 公克）。

材料

3 磅（約 1.4 公斤）水果，去除蒂頭與果核

2 茶匙複合酸

2 顆坎普登錠

2 磅砂糖

1 加侖（約 3.8 公升）溫水（攝氏 38 度）

1 茶匙酵母營養劑

$\frac{1}{2}$ 茶匙葡萄單寧

$\frac{1}{2}$ 茶匙果膠酵素

酵母菌

作法

　　在塑膠桶裡壓碎處理好的水果。加入所有原料，但果膠酵素與酵母菌暫時

不加。充分攪拌至砂糖溶解,用塑膠布蓋住塑膠桶。

原汁冷卻後,調整比重至 1.085,加入果膠酵素與酵母菌。蓋上並固定塑膠布,每天攪拌 2 次,持續 6 天。

6 天後,或是比重達到 1.030 時,酒液轉移至玻璃瓶,瓶口塞入發酵鎖。3 週後換桶,接下來每 3 個月後換桶一次,持續 1 年。最後穩定酒液並裝瓶。

份量:1 加侖(約 3.8 公升)或 5 支酒瓶

小麥酒

好喝又充滿驚喜的一款酒。加入 $3\frac{1}{2}$ 磅(約 1.6 公斤)砂糖,即可釀製成甜酒,是非常討喜的甜點酒。

材料

1 磅(約 450 公克)全麥粒

$1\frac{1}{2}$ 磅(約 680 公克)葡萄乾

1 加侖(約 3.8 公升)滾水

1 顆檸檬果汁與檸檬皮

2 顆柳橙果汁與橙皮

2 磅(約 900 公克)砂糖

$\frac{1}{2}$ 茶匙複合酸

$\frac{1}{4}$ 茶匙葡萄單寧

$\frac{1}{2}$ 茶匙酵母營養劑

$\frac{1}{4}$ 茶匙果膠酵素

酵母菌

作法

用擀麵棍與木板壓碎小麥,然後與切碎的葡萄乾一起倒進 2 加侖(約 7.6 公升)的塑膠桶裡。倒入滾水,僅加入橙皮與檸檬皮、砂糖、複合酸、單寧與酵母營養劑。將塑膠桶置於室溫環境。

原汁冷卻後,加入柳橙汁與檸檬汁。

調整比重至 1.100,加入果膠酵素與酵母菌。蓋上並固定塑膠布,每天攪拌,持續 5 天。

7 天後,原汁過濾(勿壓榨)至 1 加侖(約 3.8 公升)的玻璃罐裡,罐口塞入發酵鎖。3 週後換桶,接下來等 3 個月後再換桶。當酒液變得清澈、穩定時,即可裝瓶。

份量:5 支酒瓶或 1 加侖(約 3.8 公升)

通用釀酒配方 *

以下這份通用釀酒配方來自加拿大溫哥華的史坦利‧安德森。當你採收了大量成熟水果,想在它們壞掉之前釀造成酒;或是熱情的朋友突然給了你一大堆成熟水果的時候,這份釀酒配方會很有用。

你應該採取的步驟如下:

1. 準備一個容器(最好是塑膠桶),容量是壓碎後果肉的 1.5 倍。如 2 加侖(約 7.6 公升)的桶子可用來裝 5 磅(約 2.27 公斤)水果,45 加侖桶子能裝 350 磅(約 158.7 公斤)葡萄。

2. 以配方表做為計算基礎,算出你需要多少原料或添購多少手邊沒有的原料。可以的話,請購買 Andovin 酵母,或是其他高級的釀酒酵母,啟動發酵的方式如前述。

3. 以配方表的建議處理水果。

4. 混合所有原料,坎普登錠先碾碎再使用,充分攪拌至砂糖溶解。將原汁存放在攝氏 18 至 23 度的地方。加入酵母菌

5. 蓋上塑膠布,用繩子固定。

水果	重量 *（磅）	處理	水（加侖）	複合酸（茶匙）	坎普登錠	酵母營養劑（茶匙）	砂糖	葡萄乾	果膠酵素（茶匙）	葡萄單寧（茶匙）	酵母菌
蘋果	8	壓碎	1	4	2	1	2 磅	無	1/2	1/4	1 包
杏李	3	去核	1	2	2	1	2 磅	無	1	1/4	1 包
黑莓	4	壓碎	1	1	2	1	2 磅	無	1	無	1 包
藍莓	2	壓碎	1	3	2	1 茶匙激發劑	2 磅	1 磅	1/2	無	1 包
甜櫻桃	4	壓碎	1	3	2	2	1 茶匙	2 磅	無	1/2	1/4 茶匙
酸櫻桃	3	壓碎	1	2	2	1	2 磅	無	1/2	1/4	1 包
蔓越莓	4	壓碎	1	2	2	1	2 磅	無	1/2	無	1 包
康科德葡萄	6	壓碎	1	無	2	1	2 磅	無	1/2	無	1 包
加州葡萄	20	壓碎	無	1	2	無	無	無	無	無	1 包
羅甘莓	2	壓碎	1	2	2	1	3 磅	無	1/2	無	1 包
桃子	3	去核	1	3	2	1	2 磅	無	1/2	1/4	1 包
李子	4	去核	1	2	2	1	2 磅	無	1/2	1/8	1 包
覆盆莓	3	壓碎	1	2	2	1	2 磅	無	1/2	1/4	1 包
草莓	5	壓碎	1	2	2	1	2 磅	無	1/2	1/4	1 包

注意：茶匙單位均為平匙
* 釀造每加侖酒液所需水果重量　　*1 磅＝ 0.45 公斤

6.　每天攪拌兩次，並遵循上述步驟。

*這份配方初次發表於《釀酒的技藝》，作者為史坦利・安德森與雷蒙・霍爾。本書獲准收錄。

釀酒 材料行

你應該先到附近的釀酒材料行晃一晃。查詢一下當地電話簿的「啤酒釀造材料」或「釀酒材料」分類。

除此之外，也可以詢問自製葡萄酒與啤酒商業協會（Home Wine and Beer Trade Association）。他們可告訴你居住地附近的材料供應商、地址與電話號碼。

台灣地區可查詢：

啤酒王，自釀啤酒原料器材設備教學 https://www.facebook.com/ibeerwangok/

台灣自釀啤酒推廣協會 https://www.facebook.com/homebrew.tw/

PART 2

用大自然來做禮物

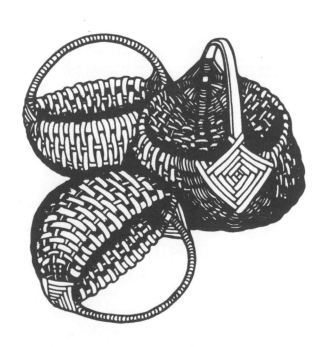

Chapter *9*

製作手工蠟燭

製作蠟燭的 基本觀念

在認識浸製蠟燭之前，你必須了解蠟燭燃燒的幾個要素，以及你需要準備哪些器具才能使蠟燭好好燃燒。

燭火燃燒有兩個主要因素：燃料與燭芯。點燃蠟燭後，燭芯燃燒，火焰的熱融化蠟，在火焰底下形成一小灘蠟液。燭芯吸收蠟液，供火焰燃燒，並且在蠟燭頂部燒光。一根好的蠟燭，燃料（蠟）的燃燒速度會比燭芯快。

燃燒蠟燭時，觀察燭芯與火焰可知道燃燒的效果好不好。燒得好的蠟燭，會有長度 1 至 2 英寸（2.5 至 5 公分）的火焰持續燃燒。燭芯應彎曲大約 90 度，或是筆直伸入燭火頂部的氧化區，燭芯尖端接近火焰邊緣，能直接燒成灰。蠟應在燭芯周圍形成一灘燭液，不能多到溢出來，也不能太少，否則燭芯會吸不到燃料。

氧化區
燃燒區
燭芯傾斜
蠟液

1"–2"

燃燒良好代表蠟燭製作成功

▶ 認識燭芯

就燃燒率而言，燭芯與蠟之間的關係是蠟燭能否燃燒良好的關鍵，甚至可說是唯一因素。

在用媒染劑處理過的編織燭芯發明之前，人類使用過各種搓捻在一起的纖維來支撐燭火。現代燭芯的彎曲角度剛好是 90 度，但古老的燭芯會隨意彎曲，若停留在溫度最高的燃燒區，就會因為碳化而冒煙。

現在的燭芯是幾股棉線搓成棉繩編織而成（像辮子），用媒染劑處理過，或是浸泡過化學溶劑，處理（或浸漬）燭芯的媒染劑基本上是一種阻燃劑。燭芯用阻燃劑處理過，聽起來有點奇怪，但蠟燭的燃料（蠟）應該燒得比燭芯快，這樣燭芯才能在蠟與火焰之間發揮傳遞燃料的功能。媒染劑一方面減緩燭芯的燃燒速度，一方面能讓燭芯燒光時完全分解。

在 19 世紀各種新發明問世之前，人們經常必須「剪燭芯」，也就是把燭芯剪成 $\frac{1}{2}$ 英寸（約 1.3 公分），以防止燭芯冒煙。

編織在燭芯的燃燒特性中，扮演重要角色。編織的棉線之間留空隙，與非編織的棉繩相比，能允許更多空氣進入燃燒區。此外，編織結構強迫燭芯一邊燃燒一邊彎曲，意味著燭芯頂端會離開燃燒區，以免燭芯在燃燒區被燃燒殆盡。

若想正確燃燒蠟燭，點火之前先修剪燭芯，使燭芯與蠟表面的距離不到 $\frac{1}{4}$ 英寸（約 0.6 公分）。這樣可減少燭芯上累積多餘的碳，並防止燭火燒得太旺。

我們很難明確指出你應該用哪一種燭芯，但有些大原則可供參考。

大部分的常見蠟燭材料包裝上，都會建議哪一種燭芯適合你選擇的蠟和你製作的蠟燭。例如，燭芯包裝人員會說：「此燭芯適合直徑 1.5 英寸（約 3.8 公分）的蠟燭。」這是一個不錯的起點，但也要注意你選用的蠟，對蠟燭的影響不亞於你為特定尺寸的蠟燭選擇的燭芯。

燭芯材料商通常依照直徑為蠟燭分類。例如，特細（0-1 英寸〔0-2.5 公分〕）、細（1-2 英寸〔2.5-5 公分〕）與中（2-3 英寸〔5-7.6 公分〕）。在這些尺寸之中，某幾種燭芯特別適合某些形狀的蠟燭和某些種類的蠟。

浸製蠟燭的燭芯通常是平編繩或方編繩。大部分的包裝上都會註明最適合的用法，但這些資訊會讓你對材料的選擇更加熟悉。

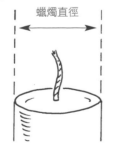

蠟燭直徑是挑選燭芯的重要考量

▶ 蠟的種類

蠟是供燭火燃燒的燃料。大致而言，製作蠟燭的蠟會在攝氏 38 到 93 度之間液化，在室溫環境則是固態。蠟的原料來自動物、植物與礦物（石油）。市面上的精製蠟使用於食品與藥物塗層、化妝品、工業鑄造、潤滑、皮革與木料加工，還有許多其他的應用方式。只有幾種市售蠟能用來做蠟燭。

現在蠟燭大多使用石蠟或蜂蠟，或是兩者混合使用，但數世紀以來，製作蠟燭的人使用過各式各樣的蠟。以下列出幾種傳統與現代的蠟。

楊梅蠟

滾煮楊梅樹的果實，蠟會自動浮在表面，撈起來就能製作蠟燭。楊梅樹的果實之所以叫做「bayberry」[4]，是因為清教徒最初發現它們生長在科德角灣。其實，楊梅樹的生長範圍北至新斯科細亞，南至卡羅來納，西至紐約州北部。現在楊梅蠟價格高昂，原因是楊梅的果實產量遠遠比不上殖民時期。楊梅蠟是灰綠色，帶香料氣味。市面上大部分的平價楊梅蠟燭，其實都是石蠟做的，只是添加了楊梅精油。

如果你想做楊梅蠟燭，10 至 15 磅（4.5 至 2.3 公斤）的楊梅果實就能做出 1 磅（0.45 公斤）的蠟，可以做 3 到 5 對浸製蠟燭。楊梅果實必須先滾煮過，然後濾掉雜質。楊梅蠟可用來做浸製蠟燭，也可倒進蠟燭模具裡。

4　譯註：bay 有海灣的意思。

如何挑選燭芯？

燭芯大至分為三個種類。長錐型蠟燭適合平編與方編燭芯；適合用於容器蠟燭的燭芯是包芯，材質包括紙、棉、鋅和鉛等等。

平編

這個名字一目了然：多股棉線搓成棉繩，三股棉繩編織成燭芯。平編燭芯的規格以使用幾股棉線為基礎，數字愈大，燭芯愈粗。常見的尺寸包括15股（極細）、18股（細）、24與30股（中）、42股（粗）、60股（極粗）。有家美國的主要燭芯製造商說，這種燭芯「適合堅硬的、無需支撐的浸製蠟燭，例如長錐型蠟燭」。

因為三股棉繩拉得很平、很緊，燭芯燃燒時會彎垂下來，位置稍微偏離中心，落在火焰的氧化區。

方編

方編燭芯看起來像邊緣被磨圓的方型，有各種粗細，連編號系統也有很多種。有一位大批發商使用的編號系統是從6/0（極細）到1/0，然後是#1到#10，數字愈大愈粗。「/0」代表普通編織，「#」代表鬆散編織，所以比較蓬鬆、直徑也比較大，但重量未必較重。

這位批發商建議蜂蠟蠟燭使用方編燭芯。我個人的經驗是，1/0方編燭芯差不多等於一條30股平編燭芯。方編燭芯通常站得比平編燭芯更筆直，在火焰的氧化區上方燃燒，能使燭火保持正中。

做為製作蠟燭的新手，參考產品型錄或包裝上的使用說明，最有可能成功。如果燭芯燒得不好，請利用後方的〈問題排除〉原則，或是把你碰到的問題去請教供應商，他們會非常樂意回答你的問題。

編註：台灣地區燭芯材質大致分為純棉、環保及木質三種。

純棉燭芯市面上大致分類如下：

13股，適合製做直徑3.5公分以下蠟燭

16股，適合製作直徑4公分以下蠟燭

24股，適合製作直徑4-6公分蠟燭

32股，適合製作直徑7-9公分蠟燭

也有以編號做分類，也有分為未過蠟及已過蠟燭芯，讀者購買時須注意使用說明。

蜂蠟

蜂蠟是蜜蜂的分泌物。蜜蜂用蜂蠟建造蜂巢，牠們在蜂巢裡儲存蜂蜜、孕育幼蟲。蜜蜂分泌蜂蠟時，會把蜂蠟弄成六角形，令人聯想到蜂巢的形狀。神奇的是，全世界的蜜蜂都能夠用蜂蠟打造六角形結構，而且每一個六角形的銜接角度都在3到4度以內！層層堆疊的六角型抵消了來自彼此的壓力，提供最優化的空間使用，重量1磅（約0.45公斤）的蜂蠟結構能盛裝重達22磅（約10公斤）的蜂蜜！養蜂人取出蜂蜜之後，會把蜂蠟融化後做成塊狀，賣給化妝品或蠟燭製造商。

蜂蠟有一種香甜氣味，這種氣味差異取決於蜜蜂覓食的植物與花朵。天然蜂蠟有金黃色，也有褐色，裡面含有蜜蜂與植物殘渣。可先過濾雜質，也可漂白成純白色。蜂蠟是最令人渴望的蠟燭原料，因為它燃燒緩慢，有美麗的金色光澤，還會散發甜甜的香氣。蜂蠟也可以與石蠟混在一起，製作出價格較實惠、燃燒更持久的蠟燭。

石蠟

石蠟是蠟燭業界最常使用的蠟，有各種不一樣的燃點。石蠟是原油精鍊成機油的副產品。原油在管餾器中蒸餾出餾分。蒸餾器是一根高高的管子，底部加熱，管內的原油會根據溫度分離成不同的石化產品，包括重潤滑油與烴氣。輕潤滑油裡的各種蠟會依熔點不同，經由冷卻、出汗或蒸餾產出。在氫化作用的進一步精鍊之後，各自擁有不一樣的特性。

大致上，製作蠟燭的石蠟是依照熔點分級：低熔點、中熔點與高熔點。大部分的蠟燭需使用熔點在攝氏 51 到 65 度的蠟。向工藝品店或蠟燭材料行買蠟時，標籤上會註明熔點和用途。通常你還可以在石蠟中加入硬脂酸，使蠟變得更硬、更混濁。

不要在一般商店購買石蠟。蠟燭用的石蠟，跟用來密封果醬瓶的石蠟不一樣。密封石蠟的熔點比蠟燭低很多，做出來的蠟燭很軟，很容易產生燭淚。蠟燭的製作是一門蓬勃發展的 DIY 技藝，許多工藝品店都有賣材料，就連小城鎮也買得到。

合成蠟

有些蠟被當成添加劑使用，能讓石蠟變硬或增加彈性。例如來自石油的高度精煉蠟，以及具有蠟的特性的合成聚合物。

動物脂肪

19 世紀以前，有三種動物脂肪被熬煮成蠟燭使用的蠟：綿羊脂、牛脂與豬脂。綿羊脂做的蠟被視為上品，豬脂最劣。綿羊脂蠟燭比另外兩種持久，不易冒煙，味道也沒那麼臭。豬脂燒得快、冒煙多，還有臭味。如果你想感受一下現代蠟燭工藝有多進步，可以考慮用古法做一次蠟燭。

請在通風良好的地方做這個實驗！

植物蠟

小燭樹與蠟椰樹做成的蠟主要用來處理木材與皮革。小燭樹是一種類似蘆薈的植物，表層被蠟質覆蓋，是墨西哥北部與德州南部的原生植物。蠟椰樹是一種生長於巴西的棕櫚植物。

▶ 添加劑

若你想為蠟燭的外觀或用途增加特殊效果，可在蠟裡面使用幾種添加劑。以下是常見的添加劑：

微晶質

微晶質是高度精煉過的蠟，用於蠟燭可發揮多種作用。例如浸泡包覆層的時候，微晶質可增加蠟層之間的黏著力；提高蠟對蠟的黏度；或是幫助蠟塑形。微晶質主要分為兩種，一種柔軟、有韌性，用來增加蠟的彈性。另一種堅硬、易碎，用來延長蠟燭的壽命。產品包裝上會說明微晶質的用途。

硬脂酸

雖然叫做「酸」，硬脂酸卻不是我們認為的那種具腐蝕性的酸。這種製作蠟燭的必備原料，是動物或植物脂肪精煉而成的片狀或粉末。

「硬脂」指的是「固態脂肪、板油或獸脂」。它其實是製作肥皂的一種天然衍生物。脂肪與木灰（鹼粉或鹼液）混合產生化學反應，皂化作用產生出肥皂與甘油。肥皂再與酸混合之後，就會產生硬脂。現在的化學工廠依然使用動物與植物脂肪，藉由相同的化學作用生產肥皂、乾油與硬脂。

硬脂酸與石蠟混合之後，會產生兩種反應。第一是降低熔點，第二是讓蠟燭冷卻後變硬，防止蠟燭彎曲或塌陷。蠟與硬脂酸產生的化學反應很厲害，因為以特定的比例在特定的溫度混合，它們會改變自己的化學結構，融合為一。這樣的結合形成絕佳而堅固的晶體構造，使蠟燭變硬。

硬脂酸也能讓半透明的蠟燭變得混濁。你可以根據自己的需求減少硬脂酸，或完全不使用。例如，如果想看見蠟液底下的花，花朵頂部可沾一層透明的天然石蠟蠟液。硬脂酸的商品名通常叫做「三壓硬脂酸」（Triple-Pressed Stearic Acid）。

硬脂酸不可用會與它產生化學反應的金屬容器或用具，例如紅銅，因為硬脂酸是一種氧化劑。

合成聚合物

也就是合成微晶質，功能很多。例如增加蠟的光澤與韌性，提高蠟的熔點等等。有些合成聚合物能防止褪色。

請注意：微晶質與聚合物的用量都不可超過 2%，因為它們會使蠟變得濃稠，影響燭芯。

若使用高熔點微晶質，燭芯或許得稍粗一些。不過，它們可用來抵銷添加精油造成的稀釋效果。

浸製蠟燭

這裡提供的蠟液配方與燭芯種類僅供參考。蠟的熔點、燭芯的種類與大小，以及蠟燭的直徑，這三個條件之間的關係會決定蠟燭的燃燒特性。記得記錄數據，這樣才能複製成功經驗，或是在下次製作蠟燭時做出調整。

記錄非常重要，長期而言，能幫你省下許多時間。寫下自己使用過的材料與溫度，還有完成後的蠟燭燃燒的情況。如此一來，你的蠟燭筆記就像一段不間斷的歷程，記錄著哪些作法可行，哪些不可行。我寫筆記的大原則，是想像自己幾週後要向別人說明製作蠟燭的過程。對方會想要或需要知道哪些事？

材料

製作 3 對 10 英寸（約 25 公分）高、$\frac{7}{8}$ 英寸（約 2 公分）粗的長錐型蠟燭，你需要至少 6 磅（約 2.7 公斤）的蠟。如果你的浸泡罐是寬口的，需要的蠟會更多。大約只有一半的蠟會做成蠟燭。其餘的蠟用來提供足夠的深度，好讓蠟燭完全浸泡在蠟液裡。其他材料包括：

● 燭芯（中，1/0 方編；或是 30、36、42 股平編）

● 參考以下的蠟液配方

　　配方 A：100% 蜂蠟

　　配方 B：石蠟加上 5 到 30% 硬脂酸（我個人喜歡 10 到 15%）

　　配方 C：石蠟、硬脂酸與蜂蠟比例 6：3：1

　　配方 D：石蠟與蜂蠟混合，比例不拘（記錄你用過的比例，找出最適合的那一種！）

　　配方 E：60% 石蠟，35% 硬脂酸，5% 蜂蠟

● 色素，視個人喜好

● 香氣，視個人喜好

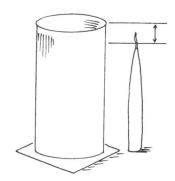

浸泡罐的高度，至少要比蠟燭長 2 英寸（約 5 公分）。

▶ 設備

雙層鍋或隱蔽式加熱器

浸泡罐，高度比蠟燭成品至少高 2 英寸（約 5 公分）

1 小塊紙板

小型重物，如金屬墊圈、螺帽

融蠟

融蠟最好的方式是隔水加熱。用一個厚重的金屬鍋裝水，一個小鍋子裝蠟，大鍋底部用一個三腳架支撐小鍋。小鍋應該比你打算製作的蠟燭長度高出至少 2 英寸（約 5 公分）。

如果你有油炸深鍋、燉鍋或其他隱蔽式加熱器（如電鍋），也可以用來取代雙層鍋，重點是蠟不能直接加熱。

能浸泡整根蠟燭的水桶

吊掛蠟燭的鉤子或曬衣夾

▶ 製作步驟

1. 剪一段燭芯，長度是蠟燭的 2 倍再外加 4 英寸（約 10 公分）。舉例來說，若你想做的蠟燭長度是 10 英寸（約 25 公分），燭芯的長度就是（2×10）+4=24 英寸（約 60 公分）。

2. 在燭芯兩端各綁一個小重物。

3. 裁一塊邊長 2 英寸（約 5 公分）的紙板，用來垂掛蠟燭。紙板的兩側各切一道 $\frac{1}{2}$ 英寸（約 1.3 公分）的切口。燭芯對摺，抓住中點。燭芯的中點對

浸製蠟燭的第一步是讓燭芯浸泡熱蠟液，穩定而緩慢地往上拉。

準紙板的中心點（距離邊緣 1 英寸〔約 2.5 公分〕）。燭芯中點兩側的部分插進紙板切口裡。若你的燭芯長 24 英寸（約 60 公分），現在從紙板兩側垂掛下來的燭芯長度約為 11 英寸（約 28 公分），卡在紙板上的燭芯約為 1 英寸（約 2.5 公分）。

4. 用雙層鍋或加熱器加熱固態蠟。加熱溫度必須比熔點高出攝氏 5 度，例如石蠟與硬脂酸需加熱至攝氏 68 度，蜂蠟需加熱至攝氏 74 度。視個人喜好加入色素或香氣。

5. 蠟液倒入浸泡罐，高度與罐頂距離 1 英寸（約 2.5 公分）。浸泡過程中隨時補充蠟液，以維持相同高度。

基本款的長錐型蠟燭反覆浸泡熱蠟液，直徑會漸漸變粗。

6. 燭芯浸入蠟液，蠟液表面上僅保留 1 英寸（約 2.5 公分）燭芯。浸泡 30 秒，讓燭芯裡的氣泡離開燭芯。穩定緩慢地拉起燭芯，直到氣泡完全消失。

7. 把掛著燭芯的紙板用曬衣夾夾住，或是掛在木桿上，等蠟冷卻。燭芯不能彎曲或折到。若想加速冷卻，可在 2 次浸泡之間把燭芯泡在水裡。但是燭芯再次浸泡蠟液之前，一定要確認蠟燭表面沒有殘留水珠，否則蠟液會把水珠包在蠟燭裡。水珠雖然看不見，卻會在蠟燭燃燒時造成蠟液噴濺。

8. 燭芯上的蠟冷卻後，再度浸泡蠟液。放進去時速度要快，浸泡到跟上次一樣的深度。拉出來的時候，手要穩，速度要慢。冷卻後，再浸泡一次。你應該會看到燭芯上已累積少量的蠟。如果沒有，讓蠟液降溫 5 度，然後再浸泡 2 次。

每一次浸泡時，可將紙板轉個方向，可防止蠟燭彎曲，也有助於觀察蠟燭的另外一面，確定蠟層堆疊平順。

9. 持續浸泡，要泡到蠟燭尖端，冷卻後重複浸泡過程（隨著蠟燭變粗，浸泡時間亦需增加），直到蠟燭最粗的地方至少有 $\frac{1}{4}$ 英寸（約 0.6 公分）。這時蠟燭已經夠重也夠硬，可在液體中保持穩定，你可以小心切除蠟燭底部的重物。切得愈乾淨、愈平直，最後的蠟燭底部就愈漂亮。不過你也可以在稍後的浸泡中重複這個過程，修飾蠟燭底部。

若要回收利用重物，丟進熱蠟液裡把蠟熔掉即可。

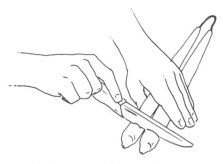

蠟燭成形後，小心切除底部重物。

10. 持續浸泡，直到蠟燭達到你想要的直徑，$\frac{7}{8}$ 英寸（約 2 公分）是最常見的直徑。浸泡過程中隨時補充蠟液，維持完全浸泡蠟燭所需要的深度。若蠟燭底部被拉長或形狀歪七扭八，用刀子切除底部，再浸泡最後幾次。切口浸泡蠟液會變得圓潤，讓底部變成好看的形狀。

11. 有些人在最後 2 至 3 次浸泡時，會讓蠟液升溫至攝氏 82 到 93 度，目的是增加蠟層的黏著。有些人會在最後幾次浸泡時，使用高溫蠟或增加硬脂酸比例，讓蠟燭擁有較硬的外層，燃燒時較不會流下燭淚。以我個人的經驗來說，只要調好蠟燭的蠟與硬脂酸比例，就沒有必要這麼做。

12. 如果你想要閃亮的蠟燭表面，最後一次浸泡完蠟液後，立刻浸泡冷水。然後把蠟燭用鉤子或曬衣夾吊掛至少一小時，進一步冷卻。最後讓蠟燭平躺，存放在不會直接日照的地方。

問題排除

要成為浸製蠟燭專家很花時間，最重要的技巧，應該是掌握蠟的溫度，形塑蠟燭與避免表面出現瑕疵也很難。以下是碰到問題時的幾個判斷方式。

▶ 浸泡蠟液時

- 如果蠟燭熔化，表示蠟液溫度太高，或是浸泡太久。
- 蠟液濃稠結塊，表示溫度太低。
- 每次浸泡之後，蠟燭沒有變粗，可能是蠟液溫度太高，或是浸泡太久。
- 蠟燭表面起泡，可能是蠟液溫度太高，或是浸泡太久。
- 蠟冷卻後會收縮，連續浸泡時，蠟液應維持相近溫度。再度浸泡前，蠟燭應冷卻，但溫度不可太低。

▶ 表面瑕疵

蠟液溫度太高或太低，都有可能造成表面瑕疵。如果溫度太高，或是含有太多油，可能會出現氣泡。如果溫度太低，蠟液會變得結塊、濃稠。

▶ 蠟層黏著

良好的控溫對蠟層黏著有益。蠟層黏著指的是分次浸泡的蠟液，層層融合在一起。蠟層黏著不佳，可能會使同心圓結構的蠟燭破裂，像洋蔥一樣。擁有良好的蠟層黏著，蠟燭會像一根堅固的蠟柱，唯有刻意破壞才會受損。

如果蠟層黏著不佳，可在浸泡時嘗試以下的改變：

- 延長浸泡時間。
- 縮短浸泡的間隔。
- 蠟液加溫。

● 提高室溫，或不要讓風吹進工作區。

事實上，以上列出的四個條件（浸泡時間、浸泡間隔、蠟液溫度、室溫）都很重要。你應該把這些數據記錄下來，碰到浸製蠟燭的品質問題時查看一下這些數據。

其他 浸製作品

掌握浸製蠟燭的方法之後，你可以開始嘗試更進階的修飾技巧。加入一種或多種色素，扭轉蠟燭，製作蠟火柴等等，浸製蠟燭只是入門磚。

▶ 無淚蠟燭的包覆層

若你看過市售的無淚蠟燭，應該會發現蠟燭外層的蠟熔化得比內層慢許多。這個現象不是因為內層的蠟離燭芯比較近。無淚蠟燭通常會用熔點較高的蠟做為包覆層，所以靠近燭芯的蠟還沒來得及滴下，就先被火焰燒掉了。

包覆層會在蠟燭上形成一層外殼，你也可以用半透明的包覆層，將裝飾品貼在蠟燭表面，但如果要這麼做，請使用不含硬脂酸的石蠟。包覆層的蠟液跟浸製蠟燭的蠟液相同，只是多加 10% 增強硬度的微晶質。若用蜂蠟當包覆層，則無須加添加劑。蜂蠟的熔點高於大部分的石蠟，如果想讓石蠟蠟燭看起來像蜂蠟，可浸泡兩、三次蜂蠟蠟液。另外，蜂蠟蠟燭也可以用蜂蠟當包覆層。

材料

高熔點蠟

重量佔 5 到 30% 硬脂酸（依方法而異，見前述說明）

冷水（可省）

設備

雙層鍋或隱蔽式加熱器

鉗子

桶子

作法

1. 以高於熔點至少攝氏 10 度的溫度熔化固態蠟。

2. 為確保包覆層能與蠟燭好好黏在一起，蠟燭應是溫的，不是冷的。把蠟燭握在手裡，直到摸起來是溫溫的。也可以在浸泡包覆層之前，把蠟燭放在一個溫暖的地方。

3. 用手或鉗子夾住燭芯，把整根蠟燭泡進蠟液裡，然後穩定而緩慢地拉出來。動作要快，以免熔化蠟燭。要注意，蠟燭可能會變軟好幾分鐘，不一定要浸泡第二次，但再泡一次可加厚包覆層。

4. 如果蠟液不夠深，無法完全覆蓋蠟燭，可以先泡半根，然後反轉再泡半根。如果是對角線螺紋蠟燭，配合螺紋角度斜斜地浸泡蠟燭，可隱藏包覆層的浸泡痕跡。若想要有光澤的表面，浸泡蠟液之後，立刻將蠟燭泡到冰水裡即可。

▶ 用包覆層上色

浸製蠟燭不一定要用有顏色的蠟。浸製（或購買）白色蠟燭，再浸泡一種

錐上加錐

浸製蠟燭會自然形成一條細細的長錐，但你可以突顯蠟燭的錐形。浸泡燭芯一次之後，請遵循以下步驟進行接下來的三次浸泡。

把蠟燭想像成四段。將蠟燭的 $\frac{3}{4}$ 浸入蠟液，頂部的 $\frac{1}{4}$ 露在外面。冷卻。

將蠟燭的 $\frac{1}{2}$ 浸入蠟液。冷卻。

將蠟燭的 $\frac{1}{4}$ 浸入蠟液。冷卻。完成這三次浸泡之後，有些人會選擇浸泡蠟燭的 $\frac{1}{3}$ 與 $\frac{2}{3}$，消除前三次浸泡的痕跡。如果你覺得分層的痕跡太明顯，也可以這麼做。

繼續浸泡蠟燭（整根），直到達到你想要的直徑。

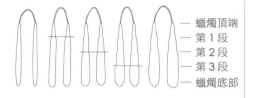

— 蠟燭頂端
— 第 1 段
— 第 2 段
— 第 3 段
— 蠟燭底部

或多種顏色的包覆層即可。你需要夠深的容器，要能夠完全浸泡蠟燭；一種顏色，一個容器。若使用前面提過的方式，每種顏色都必須熔化大量的蠟，才能完全浸泡蠟燭。用包覆層為蠟燭上色有兩種方法。

方法一

選擇 97 頁的任何一種配方。可以用原本熔蠟的鍋子，或是為每種顏色準備一個罐子。在每一個罐子裡加入你想要的色素與香味，很多人會在包覆層的蠟液裡加入少量增硬微晶質。

將蠟燭整根或部分浸泡同一個顏色。如果你想要兩種以上的顏色，先浸泡粗的那一端，然後反轉蠟燭，用不同的顏色浸泡細的那一端。蠟燭的中央會形成一道條紋，這樣你就能在蠟燭上創造最繽紛的色彩。

方法二

若你手邊的蠟不多，又想用它來為蠟燭染色時，可以用這種方法。

浸泡蠟燭用的深罐，一種顏色一個，一起放在雙層鍋或加熱器裡。每個罐子倒入 3/4 滿的熱水（至少攝氏 65 度）。

在較小的罐子裡，混合蠟液與色素。把染色的蠟液倒進深罐裡，覆蓋熱水表面。水維持高溫，蠟才能維持熔化的狀態。蠟燭穿過蠟層，插入熱水裡。拉出蠟燭的時候，色蠟會附著在蠟燭上。動作要快，不然熱水會熔化你的蠟燭。

這個方法的缺點是有時候水會附著在蠟燭上，跟著蠟一起被封在蠟燭表面，導致凹凸不平。

▶ 麻花長錐

浸製蠟燭時，你會發現溫熱的蠟燭充滿彈性。這樣的彈性意味著，你可以用它們來製造有趣的效果。我發現蜂蠟蠟燭特別適合用來扭成麻花。用前面提過的步驟浸製蠟燭，直到底部直徑約為 $\frac{1}{2}$ 英寸（約 1.3 公分）。

切掉麻花長錐蠟燭的底部，若想要更加融合的效果，可以浸泡包覆層。

取下紙板，把兩跟蠟燭編織在一起。然後用手指把蠟燭底部捏成 $\frac{7}{8}$ 英寸（約 2 公分），剛好可以放入燭台座裡，麻花長錐蠟燭即大功告成。

你可以讓這根麻花蠟燭浸泡一層包覆層，加強視覺上的融合效果。

你也可以用相同的方法，編織三根以上的蠟燭。

▶ 扁長錐

長錐蠟燭達到你想要的直徑後，用擀麵棍壓平，但底部維持圓柱狀，以便放入燭台座。捏住溫熱蠟燭的兩端，就能把壓扁的蠟燭扭成螺旋狀。也可以捏成葉子或花瓣。

這種錐狀蠟燭先扁平後扭曲，看起來相當優雅。

▶ 蠟火柴（安全火柴）

如果你習慣一次點很多根蠟燭，而且曾經因為想在火柴燒完之前點燃所有蠟燭而差點被燒到手指，你就需要蠟火柴，它又叫做安全火柴（vesta）。

蠟火柴是一根僅包覆 2 至 3 層蠟的燭芯，點燃後就像一根長長的火柴，能一次點燃多根蠟燭。蠟火柴很容易做，步驟跟基本的浸製火柴一樣，但是僅需要浸泡 3 次的蠟液，請選用中等尺寸的燭芯。

▶ 一次浸製多根蠟燭

量產浸製蠟燭有很多方法，大部分的限制來自蠟桶的大小與形狀。除了前面介紹過的紙板支架上，還有其他的方式可以將蠟燭隔開，使其不會在製程中黏在一起。

切記，你使用的工具愈多，被蠟沾上的工具就愈多，事後得花更多力氣刮蠟跟熔蠟。

你使用的任何支架都會沾上蠟，事後都必須刮除和熔化這些蠟。進入蠟液裡的表面積愈多，蠟液就消耗得愈快，所以做蠟燭一定要多準備一些蠟。有些人會在做到一半的時候停下來刮蠟，盡可能把蠟重新熔化使用，然後才繼續製作蠟燭。這種作法的可行性，取決於你使用的支架系統。

清理善後

我建議你在工作空間鋪一塊布，讓蠟滴到拋棄式的遮蓋物上。如果你製作蠟燭的規模成長到可以讓蠟燭擁有專屬空間，不妨使用方便刮蠟的平坦工作台，可將蠟回收使用。

▶ 絕對不可以……

絕對不可以把蠟倒進排水孔！蠟凝固之後會造成嚴重（而且得花大錢處理）的水管阻塞。多餘的蠟液請倒入杯子或錫罐裡，冷卻後，將蠟儲存在塑膠袋裡，留待下次使用。沒用完的蠟，全部都能回收再利用。

雙層鍋的水倒進排水孔也不是個好主意。雖然是純水，卻可能含有蠟，可以倒在戶外，或是等水完全冷卻之後，先把表面的蠟清除乾淨再倒進排水孔。

▶ 蠟沾到衣服

衣服沾到蠟有幾種清理方式,試試以下這幾種辦法。

- 等蠟冷卻。黏在纖維表面上的蠟即可刮除。
- 放進冷凍庫,蠟會變得又硬又脆,直接敲下來。
- 牛皮紙上下夾住布料,用熨斗熨燙,蠟會被牛皮紙吸走。經常更換牛皮紙,以免蠟重新附著在布料上。

- 用水滾煮,然後洗清、晾乾。請注意:把布料從水中拉出來時,蠟有可能會重新附著在不一樣的部位。
- 送乾洗店,讓店家知道布料沾到蠟。乾洗溶劑會溶解蠟,但先告知店家能讓他們做初步的處理。

安全設備 與 流程

製作蠟燭,絕對要做到安全第一。

浸製蠟燭支架

隨著經驗漸漸累積,你或許想要試試其他浸製法,尤其是製作大量的長錐型蠟燭。

用空心的棒子做為隔開蠟燭的支架,例如吸管和鐵管。燭芯末端打結,塞進管子裡,形成一個環。蠟燭的上方與下方都有能隔開蠟燭的支架。

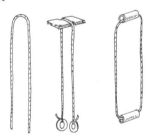

一次浸泡多根蠟燭最簡單的方法,就是把燭芯掛在或綁在一根棍子上,蠟燭冷卻時,這根棍子可以架在任何地方,例如兩把椅子之間。如果你的蠟桶非常大,

你可以同時浸泡整根棍子上的蠟燭。如果不大,你可以一次浸泡一對蠟燭,移動棍子讓

蠟燭浸出蠟液,包裹每根燭芯。

你可以購買圓形的金屬支架,這是專門為了某些圓形蠟桶特製的。中間的柱子頂部接著像衣架般的鉤子,支架頂部與底部有至少四根突出的小釘,能用來固定燭芯。這種支架是

仿效羅馬人使用的圓形浸製系統,把燭芯沉浸在一大鍋熱蠟裡。如果你擅長鐵工,可以用舊衣架或尺寸類似的鐵絲自己做一個。

如果你的蠟桶是長方型的,可以用木頭或金屬做一個支架,讓燭芯以適當間隔環繞支架,配合你想要的蠟燭尺寸。

你必須時時記住這件事：製作蠟燭必須在熱源旁邊使用易燃物質。除非必要，絕對不可在明火旁邊做蠟燭。

加熱蠟液一定要用雙層鍋，或是使用隱蔽式加熱器的容器。若使用雙層鍋，外鍋的水絕對不能煮沸。持續加水，維持適當水位。

切記，絕對不能讓燃燒的蠟燭離開視線範圍。

以下的滅火工具要放在容易取得的地方，並且知道如何使用：

- 滅火器（ABC 類）
- 金屬鍋蓋，阻隔氧
- 小蘇打，消滅火焰
- 濕布或濕毛巾

製作蠟燭時若有東西燒起來，立刻關閉熱源，並使用滅火器、鍋蓋、小蘇打或濕毛巾阻隔氧並消滅火焰。

絕對不能用水撲滅燃燒蠟的火焰！這會導致蠟液噴濺，增加燙傷風險。

用 蠟 裝飾蠟燭

有許多特殊的用蠟技巧能用來為蠟燭增添色彩，做最後的修飾。你可以創造與眾不同的蠟燭，或是複製你在別的地方見過的美麗裝飾。

▸ 蠟燭需加溫

在你開始裝飾蠟燭之前，要先確定蠟燭是溫的，至少要有攝氏 30 度。我在裝飾蠟燭的時候，會把蠟燭放在火爐或暖氣附近。

蠟燭工廠通常設有「暖房」，用暖氣與控溫裝置維持攝氏 30 到 32 度的蠟燭溫度。

▸ 裝飾包覆層

包覆層可用於幾種裝飾技巧。你可以幫白色蠟燭上色，創造不同顏色的條紋或漣漪，幫褪色的蠟燭補色，或是黏貼飾品。

條紋：若要用包覆層創造簡單的條紋，先用遮蔽膠帶貼住你不希望有條紋的地方。例如，如果你想用深藍色條紋裝飾純白蠟燭，就把你希望維持純白的地方貼住。接著將蠟燭放進包覆層的蠟液，冷卻，然後小心撕掉膠帶。不使用純白膠帶也可以創造條紋，讓半根白色蠟燭浸泡第一種顏色（紅色）的蠟液，反轉後浸泡第二種顏色（黃色）的蠟液，讓兩種顏色至少重疊 1 英寸（約 2.5 公分）。重疊的地方會出現一條第三種顏色的條紋，以這個例子來說，這道條紋是橘色。

▸ 蠟片

裝飾蠟是一種表面光滑的蠟片，可剪成你想要的形狀黏在蠟燭上。你可以買一盒 22 色的蠟片來玩玩看。

除了獨一無二的形狀或圖案，也可以試試千花設計。

千花是一種歷史悠久的玻璃裝飾技藝。用玻璃棒拼出圓形花朵圖案，但我們要用蠟來做。把蠟棒切成薄片時，每一片都是一樣的圖案，然後將這些圖案相同的薄片黏在蠟燭表面上，你可以用按壓的方式讓它們卡進溫熱的蠟燭表面。

花、葉與香草嵌花

你可以利用浸製包覆層的技巧,用較扁平的植物與天然纖維裝飾蠟燭。例如花朵與香草壓花,或是新鮮的乾燥材料。蠟液裡不可加硬脂酸,否則包覆層會變得混濁,看不清這些裝飾。

裝飾蠟燭時,切記易燃的表面處理非常危險!

這些裝飾材料必須小心使用,我看過蠟燭表面的乾燥花瓣起火燃燒。這種裝飾用在粗蠟燭上效果最好,蠟油會集中在燭芯,而蠟燭表面維持未熔化的狀態。無論是哪一種蠟燭,燃燒時都必須有人照看。

將植物或纖維飾物用以下的方法固定在蠟燭上:

● 用大頭針把花朵釘在蠟燭表面。
● 植物材料浸泡蠟液,然後趁熱黏在蠟燭上。
● 加熱湯匙背面,或是用熱熔筆加熱蠟燭表面,然後把植物材料卡進變軟的蠟裡。

植物材料固定在蠟燭表面之後,用透明蠟液為蠟燭上一層包覆層。蠟燭從蠟液裡拉出時一定要慢,尤其是有飾物的部分,以免飾物上的殘餘蠟液滴下。

趁包覆層的蠟還熱熱的時候,輕輕地把葉子跟花朵邊角壓一壓,讓它們更加服貼。拔出大頭針,在浸泡一次蠟液包覆層,遮蓋痕跡與針孔,然後浸泡冷水使蠟燭擁有閃亮的表面。

存放蠟燭 小訣竅

● 蠟燭必須平躺存放。尤其是長錐型蠟燭,如果底下是空的,很容易彎折。
● 蠟燭應存放在陰涼的地方。長期存放在攝氏 21 度的環境裡,蠟燭會變軟,容易彎折或黏在一起。若是包起來並且適當存放,就能承受夏季高溫。
● 不要冷藏或冷凍蠟燭。會裂開!
● 長時間光照會使蠟燭褪色,請將蠟燭存放在盒子、抽屜或櫃子裡。
● 若沒有用不透氣的材料(例如塑膠布)包起來,蠟燭的香氣會散掉。

蠟燭的 裝飾包裝

蠟燭是很棒的禮品,禮物籃裡加了蠟燭會很美,因為它們增添了色彩與質感,而且很實用。

▶ 面紙

單枝蠟燭可用面紙捲起來,用膠帶固定或綁上緞帶。若是兩枝以上,先用面紙完全包裹第一枝蠟燭,再把第二枝蠟燭包進去。如此一來,蠟燭中間隔著一層面紙,還能支撐彼此。

▶ 布與緞帶

送禮時,我喜歡把蠟燭的下半段用布料或可愛的紙包起來,然後打一個蝴蝶結。蠟燭的上半段是露出來的,看得見、摸得到,還可以聞聞看。如有需要,包裝時可加一塊紙板提供支撐。這種方法特別適合沒有裝飾的蠟燭。

問題排除

無論多小心，偶爾還是會做出怪怪的蠟燭。

這張表格能幫助你判斷問題，找出可能的原因與解決方法。

問題	原因	解決方法	問題	原因	解決方法
結塊	蠟液太冷	加熱蠟液	燭淚	有風	為蠟燭擋風
	再浸泡時，蠟燭太冷	蠟燭保溫；早一點再浸泡		蠟太軟	用較硬的蠟；用較硬的蠟當包覆層
	燭芯初次浸泡時（打底），沒有吸飽蠟液	燭芯初次浸泡須至少浸泡30秒		燭芯太細	用較粗的燭芯
蠟液無法累積	蠟液太熱	蠟液降溫	燭火噴濺	蠟裡或燭芯裡有水	蠟燭泡完水之後，確定沒有水珠殘留再浸泡蠟液
表面有水泡或氣泡	蠟燭太熱	等蠟燭降溫再浸泡	冒煙	有風	為蠟燭擋風
	蠟液太熱	蠟液降溫		燭芯太粗，蠟來不及熔化就已燃燒	改用細燭芯
蠟層之間有空氣	蠟液太冷	加熱蠟液	燭火難點燃	燭芯太細，無法熔化足夠的蠟	改用粗燭芯
	蠟燭太冷	蠟燭保溫；快點再浸泡		蠟太硬，燭芯熔不掉蠟	改用較軟的蠟
蠟燭底部變細	蠟液太熱	蠟液降溫	燭火很弱	蠟太硬	改用較軟的蠟
	浸泡太久	減少浸泡時間；增加底部浸泡次數		燭芯太細	改用粗燭芯
				染劑阻塞燭芯	用油溶性染劑
燭火不持久	燭芯太細，吸不到足以支撐火焰的蠟液	改用粗燭芯	只有蠟燭中心被燭芯熔化	燭芯太細	改用粗燭芯
	蠟太軟	用熔點較高的蠟，或增加硬脂酸		蠟太硬	改用較軟的蠟
			燭火太旺	燭芯太粗	改用細燭芯

Chapter *10*

籐籃編織的野趣

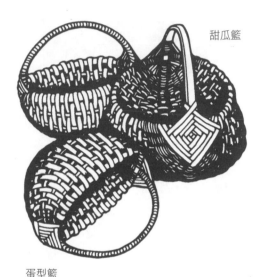

甜瓜籃

蛋型籃

▶ 工具與材料

工具

細砂紙	膠帶
鉛筆	捲尺

桶子或盆子（泡藤片）

剪刀	尖錐

削鉛筆機

彈簧式曬衣夾

毛巾	指甲刀或小剪刀

材料

2 個籃圈，直徑 10 英寸（約 25 公分）
（邊寬 $\frac{3}{4}$ 英寸〔約 1.9 公分〕）*

1 束 #7 圓蘆藤皮（輻條）**

1 束 $\frac{3}{16}$ 英寸（約 0.5 公分）平蘆藤皮（捆紮）

1 束 $\frac{1}{4}$ 英寸（約 0.6 公分）平蘆藤皮（編織）

* 1 磅（約 0.45 公斤）一束的藤皮可製作三個 10 英寸（約 25 公分）的籃子，所以你可以多買 4 個籃圈，多做兩個籃子。也可以買邊寬半英寸（約 1.3 公分）的籃圈。

** 以公厘為單位的圓蘆藤皮，每家公司的編號各不相同，購買前請先確認。這裡的 #7 圓蘆藤皮是 5 公厘（0.5 公分）。型錄上會註明長度。

編註：藤條與藤皮在台灣地區其實沒有平蘆與圓蘆之分，讀者可依寬度尺寸購買。另外，台灣地區多竹材，亦可考慮以竹材（竹片、竹條、竹篾等）來製作編籃。

名詞定義

<u>把手</u>：垂直籃圈的上半部

<u>把手底圈</u>：垂直籃圈的下半部

<u>捆紮</u>：把兩個籃圈綁在一起的編織方式

<u>邊框</u>：水平籃圈，形成藤籃邊緣

<u>輻條</u>：構成藤籃框架的圓蘆藤皮，供藤皮上下穿梭編織

<u>藤皮</u>：用來編織的藤皮

製作 甜瓜籃

1. 籃圈

   先固定兩個直徑 10 英寸（約 25 公

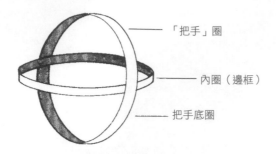

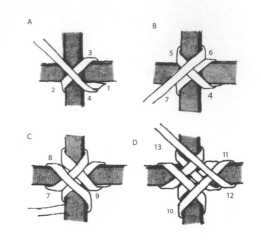

分）籃圈。若籃圈邊緣不平整，先用
細砂紙磨一磨。用鉛筆在其中一個籃
圈外側做記號。在籃圈一半的地方畫
記號標註中點。另一個籃圈也畫兩個
類似的中點記號。

在其中一個籃圈上貼膠帶做記號，這
表示它是把手。把手上不能有接縫或
鉛筆記號。

將做為把手的籃筐套在另一個籃圈的
外側，兩個籃圈在有鉛筆記號的地方
相交。

2. 四摺捆紮

下一步是用四摺捆紮的方式（four-fold
lashing）把兩個籃圈固定在一起，這
也是輻條交會的地方。

你使用的是 $\frac{3}{16}$ 英寸（約 0.5 公分）
藤皮，它跟所有藤片一樣，有光滑的
正面與粗糙的反面。

把其中一面前後彎折，你很快就會發
現哪一面是易裂開的反面，哪一面是
平滑的正面。

選最長的那一條 $\frac{3}{16}$ 英寸（約 0.5 公
分）藤皮，泡在溫水裡。藤皮變軟後
（約需 3 分鐘），拿出來甩乾。

把交疊在一起的籃筐放在面前，確定
鉛筆記號都有對準。

把其中一個交叉點面對自己，有膠帶

記號的把手放在上方。依照以下的說
明與步驟進行捆紮。

步驟 A：把泡軟的藤皮反面靠在把手
底圈後方，如圖示點 1。末端留 1 英
寸（約 2.5 公分），捆紮時末端會被
藏進藤皮裡。從點 2 出發，把藤皮拉
向點 3，正面朝外，由上往下從邊框
後方拉向點 4。

步驟 B：藤皮從點 4 往斜上方拉向點
5，接著繞過把手後方來到點 6，在籃
圈相交處形成一個「X」。將藤皮以
並排的方式，往下拉向點 7。

步驟 C：藤皮從點 7 繞過邊框後方來
到點 8，接著往斜下方拉向點 9，再
繞過把手底圈後方來到點 10。

步驟 D：藤 皮 從 點 10 往 斜 上 方 拉
向點 11，接著繞過邊框後方來到點
12，然後往斜上方拉向點 13。

這時四摺捆紮的鑽石形已經顯現。用
相同的方式繼續編織，編 8 排。從捆
紮的背面計算有幾排。每一排都要緊
緊靠在一起，從正面看的話，藤皮會
稍微重疊。

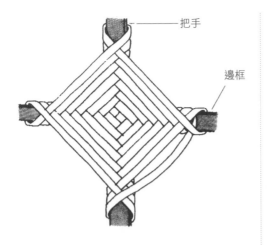

把手

邊框

捆紮結束時，用剪刀斜切藤皮末端。把末端塞進最後一排的邊角。用尖錐或剪刀的尖頭把末端牢牢塞進捆紮與籃圈的內側。

用相同方式捆紮另一側的籃圈交會處。重複確認籃圈上的鉛筆記號已經對準。

3. 輻條

輻條建構藤籃的基本結構與形狀，以甜瓜籃為例，輻條建構出圓圓的「甜瓜」形。

剪 10 段 #7 圓蘆藤皮，長度 15 英寸（約 39 公分）。輻條的兩端用削鉛筆機削尖。若這幾段藤皮形狀歪曲，

無法形成好看的圓弧，可以泡水，否則不用泡。

在籃底的其中一側固定五根輻條，把削尖的末端塞進捆紮的空隙裡。先固定最靠近邊框與籃底的兩根輻條，接著在這兩根輻條旁邊再各自固定一根輻條，最後位在中間的第五根。

籃底的另外一側重複相同步驟。

4. 編織

現在你已完成籃子的基礎結構。兩個籃圈以四摺捆紮牢牢綁在一起，穩固的輻條等距分布。

從捆紮處的下方出發，從邊框的一側編向另一側。你或許以為這是連續編織，以捆紮處的下方為起點一路編織，然後完整包覆整個籃底。但不是這樣的，當第一段藤皮完全用完時，把藤籃轉到另一側，這次從對面的捆紮處下方開始編織。兩側輪流，用完一段藤皮就換邊，直到籃底完全被藤皮包覆。

藤皮用簡單的一上一下編織法。不過，一開始輻條之間沒那麼多空間可供編織。所以得先遵循幾個特殊的步驟，到了藤籃的中央，輻條之間才有夠多的編織空間。這個過程叫做「拆解」。仔細看看圖示並遵循步驟說明，你肯定做得到。

開始編織前，把寬 $\frac{1}{4}$ 英寸（約 0.6 公分）的藤皮在溫水中泡軟，也是差不多需要 3 分鐘。泡太久容易磨損斷裂。藤皮其中一端用剪刀斜剪一刀。捆紮處正對自己，藤皮正面朝下，把斜剪的藤皮末端塞進捆紮處底部。

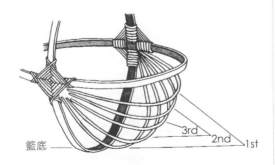

籃底

3rd

2nd

1st

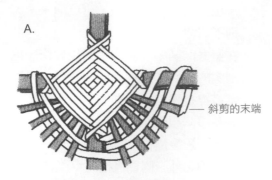

A.

—— 斜剪的末端

藤皮往右摺，變成正面朝上。將藤皮從五根輻條下穿過，把五根輻條視為一個單位。接著藤皮繞過邊框，從籃子內側穿出（變成反面朝上）蓋住五根輻條之後鑽到把手底圈的內側。

拉出藤皮繼續編織，蓋住把手底圈左邊的五根輻條，然後從邊框底下穿出來。現在變成正面朝上。藤皮從五根輻條底下穿過，拉出來之後蓋住手把底框。這樣就算編好完整的一排。見圖示 A。

用相同方式再編一排，同樣結束在把手底圈上。

接下來編法有變，請見圖示 B。

繼續往右編織，藤皮以二下二上的方式穿過輻條，然後從最後一根輻條底下穿出，繞過邊框。往左編織，一上二下二上，然後鑽到把手底圈的下方再穿出。繼續往左，二上二下一上，鑽到邊框底下再穿出。往右編織，一下二上二下，蓋住把手底圈。這樣就算完成一排新圖案。

以相同步驟完成兩排圖案，結束在把手底圈上。

接下來改用簡單的一上一下編織法，請見圖示 C。

從把手底圈的外側開始，藤皮一下一上一下一上一下穿過輻條，拉出來之後繞過邊框。回頭繼續編織，一上一下一上一下一上，然後鑽到把手邊框底下。

左邊以相同方式編織，一上一下一上一下一上，然後從邊框底下拉出來。回頭繼續編織，一下一上一下一上一下，拉出來之後蓋住把手底圈。

以相同方式完成藤籃。

藤皮用完時，用曬衣夾固定，反轉到藤籃的另一側，同樣用「拆解」法重複編織。兩側輪流編織，因為這樣較容易維持藤籃形狀一致。

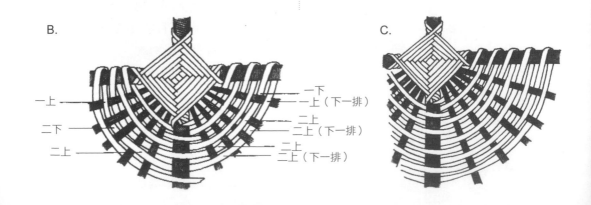

B.

一上
二下
二上

一下
一上（下一排）
二上
二上（下一排）
二上
二上（下一排）

C.

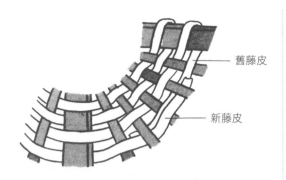

舊藤皮

新藤皮

5. 銜接

你已在藤籃兩側各用盡一段藤皮。現在要接上一段新藤皮。

再泡軟一段藤皮。從你剛才先編完的那一側開始，別忘了，剛才是兩側輪流編織。新藤皮蓋住舊藤皮，重疊大約 3 至 4 英寸（7 至 10 公分）。不要在邊框上銜接藤皮。如果舊藤皮的末端在邊框旁邊，把它剪短一些，讓接點落在中間。如果舊藤皮結束時反面朝外，新藤皮同樣反面朝外銜接舊藤皮，延續相同的正反面編織圖案。

新藤皮的末端可以塞到輻條或把手底圈下面。

接上新藤皮之後，以相同的方式繼續編織。

6. 完成編織

輪流編織藤籃兩側，直到完成。絕對不可以超過中線。如果一段藤皮編織到中線時仍有剩餘，請停下來。用曬衣夾固定藤皮。反轉到藤籃的另一側繼續編織，直到藤皮抵達中線。

將完成時，把兩側藤皮重疊，就像銜接新舊藤皮一樣。你或許得修剪藤皮，讓重疊的長度為 3 至 4 英寸（7 至 10 公分），且不可在邊框旁邊。

如果你確實遵循上述步驟，你會編織出正確的圖形，相鄰的兩段藤皮不會同上同下。

如果出了錯，導致兩段藤皮同上同下，有兩種補救辦法：

- 把藤皮往兩側輕輕分開（朝邊框的方向），間距剛好能容納編織一排藤皮，藉此修正圖案。
- 如果間距太小，無法容納一排藤皮，就拆掉最後一排方向錯誤的藤皮。把藤皮從兩側輕輕推往中線，補滿空洞。

剪掉長長的末端、突出的纖維或小刺。藤籃應可水平站立。如果不行，可泡水幾分鐘，然後從藤籃內側輕輕按壓底部，讓籃底變得平坦。我通常會在藤籃裡放一顆平滑的圓形石塊壓住藤籃，就這樣放一、兩天陰乾。

7. 把手

把手無須處理，露出原本的木框。也可以用好幾種方式包覆，以下列出其中幾種：

- 單向包覆

選一段寬 $\frac{3}{16}$ 英寸（約 0.5 公分）的藤皮，長度足以包覆整支把手，無須銜接。泡水。將削尖的末端反面朝上，塞進籃圈與捆紮處上方的空隙裡。反摺藤皮，變成正面朝上，將藤皮纏繞在把手上。每一排藤皮緊緊相依。

纏繞到把手的另外一頭。斜剪藤皮，將末端塞進捆紮處上方的空隙裡。尖錐可幫忙你把藤皮末端牢牢塞進捆紮處。

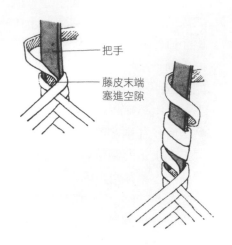

把手

藤皮末端
塞進空隙

● 交織纏繞

纏繞方式與單向纏繞相同，但加上
另一段藤皮上下交織，創造不同的
圖案。

取一段編織用的寬藤皮和一段窄藤
皮，泡水。兩段藤皮的末端都固定
在捆紮處上方。窄藤皮的長度應比
把手略長一點，兩端必須接到兩側
的捆紮處。

寬藤皮先在把手上纏繞一圈，蓋過
窄藤皮。接著拉起窄藤皮，讓寬藤
皮從底下穿過。

　用這個方式一上一下持續編織，

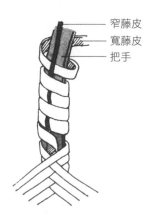

窄藤皮
寬藤皮
把手

直到整支把手都被藤皮覆蓋。兩段
藤皮的末端都要塞進另一側的捆紮
處上方。

圖案很容易變化，只要改變上下的
次數就行了。例如二上二下，或是
二上一下、一上二下等等。較長的
把手可以三上三下，或甚至更多。
可以使用不同形狀與顏色的窄藤
皮。若把手比較寬，也可以放兩段
窄藤皮。

● 8 字型纏繞

剪兩段 #7 圓蘆藤皮，長度與把手
相同。末端削尖，各自固定在把手
兩側，互相平形，末端塞進捆紮處
的內側空隙。

取一條長藤皮，泡軟。反面朝下，
其中一個端卡進捆紮處上方的空
隙。反摺之後，從其中一側的輻條
底下穿過，繞上來之後，鑽進把手
底下再穿出來，繞過另一根輻條，
然後蓋住把手上方。用這種方式纏
繞整支把手。藤皮末端塞進另一側
的捆紮處上方空隙。

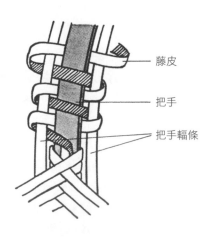

藤皮

把手

把手輻條

染色

為藤籃的材料染色，是你發揮想像力的好機會，非常有趣。平蘆或圓蘆藤皮、輻條，甚至包括某些野生的材料都可以染色。你可以在編完藤籃之後，把整個藤籃染成同一種顏色。我喜歡把不同的材料分開染色，編織一個色彩繽紛的藤籃。

最簡單也最快速的染色方式，是使用市售的布料染劑。

一小罐染料（$1\frac{1}{8}$ 盎司〔約 32 公克〕）可以染 1 磅（0.45 公斤）重的藤皮。我會在廚房的不鏽鋼水槽裡調染料，但你也可以用舊的大鍋子或金屬容器。

依照包裝上的說明調染料，直接使用水龍頭流出的熱水。充分攪拌至染料溶解，藤皮浸泡染料之前必須先弄濕。浸泡到染上你想要的顏色為止，但記住乾了之後，顏色會變淡。

我喜歡把藤皮泡在染料裡 30 分鐘，然後換下一批泡 15 分鐘，最後一批只泡幾分鐘。這樣我就有同一種顏色的三種深淺。

用木棍或舊木勺撈出染料裡的藤皮，用清水沖洗，然後放在大量廚房紙巾上吸水。最後把藤皮吊掛起來晾乾。我用地下室裡的晾衣繩做這件事，但只要是戶外的陰涼處都可以。

藤皮在使用前泡水時，會有部分染料滲出。所以，不同顏色的藤皮，請用不同的容器浸泡。

如果你有大鍋子，也可以用來染做好的藤籃。先用一小段藤籃做測試，確認顏色是否正確。把藤籃打濕，放進染料鍋裡，用棍子攪動藤籃。染上正確的顏色後，把藤籃撈出來，用紙巾拍乾，然後吊掛晾乾。藤籃底下可以鋪幾塊毛巾，接住滴下的染料。

我有學生用木材染料染出絕佳效果。木材染料需用松節油或礦物油稀釋。

壓克力染料或乳膠漆稀釋後，可直接用刷子塗在藤籃上。先用一小段藤皮試塗看看，確認效果如何。

你也可以在藤籃上刷礦物油或亞麻籽油。櫟木的籃圈上過油之後，看起來特別漂亮。

如果你打算用藤籃裝食物，請使用無毒的面漆，或是完全不上塗料。

▶ 天然染料

使用天然染料需要時間與耐心，但等待是值得的。不需要媒染劑（固色劑）的染料，我只知道一種，那就是黑胡桃殼。這種顏色取自天然材料，不使用媒染劑，不持久也不鮮豔，而是比較淡而低調。我喜歡這種質感，也覺得不要用那麼多需要固色的化學染料比較好。

使用黑胡桃殼染色，步驟如下：
將 $\frac{1}{2}$ 磅（約 227 公克）胡桃殼泡在 3 至 4 加侖（11 至 15 公升）水裡一夜。

隔天用水滾煮 1 小時。

冷卻後，用紗布瀝出染料。

藤皮打濕，泡在染料裡，直到染上你想要的色澤。若喜歡更深的棕色，可增加胡桃殼的量，或減少水量。

也可以用咖啡、茶或其他天然材料取代胡桃殼。

其他變化

你現在已學會如何編織 10 英寸（約 25 公分）藤籃，幫它染色的幾種方式，以及如何修飾把手。接下來自己動手做實驗，試試新的、不一樣的編織方式，加上不同的材料。一起來看看能怎麼做。

▶ 籃圈

籃圈有很多變化，例如尺寸或形狀。圓框大小從 4 到 18 英寸（10 到 46 公分），寬度從 $\frac{1}{2}$ 到 $\frac{3}{4}$ 英寸（1.3 到 2 公分）。橢圓形的框也有好幾種尺寸。你可以把橢圓形的框跟圓框拼在一起，一個做把手，一個做邊框。也有掛籃使用的「D」型框，以及市場購物籃的方框。這些都可以用相同的編織方式做基本款藤籃。

籃圈也有各種木頭材質：楊木、櫟木、山核桃。硬木較適合，但初學者可用較平價的夾板開始練習。

我最喜歡的藤籃是狂野的葡萄藤條做籃圈與輻條。我收集大約 $\frac{1}{4}$ 英寸（約 0.6 公分）粗的葡萄藤條，剝除外皮，再把藤條纏繞成一個圓圈。做兩個這樣的圓圈，把其中一個卡進另外一個，然後依照編織基本款藤籃的步驟編織。

你可以用粗藤條做大籃子，細藤條做小籃子。因為藤條形狀凹凸不平，我通常是用三摺捆紮法，而不是四摺。

別種藤條也可以，例如忍冬、紫藤或是你居住區域的原生植物。比較粗的市售藤皮也能纏繞成籃圈，做出特別好看的把手。

總之，勇敢做實驗。

無論你嘗試做的藤籃是大、是小、是圓還是橢圓，使用的材料一定要隨之調整。

也就是說，如果比基本款藤籃還小，就用較細的藤皮與輻條。如果比較大，就反其道而行。

▶ 三摺捆紮

還有另一種三摺捆紮方式能用來固定籃圈，稍微簡單一點，如果你覺得四摺很難，不妨試試三摺。我自己認為四摺捆紮比較穩固，也比較好看，但有些情況非得使用三摺，例如葡萄藤籃或是沒有把手的藤籃。

以下是三摺捆紮 10 英寸（約 25 公分）籃圈的步驟。

在籃圈上做記號，把兩個籃圈卡在一起。 $\frac{3}{16}$ 英寸（約 0.5 公分）藤皮泡水後，從籃圈的其中一個交會點開始捆紮。

步驟 A：藤皮反面朝外，靠在把手底圈後方，如下頁圖示點 1。末端留 1 英寸，捆紮時末端會被藏進藤皮裡。從點 2 出發，把藤皮往斜上方拉，越過邊框來到右側，抵達點 3，然後由上往下從邊框後方拉向點 4。藤皮從點 4 往斜上方拉，越過邊框來到左側，抵達點 5，再從邊框後方往下來到點 6。現在藤皮籃圈相交處形成一個「X」，而且只露出正面。

步驟 B：藤皮扭轉方向，正面朝外越過把手底圈。藤皮抵達點 7 時再度轉向，從邊框底下拉向點 8，然後繞過邊框往下來到點 9。藤皮轉向，從把手底圈拉向點 10。

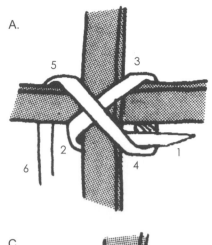

A.

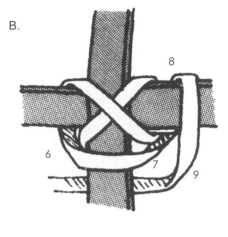

B.

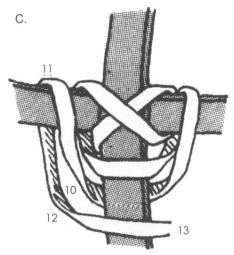

C.

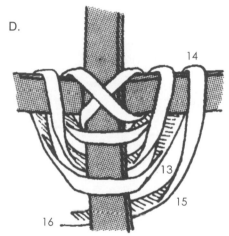

D.

步驟 C：藤皮在點 10 再度轉向，往上越過邊框來到點 11，接著往下拉向點 12。將藤皮轉向，越過把手底圈，來到點 13。

步驟 D：藤皮從點 13 往上拉，從邊框下方繞過來到點 14，接著往下拉向點 15。藤皮再度轉向，從把手底圈下方繞過來到點 16。用相同的方式繼續編織四、五排。

請注意，每次藤皮扭轉方向都是正面朝外。在把手底圈結束編織，用曬衣夾固定藤皮。用相同方式捆紮另一側的籃圈交會處。

▶ 安裝輻條

若使用三摺捆紮，輻條在編織過程中就得裝上。此時應在把手底圈的兩側各裝一根輻條。裁剪四根 #7 圓蘆藤皮，長度 15 英寸（約 39 公分）。末端削尖。把輻條插入捆紮處的空隙，如圖示。

找到曬衣夾固定的藤皮繼續編織，藤皮上下穿梭過輻條。從一側邊框往另

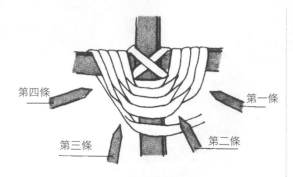

第四條

第一條

第三條

第二條

一側邊框編織藤皮，跟編織基本款藤籃一樣。完成兩排之後，用曬衣夾把藤皮固定在把手底圈上，反轉藤籃，另一側同樣編織兩排。

繼續在藤籃的兩側裝上輻條。裁剪六根輻條，兩側各三根。其中四根的長度 13 英寸（約 33 公分），兩根 15 英寸（約 38 公分）。安裝方式如圖示，13 英寸（約 33 公分）的輻條兩根裝在邊框底下，兩根裝在把手底圈旁邊；15 英寸（約 38 公分）的輻條裝在最初的兩根輻條中間。把輻條插進以編織的藤皮裡，以便固定。

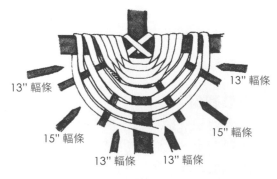

13" 輻條

13" 輻條

15" 輻條

15" 輻條

13" 輻條

13" 輻條

藤皮從把手底圈的上方再次出發，以上下穿梭的方式編織藤籃兩側與邊框。

藤皮用完時，反轉藤籃，編織另一側，直到另一側的藤皮也用盡。如果你

編織的速度較慢，藤皮變得太乾，阻礙編織，把藤籃上尚未編織的藤皮泡進水裡，藤籃放在靠近水面的地方。

依照基本款藤籃的作法，繼續編織、銜接和完成藤籃。若你想來點變化，可在兩側先用 $\frac{3}{16}$ 英寸（約 0.5 公分）的藤皮編織相同排數，然後在把手底圈銜接一段 $\frac{1}{4}$ 英寸（約 0.6 公分）的藤皮完成剩餘的編織。

▶ 輻條

輻條建構藤籃的結構，決定藤籃底部的形狀。藉由改變長度與位置，輻條可做出圓形籃、蛋型籃和其他不同型狀。當你熟悉編織藤籃的基本原則之後，無須測量也可以創造出自己喜歡的形狀。

輻條的寬度與長度必須配合藤籃的大小。

以下是各種藤籃最適合的輻條規格。

圓蘆藤皮	寬度（公厘）*	籃圈大小
#4	$2\frac{3}{4}$（約 0.28 公分）	4 英寸（約 10 公分）以下
#5	$3\frac{1}{4}$（約 0.33 公分）	6 到 8 英寸（15 到 20 公分）
#6	$4\frac{1}{2}$（約 0.45 公分）	8 到 10 英寸（20 到 25 公分）
#7	5（約 0.5 公分）	10 到 12 英寸（25 到 30.5 公分）
#8	$5\frac{3}{4}$（約 0.58 公分）	12 到 14 英寸（30.5 到 35.5 公分）
* 各家廠商使用的尺寸多有不同，訂購前請先確認。		

如果你要做小於 10 英寸（約 25 公分）的基本款藤籃，需要的輻條數量不超過 10 根。但較大的藤籃需要的輻條會更多。

由於單側的捆紮處空隙容納不了五根輻條，若是要做大藤籃，勢必得在開始編織後增加輻條。以下是增加輻條的方法。

▶ 增加輻條

大藤籃的輻條間距不應超過 $1\frac{1}{2}$ 英寸（約 3.8 公分）。若超過的話，就需要增加輻條。若要增加輻條，先在藤籃兩側完成相同排數的編織。測量其他輻條沒有覆蓋的空洞有多長，在這個長度上多加 2 英寸（約 5 公分）。輻條的兩端削尖，如圖示插入編織藤皮裡。

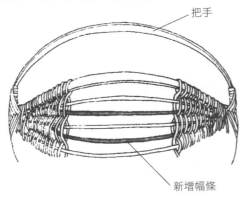

把手

新增輻條

輻條當然是一次增加兩根，兩側各一根。藤皮繼續編織，把新增的輻條也一起編織進去。

另一種變化是把輻條裝在邊框的上方，它們可以比邊框更長，形成一道寬寬的凸緣。

輻條也可以比邊框更短，讓藤籃的開口往內縮。

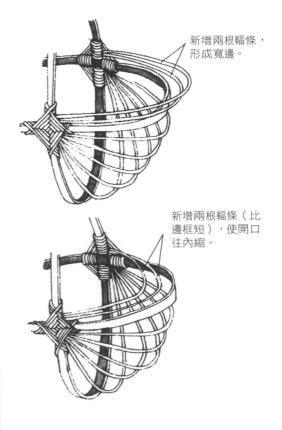

新增兩根輻條，形成寬邊。

新增兩根輻條（比邊框短），使開口往內縮。

從邊框的上方，把輻條插進捆紮處的空隙裡。

編織方式與其他步驟都沒有改變，只是編織的範圍要越過邊框，涵蓋新增的輻條。把最後一根輻條當成原本的邊框，藤皮繞過它之後，回頭繼續編織。

蛋型籃

製作蛋型籃，前面的步驟與基本款一模一樣。唯一的差別是蛋型籃輻條長度不同。

製作 10 英寸蛋型籃輻條長度如下：
4 根，長度 $15\frac{1}{2}$ 英寸（約 39 公分）
4 根，長度 16 英寸（約 40.6 公分）

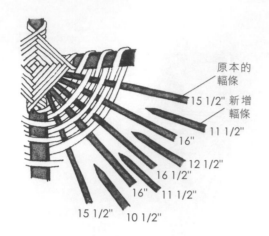

原本的
輻條

15 1/2" 新增
輻條

11 1/2"

16"

12 1/2"

16 1/2"　11 1/2"

16"

15 1/2"　10 1/2"

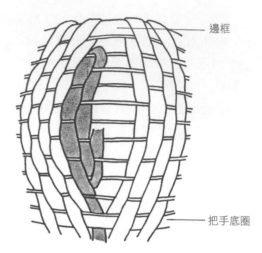

邊框

把手底圈

2 根，長度 $16\frac{1}{2}$ 英寸（約 42 公分）
藤籃兩側編織面積寬度達 3 英寸（約 7.6
公分）時，新增幅條。
4 根，長度 $11\frac{1}{2}$ 英寸（約 29 公分）
2 根，長度 $10\frac{1}{2}$ 英寸（約 26.7 公分）
2 根，長度 $12\frac{1}{2}$ 英寸（約 31.8 公分）

　　圖示僅顯示單側的輻條位置。另一
側複製相同作法。

　　由於形狀的緣故，編織蛋型籃的藤
皮會覆滿邊框與把手底圈，中間留有尚
未編織覆蓋的空間。

　　這個空間可用原本的藤皮繼續編織
填滿，也可以在把手底圈銜接新的藤皮。
用一上一下的方式編織，在最靠近邊框
的第一根或第二根輻條打住。藤皮繞過
輻條折返，就像之前繞過邊框一樣，然
後反向編織。同樣將藤皮繞過最靠近邊
框的第一根或第二根輻條，然後反向編
織，在最靠近前一個折返處的第一根或
第二根輻條打住。藤皮繞過輻條折返，
繼續編織，在最靠近前一個折返處的第
一根或第二根輻條打住。

　　用這種減少編織輻條的方式補缺，
直到來到最寬的部分。這時改變作法，
增加編織輻條，直到完全覆蓋有空缺的
部分。

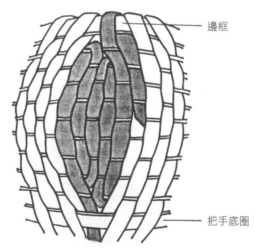

邊框

把手底圈

　　沒有被編織覆蓋的地方，都用這種
階梯式的編織法補缺。這個大小的蛋型
籃，應該只需要編織幾排就已足夠。

編織法 的變化

　　框型結構的藤籃，編織的方式都一
樣。但如果使用不同的編織材料，就能

做出許多變化。例如增加色彩、質感和
趣味。

　　平蘆藤皮的寬度通常是從 $\frac{3}{16}$ 到 1 英
寸（約 0.6 到 2.5 公分）。你可以試試不
同寬度的藤皮，但依定要配合藤籃本身
的尺寸。例如寬藤皮用來編小籃子，看
起來會很笨重。

　　細的圓蘆藤皮也能用來邊藤籃，尺
寸從 #0（1 英寸〔約 3.2 公分〕）到 #17
（15 英寸〔約 40 公分〕）。寬度在 #5
以上的寬圓蘆藤皮，主要用來做輻條。
我喜歡在剛開始編織的時候用圓蘆藤皮。
#2 圓蘆藤皮也可以用來做捆紮。

　　野生材料能用來增加趣味，例如細
藤條、樹皮、香蒲葉和玉米殼。麻繩、
海草藤跟羊毛線也可以。這些跟其他材
料都可以試試。

　　至於藤皮的色彩，可說是毫無限制。
自己動手染藤皮，編織出豐富色彩。

　　變換藤皮的顏色或材料時，一定要
在把手底圈上銜接藤皮，每一排都應該
以這個中點為起點。

外層裝飾編織

　　藤籃完成後，可在邊框與把手底圈
的外層加上裝飾編織，通常是用對比的
顏色。把一段窄藤皮泡水至柔軟。將削
尖的一端塞進捆紮處，以一上一下的方
式在邊框上編織。藤皮抵達另一側時，
剪斷藤皮，末端塞進捆紮處。第二條藤
皮放在第一條藤皮下方，編織圖案應與
第一條交錯，第一條藤皮在上的地方，
第二條藤皮在下。

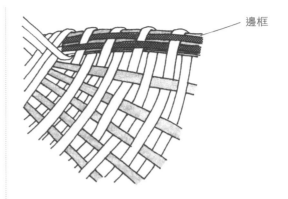

邊框

　　用相同方式完成邊框的另外半圈。
刀子或細長的工具，例如小把的螺絲起
子，很適合用來挑起藤皮，方便編織。
以寬 $\frac{3}{4}$ 英寸（約 2 公分）的籃圈來說，
通常邊框只能容納兩排裝飾編織。當然，
實際數量取決於你使用的藤皮寬度。

　　把手底圈的空間通常只能容納三排
裝飾編織。藤皮削尖的末端插入捆紮觸
底部，編織到另一頭，剪斷藤皮，末端
塞進捆紮處底部。用相同方式再編兩排，
編織圖案應互相交錯。有時候，中間那
排我會故意用一個不一樣的顏色，然後
用這個顏色編織把手。

Chapter *11*

葡萄藤花環 DIY

葡萄藤 簡介

　　野生葡萄藤通常是一片盤根錯節的紅褐色枝條,似乎往四面八方胡亂生長。葡萄藤一年四季都看得到。粉色嫩葉會在四月中到四月底之間冒出來,但各地出現的時間不同。葉子會漸漸長大變圓,邊緣呈現鋸齒狀,成熟後有些會長成心型,而且通常會裂成幾瓣。到了夏季,葡萄藤會長得既茂密又厚實,垂掛在樹叢、石牆與樹幹上。秋天的葡萄葉變成鮮黃色,葉落後露出美味的葡萄果實,茂盛的紅褐色葡萄藤也將顯現出來。

　　葡萄藤有各種形狀、大小與長度,顏色包括紅褐色、淺棕色、綠色與灰色。有粗如球棒的老藤,有可以讓孩子當鞦韆盪的長藤,也有跟紗線一樣的細藤。葡萄藤有各種天然的彎折、扭轉與角度。老藤可以長得很長、很粗,而且有很多岔枝。老藤通常有兩層樹皮,外層鬆散粗糙,底下的藤則是淺棕色。老藤雖然粗壯,卻非常有彈性。

　　新藤是比較年輕的幼枝,尚未經歷多年風霜,通常只有一層堅韌的樹皮,顏色包括褐色、紅色與紫色,有些品種的外皮有一種光滑的蠟感。新藤的岔枝比較少,可達一定的長度,還有可愛的小卷鬚。樹皮底下的藤是鮮綠色。新藤雖然有彈性,但比較容易斷。飽經風霜的老藤是銀綠色的,就像香柏和其他樹木一樣,顏色會隨著年紀變化。

▶ 採集時的服裝選擇

　　採集葡萄藤的服裝以舊衣為宜,應該穿著長褲、長袖,戴手套,這樣才能避免割傷、擦傷、起水泡等等。不要穿毛衣,葡萄藤的岔枝跟卷鬚會勾住毛衣,珠寶、眼鏡、鞋帶也是一樣的道理。最好也戴上護目鏡,以免被墜落的東西砸到,或是被岔枝劃傷眼睛。

　　葡萄藤應趁新鮮採集。有些人建議不新鮮的葡萄藤可以泡水泡到軟,但我發現採集新鮮的葡萄藤比較簡單。葡萄藤很有彈性、很柔韌,怎麼彎折扭轉都沒問題,乾掉之後也不會變形。

　　剛剪下的葡萄藤不一定要馬上使用,存放在戶外幾個星期也沒問題,時間長短取決於葡萄藤的大小與天氣,愈粗壯的藤條,存放的時間愈長,尤其是在寒冷與／或潮濕的氣候。藤條愈細、愈乾,天氣愈熱,藤條就愈容易變乾。只要保有彈性,使用上就不會有問題,你一拿來用就會知道藤條是否太乾。

　　秋天是採集葡萄藤最理想也最宜人的時節。這是大片黃葉已幾乎落盡,即是仍有黃葉,拉動藤蔓時也很容易落下。

飽滿的紫葡萄任人採擷,如果沒有被鳥兒與動物捷足先登的話。我會持續採集葡萄藤到冬季結束,只是冬天時沒有秋天那麼頻繁的採集。

四月中葉子開始抽芽,尋找和採集葡萄藤還算容易,但在進入夏季後,葉子會長得很大,嫩枝蓬勃生長,葡萄藤突然變得綠意盎然。大葉、長枝加上新長出來的卷鬚使葡萄藤變得厚重,若你在夏季採集葡萄藤,得修剪和丟棄許多新枝葉,因為它們對創作工藝品沒幫助。綠色嫩枝太新鮮,就跟植物的莖一樣,堅硬的樹皮要等到秋天才會出現。不過,綠葉倒是可以用來捲東西或包東西。

▶ 尋找葡萄藤

尋找葡萄藤很容易,朋友、親戚或鄰居的土地上,說不定就有葡萄藤。到樹林裡走一走,開車到鄉間小路兜兜風,觀察一下路邊植物,抬頭看看樹上或仔細瞧瞧灌木叢。夏天的葡萄葉很大、很好認,在眾多植物中一眼就能看見,只需尋找新葡萄藤枝葉形成的厚實樹冠。

到了秋末冬初,葡萄藤變成盤根錯節的紅褐色藤條,可以把它想像成葡萄的骨骼。葡萄藤的顏色在石牆、葉子落盡的灌木叢和蒼白的樹旁邊特別顯眼,在雪地裡就更容易辨認了。

秋天找到屬意的葡萄藤之後,可能的話,你應該做的第一件事是取得採集同意。當你問地主你能否剪幾枝葡萄藤時,多數地主都不會反對。

採集前,站在離葡萄藤有點距離的地方,仔細觀察這個區域。你必須採集還活著的葡萄藤,而不是死藤。葉子落盡後,遠遠看去無法判斷葡萄藤的死活,除非你記得它夏天時很茂盛。在生長季判斷葡萄藤的死活很容易,但葉子跟葡萄都掉光後,只能親手觸摸與彎折葡萄藤才知道。活著的新鮮葡萄藤折不斷,剪斷時,切口是鮮綠色,裡面濕濕的。死藤是褐色的,又乾又脆,不適合當工藝材料。

剪藤蔓的地點要分散,給它們重新生長的時間,葡萄藤會長得很快,我發現我可以年復一年在相同的地方採集新生葡萄藤,以及還有去年跟前年錯過的老藤。你也可以在不同的地點採集到不同品種的葡萄藤。藤蔓與樹皮的顏色、質地或外觀、葉子的形狀、藤蔓的長度,都會因品種而有差異。

▶ 剪葡萄藤

順著岔枝找到主藤。說不定是從地面上長出來的,也有可能是從較粗壯的藤條分出來的,更可能長達 100 英尺(約 30.5 公尺),攀爬在樹上;或是長度不長卻充滿岔枝,披掛在圍籬、石牆和灌木叢上。

用園藝剪刀,在粗度適中的地方剪一刀。不要把葡萄藤從土裡拉出來,只要不是連根拔起,葡萄藤會繼續生長。把藤條拉一拉、抖一抖,直到它可以獨自鬆開。每當你鬆開一條葡萄藤,就會看見底下藏著更多條葡萄藤。從枯枝裡拉出葡萄藤時千萬小心,因為堅韌的藤條會將枯枝一起帶出來,有時甚至會帶出一整棵枯樹!

若你心儀的藤條爬到高高的樹上，可先試著把它拉下來，不要急著剪斷。如果拉不下來，至少它還能繼續生長，結出果實。

如果先剪了卻拉不下來，會很浪費。如果你拉的藤條上有一些岔枝，可先將岔枝一一鬆開。

葡萄藤跟其他卷鬚爬藤一樣，通常都很容易拉動，因為勾住岔枝和其他東西的是卷鬚。

沒有卷鬚的藤蔓，如南蛇藤，藤條會彼此糾纏在一起，也會糾纏住樹枝，所以很難拉動。

處理 葡萄藤

剪下葡萄藤並且帶回工作區之後，先將它清理、分開和分類。你面前有堆得像一座小山的葡萄藤，等著被巧妙地製作與編織成各種藤環、籃子與獨特的藝術品，但你得先把它們分成好管理的數量。

能看清楚自己有哪些材料，工作起來會比較輕鬆。

我會先拉出最粗壯的藤條來清理，然後放成一堆。清理指的是剪掉沒用的細枝、破損或死掉的雜枝、葉子等等。最長跟最粗的藤條（直徑約 0.5 到 0.8 英寸〔1.3 到 1.9 公分〕）大多用來編織掛在房子、車庫或穀倉外的大藤圈。這些粗藤條通常是又長又粗糙的老藤，卷鬚不多，而且極有彈性。用它們創造巨大的作品非常有趣！

接著，我會一一檢查和清理剩下的藤條，看看每一根藤條的模樣。如果藤條上有岔出長長的細藤，我會把細藤剪下來，另外分成一堆。這些細藤跟粗麻繩差不多，很適合用來編藤籃、精緻的心形藤圈、小藤圈、捆紮或縫紉等小型作品。

剩下的中型藤條屬於第三堆（粗細相當於原子筆或鉛筆），長度至少 5 英尺（約 1.5 公尺），有些有岔枝，有些沒有。它們幾乎可用來編任何藤圈。有岔枝的藤條適合編茂密的藤圈，其他藤條可用來編實心藤圈或小藤圈。

如你所見，材料幾乎毫無浪費！

▶ 材料與工具

藤條分類好了，現在我們可以開始設計與創作。用葡萄藤創作不需要特地購買工具。大部分的工具，你家裡和工作室裡應該都有。

園藝剪刀

園藝剪刀非常適合處理葡萄藤，可用來剪斷藤條、剪去死掉或破損的分枝、修整作品。用一把銳利的大剪刀也可以。

鉗子

用衣架做底框時，普通的老虎鉗就很好用。用手指不方便塞或拉的藤條，可使用尖嘴鉗。

遮蔽膠帶

遮蔽膠帶可在葡萄彼此纏繞交織之前，暫時把它們固定在一起。已固定的區域，可將膠帶剪掉或撕掉。

尖錐或螺絲起子

尖錐或細長的工具能用來鑽開葡萄藤間的縫隙，方便插入另一條葡萄藤。

衣架

衣架可以用鉗子折成各種形狀，外面再以細藤條包裹。

熱熔膠槍

適合用來把飾品黏在葡萄藤上，但使用時要小心：熱熔膠很燙。

請用小棒子推動上了膠的飾品，不要用手指。

萬用白膠

適合用來把飾品黏在葡萄藤上，乾了是透明無色，但乾得頗慢。

無香髮膠

乾燥花、乾燥種子上毛躁、鬆動的花朵或豆莢噴上一層髮膠會有亮光漆的效果，而且價格便宜。

設計 藤圈

雖然藤圈是節日的傳統裝飾物，但其實藤圈的使用可追溯到古代文化。希

葡萄藤的製作提示

- 葡萄藤的創作是不均勻、不規則、不完美的，甚至是不平衡的。它的自然狀態和美感應該被強調。
- 採摘新鮮的活藤，因為它的應用是相當靈活的，很容易就可以彎曲、成形和扭曲。
- 從藤條的粗端或對接端開始，朝著較薄的一端或尖端做下去。
- 在創作的項目中加入自然的彎曲、角度和交叉，以形成形狀並增加固定的強度。
- 不妨花時間在成堆的藤條中尋找一塊適合你正在做的項目的特定部分 —— 一定厚度、長度、叉枝等等。
- 為了能輕鬆地從藤條上取下樹皮，請輕輕地來回彎曲藤條，使藤皮裂開並分離。
- 年輕的藤條有時非常長且薄，非常適合做小藤環和戒指，但它比老藤更容易折斷。
- 盡量重新調整包裝，避免將旋鈕放在曲線或彎曲處。

  如果你試圖使藤條在或靠近卷鬚或發芽的

- 多節區域彎曲，就很容易發生斷裂現象。
- 你可以在藤條破裂、裂開或斷裂之前，將其拉扯或扭曲到一定程度。
- 透過操作藤條，加上時間、耐心和練習，你會對其產生一種感覺，並發現它可以有無限多的可能，以及能做什麼，以及如何操縱它。
- 如果你的藤條在任何一點上斷裂，只需將斷開的一端塞進編織物中，然後使用另一條藤條繼續工作。
- 做藤圈時，開始的時候要做得比你所設想的要小一點，因為藤圈往往會隨著包裝和添加藤條而增大。
- 通常，當你纏繞藤條時，一些卷鬚會被掩藏起來，如果你想讓它們暴露在外，你可以一邊做一邊把它們挑出來。做一個藤圈時，需確定哪一邊是前面，把後面的卷鬚向中心或側面彎曲，並剪掉任何會妨礙藤圈平放在牆上的卷鬚。

臘人和羅馬人用藤圈當頭飾或頭冠，材料包括樹葉、植物與樹枝，如橄欖、月桂樹、櫟樹、松樹、冬青樹與槲寄生。古代奧運選手會收到以橄欖或月桂樹枝條做的藤圈獎品，耶穌頭戴荊棘的冠冕，凱薩大帝和拿破崙都戴著象徵勝利與永恆的月桂冠。

「冠」（crown）的拉丁文字源是「corona」，有「環」、「冠」或「花圈」的意思，圓圈象徵永恆。戴頭冠是皇室千百年來的傳統，頭冠上用首飾、寶石與金屬裝飾，漸漸演變成我們今日熟知的華麗王冠。

不過，很可惜我們不知道原本是頭飾的藤圈何時變成一種放在家裡與掛在牆上的飾品。

藤圈不再只是大門上的飾品，有各種形狀、色彩組合與大小，家裡的每個空間都能使用。也能用來裝飾教堂、辦公室、銀行、餐廳與其他商業空間。藤圈有各式各樣的風格，一年四季都能夠看得到。

天然的葡萄藤圈很好看，也很受歡迎。正因為它很天然，所以不需要刻意美化，葡萄藤圈或葡萄藤飾品不用也不應該是平整光滑、完美的圓形，它是純天然、獨一無二的。用葡萄藤創作沒有對或錯的方式，所以所謂「做錯的」藤圈並不存在！

無論是打上一個簡單的紙蝴蝶結，當成相框、鏡框、小型造景或靜物畫的外框，或是當成餐桌中央的擺飾，葡萄藤圈是你發揮想像力與創意的絕佳素材，潛力無窮。那就快把你的剪刀準備好！

圓形飽滿 藤圈

▶ 材料

園藝剪刀

數根帶岔枝的中等粗細藤條，長度至少 6 英尺（約 1.8 公尺）

數根無岔枝長藤條

▶ 作法

1. 選二、三根藤條，末端對齊，握成一束，繞成一個圓圈，打活結。藤圈會自己固定，你可以直接測量尺寸。若想做小一點的藤圈，可將活結拉緊；要做大一點的藤圈，就把活結放鬆。

先把二、三根藤條的末端對齊，繞成一個圓圈，打個活結。

2. 剩下的藤條纏繞剛做好的藤圈。一手

握住藤圈，一手纏繞藤條（就好像在收水管或繩子一樣）。把藤條末端塞進縫隙裡。藤圈是寬是窄，取決於你用了幾根藤條，若想做厚實一點的藤圈，就多用幾根藤條。將藤條較粗的一端塞進藤圈縫隙，再用相同的方式纏繞藤圈，最後將末端塞進縫隙。現在你手上的藤圈是幾根藤條鬆鬆地繞在一起，必須設法固定。

3. 選一條長長的、無岔枝的藤條，用來纏繞藤圈，把藤條和沒卡緊的末端都綁在一起。將藤條較粗的一端塞進藤圈縫隙，卡緊。抓起另一端來回纏繞藤圈，能纏幾圈，就纏幾圈。藤條用

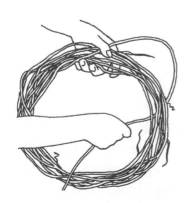

盡時，同樣找個能卡緊的縫隙把末端塞進去。

藤圈纏繞多少藤條才算完成，沒有標準答案，你開心就好。當你覺得差不多了，藤圈就算完成。最後再修整一下，修整的程度隨你喜歡。

第二種做飽滿藤圈的方法，是先把藤條做成單環，再把這些單環疊在一起。通常碰到藤條不夠長，無法用來纏繞藤圈，或是累積了夠多的邊角料短藤條時，我會用這種方法做藤圈。把短藤條繞成一個圈，打結，就成了一個單環。單環疊在一起就能變成藤圈。

若要做直徑 12 英寸（約 30.5 公分）的藤圈，可先做幾個直徑 10 到 12 英寸（約 25 至 30.5 公分）的單環。把單環疊在一起，直到寬度令你滿意。堆疊時，單環的活結要錯開。接下來的做法同步驟 3，用無岔枝的長藤條來回纏繞藤圈。

藤條末端塞進藤圈縫隙，來回穿梭幾次，直到所有的單環與藤條末端都牢牢固定為止。

▶ 變化款

- 步驟 3 的藤條纏繞時，可在鬆緊程度上做變化。若是纏繞得鬆一點，藤圈看起來會比較輕盈、飽滿；若是纏繞得緊一點，藤圈看起來會比較緊實。
- 步驟 3 的藤條也可在粗細與外觀上做變化。用細藤條編成的藤圈，如果用很粗的藤條來纏繞，會使藤條的纏繞圖形更加顯眼。用剝了皮的青藤條、粗糙的棕藤條或銀灰色的藤條來纏繞藤圈，可突顯出色彩與質地的差異。

● 步驟 3 的藤條可改變方向與位置。多
加幾根藤條從反方向纏繞，可創造出
各種圖案。此外，纏繞藤圈的次數也
會改變圖形。請盡情發揮創意，實驗
不同的粗細與顏色組合，看看會創造
出怎樣的圖形與模樣。

圓形實心 藤圈

用粗藤蔓纏繞藤圈。

▶ **材料**

園藝剪刀

中等粗細的無岔枝長藤條

▶ **作法**

1. 取一根藤條繞成一個圓圈，打活結。
測量尺寸。

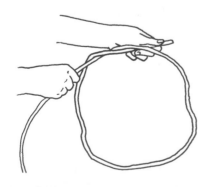

2. 用藤條長的那一頭來回纏繞藤圈，最
後將末端塞進藤圈的縫隙裡。末端斜
剪會更容易塞。

3. 再取一根藤條，末端斜剪成尖頭，在
剛才結束的地方找個縫隙塞進去。像
這種時候，有藤節的地方就很好用，
可以卡住新藤條。把新藤條鑽進縫隙
裡，拉到藤節都卡緊了，藤條很難繼
續拉動為止。

4. 藤條朝同一個方向繼續穿梭纏繞，跟
之前一樣把末端藏起來。重複相同步
驟，纏繞出你想要的藤圈寬度。你使
用的藤條愈多，藤圈就會愈重、愈堅
固、愈寬。用這種方式製作的藤圈看
起來很紮實，有螺旋的繩紋圖案。甚
至可以只用一根特別長的藤條做出一
個藤圈！

▶ **變化款**

● 若想做出雙層效果，可先用上述方法
纏繞藤圈，接著再用一根或兩根藤條
反向纏繞第二層。你想纏繞幾層都可
以，別忘了，你可以盡情發揮創意。
若是對纏繞的圖形不滿意，隨時都能
拆開藤圈。

- 若想要堅固疏鬆與紮實，每加入一根新藤條就換一個方向編織。多層次編織是一種有趣的交叉圖案。
- 試試用剝皮藤條纏繞藤圈。用剝掉外皮、去除卷鬚的藤條，會做出光滑、木頭質地、乾淨俐落的藤圈，這會比粗糙的藤條更加突顯纏繞的圖案。

纏繞出交叉圖案的藤圈。

橢圓形 藤圈

　　這是非常容易完成的藤圈形狀，有多種裝飾方式，因為可以水平吊掛，也可以垂直吊掛。跟所有藤圈一樣，你可依照自己想要的方式設計它，可大可小、可緊可鬆，可粗糙可剝皮。

　　要把藤圈做成橢圓形，可用一邊編織、一邊按壓的方式塑形。趁著藤條依然新鮮，可把藤條推拉成你想要的形狀。

在一個新做的圓形藤圈中間綁一根繩子，做成一個橢圓形。

　　先繞成一個圓形，在纏繞幾圈之後，抓著兩側往中間推，塑造出你想要的橢圓形。重複一邊纏繞、一邊推的動作，直到藤圈完成為止。藤圈乾了之後，形狀就會固定下來。

　　另一種塑造橢圓形的方式，是加入原本就有弧度的藤條。你在分類藤條時，應該會發現這樣的藤條。有弧度的藤條可讓橢圓形藤圈更加定形。

　　你可以把剛完成的圓形藤圈塑造成橢圓形。拿一條繩子或麻繩綁在藤圈中央，把圓形勒成你想要的橢圓形。靜置幾天，等藤圈乾了之後再鬆開繩子。

淚滴形 藤圈

　　淚滴形藤圈也是獨特的設計，淚滴

的尖端可朝上也可朝下。若你不知道天然分岔或折角的藤條該怎麼利用,這個藤圈是最佳示範。在分類葡萄藤時,你應該會碰到幾根天生長成直角或分岔的藤條。

1. 選一根分岔或折角的藤條,長短適中、中等粗度,剪掉不需要的岔枝。

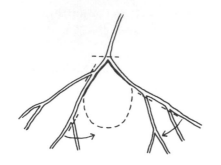

2. 跟前面介紹過的藤圈一樣,先打一個結,只是這個藤圈有一個尖角。纏繞藤條與加上新的藤條時,天然的尖角不會變形。
   你可以多加一、兩根有天然折角的藤條來鞏固形狀。當然,你可以用單環、粗藤條或有岔枝的藤條,纏繞時可鬆可緊,可用交叉的方式纏繞,也可以同方向纏繞。重點是維持住淚滴的尖角形狀。

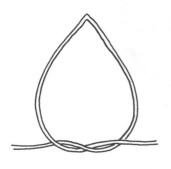

心形窄藤圈

▶ **材料**

金屬衣架

鉗子

園藝剪刀

無岔枝的細長藤條,長度 6 到 8 英尺(1.8 到 2.4 公尺)以上

▶ **作法**

1. 把衣架折成心形:食指勾住衣架底部正中央,往下拉(圖 1),做出心形底部的尖角。用鉗子把衣架的兩個斜邊塑造成圓弧形(圖 2)。
   把衣架的鉤子反折到心形裡(圖 3),把兩側的弧線調整得更平順。來回彎折鉤子,把鉤子折斷。

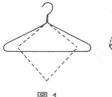

圖 1　　　　　圖 2　　　　　圖 3

2. 以心形的尖角為起點,將藤條纏繞在心形框架上。保留 1 英寸(2.5 公分)左右的藤條末端突出框架,藤條往心形的中點纏繞。

3. 用手引導藤條，在中點打一個圈（就像「8」的下半部一樣）。別忘了，沒有藤節的部分比較容易彎折。如果纏繞到中點時，藤條沒法打圈，可以從底部上下拉動，調整藤條的位置。

4. 持續來回纏繞，直到回到起點，完成第一層。

5. 手指輕壓藤條，讓藤條往上挺直，接著繼續繞第二層。藤條用盡時，末端塞進藤條縫隙裡。再取一根藤條，末端塞進藤條縫隙後繼續纏繞。在心形中點打圈時，盡量維持圈的形狀。可能的話，調整藤條的位置或重新纏繞，以便打出漂亮的圈，如果做不到也沒關係。

　　如果打圈時藤條斷了，就把斷裂的末端塞進縫隙裡，另取一段新藤條繼續纏繞。

　　打了第一個圈之後，接下來的圈位置應高於或低於第一個圈，當然你也必須調整藤條的位置或重新纏繞，避免心形的中點過於厚重。

6. 一邊在框架上纏繞藤條，一邊決定哪一面是正面，這樣才能專注把正面做得漂亮一點。新藤條塞進心形中點與底部尖角都很容易，持續纏繞，直到框架完全覆滿，最後再修飾一下。如果發現框架外露，可塞進短藤條或樹皮遮蓋。

裝飾建議

　　別讓裝飾品遮住你的辛勞成果。只要在適當的地方添加些許色彩即可，以下是幾個建議：

● 加上一個紙摺的蝴蝶結。顏色繁多，作法容易，而且不受天氣影響。

● 用噴漆幫藤圈噴上配合室內裝潢或環境的顏色。

● 剝掉外皮，剪掉卷鬚，做一個有木頭質地的乾淨藤圈。保留短短的卷鬚與粗糙的外皮，藤圈會散發一種粗獷、鄉村、原始的感覺。

● 若想營造蓬亂的感覺，使用有很多卷鬚的藤條，纏繞之後把那些被卡住的卷鬚都拉出來。

● 飽滿的寬藤圈可變成獨特的餐桌擺飾。把它平放在桌上，將插著牙籤的開胃小點放在藤圈上，裝沾醬的碗放在藤圈中央。也可以在藤圈中央放一根短短的胖蠟燭，外面罩一個颶風杯[5]（hurricane glass）。

● 收集鳥巢、羽毛、馴鹿苔、地衣、貝殼、堅果、松果、莓果、小樹枝、樹皮、豆莢、蘆葦與青草，這些都是免費的天然裝飾品。

5　譯註：颶風杯是一種裝颶風雞尾酒（Hurricane cocktail）的玻璃杯，容量約 590 毫升，曲線造型。

秋季南蛇藤圈

秋季南蛇藤圈的作法是用葡萄藤圈做為底框，把南蛇藤繞成一個圓形，疊在底框上。用一根沒有岔枝的長葡萄藤，來回纏繞南蛇藤圓圈，把它跟底框綁在一起。如此一來，南蛇藤就不會亂動，也不會干擾到美麗的果實。

秋季過後，或是果實褪色後，只要把固定用的葡萄藤解開，就能取下南蛇藤，換上耶誕風格。插幾根松枝與冬青或北美冬青。綁上幾顆松果，再加一個紅色蝴蝶結就大功告成。

● 小玩具、木製品、耶誕飾品跟小玩偶，都是獨特的藤圈飾物。

以葡萄藤圈為底框，用另一種質地與顏色不同的藤條纏繞，如南蛇藤或五葉地錦。

● 圓形與橢圓形藤圈可做成鏡框。

● 裁剪卡片、照片或月曆上的圖片，貼在堅硬的紙板上，用葡萄藤圈框起來。

● 可以從你的庭園或秋天的野地上收集乾燥的香草和野花，如野胡蘿蔔花、白頭婆、貫葉連翹、歐蓍、兔足三葉草、鼠麴舅、艾菊、黑心金光菊、美國薄荷。

現在你已經知道多種藤圈的作法，請大膽發揮創意。可能的設計難以計數，你可以做任何嘗試！

重要的是樂在其中，不要在乎是否完美。你的獨特創作可使用好幾年。

Chapter *12*
簡單做乾燥花

氣味能讓人想起忘卻的情緒與回憶。它用一種獨特的方式激發大腦。它可以刺激和振奮感覺，也可以讓感覺變得遲鈍。動物對氣味的反應比人類強烈，打開一包貓薄荷，睡著的貓會立刻清醒過來；空氣中飄來貓的氣味時，在門廊上打盹的狗會突然警戒。因此，就算身體放鬆了，嗅覺仍在運作。

我從事氣味相關工作的那幾年，看過嗅覺記憶發揮作用很多次。造訪香草園的疲憊旅人聞到某一種芳香植物時，突然年輕了好幾歲，因為那氣味帶他們回到了童年。顧客走進店裡購買特定的乾燥花，因為那氣味裡有種東西喚醒了久被遺忘的快樂片段。

有字典對乾燥花的定義是「各種不協調因素的集合體」，以及「乾燥花瓣與香料混在一起，存放在玻璃罐中，用來使空氣芬芳」。英語的乾燥花「pot pourri」一詞源自法語，直譯的意思是「腐爛的盆」。用濕式工法將新鮮玫瑰花瓣製作成乾燥花，確實會導致某種程度的腐爛。

乾燥花的混合方式確實結合了這兩種定義，有些原料確實看起來很不協調，混合在一起之後，它們會在製造香氣的過程中各自發揮作用。基本上，就是用必要的固定劑和油把乾燥花瓣與香料混合在一起，製造出持久宜人的香氣，讓環境更加舒適。

優質的乾燥花會有一個主要香味和許多次要香味。昂貴的香水可能混合了多達 150 種香味，而我做得最好的乾燥花含有 20 種香味。就跟熬湯一樣，你加入的原料愈多，味道就愈豐富。

認識玫瑰和薰衣草的氣味，辨別一般人較不熟悉的乳香與沒藥、香根草與零陵香豆，以及學會如何混和這些氣味，除了能滿足創意上的需求，也能為生活增添新的境界。

如果你有庭園，可直接取用芬芳與繽紛的材料來乾燥和使用。玻璃罐裡的乾燥花，就像永不凋謝的情感花束。

乾燥花必須具備以下幾種分類中的一個或多個元素，才能散發持久香氣。

▶ A：芳香的葉子與花朵

做成乾燥花的花朵之中，只有玫瑰與薰衣草會保有原本的香氣。這裡列出的葉子都擁有不容易被乾燥破壞的香線，香氣可永久保存。

最適合用於香氛產品的玫瑰是古老品種的薔薇（可參考苗圃的型錄）。我們習慣使用常見的玫瑰花瓣，但是在香氣上，玫瑰比不上古老的法國薔薇與突厥薔薇（也叫大馬士革玫瑰）。

A：芳香的葉子與花朵		
玫瑰	天竺葵	百里香
薄荷	墨角蘭	月桂葉
檸檬香蜂草	迷迭香	脂香菊
薰衣草	檸檬馬鞭草	香豬殃殃
B：香料與種子		
多香果	丁香	小豆蔻
大茴香	八角	檸檬皮
肉豆蔻	芫荽籽	橙皮
肉豆蔻皮	肉桂	香草豆
C：精油、精華或香精		
龍涎香	橙花	檀香
茉莉	香葉天竺葵	丁香
麝香	肉桂	萊姆
玫瑰	檸檬	苦橙
佛手柑	甜橙	香水樹（依蘭）
薰衣草		
D：固定劑		
鳶尾根（orris root）	菖蒲	沒藥
安息香（benzoin）	零陵香豆	橡木
纖維素纖維	香根草	乳香
E：增色用的花瓣與葉子		
大花三色堇	野莧	黑種草
金盞花	蕨類	鼠尾草
康乃馨	水仙	翠雀
玫瑰葉	天竺葵	熊莓
鬱金香	紫菀	短舌匹菊
飛燕草		

薰衣草的香氣永不退散，以重量比來說，薰衣草的精油含量居各種香花之冠。薰衣草的所有品種都有香氣，我最喜歡用來做乾燥花的品種是狹葉薰衣草。

脂香菊是一種古老的香草，形狀與薄荷般的氣味可維持好幾年。用來做乾燥花時，可將葉子壓乾或風乾。

檸檬馬鞭草有長度 3 英寸（約 7.6 公分）的細葉，氣味比檸檬更像檸檬。就算反覆攪拌搖晃，葉子也不會破裂。這是一種柔弱的多年生植物，可養在大盆子裡，也可養在花園裡。

檸檬香蜂草是一種容易生長的多年生香草，適合用來泡茶。摘採並乾燥之後，檸檬香氣可持續很久。注意：葉子容易破，拿取時須小心。

墨角蘭是用於料理的香草。氣味香甜，適合加進帶輕盈花香的乾燥花裡。

綠薄荷是多年生草本植物，經常用來做夏季的清涼飲料與熱香草茶。可用來做沙拉、地中海料理，也可用來做乾燥花。所有的薄荷品種都適合做乾燥花。

香葉天竺葵有芳香的葉子與小小的花朵，跟上百種的其他天竺葵一樣。天竺葵的葉子可能帶有香料、水果、木頭或花香味。我做傳統玫瑰乾燥花時，最喜歡加入香葉天竺葵。若想在乾燥後保持葉子的綠色，在托盤上鋪一層葉子，在冰箱裡冷藏幾天。記得把冰箱裡的食材密封好，否則全都會有玫瑰的味道！

迷迭香這種香草光靠外表就很吸引人，在烹飪上也是不可或缺的一味。它能為多種乾燥花帶來具穿透力的香氣，綠色的針葉亦可為乾燥花增色。

香豬殃殃在五月會開滿白色的星形小花，6 英寸（約 15 公分）長的花莖最適合用來調製五月酒。新鮮的香豬殃殃沒有味道，但葉子乾了之後會散發濃郁的香草氣味。

熊莓既是一種蔓生植物，也是一種矮灌木，自古就是一種草藥。熊莓葉是乾燥花製作者的最愛，因為很小、很綠，不易變形，價格也不貴。

如果你能取得以上的植物，請趁著它們在仲夏的高峰期採摘，小心地脫水乾燥，保存起來備用。長莖的香草（如薄荷與檸檬香蜂草）可綁成束，吊掛在溫暖、通風的地方晾乾，但須避免直接

日照。用淺托盤乾燥單片的葉子與短枝。乾燥後的原料裝進紙袋裡（不可用塑膠袋），要用時才取出。

▶ B：香料與種子

或許你家的櫥櫃裡已有不少 B 類的原料。接下來，你將會學到許多它們的新用途。

多香果是桃金孃科常綠樹的乾燥未成熟果實。在原生地西印度群島，這些樹會長得很高。這種堅硬的棕色小果實香氣十足，帶有肉桂、肉豆蔻與丁香的風味，所以才叫做多香果。磨碎的多香果能幫許多料理提味，也用於許多乾燥花作品中。

大茴香籽來自一種一年生植物的花，這種植物很適合養在庭園中。大茴香原生於西印度群島，是一種經濟作物。風味香甜，帶有些許甘草氣味，香氣持久宜人。

八角是一種熱帶開花常綠樹的星形豆莢，直徑在 1 到 2 英寸（2.5 至 5 公分）之間，有濃郁的乾草味。常用於東方料理，適合以香料為主調的乾燥花。

肉桂分為錫蘭肉桂，以及月桂屬的

官桂。用來攪拌香料蘋果汁的堅硬肉桂條是後者。製作乾燥花，我們要用的是柔軟的錫蘭肉桂，用手指就能捏碎，而且氣味較香甜。

所有的肉桂都是從樹枝上剝一層薄樹皮製成。剝下來的樹皮先泡水，然後捲成密實的肉桂管。市售肉桂條有各種長度，從 1 英寸（約 2.5 公分）到 16 英寸（約 40.6 公分）都有。

小豆蔻是原生於印度的一種開花灌木的豆莢，亦種植於中美洲。這種豆莢通常會漂白，長度在 $\frac{1}{4}$ 到 $\frac{1}{2}$ 英寸（0.6 至 1.3 公分）之間。豆莢與裡面的黑色種子都有非常特殊的刺激氣味。北歐人做餅乾喜歡用碾碎的小豆蔻種子調味，這種香料非常昂貴。

芫荽籽是淺褐色的種子，取自一年生的香草芫荽的花朵。儘管葉子有特殊氣味，芫荽依然常用來做菜。跟葉子不同，芫荽籽帶有溫暖香甜的氣味。芫荽籽很便宜，可用於烘焙，也是我最喜歡的乾燥花原料之一。由於價格低廉，大把使用也無負擔。

丁香是最知名的香料之一，也是最有趣的香料。外型像短短的圓頭釘，所以它的法文名字就叫「clou」（釘子）。丁香是緊閉的花苞，來自一種高大美麗的常綠樹，這種樹的原生地是東印度群島。丁香必須手工摘採，因此時機至關重要，一旦開花，就不再具備商業價值。丁香風味強烈，香氣濃郁而持久。還有一種丁香在市面上的名字叫「Rajah」，體積是丁香的 2 倍。若使用於乾燥花，可用丁香油加強微弱的香氣。

肉豆蔻是一種大小如桃子的果實的內核，這種果實來自一種葉子如月桂葉的熱帶樹。果肉本身可用來做味道淡而甜的果凍。果實有三層，其中一層相當出人意料。果肉裡一層薄薄的、脆脆的殼，藏在一層很像紅蠟燭的鮮紅色不規則外皮裡。這層外皮叫假種皮，小心剝下並乾燥之後，會變成橙棕色的香料，叫做肉豆蔻皮。

薄殼剝開之後，會露出褐色的肉豆蔻。全球有 $\frac{1}{3}$ 的肉豆蔻來自格瑞那達島，島上的香料工廠隨處可見肉豆蔻堆疊成山。跟有香料苦味的肉豆蔻相比，肉豆蔻皮香味與風味更偏香甜。400 磅（約 181.4 公斤）肉豆蔻只能做出 1 磅（454 公克）肉豆蔻皮，所以肉豆蔻皮的價格自然昂貴許多。我的乾燥花配方中，只有兩款用到肉豆蔻皮。

若要壓碎幾顆肉豆蔻，老虎鉗是最好的工具。

香草豆是熱帶蘭花的豆莢，許多氣候炎熱的國家都有種植，外觀長得跟四季豆很像。香草豆需要發酵 6 個月才能散發出香草那種甘美的香氣與風味，因此價格高昂。

橙皮與檸檬皮是大家都很熟悉的東西。市面上有賣已乾燥和切碎的橙皮與檸檬皮，但自製的香氣更足。橙皮特別好用。洗乾淨之後，切除果肉和白色內皮，丟進食物調理機，或是用剪刀剪成細條。平鋪在淺托盤上，放在溫暖的地方晾乾（可試試冰箱頂）。完全乾燥後，用玻璃罐存放備用。若要提升香氣、增加用途，可剪成粗條，乾燥時將整粒丁香散置於托盤上。這種作法產生的香氣，香料味或花香味的乾燥花都很適合。

▶ C：精油、精華或香精

在乾燥花中使用一種或多種芳香精油，可提升你想要創造的香氣，也可使香氣更加持久。我們主要使用兩種精華：精油與香精。

這裡的「精」（essential）指的不是「基本」或「必須」的意思。精油是萃取自植物的精華，如市面上的「薰衣草油」幾乎都是薰衣草純油或精油。萃取花朵精油的方式是蒸氣蒸餾，將 600 磅（約 272 公斤）新鮮的薰衣草花放進紅銅槽裡，上蓋密封後用蒸氣去蒸，大約可蒸餾出 1 品脫（約 470 毫升）純油。精油從連接著紅銅槽的管子流出，滴進玻璃罐裡，蒸氣凝結成水之後，會從另一個管子流出。純油經過安定後，就成為市面上的精油。

若配方中有草莓精油，指的就是香精。香精是化學合成的產品，化學家分析草莓的香氣成分，找出含有哪些化學物質，再用這些化學物質混合出近似草莓的香氣。

許多傳統乾燥花都會用到的基本香精，如麝香跟龍涎香，過去都取自動物，現在則是化學合成。化學合成的香精與精油品質參差不齊，建議一開始不要買太多。雖然市面上有很多劣質產品，但優質的香精與精油也不少。

我列出的精油與香精僅是冰山一角，都是我的配方中會用到的，你或許認得其中幾種。其中有四種精油都來自

柳橙，甜橙有柳橙汽水的香氣。橙花、佛手柑與苦橙都是不同柳橙的產物，佛手柑精油能為許多玫瑰乾燥花增添香氣，也是伯爵茶的調味原料。所以伯爵茶的獨特香氣與風味，是來自噴在茶葉上的佛手柑精油。

龍涎香原本取自鯨魚糞便，需求量大但供給量少，因此價格居高不下，現在都是合成製品。200 年前皇室酷愛的麝香取自香獐，殺死香獐後，取出含有麝香油的腺體。現在所有的麝香油都是化學合成的，各種產品的香氣差異甚大。

使用精油時，切記它們都是經過高度濃縮，一定要精準測量與使用。若其中一種過量，可能會毀了一整批乾燥花。若存放於褐色玻璃瓶，瓶蓋鎖緊，放在陰暗的地方，精油可保存長達數年。劣質精油的香味消失得很快，但所有的精油都具揮發性，長時間與空氣接觸會蒸發散失。

▶ D：固定劑

乾燥花成品使用固定劑的主要目的是保存香氣。它能捕捉玻璃罐內的各種香氣，並且把它們集中在一起。有些固定劑本身也有香氣，有些沒有味道。

鳶尾根是常用的固定劑，已有 200 多年歷史。它是德國鳶尾的球莖，這種花俗稱佛羅倫斯鳶尾。義大利佛羅倫斯的香水工匠率先發現它的用途，許多歐洲國家都有這種鳶尾花。乾燥後磨成粉或切碎，會散發一種紫羅蘭的氣味，也具備「固定」其他氣味的作用。

菖蒲，英語俗稱「甜旗」（sweet

flag）。這種多年生植物很容易種，根莖會匍匐蔓生，某些地區還看得到野生菖蒲，細根乾燥後有甜味與香氣。

橡木苔是近乎白色的苔蘚，散發好聞的泥土香氣。它還有一個名字叫「甘苔調」，涵蓋一整個香氣類別。橡木苔價格實惠，香氣持久，請盡量使用。

香根草在許多老配方中的名字叫「庫斯庫斯」。香根草是熱帶多年生草本植物，草莖長達 6 英尺（約 182 公分）。它有很多強韌的細根，賦予這種固定劑潮濕的森林氣味。

西印度群島的格瑞那達島生長了大量的香根草，我們的導遊說，他的祖母會挖掘並晾乾香根草的根放在後車廂，既能散發香氣又能驅蟲。這是我最喜歡的香草之一。

路易西安那州也有種植香根草，幸運的話，說不定你能找到用堅韌的香根草根編成的扇子，這種扇子的香甜氣味持久不散。濕氣（稍微噴點水）能誘發香氣，若要做乾燥花，請盡量購買完整的草根。使用前再切碎草根，香氣更足。

零陵香豆又叫東加豆，是一種大小如桃子的果實的內核。硬核需要施力才能敲開，拿出裡面珍貴的零陵香豆。一敲開就會有強烈的香草氣味，乾燥之後香氣更濃郁，最常見的用途是跟菸斗菸絲混在一起。因為烹煮有毒，所以只能用於香氛產品。

乳香與沒藥都是樹脂，來自印度與中東，它們是世上最古老的芳香劑。乳香是淺灰色的，質地像蠟，取自一種叫做乳香木的大樹。沒藥的外觀是橙褐色的顆粒，取自一種矮灌木，採集不易。乳香加熱時，會散發具穿透力的甜香。沒藥可用來治癒傷口，它的香脂氣味較淡。這兩種固定劑的使用都早於基督誕生，用於神廟內的焚香以及屍體防腐。

安息香是一種生長於泰國的灌木樹脂。老配方會拼成「benjamin」。沒使用鳶尾根的配方，很適合用安息香做固定劑。安息香能把乾燥花裡所有的氣味融合在一起，它的外觀像花崗岩礫石。

纖維素纖維是一種令人驚訝的固定劑，剛問世的時候，幾乎每一個製作乾燥花的人都不敢相信，高級的乾燥花配方裡能加入這麼普通的原料。纖維素纖維是磨碎的玉米芯，是寵物用的便盆砂。跟其他固定劑比，成本低廉。纖維素纖維比鳶尾根柔軟，能吸收更多精油。也就是說，你可以把固定劑省下來的錢拿來買精油。

1 茶匙（約 3.7 毫升）精油配 1 杯纖維素纖維，就可以為 8 杯乾燥花提供足夠的固定劑與香氣。在玻璃罐裡混合精油與纖維素纖維，充分搖晃，靜置 24 小時即可使用。

纖維最大的好處是不會引起過敏，而有不少人對鳶尾根過敏。雖然我大部分的配方仍使用鳶尾根，但我做過很多成功使用纖維素與精油來固定香氣的乾燥花。

使用多種精油的配方，我建議用不同的玻璃罐混合精油與固定劑。量好纖維素的數量，放進各自的罐子裡，滴入精油。靜置一夜讓精油入味，然後再加入其他材料。

▶ E：增色用的花瓣與葉子

　　儘管只有玫瑰和薰衣草可在乾燥後保留香氣，但大部分的花與葉都值得乾燥，它們能為乾燥花增添色彩與層次。

　　若只是把乾燥的玫瑰花苞、薰衣草、樹葉、香料與固定劑混在一起，有時看起來挺無趣。加入鮮紅色鬱金香花瓣、深紫色飛燕草或純藍色的翠雀，乾燥花會整個亮起來。檸檬香氣的乾燥花適合加入黃色調，可加入乾燥的金盞花。

　　將花朵單層鋪在淺盒裡，放在溫暖通風的地方陰乾，大部分都能順利乾燥。直接日照也可以，前提是溫度夠高，能快速乾燥花瓣，約需 24 小時。鮮豔的色彩長時間曝曬後容易會褪色。

　　大花三色堇跟蕨類若放在淺盒裡陰乾，會變得很醜。它們比較適合夾在沒用亮光紙的厚型錄或平裝書裡壓乾。大花三色堇正面朝下，盡量壓得跟書頁一樣扁，然後用其他書頁夾住。重複這過程，直到所有的花都夾進書裡，或是書頁用盡。用重物壓書，靜置 1 星期到 10 天。這種作法能使你擁有大量的扁平乾燥花，用來為作品增添色彩。蕨類與葉脈明顯的樹葉可用相同方式壓乾，保留美麗的綠色。

　　花藝設計師不喜歡掉落的花瓣與花朵，通常直接掃一掃丟掉。如果你認識從事鮮花或乾燥花的花藝設計師，可以把他們當成可靠的乾燥花貨源。

組合乾燥花 原料

　　無論是小規模的餐桌，還是大規模

的商業用途，常見的乾燥花設計使用的是乾式混合法。業餘愛好者用玻璃罐，商用大型作品用水泥攪拌桶。所有的原料都必須保持乾燥。測量好原料的份量，加入適量香料，最後拌入精油與固定劑。

　　有些配方建議先混合精油與固定劑，靜置一、二天入味後再跟其他原料混合在一起。我只有在使用纖維素纖維時，才會這麼做，其他使用鳶尾根固定劑的配方，我的作法是先將原料與香料放在玻璃罐裡，用木匙攪拌均勻，再將鳶尾根鋪在最上層，最後滴入精油。大部分的精油會立刻被鳶尾根吸收，剩下的會附著在玫瑰花苞、香根草或橡木苔上。最後徹底攪拌和搖晃玻璃罐，或是把原料倒來倒去，直到每一塊吸飽精油的鳶尾根都與原料貼在一起。

　　千萬記住混合完畢時的香氣，不是最後的香氣。乾燥花作品都需要至少熟化 3 星期，讓氣味滲入原料、漸漸變得柔和。聞到剛做好的乾燥花氣味時，相信配方，不要相信鼻子。每天搖晃玻璃罐，靜置在暗處，觀察氣味慢慢滲入。如果 3 個星期後你對氣味仍不滿意，可視需要加幾滴精油調整氣味。

▶ 必備工具

　　大部分的材料，你家廚房應該都有，就算要購買，價格也很低廉。我認為不能沒有的工具包括：

● 老式的三段變速果汁機（打碎香料）。
● 幾個舊量杯與一組量匙。
● 乾淨的玻璃罐。少量的乾燥花可用容量 1 夸脫（約 1.14 公升）的美乃滋罐。

- 扁平的木勺或木匙,攪拌使用。
- 可測量盎司的電子秤。
- 便宜的玻璃滴管。換精油時,最好能換乾淨滴管。
- 存放空間。一旦製作乾燥花成為嗜好,你的作品會需要大量存放空間。有愛就能想出辦法。我的乾燥花用具都放在衣櫃裡。

　　如果你已走出少量製作的階段,接下來你會需要 5 加侖(約 19 公升)的容器。我都用裝盛食物等級塑膠桶,不可以用輕質塑膠桶。專業人士使用玻璃、石器、不鏽鋼容器。

　　我在法國的法格娜香水廠買過精油,他們都使用鋁製容器裝精油與香水,所以我把鋁也加入適用容器清單。

乾燥花 配方

　　乾燥花混合不同香氣的方式,幾乎跟香水相差無幾。香水須在前調、中調、後調之間取得平衡,成為調香師想要的獨特香氣。

　　典型的玫瑰乾燥花可用芫荽前調、肉桂中調、麝香後調,創造出嶄新而豐富的氣味。

　　所有的氣味都應分門別類,依照需要取用。你自己做實驗的時候,別忘了每種原料都要試試看。

　　第一個配方是基本的玫瑰乾燥花。假如你收到一束玫瑰,想永久保存這份記憶,大可試試這個配方。你必須買 1 盎司(約 28 公克)切碎的鳶尾根和一小罐玫瑰精油。其實,最好使用粗略搗碎

的完整香料,但若是第一次做乾燥花,可以直接用櫥櫃裡的磨碎香料。

小玫瑰

2 杯乾燥玫瑰花瓣與玫瑰葉

肉桂、丁香與多香果各 $\frac{1}{2}$ 茶匙

$1\frac{1}{2}$ 茶匙鳶尾根

6 滴玫瑰精油

　　把頭四種原料放在一個容量 1 夸脫(約 1.14 公升)的玻璃罐裡混合,加入鳶尾根,滴入玫瑰精油,充分搖晃玻璃罐。靜置 3 星期熟化,每天搖晃玻璃罐。完成後,乾燥花會散發淡雅的玫瑰香氣,而且香味持久。

經典玫瑰

　　在 1 加侖(約 3.8 公升)的玻璃罐裡充分混合:

1 夸脫(約 1.14 公升)玫瑰花瓣

$\frac{1}{2}$ 杯廣藿香葉

1 到 2 杯薰衣草花

$\frac{1}{4}$ 杯檀木屑

1 到 2 杯香葉天竺葵葉

$\frac{1}{4}$ 杯香根草根

1 杯迷迭香

　　充分混合之後,加入:

2 茶匙搗碎的乳香

1 茶匙沒藥

1 茶匙粗磨的丁香

1 茶匙磨碎的錫蘭肉桂

2 顆零陵香豆

　　充分混合之後,加入

1 杯鳶尾草根

30 滴玫瑰精油

　　所有原料充分攪拌，靜置 3 星期熟化。這款原料豐富的乾燥花帶有庭園與森林氣息，伴隨濃郁的玫瑰香氣。

薰衣草花束

　　我在這個配方中加入香料與兩種固定劑：橡木苔與鳶尾根。這款乾燥花非常適合做成香包，若要增添色彩，可加入淺藍色的花瓣，如翠雀或矢車菊。

4 杯薰衣草花

$\frac{1}{2}$ 杯磨碎的錫蘭肉桂

1 杯橡木苔

1 根香草豆

4 茶匙敲碎的丁香

$\frac{1}{2}$ 杯鳶尾根

2 茶匙敲碎的多香果

薰衣草精油與佛手柑精油各 1 茶匙

　　在 1 加侖（約 3.8 公升）玻璃罐裡混合頭五種原料。香草豆切成小段，丟進玻璃罐裡，充分攪拌。頂層撒上鳶尾根，然後滴入精油，再次充分攪拌，蓋上蓋子，靜置熟化。

緬恩州森林

1 杯膠冷杉嫩枝

$\frac{1}{2}$ 杯鐵杉毬果

$\frac{1}{2}$ 杯玫瑰果

$\frac{1}{4}$ 杯橡木苔

$\frac{1}{2}$ 杯杜松子

　　所有原料放入玻璃罐，橡木苔鋪在頂層，滴入 10 滴膠冷杉精油。充分攪拌、搖晃，靜置熟化。

　　這款配方可做各種變化，如年節期間，我會加入紅色的鹽膚木果實與紅色玫瑰花瓣，跟小小的紅白條紋枴杖糖包在一起。

　　配合耶誕氣氛的芳香精油很多，如耶誕莓果、耶誕松、耶誕精靈等等。

新英格蘭楊梅

　　楊梅蠟燭那種溫暖的香脂氣味，多數人都很熟悉，因為每家禮品店都有賣。我的楊梅乾燥花誕生於許多年前，當時我們正在美國東海岸度假，我發現了這種氣味芬芳的矮灌木。

　　只要發揮想像力，你也能創作出擁有幾乎相同香氣的乾燥花。

1 杯熊莓葉

$\frac{1}{2}$ 杯纖維素纖維

$\frac{1}{2}$ 杯橡木苔

$\frac{1}{2}$ 茶匙楊梅精油

$\frac{1}{2}$ 杯杜松子

　　混合纖維素纖維與精油，靜置 24 小時。加入其餘原料，充分搖晃後靜置熟化。你可以加入更多熊莓葉或楊梅精油來調整香氣。要增添浪漫氛圍，就把這款乾燥花放在大蛤貝殼裡吧。

香料檸檬馬鞭草

　　光是聽到檸檬馬鞭草，就能喚醒許多人心中美好的回憶，對我來說，這是一種甜美、溫暖、令人心安的氣味，不像檸檬那麼霸道，也不像柳橙那麼甜膩。這款乾燥花很適合綠色跟黃色。

2 杯檸檬馬鞭草葉
1 湯匙安息香細粒
1 杯金盞花瓣
$\frac{1}{2}$ 杯纖維素纖維
$\frac{1}{2}$ 杯磨碎的錫蘭肉桂
$\frac{1}{2}$ 茶匙優質檸檬馬鞭草精油
2 湯匙敲碎的丁香

　　精油與纖維素纖維混合後，靜置 24 小時。加入其他原料，充分搖晃後靜置熟化。若 3 星期後香氣不夠濃郁，可在纖維素纖維裡加入更多精油。

▶ 防蟲香包

　　有好幾種香氣宜人的香草都具有驅蟲效果，你可以在相關通路購買，自己種在庭園也很容易，我自己就種了苦艾、鹹蒿和艾菊來做「香草驅蟲藥」。可用來驅除昆蟲的其他香草包括春黃菊、胡薄荷與薄荷。夏末時，剪下這些植物的長莖，用橡皮莖綁成一束，吊掛在溫暖的閣樓裡風乾。然後撕成條狀，在 5 加侖（約 19 公升）的桶子裡混合備用。

　　每種香草都有自己獨特的強烈氣味。為了緩和有點刺激的氣味，我在每個桶子裡都撒了把圓柏木屑和薰衣草花（這兩種東西本身也有驅蟲效用）。

　　只要兩三種植物就能製作香草驅蟲藥，不需要加入固定劑與精油。剪一塊邊長 6 英寸（約 15 公分）的方形布料，布料要堅固。把大約 $\frac{1}{2}$ 杯的驅蟲藥放在方形中央，四個邊角拉起來，做成一個小布球。用一條長毛線把布球緊緊綁牢。毛線打個蝴蝶結，蝴蝶結上的環要大到可以將小布球掛在衣架上。一個衣櫃裡放 6 顆小布球，或是在放毛衣的抽屜放 1 至 2 顆。這些香草的效用早已經過時間驗證，只要香味沒有消失就依然具有驅蟲效果，至少可持續 2 年。

製作乾燥花的 小撇步

● 如果少了一種原料，可用其他原料替代。任何綠葉都能取代熊莓。除了薰衣草之外，大部分的花都能用別的花替代。有用到香葉天竺葵葉的配方，都可用香葉天竺葵精油取而代之。檀香精油可取代檀木屑。

● 大部分的配方都會用到玫瑰花瓣。玫瑰花瓣與價格較貴的玫瑰花苞，這裡提供的每個配方幾乎都能加。

● 很少有配方會用到多種色彩鮮艷的花瓣。你手邊有的花瓣能加到任何配方裡，可滿足配方需要的體積。

● 嘗試新配方時，仔細記錄份量，別太相信記憶。我因為沒有寫下份量，遺失了我最棒的亞洲風乾燥花配方。

● 把配方寫下來，貼在玻璃罐上，標註日期，這樣只須看一眼就知道罐子裡有什麼。

● 身體的化學反應因人而異，每個人對氣味的反應也都不一樣，你覺得香，別人可能覺得很臭。

- 將所有的植物原料存放在涼爽乾燥的地方（自己種的跟外面買的都是）。定期檢查有沒有昆蟲。所有的產品會在販售前用煙燻過，但儘管如此，昆蟲仍有可能入住。被昆蟲污染的乾燥花原料冷凍 10 天可解除危機，少於 10 天雖可殺死昆蟲，但無法殺死蟲卵。

乾燥花的 用途

　　你家的每個空間都可使用乾燥花。蓋上蓋子，香味會更持久，糖果罐、古董糖果盅、木盒與現代的樹脂玻璃方盒，都很適合盛裝乾燥花。若要延長你創造的香氣，蓋子不可或缺。

- 乾燥花的容器蓋起來的時間與打開的時間一樣，香氣就可永久保存。也就是說，走進房間時打開蓋子，離開時就把容器蓋上。
- 我們家其他區域的乾燥花是不上蓋的，這些乾燥花大約每 4 個星期更新一次。更新乾燥花的方式是滴幾滴濃度 50% 的酒精，喚醒固定劑與精油。如果手邊沒有酒精，可直接滴精油與固定劑。有些人會定期攪拌乾燥花，添加精油，最上面再加幾朵漂亮的乾燥花。
- 《居家香氛》[6] 這本書說，香包是讓客廳常保芬芳的好方法，只要是方形布塊都可以用來做香包。一塊布放半杯乾燥花，綁起來，塞到椅子或沙發座墊後面。

- 男士的空間或單身漢公寓可使用膠冷杉或香料乾燥花。柑橘類香料對消除殘餘菸味的效果特別好。丁香一直是消除後車箱、儲藏室與地下室霉味的聖品。
- 薰衣草香包保證可讓衣櫃常保清新。我喜歡把圓柏、驅蟲劑跟薰衣草混合出香甜氣味，把這種香包掛在衣櫃裡，衣服上也會有持久香氣。一季可以更換一次。
- 我的行李箱裡也有香包。每次我拿出行李箱打包時都很香，衣物也會跟著芬芳起來。我是在在葡萄牙的公寓裡住了一個月之後才開始有了這個習慣，那間公寓的木製大衣櫃有霉味，剛好附近薰衣草隨處可見，放入幾枝薰衣草，臭味很快就消失了。

6　此書是 18 世紀法國醫生兼博物學家 Pierre Joseph Buc'hoz 的作品，介紹植物如何應用於居家生活。

Chapter *13*
製作天然的壓花器

自製 壓花器

　　若要把花朵跟葉子壓平、乾燥，壓花器是簡單的工具，不僅製作壓花很容易，也很便宜。壓花器可平均施壓，所以效果比用書壓花更好。壓花器的運作方式都一樣：把放入壓花器的植物原料壓扁，並使用紙張或其他吸水材料協助乾燥。花朵乾燥後，從壓花器裡拿出來，存放備用。

　　你可以向工藝品店購買壓花器，但市售的壓花器通常很小、很輕，對原料的種類和數量形成限制。你可以把市售壓花器當成外出時的攜帶式壓花器，而用以下的方式自己做一個主要壓花器。

▶ 基本壓花器

平面圖／羅威・圖庫亞

　　這是又大又堅固的壓花器。用途多元，空間充足，能一次壓很多花。

材料

2 塊 12"×12"× $\frac{5}{8}$ " 夾板（可用其他木材，如松木層板）

4 枚 6"× $\frac{1}{4}$ " 馬車螺栓（貼齊安裝使用的圓頭螺栓）

4 枚 1" 平墊圈，中心孔 $\frac{1}{4}$ "

5 枚 $\frac{1}{4}$ " 蝶型螺帽（大蝶翼方便鎖緊）

2 塊 1"×2"×12" 木板條

（註：1" = 2.54cm）

工具

鉛筆	釘子或螺絲釘
直尺或金屬尺	小刷子
鑽頭	優力膠
鎚子	

製作步驟

　　取一塊 12×12 英寸（約 30.5×30.5 公分）夾板，在四個邊上往內測量 $1\frac{3}{4}$ 英寸（約 4.5 公分），用鉛筆做記號。用直尺跟鉛筆把記號畫成直線。

　　把做了記號的夾板放在另一塊 12×12 英寸的夾板上。在四條鉛筆線的交接處鑽一個 $\frac{5}{16}$ 英寸（約 0.8 公分）的洞，兩塊夾板都要鑽。鑽好後，將沒有鉛筆線的夾板放在一旁。

　　在有鉛筆線的夾板上插入 2 枚螺栓。當夾板上只剩下螺栓頭時，用鎚子把螺栓頭敲進夾板裡，與夾板齊平。另外 2 枚螺栓也用相同方式處理。

　　將 1×2 英寸（約 2.5×5 公分）木板條用釘子或螺絲（若用螺絲，必須先鑽好釘孔）固定在螺栓上。這是壓花器的底座。

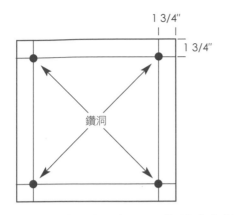

反轉底座，螺栓朝上，把沒有鉛筆線的 12×12 英寸（約 30.5×30.5 公分）夾板放上去，螺栓穿過邊角上的洞。放上平墊圈與蝶型螺帽，壓花器就大功告成。刷上一層優力膠，優力膠乾了之後才能開始使用。

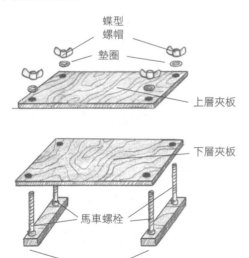

▶C 形夾壓花器
平面圖／羅威・圖庫亞

這是基本壓花器的變化版。用 C 形夾取代螺栓與螺帽，每一寸空間都能確實壓到。

工具

木工膠	鉛筆
螺絲起子	優力膠
尺	刷子

材料

2 塊 12"×16"× $\frac{3}{4}$ " 夾板

1 塊長度 4' 的 2"×4"（高 × 寬）木板，裁切成 4 條 1'（約 30.5cm）長的木板條

4 枚 3"C 形夾

16 枚長度 2" 木螺絲（石膏板用的螺絲最適合）

（1" ＝ 2.54cm）

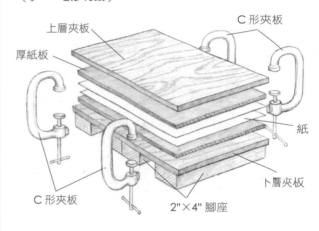

製作步驟

1. 夾板與木板依照材料清單上的規格裁切。兩塊厚度 $\frac{3}{4}$ 英寸（約 1.9 公分）的夾板將成為壓花器的上層夾板與下層夾板。

2. 塗上木工膠，膠乾了之後，把 4 根 2×4 英寸（約 5×10 公分）的木板條鎖在其中一塊夾板的底部（如圖所示）。這 4 根木板條是壓花器的腳座，C 形夾也將固定在木板條之間的

空間。第一根木板條的位置距離邊緣 $\frac{1}{4}$ 英寸（約 0.6 公分）。第二根與第一根平行，兩根木板條的距離 $\frac{3}{4}$ 英寸（約 1.9 公分）。第三根緊貼著第二根。接著第三根與第四根同樣距離 $\frac{3}{4}$ 英寸（約 1.9 公分），而第四根木板條與邊緣的距離同樣為 $\frac{1}{4}$ 英寸（約 0.6 公分）。

3. 塗上至少一層優力膠，保護木材。優力膠乾了之後才能開始使用。

4. 使用壓花器時，C 形夾的固定位置是腳座之間的空間。

使用 壓花器

只要幾個提示與基本用具，你就能立刻開始使用新的壓花器。

▶ 工具與材料

吸水紙或白報紙

最簡單也最便宜的壓花器用紙是白報紙。事實上，現在有很多人使用報紙或舊電話簿的紙來壓花。

雖然回收利用廢紙值得鼓勵，但顏料有可能會弄髒你的花。所以，不要使用印過的紙，你可以打電話或親自造訪附近的報紙印刷廠。

他們通常會有成捲尚未印刷的白報紙，因為太短而無法用來印報紙。他們會販售或送出這些白報紙（若是教育用途，我家附近的報紙印刷廠會免費贈送，其他用途則是廉價出售）。

如果你取得一整捲白報紙，你必須配合壓花器的大小裁切或摺白報紙。你也可以在工藝品材料行和辦公室用品店買到整包的白報紙，買整包的白報紙就能選擇你要的尺寸，省下裁切的力氣。如果你想快點開工，在買到白報紙之前，可以先用舊電話簿的紙。壓花器的紙需要經常更換，請準備大量的紙。

厚紙板

你需要 4 到 6 塊長方形厚紙板，裁

攜帶式壓花器

雖然我剛才介紹的兩種壓花器都能輕鬆放到車上，但這兩種都不適合帶到郊外。花朵最好是一摘下就立刻送進壓花器。你可以考慮購買或製作更適合帶到郊外的壓花器，回家再換大台壓花器。

攜帶式壓花器的幾種選擇：

大電話簿或過時的百科全書，都可充當臨時的壓花器。只要把植物夾在書裡，再用繩子或橡皮筋綁起來即可。上面再加幾本書增重。

若要處理的植物不多，你可以用兩本撕掉封面與封底的平裝書。把花夾在兩本書中間，用彈性好的橡皮筋綁緊。如果書很厚，除了夾在兩本書中間，也可以每隔 20 至 30 頁夾一批植物，然後綁緊。將四塊厚紙板裁切成 $8\frac{1}{2}$×11 英寸（21.5 ×28 公分；若喜歡小一點，可切成 5×7 英寸〔13×18 公分〕）。在厚紙板中間放幾張吸水紙或舊電話簿的紙。厚紙板的長邊與寬邊都用繩子綁緊，打一個牢固的蝴蝶結。

切成符合壓花器的大小。可以剪舊紙箱，也可以在工藝品材料行買。把一塊厚紙板直接放在壓花器的下層夾板上，墊上 4 到 6 張紙，然後再放一塊厚紙板。

根據壓製的原料數量，視需要重複相同過程。但最上面要再壓一塊厚紙板，然後才是最後的上層夾板。

鑷子

植物進入壓花器之前與之後都很脆弱，很容易損壞，而且有些植物非常小。所以，請養成用鑷子夾植物的習慣。我喜歡用長長的彎頭鑷子，是一位牙醫師給我的。你可以在附近的藥局或醫療器材店找一把好用的鑷子。

▶ 存放乾燥花的盒子與紙張

除非一壓好馬上使用，否則剛完成的壓花都必須找個地方存放，有些作品需要大量壓花，你說不定得一邊存放、一邊做新的壓花。

存放壓花最好的方法，是先在淺盒或淺抽屜裡鋪圖畫紙或報紙，再放上壓花。這些乾燥的花與葉子可直接堆疊，也可以用紙隔開堆疊。壓花的顏色應可維持 2 年。壓花的保存期限比 2 年長，只是顏色會漸漸褪去。

製作 壓花

壓花的基本步驟非常簡單。選好你想壓的植物，小心地把它放在壓花器裡的兩張紙中間，在花下面的紙上標註日期，鎖上壓花器。

微波壓花器

販售微波壓花器的公司至少有一家。微波壓花器的材質是塑膠，運作方式與傳統壓花器相同，使用吸水紙與施重，但另外利用微波加速乾燥過程。使用過微波壓花器的人都說，這樣壓出來的植物色彩更貼近真實，而且不像傳統壓花那麼容易損壞。

微波壓花器的乾燥時間從 20 秒到 4 分鐘不等，時間長短取決於原料。若你想試試這種方法，拿兩個可微波的盤子，中間墊一張廚房紙巾，用兩張紙巾夾住花朵，放在其中一個盤子上，確定花朵不會碰到彼此，也沒有重疊，再把另一個盤子放上來。調到高功率，微波時間逐次增加 20 秒。若是比較薄、比較纖弱的花朵，應縮短微波時間。

不過，若要提升壓花的品質，請遵循幾個原則。

用鑷子把花朵、葉子或草莖直接放在壓花器裡的白報紙上，原料之間要保留空隙，不可碰到彼此，因為重疊的原料很可能會黏在一起。為了方便分類與整理，建議把相似的花朵放在同一張紙上。如果你一次壓製多種植物，把相同厚度的花朵與葉子放在同一張紙上，或者將相同種類的植物放在同一區，如花莖、葉子等等。若你要壓製的花花瓣很厚，最好先把花瓣從花莖上取下，然後一瓣一瓣分開乾燥。此外，圓形中心較厚的花朵最好分開乾燥：花瓣一張紙，花朵中心一張紙（壓好之後，再按照原本的樣子拼回去）。

用鉛筆在紙張邊緣標註壓花日期。此外，也要在日期旁邊寫下香草、花朵或葉子的名字。如果你把同一株花的花莖、葉子、花瓣與花朵中心都分開乾燥，一定要標註哪個部分來自哪一種植物，否則你可能在打算用紫錐花創造作品時，不小心用了常春藤的葉子。

當一張紙鋪滿植物，也寫上標註之後，上面再放兩張紙。如果是比較扁平、比較薄的花，如大花三色菫，放這兩張紙就夠了。接

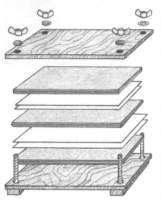

把花放在兩張紙中間。把厚紙板放在壓花器的最上面和最下面。此外，每張紙／每朵花／每層紙的上面也要加一塊厚紙板。

壓花的厚與薄

如果你不想分開處理植物較薄與較厚的部分，以下幾種方法能讓你成功壓製一整株植物。

把一疊吸水紙蓋在較薄的部分，抵銷壓花器施加的部分壓力。

剪幾塊泡棉，面積比較薄的部分略大。如果是花朵中心比較厚的花，可在泡棉中央剪一個洞，再把泡棉蓋在花上。

下來繼續堆疊植物與吸水紙，再放一塊厚紙板。如果植物比較厚，可在覆蓋一、兩張紙之後蓋一塊厚紙板，厚紙板上再放一張紙，然後繼續堆疊植物，以此類推。上層與下層夾板旁邊，一定要有一塊厚紙板；厚紙板與厚紙板之間，也一定要有夠多吸水紙。以上介紹的兩種壓花器都能放五塊厚紙板來夾住吸水紙跟植物。

最後，壓花器的四根螺栓（或 C 形夾）要平均鎖緊施力，平均施力是壓花成功的關鍵。

放進壓花器之後，隔天確認一下花的狀態。如果吸水紙濕了，就必須更換。用鑷子把植物移到新的吸水紙上。隔天再次確認，若仍有濕氣，請再度換紙。若紙跟花都不是絕對乾燥，可能是部分或全部的花有發霉現象，汙染了附近的植物，若碰到這種情況，必須丟掉發霉的植物跟吸水紙，重新放入乾淨、乾燥的吸水紙與新鮮的花，從頭做一次。

讓植物在壓花器裡待 4 到 6 星期，乾燥過程中可定期察看，但若非必要，不要將植物取出。

▶ 壓花的存放

壓製好的植物拿起來時仍要使用鑷子，壓製的花、香草跟葉子均可存放，累積適當的量與種類。要存放在乾燥的地方，避免直接日照。

定期檢查壓製好的植物有沒有發霉，尤其是氣候潮濕的地方，只要有發霉跡象就要立刻丟掉，以免汙染其他乾燥植物。在潮濕地區，可考慮在存放乾

壓製玫瑰花苞的訣竅

處理玫瑰花苞時，將花苞從莖上摘下分開壓。

你也可以把葉子摘下來，一片一片壓。如果花莖上的葉子有的好看、有的不好看，可以只壓大小相近的葉子。丟掉上面有棕色斑點或破洞的葉子，只壓最新鮮、最好看的葉子。使用玫瑰花苞時，要用最美的乾燥葉子跟花莖來搭配。

用銳利的剪刀或美工刀，把新鮮玫瑰花苞縱切成兩半。把這兩半花苞放入壓花器，切面朝下。這樣做能把花苞變薄和脫水，也能增加可使用的花苞數量。

燥植物的盒子裡放一包矽膠吸濕劑（工藝品材料行有賣）。此外，可把盒子放在通風良好的地方，避免濕氣造成損壞。

▶ 最佳效果

球莖類的花朵通常水分含量較高，因此壓花效果不佳，如水仙、番紅花、孤挺花和鬱金香。當然，其他種類的花也不一定會成功。有經驗的人可以把最難做的壓花搞定，如海芋；初學者可能會失敗，但不要怕嘗試，就算是這幾種困難的花也可以試試。就算失敗了，也能學到經驗，你損失的不過是幾張紙跟一些時間。

不過，有些方法能提高成功機率。以下是最佳壓花效果的幾個基本原則。

● 在累積足夠的經驗之前，盡量使用剛摘下來的鮮花，別用花店買回來的花。花店的花大多富含水分，會增加發霉機率。若使用買回來的花，頭幾天要

經常觀察壓花器裡的植物是否太濕。

● 選擇晴天摘花，而且是在晨露蒸發之後。不要在雨後摘花回來壓。

● 選擇沒有瘢點（棕色斑點或被蟲吃過）的花朵跟葉子。最好是最鮮嫩、最新鮮的花朵。

● 植物一摘下就壓，尤其是天氣熱時，所以要帶著臨時壓花器去摘花。若沒這麼做，你還沒回到家，花就已經枯萎了。若你在自家草地或庭園採摘植物，可先放在籃子裡。

● 除非風很大，可將壓花器放在門廊或露臺上，植物一摘下就放入壓花器，減少後續的清理麻煩。

創作壓花 作品

有了壓花之後，現在你可以用它們來創作。壓花作品的成功關鍵，是先設計好圖案，再根據圖案擺放植物。植物都擺好之後，就能上膠固定。即便是經驗最豐富的壓花創作者，也是用這種方式創作。

▶ 上膠的基礎常識

植物擺放好後，就可將它們黏在你想要的背景上。準備一個瓶蓋，擠入白膠。你只需要少量白膠，但上膠時必須謹慎，以免白膠從植物側邊漏出來。請準備足夠的牙籤。

依照擺放順序上膠。舉例來說，如果你要重拼一朵被分開乾燥的花，先把花瓣黏好，再把花朵中心黏上去，遮住花瓣的末端。

適合壓製的花朵、葉子與香草

開花樹木、灌木與藤蔓		
俗名	顏色	區域
杜鵑花	白、粉、紫	3-9
梓木	白底黃紋、紫	4-9
紫薇	粉、白、紫、洪	7-10
大花山茱萸 *	白、米黃、粉	5-8
接骨木花	白	6-8
繡球花	藍、粉、白	4-10
女楨	白	3-9
映山紅	粉	7-9
紫荊 *	紫紅	5-9
錦帶花	白、粉、紅	4-9
紫藤	白、紫、粉底紫紋	6-9
庭園花卉、野花與開花香草		
俗名	顏色	區域
紫菀	粉、黃、白	3-10
秋海棠花心	黃	全區
毛茛	黃	4-8
貓薄荷	白底紫點	3-7
繁縷	白	全區
丁香	白、洋紅	4-9
皺葉酸模	紅	全區
各種雛菊 *	白、黃	3-8
蒲公英	黃 - 金	5-7
石竹	紅、粉、白	4-10
蠅子草	紅	3-8
飛蓬	白、粉	2-8
一枝黃花	黃	5-9
鳳仙花	各色	全區
天人菊	紅底黃紋	2-10
三色菫 *	黃、白、綜合紫	4-8
馬纓丹	各色	8-10
薰衣草	薰衣草色	5-10
半邊蓮	藍紫	4-10
毛蕊花	黃	5-9
大花三色菫 *	各色	4-8
天藍繡球	紅、粉、薰衣草、白	4-8

梭魚草	紫 - 藍	3-11
烏面馬	藍	4-9
紫錐花	紫	3-9
野胡蘿蔔花 *	白	7-10
各種玫瑰	各色	2-9
鼠尾草	紅	5-10
黃芩	藍	5-8
補血草	白	8-9
向日葵	黃	5-9
堇菜	各色	6-9
紫羅蘭	白、紫	4-9
酢漿草	玫瑰紫	3-10
歐蓍	白	4-8
綠色植物和綠葉		
俗名	特徵	區域
蒿屬植物	亮眼的銀色葉子	3-7
紅千層	厚厚的綠葉	10-11
胡蘿蔔葉	密緻細葉	全區
接骨木葉	細長	6-8
銀河草（galax）	秋季轉紅	5-8
梔子花	亮面深綠	8-10
常春藤 *	葉子如瀑布般茂密	5-10
鐵線蕨 *	綠色密緻卷葉	3-11
紫荊	心形葉	5-9
紫藤葉 *	一簇簇細葉	6-9
水蘇	葉子細小，像蕨類	5-8
歐蓍	淺鋸齒葉緣，像蕨類	5-7
* 代表容易壓製		

上膠工具

跟壓花一樣，將乾燥植物黏在背景上需要的工具不多。

更重要的是手要穩，而且要有耐心。儘管如此，以下的工具會很有用。

瓶蓋　　　　　　　　塑膠牙籤
鑷子（壓的同一把）　白膠

用鑷子小心夾取要黏在背景上的植物，用牙籤沾取白膠，在植物背面輕輕點上些許白膠。注意不要塗抹太多白膠，也不要讓白膠沾上鑷子。旁邊放一塊濕布是個好主意，以防鑷子沾到白膠。

從底層開始黏起，將植物的底部黏在背景上，依照設計重疊部分植物。完成後可將瓶蓋丟掉，或是洗乾淨下次再用。若使用塑膠牙籤，洗乾淨後可重複使用。木牙籤應該丟掉。

以下是適合初學者的作品。

▶ 新鮮壓花盤

若你打算舉辦晚餐派對，或是想要慶祝節日，可以自己創作獨特的餐盤。每一套餐具或每一個餐盤，都需要兩個透明玻璃盤。這兩個玻璃盤應是相同的大小與設計。你也需要一些蕨類和盛開的花。這個作品很特別，可使用新鮮植物，因為玻璃盤將成為暫時的壓花器。

把一個玻璃盤放在桌上，在盤面上擺放綠色植物，中央放一朵大花，或是在綠色植物上放幾朵小花。放好之後，把另一個玻璃盤壓上去，把植物夾在中間。把超出盤子邊緣的綠色植物剪掉。

花半天時間就能完成，或是前一晚先做好，放在冰箱冷藏。如果一次做很多組，可以堆疊在冰箱裡。記住提早 20 分鐘從冰箱裡拿出來，提供盤子除霜的時間。

變化

剪一塊比餐盤稍大的圓形厚紙板，上面鋪滿秋天的葉子。每片葉子的中央用膠帶貼在厚紙板上，葉子要覆滿厚紙板，包括邊緣。將餐盤放在厚紙板上，為餐桌增添秋天的節慶氣氛。

▶ 餐墊

材料

1 塊 12"×17"（30.5×43cm）粗麻布

裝飾禮品香皂

可以用自製香皂，也可以用市售香皂。準備一些小朵乾燥花，弄濕香皂表面，將乾燥花或乾燥葉子黏到香皂上。若你設計了重疊的花朵，可融化少許石蠟或蜂蠟，輕輕刷在植物背面。根據設計，把植物壓在香皂表面上，等香皂完全乾燥後，用保鮮膜包裹香皂。

---

1 塊棉布，比粗麻布小 2"（5cm）到 4"（10cm）

噴膠

鑷子

壓花、綠色植物跟葉子（這個作品僅需壓一天左右，壓到平坦乾燥即可）

白膠

塑膠牙籤

透明膠膜

剪刀或鋸齒剪刀

作法

1. 用噴膠將棉布黏在粗麻布上，靜置一會兒讓膠變乾。這塊硬布就是壓花作品的背景。
2. 用鑷子把壓好的花與葉子鋪在棉布上，直到你對設計滿意為止。
3. 將植物黏在棉布上，靜置讓膠變乾。
4. 粗麻布四邊的縫線拆除幾處，製造流蘇效果。
5. 裁兩塊透明膠膜，大小跟粗麻布相同。其中一塊貼在粗麻布餐墊底部，另一塊貼在頂部。小心黏貼，避免產生皺褶或氣泡。用鋸齒剪刀剪掉餐墊的四個邊緣。大功告成，你的餐墊已可用來取悅賓客！

中階 作品

▶ 迷你花框

尋找美麗的小相框，材質可以是紅銅色、金色、銀色或木頭，形狀可以是圓形、橢圓形或方形。有些方形迷你相框的中間是心形。

先用小相框來展示一朵乾燥花，通常是一朵大花三色堇。選一塊單純的背景布料，如單色的亞麻布、棉布或山東綢，將布料貼在相框隨附的厚紙板上。找出相框的中心點，用鉛筆畫個記號，做為等一下黏壓花的參考點。選花，黏在背景上，膠乾了後把厚紙板放進相框裡。將這種迷你花框好幾個放在一起展示，特別好看。

變化

迷你拼貼：用你收集並乾燥的迷你小花。在相框隨附的厚紙板上貼一塊中性色布料或一張厚色紙，將相框壓在厚紙板上，淺淺標註內側的四個邊角。背景不需要覆滿花朵，只有會透出相框的部分需要貼花。壓花一定要蓋住背景上的鉛筆記號。設計圖案時，先從中心點附近開始，用好看的方式重疊壓花。記號內的區域都畫好後即可開始黏貼壓花，記得要從壓花的底部開始貼。

園林造形：這種設計很受歡迎，用相框可以輕鬆複製。在背景上畫一個圓圈、星星、愛心或其他形狀。畫一朵迷你玫瑰也不錯，但其實任何形狀都可以。用花莖或細葉做樹幹，底部貼壓花，或是用紙摺一個花盆。

花束：把壓花拼湊成新鮮的花束。若要浪漫一點，可為這束可愛的花選擇米黃色系的陶瓷相框與背景布料。壓花小花束最適合用 3.5x5 英寸（9 x13 公分）的陶瓷相框。相框不需要加襯邊，把注意力集中在柔和、浪漫的陶瓷相框上。先把米黃色的布料貼在相框隨附的厚紙板上。把壓花擺好，花莖朝下，就像花束一樣。如果你使用的壓花沒有莖也沒關係，發揮創意，借用別的壓花植物。花莖應該在花束下方，如同真正的花束一般，完成後，把原料小心地黏在背景上。最後可綁一個小蝴蝶結，黏在花莖上，模擬花莖被綁在一起的模樣。

裝飾襯邊：若想在相框襯邊上展現個人風格，用這種方法很簡單。你壓製與存放的原料也能用來裝飾相框襯邊。先決定襯邊的用途，是用來框照片、水彩畫、板畫，還是炭筆素描。為求畫面上的平衡，裝飾的位置可以是四個邊角、L 形或對邊。一如往常，你要對著相框裡的圖片或照片來設計，才知道最後的成品會是什麼樣子。有了令你滿意的設

計後，上膠黏貼。等膠乾了後，再把襯邊裝進相框裡。

▶ 裝飾蠟燭

用壓花裝飾長錐型蠟燭或圓柱型蠟燭是個簡單任務。選好蠟燭，然後從你壓製好的原料中選擇與蠟燭顏色相配的壓花。安排壓花的位置，直到設計令你滿意為止。裝飾長錐型蠟燭時，試試用一朵簡單的花搭配幾片葉子。若是較粗的圓柱型蠟燭，可在底部排一圈雛菊或三色堇。

用瓶蓋或罐蓋裝一點白膠，用牙籤或很細的畫筆沾白膠，塗滿壓花背面。把壓花放在蠟燭表面上用力按壓，如果有膠漏出來，用濕海綿或濕棉花棒擦掉即可，小心不要把壓花弄濕。若是長錐型蠟燭，也可用一層石蠟把壓花封住，這樣壓花更不容易受損。

燒蠟燭時應注意，尤其是用壓花裝飾的細長錐型蠟燭。蠟燭愈燒愈短，燭火接近有壓花的部分時，千萬不能讓燭火燒到壓花。正因為如此，長錐型蠟燭的裝飾最好是在底部。反正等蠟燭燒到有裝飾的部位時，也差不多該換了。圓柱型或較粗的蠟燭燃燒時，燭火離蠟燭外緣很遠，幾乎不用擔心會燒到壓花。

▶ 裝飾木盒

任何平蓋的木盒都能用壓花來裝飾。大中小三個一組的圓型木盒，放在家裡的任何空間都能畫龍點睛。山茱萸花、石頭花與三色堇都很適合，因為它們花形扁平。盒子的材質必須能夠上膠，所以高度拋光或上過亮光漆的盒子都不行。為了讓膠附著在木頭上，可先用細砂紙輕輕擦過要貼壓花的地方。選擇壓花，安排位置，設計好了之後上膠。如果有膠從壓花底下漏出來，立刻用濕布擦掉，小心不要把壓花弄濕。

為了保護盒蓋上的壓花，不妨在盒蓋上噴兩、三層密封膠，一層乾了之後，再噴下一層。大部分的工藝品與藝術材料行都有賣噴霧密封膠。

▶ 書籤

做書籤必須用最扁平的壓花跟葉子。貼上保護膜後，突出的材料會導致表面凹凸不平。書籤可以用緞帶、信紙，或兩樣加在一起做。選擇一條緞帶來搭配你的壓花，但書籤的寬度通常不應超過 2 英寸（約 5 公分），長度不應超過 8 英寸（約 20 公分）。

選一段 1 到 1.5 英寸（約 2.5 到 3.8 公分）寬、長度 16 英寸（約 40.6 公分）的緞帶。緞帶對折，把對折邊的另一頭

剪一個倒 V 形切口，深度不超過 1 英寸（約 2.5 公分）。用一點膠把 V 形的緞帶末端黏在一起。用細緻的乾燥花裝飾書籤，如蕨類與野胡蘿蔔花，把它們黏在緞帶上。用透明膠膜或護貝膠膜封住緞帶。如果你沒用過護貝膜，或是沒辦法把表面弄得很平順，先練習幾次。

　　有一個好用的小訣竅，那就是從最上面慢慢撕掉膠膜的背紙，不要一次全部撕掉的去包書籤。

　　用不同的材料嘗試不同風格，緞帶便有非常多種布料，從黃金到棉布都有，而不同的色彩與花卉能創造不同感受，從高雅到樸素，應有盡有。不一定要用緞帶，也可以用紙。用乾燥花裝飾美工紙和硬紙板，然後密封起來，在書籤頂部綁一條毛線做裝飾，毛線會露在書外面。你甚至可以把乾燥花直接用護貝膠膜或透明膠膜夾起來封住，做一張彩繪玻璃般的書籤。

高階 作品

▶ 蕨類與大花三色堇愛心托盤

材料
布料　　　　　　　古董托盤，附玻璃
厚紙板　　　　　　膠帶
鐵線蕨　　　　　　心形模具（可省）
白膠與瓶蓋　　　　鑷子
牙籤或細畫筆　　　大花三色堇
幾朵小花（可省）：藍色與白色各一，例如三色堇或紫羅蘭，以及繁縷或紫菀
噴霧密封膠　　　　布膠帶或膠合板釘
2 枚螺絲釘，吊圖鋼索（可省）

作法
1. 選擇顏色與材質搭配壓花的布料，將布料裁剪成長方形，長寬至少比托盤多 4 英寸（約 10 公分）。
2. 布料正面朝下鋪在桌上，將與托盤一樣大小的厚紙板壓上去。布料包住厚紙板，用膠帶固定。
3. 將你選擇的蕨類拼成心形。如有需要，可在布料上用心形模具輕描出心形。用鑷子夾起蕨類，牙籤沾白膠後幫蕨類上膠，黏在布料上（也可用細畫筆）。
4. 把一朵大花三色堇放在心形底部。接著，將兩朵較小的大花三色堇重疊放在心形兩邊，如圖示。其餘的大花三色堇錯落放置在蕨類之間，上膠固定。用較小的花朵填滿心形內的空白區，直到你感到滿意為止，但小花可省。壓花上膠固定。
5. 直接噴一層密封膠在壓花上，等膠變乾。盡量不要把膠噴在布上，否則可能會導致輕微褪色。小撇步：在你設計的圖案上放一張蠟紙，把圖案描繪下來。把蠟紙上的圖案剪下來，先將鏤空的蠟紙放在布上再噴膠。
6. 壓花完全乾掉之後，把擦乾淨的玻璃

放進框裡，插入已黏上壓花的厚紙板。厚紙板與托盤相交的地方用布膠袋或膠合板釘固定。

7. 若你打算將托盤放在桌上或櫃子上，現在就已大功告成。若要掛起來，在托盤兩側插入一根短木螺絲，把吊圖鋼索綁在兩根螺絲之間。

保存壓花作品的 建議

　　這本書裡大部分的壓花作品都能噴一層密封膠。工藝品材料行或藝術材料行都有賣密封膠，種類很多。不過，噴密封膠時應該小心，由於噴密封膠時，作品都已固定在背景的布料上，噴過多密封膠可能會破壞布料或導致褪色。

　　可以在整個作品上鋪一層描圖紙或蠟紙，可避免背景布料受損。先將壓花作品的輪廓描繪在紙上，然後把紙上的圖案剪掉，這就像一張保護膜，能蓋住不需要噴密封膠的部分。

　　噴密封膠時最好是在戶外，而且是溫暖的晴天，自然光能幫助你看清楚噴出多少密封膠。噴兩層薄膠，好過噴厚厚的一層，

膠也不可以有流淌現象。噴完密封膠後，將作品平放一段時間，以免過多的密封膠流來流去，請依照包裝上的說明使用。壓花作品絕對不能曝曬在陽光下，幾分鐘已是上限。

　　若壓花作品被牢牢卡在玻璃與布料、襯邊與厚紙板之間，你或許只需要噴一次密封膠就能長期保存壓花作品。

　　壓花作品的呈現方式會影響它的壽命。如果你賣掉或送出壓花作品，請附上一張說明卡片，說明內容如下：「本作品包含壓製花卉與葉子。若想長期保存作品，請勿將它放在濕度高的環境，或是放在有大量日照的窗邊。」這幾個原則應能幫助你的壓花作品永保美麗。

Chapter *14*

把大自然印下來

田野 收集

　　雖然在自家範圍內收集植物就夠你忙碌了，但在野外漫步會開拓更多可能性。穿著適當的衣物與鞋子，留意毒藤蔓、毒櫟與毒漆樹。雇用熟悉當地野花與植物的田野嚮導，幫助你辨認有毒植物以及你發現的新樣本。就算是很偏僻的地方，採摘植物之前，都一定要試著聯絡地主。

　　若你在路邊或草地上看見可愛的野花，可以去距離最近的民房或店家問問地主是誰，有了地主的允許，你才能採摘植物。如果不確定，可到鄉、鎮或市政府查詢地籍紀錄。公共公園與國家公園不准採摘植物，但問問公園管理員也不會有損失。

　　稀有的瀕危品種不應該受到破壞。公共公園、保育團體或政府的自然資源部門，都可提供受威脅植物清單。

▶ 設備

- 常備以下器材對收集樣本很有幫助，可放在車上或背包裡。
- 筆記本、便利貼、貼塑膠袋的自黏標籤與防水簽字筆。
- 剪刀與／或花剪，用來剪花莖、小樹枝與木本植物。若你對收集樹葉跟樹上的花卉有興趣，也會需要買一把高枝剪。
- 小鏟子，用來挖掘植物樣本。
- 密封夾鏈袋，用來裝樣本。
- 噴水罐，防止樣本枯萎。
- 輕量壓花器。若你開車移動，可用報紙和重物當壓花器。嬌弱的植物更應該盡快壓製。
- 若你打算拓印新鮮的植物，不放入壓花器，請準備裝水的容器運送剪下的花卉或整株植物。
- 一、兩位田野嚮導，協助辨識你所在區域的野生植物。

▶ 運送樣本

　　把你收集到的樣本放在塑膠袋裡。先往塑膠袋裡吹氣再封口（夾鏈袋口留 1 至 2 英寸〔約 2.5 至 5 公分〕的小縫，往袋內吹空氣，然後密封），用空氣保護樣本。

　　若你無法一回到家就立刻壓製樣本，請把樣本放進冰箱。放在塑膠袋裡的樣本一定要冷藏。在運送過程中枯萎的植物，有可能會在冰箱裡復活。香草、樹葉與其他植物可以冷藏保存 1 到 3 週。收集野花時，剪下後放進水裡或當場放進壓花器。

　　若要收集整株植物，挖掘時根部保

留得愈多愈好，輕輕甩掉多餘泥土。打開足以容納植物的塑膠袋，用噴水罐噴一、兩次水，放入植物，封住袋口，貼上標籤。

壓製 技巧

拓印自然素材的成果好壞，仰賴壓製樣本的品質。摺疊的、皺皺的葉子與花瓣，做出來的拓印很醜。一定要花時間謹慎壓製樣本。作法請參考前章〈製作天然的壓花器〉。

▶ 為乾燥植物補水

柔軟的植物才能吸收顏料，否則會碎掉。如果你使用的植物是秋冬時節收集的，原本就已經很脆，或是在壓花器裡變得乾燥，所以使用前必須先把它們變軟。這時候，你需要一個塑膠袋、報紙、噴水罐與壓重物。

樹葉

樹葉的兩面都要噴水，塑膠袋裡也稍微噴點水。把樹葉放進塑膠袋，封住袋口，靜置幾個小時或一個晚上。等樹葉變軟後，就能用來重壓。弄濕幾張報紙，把變柔軟的樹葉夾在報紙中間，蓋上一張塑膠布或一個塑膠袋，放上重物。大部分的樹葉能在 30 分鐘到一小時內被壓平。

植物

要為被壓過的乾燥植物補水，首先要把植物放在潮濕的報紙中間，蓋上塑膠布，放上重物。必須壓 30 分鐘或一夜，時間長短取決於植物本身。偶爾檢查一下植物的狀態，若報紙太乾就再次噴水。注意：把植物留在潮濕的壓花器太久，可能會發霉。

花朵

被壓過的乾燥花只能在潮濕的壓花器裡停留幾分鐘，而且必須小心處理。很多花朵在不新鮮的情況下使用，都很容易受損。不過，有些花壓一年也不會壞，補水後就能使用，如山茱萸、野胡蘿蔔花、薰衣草（花苞）與紅菽草。

拓印 材料 與 工具

拓印自然素材會用到幾件傳統工具，以及版畫家、畫家與工匠使用的材料。不過，藥局、廢汽車場或汽車用品店，也能找到有用的材料，說不定你家裡也有。大部分的媒材都能用來拓印自然素材，如果你本來就有藝術或工藝材料，應可用來拓印。看到很棒的藝術材料，你肯定想要全都試試看，但成本可能很高昂。如果你不確定該從哪裡開始，先買做實驗會用到的拓印材料就行了。

▶ 顏料

拓印自然素材常用木板印刷的顏料，這種顏料效果很好，很好買，而且有小包裝，也有大包裝；有管裝，也有罐裝。可用滾筒、硬毛刷或拓包塗抹在植物上。先用一管黑色顏料，或至多黑、白、紅、黃、藍各一管。

你可以用這些顏料創造出新的顏色與色彩的深淺濃淡。

顏料有分油性與水性。用油性顏料拓印自然素材時，必須加入亞麻籽油、罌粟籽油或其他油來調和顏料。油會稀釋濃稠的顏料，塗抹起來更加順暢，減少滾筒痕跡，拓印起來會更加輕鬆，也會用煤油或礦物松節油等溶劑來清除油性顏料。記住溶劑都具可燃性、揮發性，可能有毒，所以應該在通風良好的地方使用。請遵照產品說明使用。有特殊的手部清潔劑能洗掉顏料，當然你也可以戴乳膠手套拓印。

水性顏料大多不太適合拓印自然素材。因為加了水的緣故，它們在調色盤上乾得很快。水性顏料的效果跟油性顏料一樣，乾了之後洗不掉，因此除了紙之外，也適合用在布料與其他可清洗的表面上。很多水性顏料都是無毒的，也不產生毒氣，而且所有的水性顏料都可用溫和香皂跟清水洗淨。

顏料的表現會因添加劑而改變，而稀釋劑能稀釋顏料，增加透明感。鈷催乾劑或日本催乾劑可加速乾燥過程，而緩乾劑能降低顏料濃稠度，使塗抹更均勻，同時也能防止顏料變乾。若使用緩乾劑，也應該搭配催乾劑。若你有用了催乾劑卻沒加緩乾劑，不妨加一滴丁香油（藥局有賣）以免調色盤上的顏料乾得太快。以上的添加劑僅需添加微量。

▶ 調色盤

最適合用來調油性與水性顏料、製作植物拓印的調色盤，是一塊玻璃。我用 16×20 英寸（約 40.6×50.8 公分）的玻璃調四、五種顏色，用另一塊玻璃拓印植物。你可以去五金行或玻璃行買玻璃，各種尺寸都有。玻璃切割之後，粗糙的邊緣可能很危險，但專業的玻璃行可以幫你打磨。舊車門上的玻璃（邊緣已打磨，很安全）、壓克力板、白瓷釉盤、拋棄式紙盤、超市有賣的冷凍紙，都是不錯的調色盤。使用透明的玻璃或塑膠調色盤時，最好底下墊一張白紙，才能看清顏料色彩。

▶ 調色刀／調墨刀

調色刀是用來在調色盤上調色與塗抹顏料，顏料調好後，用滾筒拓印。你也可以用不要的相框墊板自製拋棄式調色刀，用美工刀把相框墊板切割成 1×2 英寸（約 2.5×5 公分）的條狀即可。

▶ 上色工具

把顏料或顏料塗抹在拓印物體上，最常見的工具是滾筒、刷子或拓包。

滾筒

柔軟的橡膠滾筒（手持拓印滾筒）與聚氨酯滾筒，都可用來幫植物上色，以便拓印。滾筒有各種尺寸，從 $\frac{1}{4}$ 到 8 英寸（約 0.6 到 20.3 公分）都有。昂貴的化合物或明膠滾筒也有大尺寸，但只適用於油性顏料。

刷子

可用硬毛刷來為植物上色。各種尺寸的平頭或圓頭刷，可滿足不同的需求。

優質的合成毛或混了牛毛的刷子價格都很實惠，而且很好用。

拓包

拓包是傳統工具。取得好用拓包最簡單的方式是自己動手做，材料很可能你家就找得到。柔軟的泡棉粉撲或幼兒用的高密度泡棉塊，都可以直接當成拓包使用。

自製拓包一

自然素材拓印家約翰‧道提用酒瓶的軟木塞、35mm 底片筒或木栓（直徑約 1 英寸〔2.5 公分〕）當把手，外面包覆背面塗膠的高密度 PU 泡棉。

只要把泡棉上的透明塑膠紙撕掉，把泡棉裁切成符合把手的大小，然後黏上泡棉。背膠會讓泡棉使用起來很方便，密緻的泡棉提供細密的、有吸收力的表面，方便吸收顏料。

自製拓包二

用厚度 $\frac{1}{4}$ 英寸（約 0.6 公分）的完整 PU 泡棉（未切碎）來做，工藝品材料行、布料行跟地毯店都有賣。泡棉剪成圓形，直徑大約是把手寬度的 3 倍。泡棉包裹把手的其中一端，最後用橡皮筋固定。

任何長形物體都能用來做把手。修正液、藥水或化妝品試用品的空罐都能用。小拓包的把手可用平頭衣夾、乾掉的馬克筆或沒削過的鉛筆。大拓包可用各種

大小的寶特瓶。只要能滿足需求，手邊的任何物品都能用。

拓包的數量應配合你的拓印任務。泡棉可丟棄，也可洗淨後重複使用。如果你用的是玩具泡棉塊，附著在上面乾掉的顏料可用單片刮鬍刀削掉，繼續使用底下新的表面。

▶ 拓印紙

一疊白報紙跟一卷宣紙很適合用來練習，因為價格平實且吸收力強。把宣紙裁成你需要的大小，邊角用膠帶固定，維持平坦。當你拓印的掌控力與技術愈來愈好，就能購買品質更好、更持久的紙來拓印，白報紙跟宣紙可以用來測試效果。

▶ 裁切拓印紙

用剪刀似乎是最顯而易見的選擇，但是摺疊與手撕拓印紙，能保留毛邊的纖維紋理。處理拓印紙之前，一定要把手洗乾淨並徹底擦乾，就算你的手看起來很乾淨，皮膚上的天然油脂仍有可能

美術用紙

許多拓印自然素材的人對日本與中國的美術用紙評價都很高，因為既強韌又漂亮。這些亞洲拓印紙表面光滑、富纖維紋理，吸收力強，能柔和地呈現植物的細節與質地。

歐洲與美國製的拓印紙也很暢銷，但它們通常比較厚重，吸收力也不如亞洲拓印紙。通常需要用更多顏料，拓印前必須將紙打濕，或是必須施加更多壓力。

弄髒拓印紙，或是被紙吸收，導致水性顏料無法被吸收或褪色。另外，一定要在乾淨而平坦的表面上作業。

　　若使用歐洲和美國製的拓印紙，把紙摺成你想要的寬度或長度，摺疊處壓牢。千萬不能把紙弄皺。

　　接著把紙張開，沿著摺痕反向再摺一次，摺疊處壓牢。重複一、兩次，讓摺痕處的紙張纖維變弱。

　　張開拓印紙平鋪在桌上，一邊用手壓住，另一邊用另一隻手輕輕沿著摺痕撕開。也可以壓一把普通的尺或直尺在摺痕上，輕輕沿著摺痕撕開。

　　日本或中國製的拓印紙大多很長，撕開之前必須先打濕。摺疊一次，張開，用一支濕的水彩筆刷過摺痕，然後沿著摺痕輕輕撕開。

▶ 拓印工具

　　萬能的雙手是最方便的拓印工具。植物上色後，手掌根、拇指和手指都可用來施力，把顏料轉印到拓印紙上。其他可以用來施力、壓緊、揉搓或滾動的工具，包括淺的大湯匙、壓印墊板、乾淨的滾筒、木棍與擀麵棍。如果你有機會使用平床壓機，也可以用它來拓印自然素材。

　　你也可以做一台「行走的」印刷機，利用全身的重量來拓印：這是好用程度僅次於專業印刷機的工具。

▶ 製作錯誤

　　動手拓印自然素材之前，請記住藝術創作的一個重點：錯誤一定會發生。

　　儘管做實驗難免犯錯，但很多人都還是害怕犯錯。學習新知只有一個真正的風險，那就是學不會。更重要的是，錯誤是學習的重要過程，我們也應該有這樣的認知。

▶ 製作「行走的」印刷機

　　「行走的」印刷機不需要任何特殊材料，只要準備一塊夾板、一張毛氈、一張白報紙與拓印紙。

1. 找一塊比樣本更大的夾板。大部分的情況下 2×3 英尺（約 60×90 公分）的夾板就已足夠。

2. 把半張毛氈鋪在夾板上，另外一半留著待會再對折。把一張白報紙放在毛氈上，以免毛氈沾到髒東西。

3. 較大、較笨重的植物放在白報紙上，拓印面朝上，拓印紙蓋上去。較小、較輕巧的植物可以將拓印面朝下，直接放在拓印紙上。

4. 在植物與拓印紙上方放一張白報紙，用另一半毛氈蓋住。

5. 現在你可以踏上去。穿不穿鞋都可以，在毛氈上小步地踩踏，用體重對夾在毛氈裡的植物與拓印紙施加壓力。
注意：也可用報紙取代毛氈。

拓印 自然素材 的基本方法

　　拓印自然素材的基本步驟，是簡單
而直接的轉印：塗滿顏料的天然植物，
轉印在紙張或其他表面上，呈現質地細
緻、實物大小的植物圖像。聽起來容易，
但拓印自然素材是需要練習的技術，尤
其是對不熟悉美術工具與材料的人，如
墨汁與顏料。

▶ 基本直接拓印

　　基本直接拓印需要一塊乾淨的作業
空間，如一張大桌子，光線充足，所有
的材料都能放在好拿取的地方。

　　我推薦 Graphic Chemical 的水性木
板印刷顏料與水溶性展色劑。展色劑是
一種混合化學藥劑，能使調色盤上的顏
料保持液態長達幾小時，甚至好幾天，
方便作業。Graphic Chemical 的水性顏料
可專門搭配水溶性展色劑，跟其他水性
顏料不同，這種水性顏料不與水相融，
水只是用來清潔。你可以用其他品牌的
水性顏料，但要記住，跟使用展色劑的
顏料相比，調了水的顏料比較難用。

　　油性顏料使用上的表現，跟 Graphic
Chemical 的水性顏料差不多，差別是油
性顏料的混合劑是油，清潔時必須使用
化學溶劑。若你選用其他品牌的顏料，
請視需要調整以下步驟。

　　基本直接拓印需要以下材料：
- 水性木板印刷顏料
- 水溶性展色劑
- 多種尺寸的軟橡膠滾筒，以及／或硬
毛刷與拓包

- 調色盤（玻璃）與調色刀或調墨刀
- 鑷子
- 練習用的紙
- 拓印紙
- 水與溫和的液體肥皂
- 紙巾
- 各種已壓過的乾燥葉子與植物

▶ 塗抹顏料

　　塗抹顏料之前，先準備好一處乾淨
的工作空間，並把所有材料放在容易拿
取的地方。一定要準備練習用的白報紙
或宣紙。

　　塗抹顏料的方式是在調色盤上方擠
一小坨 $\frac{1}{4}$ 英寸（約 0.6 公分）的顏料。
將調色刀或調墨刀的尖端戳進顏料裡往
下拖拉到調色盤中央，形成一條約 3 至 4
英寸（約 7.6 至 10 公分）長的痕跡。

　　乾淨的調墨刀邊角伸進展色劑的罐
子裡，用相同的往下拖拉方式在顏料痕
跡裡混合幾滴展色劑。將調墨刀放在調
色盤上方。

　　選一片堅固扁平的葉子。選一把大
小適合葉子的滾筒，在調色盤裡的顏料
上來回滾動，吸收一層薄薄的顏料，也
就是不需要用力壓。

　　在來回滾動的過程中，慢慢把顏料
的範圍加寬、加長，稀釋顏色的濃度，
也讓顏料均勻裹在滾筒上。顏料應是很
稠也很亮，如果看起來很乾、很黯淡，
再滴幾滴展色劑。不可以加太多，否則
顏料會很難乾，導致拓印好幾個星期後
都還是黏黏的。

　　薄塗一層顏料最容易成功拓印。如

塗抹顏料的其他方式

若你使用硬毛刷，而不是滾筒，刷子來回刷過顏料與展色劑，讓刷毛吸收適量顏料。輕輕從葉子的中心開始，往葉子的邊緣塗抹顏料，直到顏料均勻為止。

若你使用拓包，塗抹方式也須改變。先用調墨刀抹開調色盤上的顏料，厚度要比使用滾筒時稍微厚一點。拓包輕拍顏料，若有多餘顏料，可輕拍調色盤上的乾淨區域。拓包在葉子上稍微施力輕拍，將顏料塗抹在葉子上，形成一層薄薄的、均勻的色彩。

果滾筒滾過之後，調色盤上的顏料還是很多，可用調墨刀刮掉一些。顏料在調色盤上像一層均勻、透明的薄膜時，就可以幫葉子上色。

　　將葉子背面朝上放在乾淨的玻璃上，用滾筒將顏料輕輕地塗抹在葉子上，從梗到尖端都要塗滿。滾筒再次在調色盤上滾動吸收顏料，在同一片葉子上重複上色，也可上第三次。現在葉子應已充分塗抹顏料。

▶ 拓印

　　最現成的拓印工具是我們的雙手。用指尖去感受薄薄紙張底下的植物結構，就等於無意識地用觸覺去了解你正在拓印的植物。

1. 用鑷子小心夾起葉子，放在拓印紙上，有顏料的那面朝下。為避免弄髒畫面，葉子一放下就不應再移動。

2. 放一張白報紙或紙巾在葉子上。若你喜歡看著葉子拓印，可改用一塊堅固的塑膠片，例如透明的冷凍袋。在你做拓印的季節，可裁剪很多塊比植物略大的白報紙或塑膠片備用。

3. 用手施壓。小葉子可用手掌根按壓。大葉子可用左手拇指（左撇子請用右手拇指）按壓葉子中心，再用另一隻手的拇指與手指或掌根按壓其餘部分。從中心向邊緣按壓，感受紙張底下的葉子結構。小心不要動到葉子。你也可以試著輕輕揉搓。葉子的主要部分比葉梗容易黏在紙上，所以先按壓主要部分，最後才按壓葉梗。

4. 慢慢掀開蓋在葉子上的紙。擦掉鑷子上的顏料，夾住葉梗，將葉子從拓印紙上夾起來。把葉子放在玻璃上，繼續拓印下一片。

5. 把完成的拓印紙排成一列，風乾一到四星期。完全乾燥後，存放、裱貼或裱框。

▶ 善後

滾筒在水槽的肥皂水裡泡 1 至 2 分鐘，用海綿擦掉顏料，洗清後晾乾。刷子泡在一杯肥皂水裡 1 至 2 分鐘（不可泡到刷柄），擦掉顏料，用水龍頭的水沖洗，水平擺放晾乾。

用廢紙連續按壓泡棉拓包，直到大部分的顏料都已擠出。不要丟掉，下次使用相同顏色拓印時可重複使用。

刮掉玻璃調色盤上的多餘顏料。往調色盤上噴水，靜置 1 分鐘，然後把它擦乾淨。

剩下的顏料可用蓋子稍微蓋住，或是用保鮮膜包起來，留待下次使用。

進階直接 拓印

參考基本直接拓印的步驟，先拓印一種顏色。練習幾次後，可嘗試拓印多種顏色與不同的拓印方式。你可以試試以下幾種方式。

▶ 色彩變化

- 葉子突出的葉脈塗上與葉身不同的對比色。作法是先用一種顏色塗抹葉子，再用滾筒為葉脈塗上不同的顏色，然後才拓印整片葉子。
- 顏料乾了之後，用水彩薄塗一層或兩層顏色，為拓印作品增添色彩與深度。
- 可在調色盤上嘗試不同的顏色組合，讓寬度 3.5 英寸（約 9 公分）的滾筒（或更寬）一次吸收兩、三種顏色。滾筒在顏料上來回滾動，直到均勻沾上色彩分明的一層顏料。

▶ 塗抹顏料

- 葉子與植物的兩面都塗抹顏料，拓印紙對折，一次印出兩個圖案。
- 利用直接拓印製作間接拓印。為一片葉子塗抹顏料後，留在滾筒上的負像可用來滾過空白處，創造一個間接拓印。另一種方法是用一支乾淨的大滾筒滾過塗抹了顏料的植物，然後在拓印紙上滾一次。這種方法最適合特別敏感的合成滾筒與 PU 泡棉滾筒，不過柔軟的橡膠滾筒也能用。

▶ 拓印整株植物與大型樣本

對拓印自然素材的人來說，開花植物很大、很複雜，拓印起來既麻煩又困難。你必須拿出判斷力、發揮想像力，決定如何拓印面前的植物。

以下介紹的是拓印木槿的步驟，過程中會介紹多種技巧，以及成功拓印樣本的變通手段。但是，別忘了每個人都有自己的工作模式，說不定你會找到適合自己的其他方法，畢竟拓印自然素材不是生產線般的標準作業。

鮮豔的洋紅色木槿通常在夏末開花，一路開到秋初。木槿的高度在 3 到 5 英尺（約 90 公分到 1.5 公尺），花朵直徑平均 7 英寸（約 18 公分）。

材料

使用以下的材料製作木槿拓印：

- 水性木板印刷顏料
- 水溶性展色劑
- 3 英寸（約 7.6 公分）滾筒
- 1 英寸（約 2.5 公分）滾筒

- 水彩顏料
- 水彩畫比
- 水彩調色盤
- 裝水的容器
- 一張 22"×30"（約 56×76 公分）半透明紙
- 白報紙
- 鑷子
- 調墨刀
- 玻璃調色盤
- 整株開花的木槿

壓花

　　木槿本身不需要施壓，因為它的葉子很扁平。但若要保存到冬季再使用，請把木槿放進壓花器。葉子從壓花器中取出時，先用濕報紙夾一下，為葉子補水。木槿花只能在新鮮的時候拓印。

　　花瓣有微微的弧度，所以壓製時通常會變皺。把木槿與其他開花植物的幾根長莖切斷，放進有水的花瓶裡，分開處理即將拓印的花瓣、葉子與花莖。這麼做還有一個好處，即你有機會觀察木槿的天然姿態，做為重組木槿時的參考。

拓印花朵

　　花朵是拓印圖案的焦點，葉子與花莖的位置都以花朵為準，所以花朵要先拓印。把木槿花的六片花瓣一一摘下，然後一一塗抹顏料和拓印。使用明亮與陰暗的顏色來增加變化，製造深淺層次。

　　修剪花瓣相連的地方，模擬完整花朵的弧形花瓣。寬的花瓣可用 1 英寸（約 2.5 公分）滾筒塗抹幾次，一次塗抹花瓣

拓印自然素材的特殊技巧

拓印自然素材沒有唯一的標準作法。每株植物或自然物體都具備專屬於自己或同科生物的特質，為拓印帶來挑戰。拓印自然素材的部分樂趣，就是一邊探索拓印各種樣本的無限可能，一邊發現新的體驗。

的一部分，避免花瓣變皺，然後用手按壓拓印。花瓣拓印一次之後就會碎裂，無法再次拓印。

　　花蕊必須先壓平才能上顏料跟拓印。我通常不會拓印花蕊，而是先用鉛筆素描，再用水彩上色，花莖也是這樣處理。花莖不應整個露出來，看起來才會自然。

拓印葉子

　　木槿葉可用「行走的」拓印法（見163 頁），以原本的自然結構擺放，在拓印紙上重疊與串接。葉子應該看起來從花莖裡長出來。你可以用鉛筆畫一條淺淺的「花莖」（之後再擦掉），做為擺放葉子的參考。

呈現拓印作品

　　呈現拓印自然素材最安全也最好看的形式是拓印在紙上，加上襯邊框起來，用玻璃或塑膠片擋起來。襯邊與外框飾條的顏色，要選能與拓印相襯的。外框是把作品包起來，把它跟外在環境隔開。襯邊則在作品周圍創造視覺空間，也讓

作品不會緊貼玻璃，空氣循環能大幅降低細菌滋生的機會。

請教專業裱框師傅，造訪裱框的 DIY 商店，或是購買泡棉背板、現成外框與五金配件，以及工藝品材料行的標準尺寸現成襯邊。若拓印作品使用案卷紙或無酸紙，則裱框時襯邊與背板一定要用博物館等級或至少同樣無酸的材料，以便延長作品的壽命。這種材料比較貴，卻能為珍貴的作品提供適當保護。

展示創意與建議

- 裁切拓印作品，讓邊緣均勻留白。把作品放進堅固的透明塑膠檔案夾，用圖釘固定在牆上或壁掛式軟木條上。
- 在牆上釘一段線板，突出的部分朝上，把有背板或襯邊的拓印作品緊貼著線板排列。
- 盤架或小型桌用畫架很適合用來放有襯邊的拓印作品，以及天然拓印的香草和植物紀錄。
- 沒有保護的拓印作品必須放入聚酯薄膜或無酸紙的信封內，存放在陰涼通風的地方。
- 壓克力立體框很便宜，而且尺寸齊全，非常容易插入和抽出拓印作品，所以能經常更換。在牆上掛幾個立體框，每季更換作品，或是用來裝最新的自然素材拓印。
- 用柔軟的亞洲美術紙拓印自然素材，如宣紙，可將作品黏在平價的圓形繡框上，變成有趣的牆飾或可愛的禮物。你可以用布料彩繪筆寫上字母或畫上飾邊（普通馬克筆寫在柔軟的紙上會暈開）。

裱貼

裱貼能消除拓印魚、貝殼和其他物品時留下的皺摺，也能為柔軟輕薄的亞洲美術紙提供穩固的支撐。藝術家會在小型的拓印作品上噴一層膠，做為簡單的除皺方法。也可以在拓印作品背面噴膠，貼在厚紙或木板上（依照包裝說明使用），但如果你很珍惜的作品，就不要用這招，因為噴膠產品效果並非永久，而且會讓紙漸漸變色。加熱惰性黏結劑的乾式裱貼，是一個可行的替代方案。或請可靠的專業裱框店處理。

用小麥或米製糊糊進行的濕式裱貼是傳統作法。濕式裱貼加水就能還原，裱貼作品可從背板撕下。

Chapter *15*

手工糖果 DIY

送什麼給「什麼都不缺」的人會是最棒的禮物？我要投自製糖果一票。自製糖果幾乎是適用於任何場合的禮物，如生日、耶誕節、參加聚會送給女主人，或是當成「小禮物」送給孩子的老師。

用美麗的包裝來妝點自製糖果，賣製作糖果或蛋糕材料的店（可查詢電話簿）也會賣波浪紙托與摺疊紙盒，能讓你的糖果包裝看起來非常專業。

不妨問問附近的麵包店能否賣你盒子或能裝大松露巧克力的紙托，而花店或工藝品材料行可能有販售顏色特殊的面紙或蠟紙。

若你想發揮創意，你可以把糖果（至少一顆一顆包裝的糖，如焦糖或太妃糖）放在玩沙桶、圓形葡萄酒杯、法式果凍杯、玻璃藥罐、馬克杯或你想像得到的任何容器裡。

只有松露巧克力需要特殊處理，其他糖果都不容易壞，也能承受船運。只要確定糖果不會在盒子裡撞來撞去、不會被壓壞就行了。

動手做糖果之前，請先看以下的原料段落。說完原料，再下一個段落是測量糖果的溫度，這個步驟是某幾種糖果的成敗關鍵。就算你已經是測量溫度的老手，還是看一看這個段落，因為裡面有提到新的偷吃步技巧。

原料

若使用香草，只能用天然的純香草，這是我唯一的要求。不要用人工合成香草、香草醛或墨西哥那種來路不明的（而且聽說有毒）大罐香草精。它們與天然香草的味道有著天壤之別。

等等，除了香草，巧克力也只能用天然的。市面上有賣人工合成的「巧克力」碎片，不要買。為巧克力填餡和塑形，都需要使用一種特別的巧克力，請參考後面的〈工匠巧克力〉。其他種類的巧克力，請使用超市都有賣的標準巧克力（半甜、碎片、無糖）。

純奶油或人造奶油都能用，我自己的感覺是，像巧克力牛奶糖等調味程度高的巧克力可以用人造奶油，但更精緻的口味（如香草奶油霜）一定要用純奶油（「香草人造奶油霜」名字很蠢，味道也截然不同）。

人工色素與香料盡量不要用。市面上有天然萃取的香料（有些只有健康食品店有賣），請使用這些。有些天然香料會釋放淡淡的顏色，而某些健康食品店也有賣天然食用色素。

〈鹽水太妃糖〉非加鹽不可，但其他的食譜均無須加鹽（不過堅果糖用加了鹽的堅果會比較好吃）。

我的食譜也不用代糖，若你想用代糖，請參考包裝上的使用說明。記住，阿斯巴甜無法承受烹煮。

溫度

我盡量避免測量糖果的溫度，但有時候避無可避。

測量溫度有三種方式，最簡單的方式是用電子油炸鍋，把材料攪拌好再打開開關，將溫度設定好，燈熄滅時，就表示已達設定溫度。

比較傳統的方式是使用糖果溫度計（先放入滾水確認準確度，水的沸點是攝氏 100 度）。

糖果溫度計

你也可以把少許糖糊放進冰水裡，用手搓成一顆小球捏捏看，然後對照以下的溫度表：

軟	攝氏 112-115 度
略硬	攝氏 117-121 度
硬	攝氏 129-132 度
軟，一捏就裂	攝氏 135-137 度
硬，一捏就裂	攝氏 140-148 度

▶ 堅果糖

堅果糖看似健康，我甚至知道有醫生建議減重的人吃堅果糖。遺憾的是，這只是假象，因為堅果糖的含糖量很高。不過堅果糖好吃又低脂，而且很容易做。

所有的堅果糖都應該在天氣乾燥時製作，並用氣密金屬罐存放。

花生糖

材料

奶油，用來塗抹餅乾烤盤

$1\frac{1}{3}$ 杯砂糖

1 罐約 184 公克的「綜合花生」

作法

開始之前，先用奶油徹底塗抹餅乾烤盤。

用平底鍋小火加熱砂糖，直到砂糖融化，略微焦黃。再跟花生一起攪拌，然後放在餅乾烤盤上。

一放上烤盤，就立刻用兩支湯匙的背面將花生糖推開。不要用手摸，因為很燙。推開花生糖的動作要快，推到厚度不超過一顆花生。

冷卻後，把花生糖掰成小塊。放進氣密金屬罐。

其他堅果糖

花生糖的作法可用任何堅果替代。鹽味堅果做的堅果糖最好吃，腰果特別適合。

葛縷子糖

這種糖果在 18 世紀的英格蘭很受歡迎，這是我改過的版本。葛縷子能幫助消化，但更重要的是它非常好吃。

材料

奶油，用來塗抹餅乾烤盤

1 杯砂糖或粗糖

6 湯匙葛縷子

作法

開始之前，先用奶油徹底塗抹餅乾烤盤。

用平底鍋加熱糖與葛縷子，直到糖融化且正要變色。

倒到抹了奶油的餅乾烤盤上，立刻用兩支湯匙的背面推開。不要摸，因為非常燙。

完全冷卻後掰成小塊，大小跟堅果糖差不多。

芝麻糖

芝麻（benne）就是芝麻籽，做成糖非常美味。

材料

$1\frac{1}{2}$ 杯芝麻籽

奶油，用來塗抹餅乾烤盤

2 杯砂糖

1 茶匙天然香草

作法

芝麻籽平鋪在中等大小的烤盤裡，用攝氏 176 度烘烤，烤至微焦（僅需幾分鐘，注意不要烤焦）。

用奶油徹底塗抹餅乾烤盤。

用平底鍋煮砂糖，頻繁攪拌，直到融化。平底鍋從爐子上拿開，快速拌入香草和芝麻籽。

倒進餅乾烤盤。稍微冷卻、依然微溫時，用刀子切成方塊。完全冷卻後，掰成小方塊。

牛奶糖

不管是哪種牛奶糖，有人不愛嗎？

如果你打算做牛奶糖送禮，先在你打算使用的盒子裡鋪上蠟紙或鋁箔紙，可省下許多麻煩。噴一層噴霧式烤盤油，等牛奶糖冷卻後就直接倒進盒子裡。

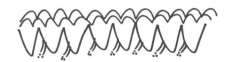

香濃巧克力牛奶糖

如果你老是做不好濃郁的巧克力牛奶糖，可參考這個食譜。

材料

1 湯匙奶油或人造奶油（多準備一點塗抹烤盤）

6 盎司（170 公克）淡奶

$2\frac{1}{2}$ 杯砂糖

1 包 12 盎司（340 公克）的半甜純巧克力碎片

$\frac{1}{2}$ 盎司（14 公克）無糖烘焙用巧克力

$3\frac{1}{2}$ 盎司（約 99 公克）棉花糖霜（7 盎司〔約 198 公克〕罐裝的半罐）

$\frac{1}{2}$ 茶匙純香草

$\frac{1}{2}$ 杯核桃或胡桃碎片（可省）

作法

奶油、砂糖、淡奶在平底深鍋裡攪拌，沸騰之後，繼續滾煮 6 分鐘。

於此同時，將巧克力碎片、無糖巧克力與棉花糖霜放入食物調理機的大碗裡（沒有食物調理機？沒關係，用手也可以）。

滾煮 6 分鐘後，淋在大碗裡的原料

上。攪拌至滑順，加入香草與堅果（若有）。倒進大約 10×10 英寸（25.4×25.4 公分）的烤盤裡，冷卻後再切。

巧克力牛奶糖永遠不嫌多，你可以把食譜裡的份量乘以 3，用作蛋糕卷的大烤盤來冷卻。

紅糖牛奶糖

材料

2 杯砂糖

2 杯紅糖

1 杯高脂鮮奶油

2 湯匙奶油（多準備一點塗抹烤盤）

$\frac{1}{4}$ 杯水

1 杯核桃或胡桃碎片（可省）

作法

先用奶油塗抹面積約 10×10 英寸（25.4×25.4 公分）的烤盤。

除了堅果之外的所有原料放進一只大平底深鍋。加熱至沸騰，奶油與砂糖融化後再開始攪拌，滾煮 5 分鐘。

倒進食物調理機的大碗裡（沒有食物調理機？別做紅糖牛奶糖，除非你想鍛鍊二頭肌）。攪拌至濃稠，顏色變淡，失去光澤。

拌入堅果，倒到烤盤上用湯匙推開。

完全冷卻後，切成小方塊。

香草牛奶糖

這是純白色的香濃版本。

材料

2 湯匙奶油（多準備一點塗抹烤盤）

3 杯砂糖

$1\frac{1}{2}$ 杯半奶半油

$\frac{1}{4}$ 杯玉米糖漿

1 湯匙香草

1 杯核桃或胡桃碎片（可省）

作法

用奶油塗抹面積約 8×8 英寸（20×20 公分）的烤盤。

奶油、砂糖、半奶半油和玉米糖漿放入中等大小平底深鍋。攪拌至沸騰後繼續加熱，偶爾攪拌，加熱至攝氏 112 度（軟糖球）。

從熱源上移開。冷卻到摸起來不燙，加入香草，倒進食物調理機的大碗裡，攪拌至濃稠且失去光澤。拌入堅果，倒到烤盤上用湯匙推開。完全冷卻後，切成小方塊。

凱蒂的可可牛奶糖

最容易做的牛奶糖，也是最好吃的。

材料

$\frac{1}{2}$ 可可粉

1 磅（約 454 公克）糖粉

6 湯匙奶油或人造奶油（多準備一點塗抹烤盤）

$\frac{1}{4}$ 杯牛奶

2 茶匙天然香草

$\frac{1}{2}$ 杯核桃或胡桃碎片（可省）

作法

除了堅果之外的所有原料放進雙層鍋。水加熱至微滾，攪拌原料至奶油融化、質地滑順。若有堅果，此時可加入。

倒進抹了奶油的小烤盤上，冷卻後切成方塊。

▶ **焦糖**

焦糖是很多人最喜歡的糖，但空氣中就算只有少量的濕氣也會影響焦糖口感，所以必須用塑膠糖果紙一顆一顆地包裝起來。

香草焦糖

這是偏硬的焦糖，用塑膠紙包起來或是外面裹上巧克力，會變得軟一些。

材料

2 杯砂糖

$\frac{1}{2}$ 杯玉米糖漿

$1\frac{1}{2}$ 杯中脂鮮奶油

4 湯匙奶油（多準備一點塗抹烤盤）

$1\frac{1}{4}$ 茶匙香草

作法

砂糖、玉米糖漿、鮮奶油與 4 湯匙奶油放進中等大小的平底深鍋中加熱，必須經常攪拌，煮到糖球略硬的程度（攝氏 118 度）。

鍋子從火爐上移開，拌入香草。倒在抹了奶油的大理石平面或烤模上。

完全冷卻後，切成小方塊，用塑膠糖果紙單顆包裝。

咖啡焦糖

材料

1 杯砂糖

1 杯淡玉米糖漿

1 杯淡奶

$\frac{1}{4}$ 杯特濃咖啡（也可用無咖啡因咖啡）

4 盎司（約 114 公克）奶油（多準備一點塗抹烤盤）

$\frac{1}{2}$ 茶匙香草

作法

砂糖和玉米糖漿放進中等大小的平底深鍋加熱，煮到糖球略硬的程度（攝氏 118 度），經常攪拌。

加入淡奶與咖啡，奶油切成小塊分次加入熱糖糊裡（慢慢加入，以免停止沸騰）。持續滾煮、攪拌，直到糖糊的溫度回到攝氏 118 度（略硬的小球）。

從熱源上移開鍋子，拌入香草，糖糊倒進抹了奶油的烤盤。完全冷卻後，倒扣烤盤將焦糖倒出，切成小方塊，單顆包裝。

巧克力蜂蜜焦糖

材料

塗抹大理石板或烤盤的油

$\frac{1}{2}$ 杯蜂蜜

4 塊 1 盎司（約 28 公克）的無糖巧克力方塊

8 湯匙奶油

$\frac{1}{2}$ 杯砂糖

作法

首先，大理石板或烤盤徹底抹油。

將所有原料放進中等大小的平底深鍋。加熱至沸騰，轉小火一邊微滾一邊攪拌 10 分鐘。

從熱源上移開鍋子，靜置 1 分鐘。鍋子重新放回爐子上加熱，繼續攪拌 5 分鐘。

倒在大理石板或烤盤上。用餐刀把焦糖推成長方形，厚度約 1/3 英寸（約 0.8 公分）。

稍微冷卻後，切成邊長 1 英寸（約 2.5 公分）的長條。餐刀一邊切，一邊扭動。接著切成 1 英寸（約 2.5 公分）的小方塊，同樣一邊切，一邊扭動餐刀。完全冷卻後，把焦糖從大理石板或烤盤上拿起來，單顆包裝。

薄荷或水果圓片糖

簡單一餐的完美句點。你可以加一點食用色素，但不加也行，尤其是一次只做一種口味的話。

材料

2 杯砂糖

7 湯匙水，分開加

$\frac{3}{4}$ 茶匙塔塔粉

幾滴薄荷或水果風味香料

作法

把 3 湯匙砂糖放進小碗裡。剩下的砂糖與 6 湯匙水放入大平底深鍋，加熱至沸騰，滾煮 3 分鐘，從熱源上移開。

在放了砂糖的小碗裡加入塔塔粉、最後一湯匙水與香料，攪拌均勻。倒進

薄荷小圓餡餅佐咖啡

煮滾過的糖糊，輕輕攪拌 3 分鐘，或是攪拌到漸漸變硬。

用茶匙把糖糊一匙一匙舀在鋁箔紙或蠟紙上。

▶ 工匠夾餡巧克力

若你想送高級禮物給朋友，可考慮這種美好的邪惡糖果。雖然很容易做，但曾有人盛讚它們不輸歌帝梵（Godiva）等高級巧克力。

很多人以為這種巧克力是手蘸製作，其實是用特殊模具製作（業餘人士無處理手蘸技巧，除非是橙皮糖這種不規則的形狀。用模具會簡單許多，也能做出閃亮、看起來高度專業的糖果）。

先去有賣糖果材料的店（查閱電話簿。若找不到，可試試賣蛋糕裝飾的材料行）。你需要包衣巧克力，請買 1 磅（約 454 公克）包裝的巧克力小圓釦，還有糖果模具（不同糖果用不同形狀的模具）。這些材料都不會太貴，而且模具還能重複使用。千萬別買現成餡料，因為我們要自己做。

包衣巧克力小圓釦有分黑巧克力（半甜）與牛奶巧克力（很甜）。如果你的目標是做出與市面上最佳產品相似的巧克力，請買黑巧克力。不要用其他

種類的巧克力，除非你已很專業。有一種巧克力叫「調溫巧克力」，通常是大塊包裝，價格高昂，需要經過複雜的多步驟控溫「回火」。

　　如果你不想去糖果材料行，卻又想做美味的夾餡巧克力，請參考後面的〈非工匠巧克力〉。

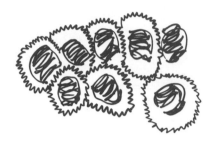

奶油霜

奶油霜基底餡料（又叫未煮番糖）

　　這種餡料可做成香草奶油霜。加入其他原料，可變成各種風味的奶油霜（見後方食譜）。

材料
$\frac{1}{3}$ 杯奶油，室溫
$\frac{1}{3}$ 杯白色玉米糖漿
$1\frac{1}{2}$ 茶匙天然香草
3 杯糖粉

作法
　　將所有原料混合在一起。把奶油霜包起來冷藏即可，可保存好幾個星期。

夾餡巧克力的通用食譜
材料
包衣巧克力（最好是黑巧克力）
1 個小玻璃罐（最好是 8 盎司〔約 227 公克〕螺旋蓋玻璃罐）

1 個小平底深鍋，熱水半滿（絕對不可將水煮沸）
1 支小湯匙
塑膠糖果模具（一種糖果準備一種模具）
餡料
蠟紙

作法
　　包衣巧克力的小圓鈕放進小玻璃罐裡，半滿。玻璃罐放進平底深鍋，鍋裡裝半滿熱水，不可煮沸。水不可太多，以免玻璃罐浮起來，水也不可流入玻璃罐內。

　　小圓鈕融化後，充分攪拌。接下來用小湯匙把一點巧克力醬舀進糖果模裡，在模具裡攪一攪，讓模內沾滿一層薄薄的巧克力醬。送進冷凍庫，把巧克力醬冰到變硬，至多約需 15 分鐘。

　　把一小球餡料放進有巧克力外衣的模具裡。輕壓餡料，使餡料與模具齊平，再淋上一層薄薄的巧克力醬，確定餡料完全包覆在巧克力醬裡。送進冷凍庫幾分鐘，或是直到頂層的巧克力醬變硬。

　　把模具在一張蠟紙上方倒扣，距離約 1 英寸（約 2.5 公分）。一邊扭轉模具，一邊輕敲模具，美麗又閃亮的巧克力糖就會掉出來（如果沒有掉出來，再冷凍一下）。

　　如果製作的量很大，可在玻璃罐內加入更多巧克力圓鈕，攪拌至融化。糖果做完後，讓巧克力醬在室溫中冷卻，再鎖緊瓶蓋。室溫存放，留到下次使用。

▶ 非工匠夾餡巧克力
　　不要因為你沒去過糖果材料行，就

不做香草奶油霜之類的美味糖果。雖然你不會做出看起來很專業、很有光澤、形狀很美的糖果，但風味絕不會差。

以下各種版本的奶油霜餡料（醃櫻桃沒用奶油霜）都可做成夾餡巧克力。搓成小球，沾巧克力醬（無糖特別美味，但半甜亦佳），轉動餡料均勻沾滿巧克力醬。放在蠟紙上等巧克力醬變硬。

香草奶油霜餡料

對某些人來說，香草奶油霜是糖果中的皇后。

如果你曾依照奶油霜基底餡料的步驟，做過並使用過奶油霜餡料，你已經會做你嚐過最美味的香草奶油霜。

但如果你想要濃郁的香草風味，可以加幾滴醉人的香草香料。

▶ 其他奶油霜餡料

以下的奶油霜均使用 $\frac{1}{2}$ 杯奶油霜基底餡料，差不多可做 2 到 3 打夾餡巧克力，實際數量取決於模具大小（若是較大的「法式巧克力」模具，每顆糖使用 1 茶匙餡料）。

依照以下的食譜，為 $\frac{1}{2}$ 杯餡料調味。包衣巧克力醬的作法，請參考前面的〈夾餡巧克力的通用食譜〉。

咖啡奶油霜餡料

加入 $\frac{3}{4}$ 茶匙即溶咖啡粉（可視喜好使用無咖啡因咖啡粉）。

巧克力奶油霜餡料

加入 2 湯匙融化外衣巧克力。

楓糖核桃奶油霜餡料

加入 2 湯匙核桃碎片與 $\frac{1}{4}$ 茶匙楓糖香料（真的，楓糖漿會使餡料變得太軟，不過柔軟的楓糖很適合用來取代奶油霜基底餡料）。

檸檬、柳橙、萊姆奶油霜餡料

加入幾滴香料嚐嚐味道，視需要加入少許食用色素。檸檬奶油霜特別好吃。

薄荷或冬青小圓餡餅

加入幾滴薄荷或冬青香料嚐嚐味道。薄荷與冬青小圓餡餅可用普通的模具製作，但用特殊的薄荷小圓餡餅模具製作，外觀上看起來更道地。

醃櫻桃夾餡巧克力

我曾經以為醃櫻桃巧克力的作法，是用針頭把液體注射到巧克力內部。或許有些巧克力是這麼做出來的，但這個

食譜的作法是把稀釋的奶油霜餡料和一顆櫻桃放在巧克力裡，1 至 2 天之後，櫻桃就會神奇地變成液體。請使用特別深的糖果模具。

材料

馬拉斯奇諾櫻桃

與醃漬湯汁

奶油霜基底餡料

包衣巧克力

作法

按照〈夾餡巧克力的通用食譜〉，在模具裡塗抹巧克力醬，然後短暫冷凍。

在抹了巧克力包衣的模具裡一一放入櫻桃。如果櫻桃太大，就切成一半。櫻桃的醃漬湯汁跟奶油霜基底餡料一起攪拌，攪拌到質地非常柔軟，差不多比美奶滋稍軟一些。在每顆櫻桃上放少許餡料。

在每一顆櫻桃上塗抹巧克力醬。巧克力醬一定要完全封住餡料，以免湯汁漏出。冷凍約 15 分鐘，然後將巧克力倒在蠟紙上。

大約 2 小時後，餡料會開始液化，但兩天後才會達到最佳狀態。

▶ **杏仁糖膏**

杏仁糖膏能喚醒你心中的藝術家。把杏仁糖膏捏成小小的馬鈴薯、蘋果等各種造型，這是製作其他糖果得不到的樂趣。

幾乎任何超市都買得到杏仁糖膏（亦稱「杏仁膏」〔almond paste〕）。其實，杏仁膏與杏仁糖膏不是一樣的東西，但市售的圓柱狀杏仁膏塑形的效果

跟杏仁糖膏一樣好，味道也不錯。不過，自己動手做並不難，當然各方面也都比現成的更好，包括成本。

若要送禮，可把各種水果與／或蔬菜造型的杏仁糖膏放在漂亮的盤子上（盤子也是禮物的一部分）。把杏仁糖膏放在彩色玻璃碎紙上，像一籃復活節彩蛋一樣，用保鮮膜包起來之後，打一個蝴蝶結。

杏仁

基礎杏仁糖膏

把杏仁糖膏想像成黏土，你可以用它捏出各種造型。

材料

1 杯去皮杏仁

2 杯糖粉

$\frac{1}{2}$ 茶匙杏仁精

2 顆蛋白，稍微攪拌

作法

把杏仁磨成細粉，可用絞肉機磨 3 至 4 次，或是用果汁機或食物調理機打碎。要在杏仁變成杏仁醬之前切掉開關。跟糖粉與杏仁精攪拌均勻，以一次 1 茶匙的份量舀進蛋白裡，攪拌到質地像黏土一樣即可。

杏仁糖膏的塑形原則

唯一不需要上色的杏仁糖膏造型是馬鈴薯。至於其他造型，你可以在杏仁糖膏裡加入食用色素，也可以用刷毛畫筆上色，我建議用畫筆。

塑形後，等 1 到 2 小時讓杏仁糖膏變乾，再像顏料調色一樣調和食用色素，用水稀釋色素可。

若想要講究一點，可用綠色的蛋糕糖霜畫葉脈，但不這麼做也行，可以用人造花的小樹枝與小樹葉來裝飾，但要確定它們一看就知道是假的，以免遭到誤食。

各種造型的大小要差不多，如草莓可以做成實物大小，但柳橙跟檸檬要比實物小很多，覆盆莓則是比實物大。

杏仁糖膏馬鈴薯

馬鈴薯要做成不規則狀，表面戳幾個小洞，模擬馬鈴薯的芽點。在混了糖粉的可可粉上滾一滾。若想做正在發芽的馬鈴薯，可在每個「芽點」上插一小片去皮杏仁或幾粒椰子粉。

杏仁糖膏草莓、檸檬與柳橙

這幾種造型可在四面刨絲器上滾一滾，製造許多小凹坑的效果。然後塗成草莓紅、檸檬黃與橙色。

杏仁糖膏蘋果

把杏仁糖膏捏成小球，頂部與底部戳一個洞。謹慎地刷上淺黃色與紅色食用色素，把它們變成超市裡可愛的「紅粉佳人」小蘋果。要做旭蘋果也沒問題！在每顆蘋果的底部塞一粒丁香很好看，也可以在頂部插幾片小小的肉桂碎片。

杏仁糖膏夾餡巧克力

巧克力和杏仁是最棒的組合。請參考〈夾餡巧克力的通用食譜〉，用杏仁糖膏取代奶油霜餡料。

若想做大一點的糖果，可把杏仁糖膏做成手指大小的條狀，依照前面提過的步驟沾裹巧克力醬。

▶ 松露巧克力

松露巧克力是一種「時尚」的糖果，只是（或許該說是因為）價格通常很高。它們是巧克力控的最愛。幸好松露巧克力很容易做，自己做成本也比較低。不過，這種巧克力熱量很高。

松露巧克力可做成任何大小，小到像彈珠，大到如高爾夫球。用紙托裝松露巧克力是個好方法，蛋糕材料行或蛋糕裝飾用品店都有賣。以鮮奶油為基底的松露巧克力必須冷藏或冷凍。若你想寄松露巧克力給朋友，可製作變化版本，如肯塔基波本糖，或是以餅乾為基底的糖果。

松露巧克力基底

材料

$\frac{1}{4}$ 杯高脂鮮奶油

6 湯匙可可粉

12 盎司（約 340 公克）純巧克力碎片

6 湯匙奶油，室溫（狀態柔軟）

1 茶匙天然香草

作法

鮮奶油、可可粉與巧克力碎片在一只小平底深鍋中混合。小火加熱，攪拌至巧克力融化。從熱源上移開，先拌入香草，再拌入奶油。

　　冷卻到質地夠硬，搓揉成球狀，大小不拘。

可可粉松露巧克力

　　這是松露巧克力最初的樣貌。原本是為了模擬新鮮松露，一種像香菇的法國蕈類。

　　把松露巧克力球或以下的變化版本在可可粉裡滾一滾，然後放在蠟紙上陰乾。冷藏或冷凍存放，要吃的時候取出。

夾餡松露巧克力

　　昂貴的松露巧克力在店裡通常是裹著巧克力包衣，而不是可可粉。如果你也喜歡巧克力包衣，可試試這種方法：

　　用前面提過的食譜做松露巧克力（也可用後面的變化版本），但松露巧克力不滾可可粉，而是裹上一層（通常 2 湯匙份量）半甜巧克力醬，尤其是在〈工匠巧克力〉那裡提到的包衣巧克力醬，也可以裹上白巧克力醬。放在蠟紙上等巧克力變硬。

利口酒松露巧克力

　　用前面提過的食譜做松露巧克力，但這次不加香草精，改加 1 湯匙香橙干邑利口酒、杏仁利口酒、咖啡利口酒，或是其他口味的利口酒。

抹茶松露巧克力

　　用前面提過的食譜做松露巧克力，但除了巧克力之外，再加 1 湯匙即溶咖

啡粒，一般或無咖啡因都可以。若想要更濃郁的咖啡風味，在外層的可可粉裡可再加入即溶咖啡粉（可可粉與咖啡粉比例 3：1）。

薄荷松露巧克力

　　使用松露巧克力的基本食譜，但這次不加香草精，而是加 1 湯匙薄荷利口酒或幾滴杏仁精。

萊姆巧克力糖

　　肯塔基波本糖食譜裡的波本威士忌用黑色蘭姆酒取代。

橙薑巧克力糖

　　這是小孩子可以吃的版本。他們也會喜歡自己親手做。

　　肯塔基波本糖食譜裡的波本威士忌用柳橙汁取代，香草威化餅用薑餅取代。

▶ 太妃糖

　　你小時候或許看過與「拉太妃糖派對」有關的故事，太妃糖也因此成為一種經典糖果。做太妃糖是令人開心的團體活動（也就是會讓人哈哈大笑），但你完全可以單獨作業。古早的廚房牆上會有「太妃糖勾」。

　　太妃糖必須單顆包裝。用方形蠟紙包起來，兩端扭緊。包好的太妃糖放在密封金屬罐裡。

太妃糖的製作方式如下：

　　太妃糖煮好之後，稍微冷卻到皮膚能承受的熱度就開始製作（如果溫度太低，可以在攝氏 176 度的烤箱裡加熱 3

到 4 分鐘）。把太妃糖揉成一顆或多顆球體，就可以開始拉太妃糖了。

指尖和拇指沾滿玉米澱粉或奶油。

動作要快，用雙手指尖拉長一塊糖，長度約 15 英寸（約 38 公分）。對折之後繼續拉。

重複上述過程，直到太妃糖出現很多氣孔，而且很難繼續拉動。

拉成一條直徑約 1 英寸（約 2.5 公分）的繩子，用抹了油的剪刀剪成 1 英寸（約 2.5 公分）小塊。用紙包起來。

糖蜜太妃糖
材料
2 杯非硫化糖蜜

1 杯砂糖

2 湯匙蘋果醋或白醋

2 湯匙奶油（多準備一點塗抹烤盤）

作法
所有材料放入大平底深鍋。一邊攪拌，一邊滾煮至攝氏 129 度（硬糖球）。

糖糊倒在塗抹了奶油的大淺盤或烤盤上，用抹刀把糖糊由外往內翻，加速冷卻。拉糖。

鹽水太妃糖
亞特蘭大市的人會說，鹽水太妃糖是一個在海濱大道（Boardwalk）做太妃糖的商人發明的，他出於絕望使用了大西洋的海水。有鑑於現在的海水跟以前不一樣，我建議你自己調製鹽水。

材料
2 杯砂糖

1 杯水

$\frac{1}{4}$ 杯玉米糖漿

1 茶匙鹽

塗抹大烤盤或大淺盤的奶油

香料與色素（見作法）

作法
砂糖、水、玉米糖漿和鹽放入大平底深鍋。攪拌至砂糖融化，煮滾至攝氏 129 度（硬糖球）。

倒到大淺盤或烤盤裡，用抹刀把糖糊由外往內翻。拉糖（見前述作法）。

一邊拉糖，一邊加入香料與色素。以這個食譜來說，可加入 1 茶匙香草精或其他香料，或是 $\frac{1}{4}$ 茶匙香料油，以及 3 滴食用色素。

Chapter *16*
來自大自然的禮物

多年來,我一直用傳統的方式購買耶誕節與光明節(Hanukkah,為猶太教的節日)禮物:去商場人擠人、結帳大排長龍、撒太多鈔票,最後買到的禮物頂多只是「差強人意」。

有次我突然想到,何不結合我這輩子最喜歡的手工藝(如製作藤圈)與贈送禮物的渴望,製作獨一無二、具個人特色的禮物。

用自然素材做禮物絕對比購物更有意思,而且還能省錢。同樣重要的是,親手做禮物比較省時,你可以自己安排做禮物的時間,例如分階段進行,或是一口氣花較長的時間製作也可以。

看完這一單元,你也能按照書中介紹的步驟自製禮物,發揮創意,在原本的作法上做變化。分步驟的製作過程簡單易懂,手工藝的新手與老手都適合。有些禮物也推薦了包裝方式,但大部分的禮物本身就已是美麗的呈現。

藤圈

藤圈是最古老的節日傳統,每年十二月隨處可見。美國有些地方習慣用藤圈為漫漫冬季增添活力,會一路懸掛到春天。藤圈是很棒的節日禮物,除了掛在門上、妝點壁爐或餐桌(香草版本),也是適一年四季都適用的居家飾品,家中各處都能擺放。

最棒的是,自製藤圈製作起來既簡單又便宜。送出自製藤圈時,加一張手工印製的標籤,寫下藤圈的原料與佳節祝福。

▶ 快速香料藤圈

這是改編自〈適合婚禮與其他節慶的香草〉一文而來。

充滿香氣的可愛藤圈,迷你版本可當成送給賓客的伴手禮,大的版本可當成家飾。如果用保麗龍球取代材料中的保麗龍環,就能變成盆栽飾品。有了以下的材料,你可以做很多香料藤圈,那麼,何不舉辦一個藤圈工作坊?

材料

保麗龍環
褐色花藝膠帶或有立體紋路的布料
衣架
膠
各種乾燥香草或香料

作法

1. 在工藝品材料行買大小適中的保麗龍環,或是用厚紙板剪一個環,纏上花藝膠帶或布料。

若要做充滿香氣的迷你藤圈，可在小環上黏各種乾燥豆莢與香料。

組裝工具

2. 背面綁一支小衣架

3. 藤圈塗上大量的膠。黏上月桂葉、小堅果、松果或橡實、肉桂皮、香草豆、茴香籽、時蘿、孜然、葛縷子、罌粟籽。你家庭院裡的香草和櫥櫃裡的香料，全都可以派上用場。整粒丁香與八角香氣特別足，外型也好看。能用來增添色彩的材料包括小豆蔻、乾橙皮、花瓣、玫瑰果、糖漬薑片、開心果等等，你手邊有的東西都能用。四處找找，尤其是你最喜歡的店家賣的香料，但要注意顏色、大小、形狀、質地與香氣。

4. 讓藤圈完全陰乾。

5. 視個人喜好，綁上蝴蝶結。

▶ 手工佳節藤圈

改編自〈耶誕樹〉。

單面藤圈只把綠色植物綁在其中一面，可掛在牆上或門上，或是放在桌上當擺飾。雙面藤圈的兩面都有綠色植物，比較受人青睞，因為它們更加綠意盎然；因為鐵絲是藏起來的，所以也能掛在窗戶上。

材料

當季綠色植物嫩枝，例如杉木、冬青、黃楊木、松木或雲杉

園藝剪刀

適當大小的波浪狀底圈

23 號鐵絲

作法

1. 在底圈上綁幾條鐵絲，將鐵絲牢牢固定住。

2. 在底圈的其中一側放 2 到 4 根嫩枝，在這束嫩枝底部綁 2 至 3 條鐵絲，轉緊。為第一束嫩枝選幾根葉子茂密的嫩枝，因為它必須藏住最後一束嫩枝的底部。如果你做的是雙面藤圈，這時可把藤圈翻面，用相同的方式在背面綁一束類似的嫩枝。背面與正面的嫩枝位置幾乎隔著藤圈相對。

3. 在第一束嫩枝的底部再放一束嫩枝遮住鐵絲，並且用鐵絲把這束嫩枝綁在底圈上。用這種方式繼續在底圈上綁嫩枝，如果是雙面藤圈，就兩面輪流綁上嫩枝，一面綁好之後，輕輕翻到另一面。

將嫩枝綁在底圈上

回到起點時,把最後一束嫩枝的底部插到第一束嫩枝頭部底下。小心固定最後一束嫩枝,別讓底部的梗與鐵絲露出來。

切斷或剪斷鐵絲,在底圈上轉一轉牢牢固定。

製作藤圈小撇步

杉木、冬青、黃楊木的葉子正面與背面看起來很不一樣,所以放在底圈上必須正面朝外,淺色的背面要藏起來。松葉的兩面都一樣,所以哪一面朝外都可以。

香草創作

香草的奔放在佳節時刻特別明顯。它們代表了許多意義,包括古老的智慧與未來的喜悅。香草製作的禮物不僅在送出時令人心情愉快,製作過程也非常開心!新鮮的、乾燥的與壓製的香草都能用,而且數量不拘,你可以依照收禮人的生活型態,從下列的禮物中選擇最適合對方的禮物,參考建議,自由發揮。

▶ 香草花束

改編自〈適合婚禮與其他節慶的香草〉一文。

只要遵循以下的原則,基本花藝會變得非常容易。傳統的垂直、水平或三角形設計都是最簡單的插花法,素材換成香草的效果也很好,無論是大型或小型作品。選一個漂亮的花瓶,根據花瓶的大小決定作品的高度與寬度。

材料

選擇花瓶的形狀、顏色與尺寸

香草、綠葉與花卉,各種長度,最長的是花瓶高度的 2 倍

作法

1. 先把花莖最高最長的香草、綠葉或花卉插入花瓶。必要時可用尺確認長度。它們是作品的骨架。插花時,不要超出骨架。

2. 外圍用稍短的材料填滿,香草或綠葉都行,使圖案更加豐盈。

3. 在空隙裡填入更多香草和綠葉。我稱這種方法為「見縫插枝」。別害羞。一開始看起來很稀疏、很古怪,但你可以盡情地見縫插枝。放心,這招一定有用。

4. 後面跟前面都要照顧到,視需要調整花材的位置,符合最初設計的基本圖案。使用各種長度的花莖能賦予作品飽和度、深度與層次。作品不應該像修剪整齊的灌木叢那樣單調。

5. 有策略地擺放花朵,從每個角度都能看見花的正面。如果花朵夠多,背面也可以插幾朵,使畫面更加完整。

6. 加上裝飾品,例如石頭花或是最後打個蝴蝶結。

用大花瓶創造超大花束

7. 用噴霧罐噴水，用塑膠紙包起來，送出這份美麗又芳香的禮物之前，暫時把它放在陰涼的地方。

▶ 乾燥花陽傘

改編自〈適合婚禮與其他節慶的香草〉一文。

喜歡漂亮事物的人，一定喜歡這款獨一無二的香包。

製作方式意外簡單，成本也不高。所以，所以，何不多做幾個？

材料

2 片印花棉布（可選擇符合節慶的色彩），10×10 英寸（約 25×25 公分）

1 條長度 8 英寸（約 20 公分）與 1 條長度 22 英寸（約 56 公分），寬度 $\frac{1}{2}$ 英寸（約 1.3 公分）的蕾絲與搭配的線

1 條長度 12 英寸（約 30.5 公分）的毛根

1 條細緞帶（12 英寸〔約 30.5 公分〕）

裝滿乾燥花的洋傘是頗富巧思的佳節禮物。

作法

放大這裡的陽傘圖樣，用它裁下兩塊印花棉布。

兩塊布的長邊都應該是 9 英寸（約 23 公分）左右。

9"

陽傘圖樣

把印花棉布背面相對，布邊縫在一起，縫線 $\frac{1}{4}$ 英寸（約 0.6 公分）。把正面翻出來，用熨斗熨燙。

用手縫或機器車縫的方式，把 22 英寸（約 56 公分）長的蕾絲縫在陽傘的頂部開口邊緣，讓蕾絲的花邊朝上。將 8 英寸（約 20 公分）長的蕾絲手工縫在底緣，蕾絲的花邊朝下。小心不要縫住底部開口。

毛根插進陽傘中央，調整一下，讓毛根從底部開口穿出約 2 到 3 英寸（約 5 到 7.6 公分）。用縫線固定毛根。

陽傘底部用假縫收布，拉線封口，再用細針腳縫牢袋子。

把你最喜歡的乾燥花放進陽傘裡（見以下配方）。

陽傘頂部用假縫收布。

頂部開口以手縫的方式封起來，用細針腳縫牢。再用細緞帶綁在蕾絲下方，打個蝴蝶結。

彎曲毛根的上半部，做成陽傘把手。

乾燥花配方

玫瑰罐乾燥花	綜合香草乾燥花
乾燥玫瑰花瓣	1 夸脫（約 496 毫升）乾燥香草與乾燥花
$\frac{1}{4}$ 杯猶太鹽	$\frac{1}{2}$ 杯廣藿香葉
磨碎的丁香、肉豆蔻皮與多香果各 1/4 盎司（約 7 公克）	$\frac{1}{4}$ 杯檀木屑
	$\frac{1}{4}$ 杯香草根
$\frac{1}{2}$ 盎司（約 14 公克）磨碎的肉桂	乳香、沒藥、磨碎的丁香與肉桂各 1 茶匙
$\frac{1}{4}$ 磅（約 113 公克）薰衣草花	1 顆切碎的零陵香豆
$\frac{1}{4}$ 盎司（約 7 公克）花露水或古龍水（最好是薰衣草味）	$\frac{1}{4}$ 杯磨碎的多香果
	10 滴玫瑰精油
幾滴玫瑰精油	1 杯磨碎的鳶尾根
2 盎司（約 57 公克）鳶尾根	

把原料輕輕地攪拌在一起，放在密封的容器裡 3 到 4 星期，直到氣味完全融合。

拓印 自然素材

自然素材的拓印圖案是美麗的禮物，可以穿在身上、裱框或展示。重現自然素材的圖案是非常古老的技術，只需要一樣自然素材、顏料與拓印表面（如紙或布）就能完成，不僅成本低，設計上卻有無限可能。唯一的限制是你的想像力，以及你能取得的自然素材。以下是我最喜歡做來送人的拓印禮物。

▶ 樹葉拓印文具

改編自〈拓印香草、水果與花朵〉。

若想製作美麗的文具禮盒，如信紙、便條紙、明信片和信封，拓印樹葉是很簡單的方法。無論作品是席位名牌、便束、節日賀卡、標籤還是包裝紙，設計上有無窮盡的可能性。

幾乎每個人都會喜歡手工拓印的文具，可以用來寫手札或寫信，也可以用來列印或傳真信件。

材料

印泥（顏色自選）

鑷子

各種小樹葉

列印紙、影印紙或是你的自選文具

能容納你選的紙張的信封

樹葉印章可用來裝飾文具、卡片、信封、標籤和請柬。

作法

1. 用印泥與鑷子讓小葉子的兩面都沾上墨水。小葉子在印泥上翻面按壓一、兩次,確保沾上足夠的墨水(注意,印泥以及凸版油墨與粉墨,能印出閃亮、突出的圖案,看起來非常專業。不過,有些印表機和傳真機無法使用印有閃亮、突出圖案的紙張)。
2. 沾上墨水的葉子放在文具紙上。
3. 將信封正面朝下放在葉子上,用手掌根按壓。
   紙與信封同時印上圖案,可成為同組設計。

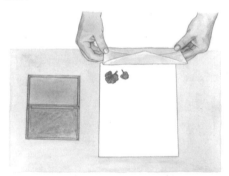

4. 小心拿起信封和葉子,圖案乾了之後就能包裝成禮物。
變化:如果要同時印兩張紙,在步驟 2 時讓另一張紙正面朝下,蓋在葉子上。

▶ 鎚染 T 恤

改編自〈拓印香草、水果與花朵〉。
這種印染方式不需要染料或墨汁。連續敲打鮮嫩多汁的綠葉,天然色素(如葉綠素)就會印染在天然纖維的布料上。將染好的圖案浸泡在礦物鹽水中固色就可以了。

鎚染的樹葉圖案與自然素材的拓印,可使用在同一件 T 恤上。

材料

新鮮嫩葉
天然纖維 T 恤或布料,先洗過燙過
平頭的鎚子
報紙
蠟紙
透明膠帶
鹽或碳酸鈉
草木灰(可省)
水
熨斗

作法

1. 在平坦表面上放報紙,報紙上鋪一張蠟紙。
2. 把 T 恤或布料放在蠟紙上,要印染的部分拉平,不可有皺褶,然後放上葉子。用膠帶固定葉子,邊緣不可翹起(見圖 1)。放一張蠟紙蓋住葉子。

圖 1

圖 2

3. 敲打葉子幾分鐘，直到出現印痕（見圖 2）。視需要替換最上面的蠟紙，例如蠟紙破裂。有些葉子很好印，有些則不然，印染效果不一。脆弱的葉子會快速解體。你可以先用一塊碎布做實驗，選擇印染效果最好的葉子。

4. 固色的作法是 $\frac{1}{2}$ 杯鹽兌 2 加侖（約 7.6 公升）溫水，或是 2 湯匙碳酸鈉兌 2 加侖（約 7.6 公升）溫水，把 T 恤或布料泡在鹽水裡 10 分鐘。用清水徹底洗清，在戶外晾乾或用烘衣機烘乾。熨斗熨燙。

5. 用你喜歡的手印紙或市售包裝紙，把 T 恤包成禮物。也可以把 T 恤或布料直接捲起來，用美麗的緞帶綁起來。

變化：若要鎚染紅褐色，浸泡完步驟 4 的礦物鹽水並洗清後，立刻放入兌了 1 杯草木灰的 3 加侖（約 11.4 公升）冰水，浸泡 5 分鐘。再次洗清，晾乾後熨燙。

佳節飾品

　　自然素材製作的手工飾品是很棒的獨特禮物，每件飾品都能為環境增添持久的佳節氣息，也能讓節日的氛圍持續一整年。最棒的是，這些飾品製作簡單、成本低廉。現在，就用這些芳香又可愛的飾品，把大自然的元素融入節慶的喜悅之中吧！

▶ 蘋香松果樹

　　改編自〈香草珍寶〉。

　　這是令人開心、香氣芬芳的禮物。你可以用不同顏色的緞帶或蘋果來慶祝任何節日。如果乾燥蘋果片未曾真空密封，請不要把蘋香松果樹放在濕度高的地方。

材料

1 顆大松果（高度 6 到 8 英寸〔約 15 到 20 公分〕）

乾燥蘋果片（約 $1\frac{1}{2}$ 杯）

幾枝石頭花

至少 3 條緞帶，長度 6 英寸（約 15 公分），寬度 $\frac{1}{8}$ 英寸（約 0.3 公分）

熱熔膠槍與口紅膠

作法

1. 把松果底部在平坦堅硬的平面上來回搖晃，壓斷凹凸不平的小孢子葉。

2. 將一大塊乾燥蘋果片對切，彎曲成一個圓錐。相接的邊緣用膠黏合，等膠變乾。這是蘋香松果樹的基座。用熱膠槍在蘋果圓錐的尖端擠一點膠，把松果擺上去，等膠變乾。

3. 從松果的頂部開始作業，先把最小的乾燥蘋果片塞到松果的孢子葉縫隙裡，蘋果皮朝外。確認能卡緊才上膠。在蘋果片的邊緣上一層膠，再把蘋果片塞進孢子葉縫隙。

4. 在松果各處零星黏一些石頭花。6 英寸（約 15 公分）的緞帶打成蝴蝶結，黏在孢子葉的外緣上。也可以在小根的肉桂條上綁緞帶，黏在松果上。

變化：滴幾滴精油在孢子葉的邊緣上，讓松果樹散發香氣。

▶ 乾燥花香球

改編自〈香草珍寶〉。

這個散發甜香的復古飾品是十分賞心悅目的禮物，你也可以用蘋果或柳橙做香球的基底，但保麗龍球可以保存得比較久。

材料

毛線或細鐵絲（長度足以懸掛香球）
3 英寸（約 7.6 公分）保力龍球
丁香或牙籤
橡木苔
膠
天鵝絨緞帶，打蝴蝶結用
各種花朵與香料，例如多香果、麥加香脂花蕾、1 英寸（約 2.5 公分）肉桂條、小朵石南花、整顆玫瑰果、檀木屑、向日葵花瓣等等（見下文〈組合 A 與組合 B〉）

作法

1. 毛線穿過織針，兩端打結，織針推進保麗龍球中心。推一粒丁香或 1 英寸（約 2.5 公分）長的牙籤到毛線結裡，拉緊貼著保麗龍球上的毛線結，以免鬆開。若你使用鐵絲，鐵絲對折後，對折端用力推進保麗龍球裡，露出來的兩個末端保留 1 英寸（約 2.5 公分）反折，牢牢塞進保麗龍球裡，以便固定。

2. 把橡木苔鋪在報紙上。保麗龍球塗膠，在橡木苔上滾一滾，讓保麗龍球完全包覆橡木苔。靜置等膠變乾。

3. 在橡木苔上插入花朵跟香料，用大量的膠固定。

4. 天鵝絨緞帶綁一個蝴蝶結，若需要，可多綁幾個環並保留長長的帶子。把蝴蝶結黏在香球頂部或底部。

變化：在香球表面各處滴幾滴精油。橡木苔是保留香氣的固定劑。每隔一段時間滴精油以恢復香氣。

香球組合建議

組合 A	組合 B
玫瑰花苞與花瓣（粉紅）	木槿花（栗子色）
	木槿花（深藍色）
八角（褐色）	補血草（粉紅／紫）
丁香（褐色）	羅馬洋甘菊（米黃）
	白色小豆蔻（米黃）
	熊莓（綠色）

▶ 壓花香草飾品

改編自〈香草珍寶〉。

香草開花時，把小花
跟幾片葉子保存下來，把
這些小小的植物壓乾，便
可以做成這項高雅又精緻
的佳節飾品。

材料

壓乾香草植物的小花葉（百里香、鼠尾
草、薰衣草、墨角蘭、芸香、牛膝草、
單朵細香蔥與佛手柑，以及小片月桂葉
和脂香菊葉，都是不錯的選擇）

2 片顯微鏡玻片

透明膠

縫紉針或大頭針

$\frac{1}{8}$ 英寸（約 0.3 公分）緞帶或羅緞帶

作法

1. 把香草放在一塊顯微鏡玻片上。用針
   頭沾小滴膠水，把它們黏在玻片上。
2. 蓋上另一塊玻片，同樣用幾滴膠固
   定。壓一壓，等膠變乾。
3. 剪 1 英寸（約 2.5 公分）緞帶環，黏
   在玻片頂端的中央。緞帶環乾了後，
   用其餘的緞帶框住玻片邊緣。從頂部
   中央開始，一路為緞帶上膠，繞一圈
   後回到中央，緞帶兩端各保留 4 或 5
   英寸（約 10 或 12.7 公分）長度。靜
   置等膠變乾。
4. 緞帶末端繞吊環一圈綁成蝴蝶結。剪
   掉多餘緞帶，留下適當的長度。

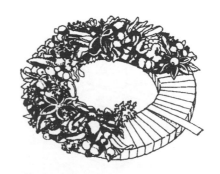

Chapter *17*

跟孩子一起做節日禮物

孩子們都超愛耶誕節，歲末年終的喜悅與興奮，部分來自於節慶的佈置，以及為親友們製作禮物。這個章節收錄了家長跟孩子們都會喜歡的禮物製作。

無論你原本手藝如何，這個章節的內容涵蓋各種程度。有些作品適合小小孩，有些作品適合較有經驗的手工藝創作者。所有的步驟都簡單明瞭，保證不會失敗。

很多材料是自然素材。使用唾手可得的材料可節省成本，而保存身邊的美麗事物，也賦予禮物一種永恆的感覺。最重要的是，父母跟孩子會一起創造比禮物本身更珍貴的東西：共同度過假期的美麗回憶。

大自然的 禮物

利用蛋彩拓印或泡泡拓印，來製作卡片、文具、包裝紙、裱框圖案或照片的襯邊。

▶ **泡泡拓印**

改編自〈拓印香草、水果與花朵〉。

泡泡圖案在大自然裡隨處可見，包括湍急的溪水、蜂巢、豆莢與微小的細胞結構。

材料

溫和的肥皂液
各色水溶性墨水
寬口容器或玻璃罐
吸管
列印紙或單色包裝紙

作法

1. 每種墨水顏色準備一個容器。在每個容器裡倒入深度 1 英寸（約 2.5 公分）的肥皂液。加入 1 湯匙墨水，放入一根吸管，充分攪拌。
2. 用吸管往容器裡吹氣，直到泡泡滿出容器開口。
3. 抽出吸管，在泡泡頂部放一張紙。泡泡的圖案會印在紙上。重複相同過程，同一張紙上印不同顏色的泡泡，創造多色泡泡圖案。
4. 薄的紙張乾了之後會變皺。若要讓紙張變平，可以用溫的熨斗燙一燙紙。這些圖案本身就是美麗的畫，但也可以加入葉子與其他自然素材的拓印。

▶ 蛋彩拓印

改編自〈拓印香草、水果與花朵〉。

許多大人使用的拓印材料（如油性顏料），在大人的監督之下，大一點的孩子也能使用，但年幼一點的孩子只能用無毒的材料。雖然大部分的水性顏料都是無毒的，用蛋彩顏料會更簡單，因為蛋彩顏料的成分對小孩子無害，而且價格便宜，用肥皂跟水就能洗乾淨。

只用蛋彩顏料拓印，效果並不好。蛋彩顏料必須加入蜂蜜與甘油，才能均勻覆蓋拓印物品，而且不會拓印到一半就乾掉。

材料

液體蛋彩顏料

拓包（可自製。將泡棉綁在長型物體上即可，如軟木塞瓶蓋或木樁）

混合蛋彩顏料的小容器

甘油（藥局有售）

蜂蜜

冷凍紙

遮蔽膠帶

鑷子

紙張（打字紙、影印紙或白報紙）

扁平樹葉（也可將有弧度的葉子放在電話簿裡，上面壓重物 30 分鐘）

蛋彩拓印可以剪下來跟其他媒材結合在一起，黏在用硬紙折疊成立體小屏風上。

作法

1. 先調製蛋彩顏料。顏料、蜂蜜與甘油的調和比例是 8：3：2。

2. 準備工作空間。若是在戶外作業，請避開風大和直接日照的地方，否則顏料會乾得太快。用報紙或可清洗的遮蓋物覆蓋桌面或作業的平面。撕一張冷凍紙當調色盤。用遮蔽膠帶將冷凍紙的四個角落固定在桌面上。

3. 在冷凍紙調色盤上滴幾滴蛋彩顏料。需注意，葉子沾上太多顏料會破壞拓印效果。用拓包把調色盤上的蛋彩顏料抹開，面積應比你即將拓印的葉子稍大。

4. 拓印紙對折一半後再打開，放在調色盤旁邊。

5. 將葉子放在抹開的顏料上，用拓包壓一壓，整片葉子都要壓到，直到葉子上沾上薄薄的一層顏料。用鑷子夾起葉子，翻面，重複上述過程。

6. 用鑷子小心夾起葉子，放在半面拓印紙上。葉子一放到紙上就不能再移動。另外半面拓印紙蓋在葉子上，用手按壓。如果葉子比你的手掌根還大，一隻手壓住紙，另一隻手的掌根與手指按壓各處，或是搭配輕輕揉壓的動作。

7. 打開拓印紙，用鑷子小心夾出葉子。拓印紙上的兩個葉子圖案並非鏡像，這是因為葉子的背面葉脈比較明顯，能印出較多細節。如果圖案的線條很粗，表示顏料過多；如果圖案很蒼白、模糊，可再多用一些顏料。

8. 拓印靜置陰乾。

▶ 蘋果拓印包裝紙

改編自〈一日一蘋果！〉。

用單色紙製作蘋果拓印包裝紙，再用你自己創作的包裝紙包裝禮物！

材料

3 顆大蘋果

刀子

6 色手指畫或蛋彩顏料，選擇符合節慶的顏色

6 個紙盤或派餅烤盤

報紙

彩色美工紙或包裝紙

工作罩衫

作法

1. 請大人幫忙把每顆蘋果橫切一半。
2. 請大人在蘋果的平坦切面上雕刻出一個節日圖案。陰影的部分挖空，留下的部分會變得突出，能印出圖案。
3. 在每個紙盤上倒一種顏料。將報紙鋪在工作台上，報紙上放美工紙。
4. 有圖案的蘋果切面沾上顏料，然後壓在紙上（見〈拓印小撇步〉）。
5. 記得把工作台清理乾淨。丟掉不要的紙盤，蘋果放入堆肥箱或垃圾桶，報紙回收，雙手洗乾淨。完成這些工作之後，你的拓印作品應該已經乾了！

拓印小撇步

- 一個圖案用一種顏色，效果最佳。若混用顏料，所有顏色都會變成灰色！
- 蘋果沾上顏料會變得很滑，很難抓緊。玉米叉能幫你把蘋果抓牢。

給鳥兒的 禮物

跟鳥類朋友們分享佳節喜悅，製作能夠觀察牠們冬日進食的戶外裝飾。

▶ 耶誕樹餵食器

改編自〈成長吧！〉。

直接改造庭院裡的活樹，或是把裝飾好的耶誕樹放在戶外，在樹上放置能讓鳥兒進食的餵食站。

關於餵鳥

一旦你開始餵食野鳥，牠們會漸漸仰賴你的餵食。別讓牠們失望，準備幾個餵食器，讓牠們可以在被掠食者嚇跑時，還能選擇另一個餵食器。把餵食器放在灌木叢或樹林附近，讓牠們可以先在樹上觀望一下再來吃東西。

可以把半加侖（約 1.9 公升）的牛奶盒或 1 加侖（約 3.8 公升）的塑膠壺改裝成餵食器。

如果你很有耐心，說不定能哄騙山雀直接吃你手心裡的葵花籽。好好站著，千萬不要亂動，嘴裡輕輕發出「奇卡－滴－滴」的聲音。搞不好得嘗試好幾天，鳥兒才會鼓足勇氣停在你手上。

你可以用以下的東西來裝飾你的樹：

● 塞滿奶油花生醬的松果
● 成串的蔓越莓、爆米花與果乾
● 裝著板油的小網袋
● 小麥與其他穀物做的小花束
● 在半片柳橙裡塞滿鳥食
● 小玉米
● 乾掉的向日葵花心

▶ 奶油花生醬木棒

　　改編自〈鳥類餵食器、棲身處及浴池〉一文。

　　這款簡單又快速的餵食器，可由年幼的孩子與父母一起完成。你也可以在奶油花生醬裡撒一些鳥食，讓這個誘食更加美味。現在，就把餵食器掛起來，坐在你家後門的門廊上，等待鳥類大軍的光臨！

材料
1 根長 12 英寸（約 30.5 公分）的 2×2 英寸（約 5×5 公分）帶皮原木
羊眼釘
奶油花生醬
尼龍繩

作法
1. 測量並裁切一根長度 12 英寸（約 30.5 公分）的 2×2 英寸（約 5×5 公分）原木。不要用砂紙打磨，表面愈粗糙愈好。
2. 用 1 英寸（約 2.5 公分）的鑽頭在其中一側的正中央鑽一個洞，要穿透到

對面。在另一側距離上下兩端各 4 英寸（約 10 公分）的地方鑽一個洞，同樣要穿透。
3. 頂部鑽入一個羊眼釘。
4. 在三個洞裡塞入奶油花生醬，把這個餵食器用尼龍繩掛在樹上。

▶ 竹子鳥笛

　　改編自〈你所不知道的鳥類常識〉。
　　來點新嘗試，自己動手做鳥笛。吹鳥笛呼喚鳥兒來享用你的鳥類餵食器！

材料
1 根竹管＊，直徑 1 英寸（約 2.5 公分）
1 根竹管，直徑 $\frac{3}{4}$ 英寸（約 1.9 公分）
1 個軟木塞
砂紙
棉球
一小塊軟布
細繩
＊附註：多數工藝品材料行都有賣竹管

作法
1. 把直徑 1 英寸（約 2.5 公分）竹管的竹節切掉，留下約 $9\frac{1}{2}$ 英寸（約 24 公分）的長度。
2. 細竹管裁切成 11 英寸（約 28 公分）長，其中一端是竹節。
3. 在粗竹管的其中一端鑿開一道長度 4 英寸（約 10 公分）的細縫，慢慢把細縫挖大，變成一個圓形切口。

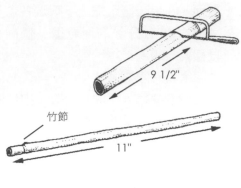

竹節

11"

鑿開

4"

4. 粗竹管同一端的對應邊，距離末端 $\frac{3}{4}$ 英寸（約 1.9 公分）的地方，鑿出一個銳角吹嘴，如圖示。

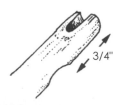

3/4"

5. 軟木塞縱切成半。用砂紙打磨軟木塞圓弧的那一面，磨出一個長度 1 英寸（約 2.5 公分）的斜面。

打磨

1"

軟木塞從吹嘴的那一端推進粗竹管裡。軟木塞平的一面朝向正面的圓形切口，斜面朝向背面的吹嘴。把軟木塞推進竹管裡，直到露在 V 型吹嘴外的部分約有 $\frac{1}{4}$ 英寸（約 0.6 公分）。切掉露出來的軟木塞。

打磨吹嘴與軟木塞的斜邊，使邊緣變得平滑貼合。

切掉多餘的軟木塞，用砂紙打磨

在細竹管沒有竹節的那一端，距離末端約 $\frac{3}{4}$ 英寸（約 1.9 公分）的地方鑿一道窄溝。細竹管的末端放兩顆棉球，位置比窄溝略高一些。棉球用小圓布包起來，用細繩或線綁緊，細繩應該綁在窄溝上。這是鳥笛的塞子。

將塞子插進粗竹裡。當你往吹嘴裡吹氣時，上下拉動塞子，試著模擬鳥叫的啾啾聲。

節日料理

少了有節日氣氛的食物，還算過節嗎？收到親手做的禮物，吃到的人肯定都開心。無論是在麵包上畫幾個彩色圖案，還是可食用的飾品，製作這些美味禮物都是一件開心的事！

▶ 彩繪玻璃假日餅乾

改編自〈愛心與工藝〉。

你一定會愛上製作與送出這款美麗的甜點。你可以把餅乾放在盤子上端給朋友吃，也可以掛在耶誕樹上，或是掛在窗邊迎著光搖曳。

材料

$\frac{1}{2}$ 杯人造奶油　　紅覆盆莓果醬

$\frac{1}{2}$ 杯砂糖　　　　大碗

1 顆雞蛋　　　　木匙

$1\frac{3}{4}$ 杯麵粉　　　保鮮膜

$\frac{1}{2}$ 茶匙泡打粉　　鋁箔紙

$\frac{1}{2}$ 茶匙鹽　　　　餅乾烤盤

1 茶匙香草

作法

1. 在碗裡用木匙攪拌人造奶油直至變軟。加入砂糖和雞蛋，攪拌到質地滑順。再加入剩下的原料，攪拌至麵糰既滑順又有硬度。小小孩可能需要大人或兄弟姊妹輪流幫忙攪拌，因為攪拌麵糰非常費力！

2. 麵糰放在碗裡，用保鮮膜把碗蓋住，冷藏至少兩小時。

3. 烤箱以 190 度預熱。在餅乾烤盤上鋪一張鋁箔紙。

4. 捏一小塊麵糰，搓成繩子狀，直徑約 $\frac{1}{4}$ 英寸（約 0.6 公分）。把繩子麵糰捏成節日的造型：可小可大，想設計成怎樣都可以，如星星、樹木、枴杖糖、襪子或藤圈。

5. 麵糰飾品的內部填入覆盆莓果醬，厚度約 $\frac{1}{4}$ 英寸（約 0.6 公分）。

6. 餅乾烘烤至少 10 分鐘。果醬烤到起泡，這樣餅乾冷卻後，果醬才會變硬。

7. 讓餅乾在餅乾烤盤上靜置冷卻。最後把餅乾背面的鋁箔紙撕掉。

吊掛飾品

若你想吊掛烤好的餅乾，可以在餅乾送進烤箱之前，在麵糰上用牙籤戳一個洞，位置在餅乾的頂端。餅乾烤好之後，讓細繩或緞帶穿過洞口，把餅乾吊掛在耶誕樹上、家裡各處或窗邊。

▶ 彩繪節日麵包

改編自〈愛心與工藝〉。

這個方法既簡單又健康，能讓你在廚房裡充分發揮藝術天分！拿起畫筆（全新畫筆或是食物專用畫筆），開工吧！

材料

$\frac{1}{2}$ 杯牛奶

紅色與綠色食用色素各 4 滴

全新畫筆

白吐司麵包

小碗

烤麵包機

作法

1. 在不同的小碗裡混合一半的牛奶與其中一種食用色素。

2. 在料理台或工作檯面上切一片麵包，用畫筆與牛奶「顏料」在麵包上畫節日圖案，可以畫一個大的圖案，或是幾個小的圖案，但只畫單面，千萬不要讓麵包變得太濕軟！

3. 畫好後，把麵包放進烤麵包機，調至低溫。烤麵包機的熱度會把顏料烤進麵包裡。

4. 烤好的麵包使用方式跟普通麵包一

樣。你可以一次做一批,冷藏或冷凍
存放,要用的時候隨時都有。

▶ 鹽麵糰首飾

改編自〈愛心與工藝〉。

鹽麵糰首飾能讓你和你愛的人把節
慶氣氛穿在身上。串一條紅配綠珠珠項
鍊,做一枚節日胸針與髮夾。你可以在
首飾上畫些圖案,也可以保留原色。

材料

2 杯全麥麵粉	抹刀
1 杯鹽	牙籤
$\frac{3}{4}$ 杯水	計時器
攪拌盆	尼龍繩
餅乾烤盤	暗釦與素面髮夾
噴霧式烤盤油	水彩與畫筆(可省)
擀麵棍	抹布
各種節日餅乾模	

作法

1. 麵粉、鹽和水放入攪拌盆,用手揉
麵,揉到麵糰充滿彈性,能用手輕鬆
塑型的程度。你可能需要實驗幾次,
如果麵糰太乾,就多加一點水;如果
太濕、太黏,就多加一點麵粉。

2. 餅乾烤盤噴上噴霧油。

3. 把一小塊麵糰搓成圓球,放在桌上用
擀麵棍擀成厚度約 $\frac{1}{4}$ 英寸(0.6 公
分)的麵皮。

4. 用餅乾模型盡量切出各種形狀,再用
抹刀把切好的餅乾移到餅乾烤盤上。

5. 若要做珠珠,把小塊麵糰用手搓揉成
圓球。把圓球放在餅乾烤盤上,圓球
中間穿一個洞。一定要確認洞夠大,
能穿過尼龍線。

6. 烤箱預熱至攝氏 76 度。請大人幫忙
把餅乾烤盤送進烤箱,計時器設定 1
小時。

7. 1 小時之後,小心確認首飾麵糰的狀
態。如果很輕壓的手感很硬,表示已
完成;如果輕壓時會凹陷,請送回烤
箱再烤 15 分鐘。厚度超過 $\frac{1}{4}$ 英寸
(0.6 公分)的麵糰通常得烤 1 小時
以上才會「熟」。用手測試麵糰時,
小心別燙傷!麵糰冷卻至少需要半小
時才能使用。

8. 現在你可以開始幫首飾上色。用水彩
顏料上色後,等顏料變乾。

9. 首飾冷卻後,就能做成項鍊、胸針與
髮夾。把珠珠用尼龍繩串起來(布料
店買得到尼龍繩)。其他首飾可用白
膠或熱熔膠黏在暗釦上可做成胸針,

鹽水麵糰吊飾

你可以根據上述步驟製作吊飾。只要在
烘烤之前用牙籤在麵糰頂部上方戳一個
小洞就行了。

出爐後上色,並綁上一小條緞帶或粗線
做為吊帶。

也可黏在髮夾上（暗釦與髮夾可在工藝品材料行買）。

▶ 皺紋紙彩蛋

改編自〈滿滿的復活節彩蛋！〉。

用皺紋紙飾品可揮灑出繽紛的明亮色彩，只要用撕碎的色紙加上空心蛋殼，就能創造出美麗的家飾品。用這種最快速、最簡單、最活潑的方式，製作賞心悅目的馬賽克作品。鮮豔的面紙會讓普通的白色蛋殼閃閃發亮、充滿生氣。無論是隨意拼湊還是刻意設計，濃烈的節日色彩馬賽克就像彩繪玻璃一樣吸引眾人目光。

材料

乾淨的空心蛋殼
三、四種節日顏色的面紙
白膠
小畫筆
淺容器（裝稀釋後的膠）
亮光漆

作法

1. 決定風格。選一、兩個淺色、一個深色和一個中間色來做對比。從隨意拼湊入門比較簡單（也比較快），以後再慢慢設計更複雜的圖案。

2. 如果你自己設計，圖案要盡量簡單，例如三角形或方形，或是用好看的方式組合不同型狀。模仿塊狀的拼布被子是不錯的選擇，但只要是幾何圖形的組合，效果都很好。

3. 先將面紙摺疊（最多摺八層），再裁剪形狀。一口氣就把要用的形狀都裁剪好。再把較小的形狀集中在盤子或碗裡。

4. 若想做隨意的狂野風格，把面紙剪成或撕成小塊的不規則形狀。

5. 在淺盤裡放一點白膠，加水稀釋到牛奶的濃稠度。

6. 選一塊面紙塗抹上膠水後，黏在蛋殼上，再輕壓固定。繼續上膠、黏貼、輕壓，直到整顆蛋的表面都貼滿面紙。重疊不同顏色的面紙，可創造出新的顏色。手撕的面紙彼此融合的感覺，會比邊緣明顯的裁剪面紙更好。

7. 如果你的設計有鏤空圖案，先用白色（或淺色）的撕碎面紙把整顆蛋包起來，等幾分鐘變乾，再開始黏貼有色面紙。

8. 乾了之後，噴上一層亮光漆，防止面紙的色素暈開。

殖民風格 工藝品

乾燥花與乾燥植物被視為美國殖民時期的工藝品，每到秋天，殖民地的人們會把各種自然素材晾乾，製作成玩具或冬季花束。

你可以試試這些古早年代的傳統工藝品。

▶ 玉米殼娃娃

改編自〈成長吧！〉。

美國殖民時期的孩子們會在秋收之後製作玉米殼娃娃。

材料

乾燥玉米殼和玉米鬚
水
毛線或細繩
剪刀
細頭色筆
白膠與刷子

作法

1. 玉米殼浸泡溫水，泡到彎折時不會裂開。把幾片玉米殼撕成條狀，用來捆綁，但也可以用毛線或細繩捆綁。

2. 把幾片玉米殼疊在一起，對折。把對折的那一端綁起來，做成娃娃頭。底下的部分做成身體。

3. 把幾片摺起來的玉米殼塞進身體裡，挪到娃娃頭的下方。讓玉米殼從兩側突出，變成手臂。把應該是「手腕」的地方綁起來，剪掉過長的部分，末端就變成了「手」。

4. 把與手臂交疊處稍微低一點的地方綁起來，形成腰部。若是女娃娃，下半身調整成裙子。若是男娃娃，將下半身的玉米殼分成兩半，把「腳踝」綁起來。

5. 娃娃頭上黏玉米鬚當頭髮。用色筆畫上五官。

6. 用多餘的玉米殼、玉米鬚、小樹枝跟鈕扣，為你的娃娃製作掃帚、耙子、皮夾、帽子等配件。

▶ 柳橙香球

改編自〈一日一蘋果！〉。

美國殖民時期的有錢人擁有溫室，能在溫室裡種植柳橙。充滿香料味的柳橙香球是很棒的佳節禮物與裝飾品。把香球掛在廚房、浴室或衣櫃裡，香料的香氣可持續好幾年。

材料

1 顆完好的柳橙	1 茶匙多香果
1 盎司整粒丁香	$\frac{1}{8}$ 茶匙薑
1 湯匙肉桂	碗和烤肉叉

一條長度 18 英寸（約 45.7 公分）的緞帶
1 茶匙肉豆蔻

作法

1. 將丁香的梗插進柳橙，摸起來丁香彼此的距離夠近即可。讓丁香覆滿柳橙表面。

2. 肉桂、肉豆蔻、多香果、薑放進碗裡混合。柳橙香球放進混合了香料的碗裡。讓香球在碗裡靜置 2、3 週。偶爾把香球在香料裡滾一滾，幫助柳橙乾燥、變硬、縮小。

3. 請大人幫忙，用一根烤肉叉由上而下穿透香球。把一條緞帶對折，從香球頂部穿進去，從底部穿出。底部的緞帶打一個蝴蝶結，頂部的緞帶則是吊掛的環。

PART 3

親手為住家做一點事

Chapter *18*

製作簡易家具

看一看以下列出的木製家具。有沒有你需要的東西？也許可以在玄關放一張小桌子，或是做一把阿迪朗達克椅[7]（Adirondack chair）或野餐椅，享受戶外生活。

告訴你一件事，可別太驚訝。

製作這些家具不一定需要各式電動工具，手持工具也能做到（如下所示）。

你也無須具備高超的木工技術，只要跟著說明中的步驟與圖示做就行了，很簡單。

你做的家具不但實用，親手製作也能帶來更深刻的成就感。

▶ **工具**

鎚子

橫割鋸（crosscut saw）、夾背鋸（back saw）

鏤鋸（coping saw）

鉛筆

捲尺

曲尺

光鉋（smooth plane）或橫紋鉋（block plane）

起槽鉋（router plane）

鑿刀

螺絲起子

兩把 C 形夾

曲柄鑽或手搖鑽

鑽頭，尺寸：$\frac{1}{8}"$、$\frac{9}{64}"$、$\frac{7}{32}"$、$\frac{1}{8}"$、$\frac{3}{8}"$、$\frac{23}{64}"$、$\frac{5}{16}"$、$\frac{1}{2}"$、$\frac{5}{8}"$、$1"$

（製作這些家具的工具可在五金行、木材行跟建材行購買。）

壁掛層架

你收集的那些易碎的小東西需要空間收納嗎？或是廚房的那些香料罐？壁掛層架是你的好幫手，而且非常好做。

7　譯註：一種以阿迪朗達克山脈（Adirondack Mountains）命名的戶外休閒椅，寬扶手、高椅背，椅面向後傾斜。

▸ **材料清單**

木材數量	用途	規格		
		厚度	寬度	長度
2	側板	$\frac{5}{8}$"	7"	$27\frac{1}{2}$"
1	頂板	$\frac{1}{2}$"	7"	10"
1	上層板	$\frac{1}{2}$"	5"	10"
1	中層板	$\frac{1}{2}$"	6"	10"
1	下層板	$\frac{1}{2}$"	7"	10"
4D 裝修釘[8]（4-penny finish nails）				
打樣用的紙板				

（1" =1 英寸 =2.54 公分）

▸ **製作方法**

1. 依照材料清單中的規格，裁切、刨平、製作相應的木板。

2. 用紙板打樣，做一片與側板規格一模一樣的樣板。參考圖 1，把樣板放在木板上。

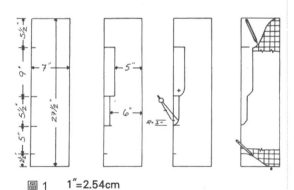

圖 1　1"=2.54cm

3. 用鏍鋸裁切側板。從頂端的弧線開始，接著裁切中間的弧線，最後裁切底部。

4. 用砂紙磨平粗糙的表面。

5. 在側板的兩邊畫上淡淡的線，標註層板的位置。請參考圖 2 的側視圖。

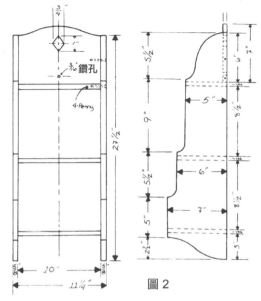

圖 2

6. 從外側釘入釘子，尖端在內側稍微突出即停。見圖 3。

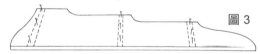

圖 3

7. 把第一塊層板壓在突出的釘子尖端上。見圖 4。

圖 4

8　　譯註：penny 是釘子的的尺寸單位，4-penny 釘長度為 1.5 英寸（約 3.8 公分）。（資料來源：https://howelumber.com/nails）

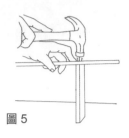
圖 5

圖 6

8. 將層板另一端靠在平坦的平面上，把釘子敲進去，見圖 5。用相同的方式安裝其他層板。

9. 所有層板都固定在同一塊側板上之後，把釘好的這一側放在平坦的平面上，然後釘上另一塊側板。請注意，層板與側板必須保持垂直。見圖 6。

10. 為頂板打樣，如圖 7。將樣板放在木板上，用鋸子裁切成形。

側板頂部

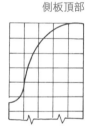

頂板

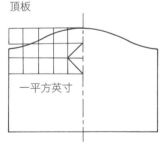

打樣

一平方英寸

一平方英寸

側板底部

圖 7

11. 在菱形圖案的位置上鑽一個孔，插入鏤鋸，裁切出菱形，然後用砂紙磨平。見圖 2。

12. 把頂板與側板及上層板釘在一起。

13. 最後再打磨一次，然後為完成的壁掛層架上油漆、上著色劑或亮光漆。

小凳子

　　這是一件兼具穩固、實用及裝飾效果的家具，也可以當成邊桌來使用。

▶ **材料清單**

木材數量	用途	規格		
		厚度	寬度	長度
2	椅面	$1\frac{1}{2}$"	$5\frac{1}{2}$"	18"
2	橫木	$1\frac{1}{2}$"	$1\frac{1}{2}$"	$9\frac{1}{4}$"
4	椅腳	$1\frac{1}{2}$"	$2\frac{3}{4}$"	21"
1	木榫桿	直徑 $\frac{5}{8}$" × 長度 $17\frac{1}{4}$"		

8D 裝修釘 [9]
2 英寸 8 號平頭螺絲 8 枚

（1"=1 英寸 =2.54 公分）

▶ **製作方法**

1. 依照材料清單中的規格，裁刨所需要的材料。

2. 把橫木（B）釘在椅面（A）底下，如圖8。

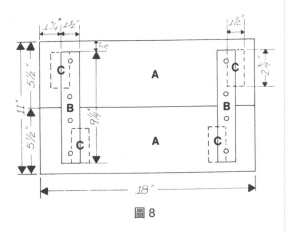

圖 8

3. 將椅腳擺放好，兩端平行斜切。椅腳的長度應該是 $18\frac{1}{2}$ 英寸（約47公分）。見圖9。

4. 椅面放在平坦表面上，底部朝上，露出橫木。

5. 在椅腳頂部畫出接榫的位置。把椅腳輪流放在椅面底部比比看。可以用虛線標示椅腳的位置，如圖8的C。在椅腳頂部與橫木相接的地方，畫一條線做記號。見圖10。

6. 裁製椅腳頂部的接榫。沿著剛才畫的線，先在椅腳上切 $\frac{3}{4}$ 英寸（約1.9公分）的深度，再將不需要的部分切除，見圖11。

7. 嘗試組合椅腳之前，必須先鑽出螺絲的引孔，再把椅腳固定在橫木上。見圖12。

8. 在椅腳交叉處的正中央，鑽一個 $\frac{5}{8}$ 英寸的孔。兩邊的孔一定要對齊。

9. 把木榫桿敲進兩個孔裡。見圖13。

10. 打磨成品。

11. 上著色劑或油漆。

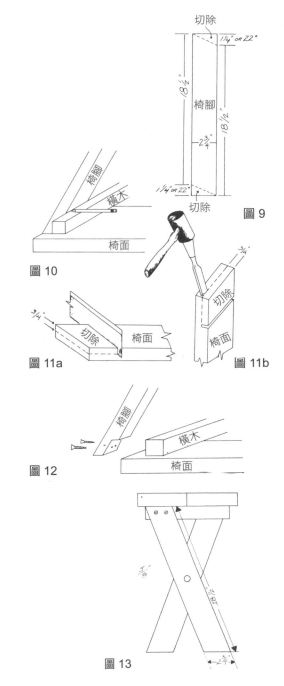

圖 9

圖 10

圖 11a

圖 11b

圖 12

圖 13

儲物箱

這個儲物箱容量不小，裝得下許多

工具、冬天的帽子跟靴子等物品。在側面與底部使用接榫，可增加儲物箱的承重力。

▶ 材料清單

木材數量	用途	規格：		
		厚度	寬度	長度
1	頂蓋	$\frac{3}{4}$"	12"	16"
2	前板與背板	$\frac{3}{4}$"	12"	16"
2	側板	$\frac{3}{4}$"	$11\frac{1}{4}$"	12"
1	底板	$\frac{3}{4}$"	$11\frac{1}{4}$"	$15\frac{1}{4}$"

約 16" 長的平面鉸鏈與螺絲一組
搭扣一枚
$15\frac{1}{2}$ 英寸 10 號（2.8mm 粗）黃銅套環鍊條
2 號（外徑約 2mm）圓頭木螺絲 2 枚
$\frac{5}{16}$" 尼龍繩，長度 3 英尺
4D 裝修釘，或 $1\frac{1}{2}$ 英寸 15 號無頭釘
$1\frac{1}{2}$ 英寸 6 號（外徑約 3.3mm）平頭木工螺絲
白膠
木器補土

（1"=1 英寸 =2.54 公分）

▶ 製作方法

1. 依照材料清單中的規格，裁切、刨平、製作相應的木板。

2. 在前板與背板的側面，確認接榫的位置並裁製接榫。可使用夾背鋸與鑿刀，也可使用起槽鉋。若你使用起槽鉋，先將兩塊木板並排固定在工作檯上。刀鋒沿著內側的接榫線切割，利用筆直的邊緣幫助你在切割時維持筆直。用起槽鉋在兩塊木板上同時切割出接榫。見圖 14 與圖 15。

3. 在前板、背板與側板的內側底部，確認接榫的位置並裁製接榫。見圖 14。

4. 組合側板。拿起前板，從接榫的其中

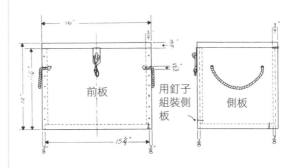

前板　用釘子組裝側板　側板

鑿出一道深 $\frac{1}{16}$"、寬 $\frac{3}{4}$"、長 16" 的凹槽，用來安裝箱蓋鉸鏈

繩子兩頭打結　底板　鎖上底板　箱蓋

圖 14

圖 15

一面釘入釘子，尖端在內側稍微突出即停。在接樺上塗膠。將側板的一端壓在突出的尖端上，另一端放在工作檯上，把釘子完全敲進去。用同樣的方式組合另一塊側板與背板。

5. 組合側板與底板。在側板底部的接樺上塗膠。把底板放好後，在底板上鑽引孔，然後鎖上螺絲。請見圖 14 的底板。

6. 在側板上鑽 $\frac{5}{16}$ 英寸（約 0.3 公分）的小孔，以便穿入繩子做為把手。繩子對半剪成兩條。先將一頭打結，從內側穿出小孔，再穿入另一個小孔。另一頭亦在內側打結，即完成把手。

7. 在背板頂端鑿出一道深 $\frac{1}{16}$（約 0.6 公分）、寬 $\frac{3}{4}$（約 1.9 公分）、長 16 英寸（約 40.6 公分）的凹槽，用來安裝箱蓋鉸鏈。在箱蓋的後端底部，鑿出一道一模一樣的凹槽。請見圖 15 的側板與箱蓋。請同時參考成品圖。

8. 將鉸鏈裝在箱蓋上。

9. 將箱蓋與背板固定在一起。

10. 將搭扣裝在箱蓋底部前端的正中央。請見圖 14 的前板與箱蓋。

11. 鍊條一端裝在箱子上，一端裝在箱蓋上，使箱蓋打開時微微向後傾。見成品圖。

12. 用搭口確認鉤子的位置。

13. 用木器補土填補釘孔。

15. 打磨。最後視用途上油漆、著色劑或亮光漆。

Chapter *19*

椅子梳理與座椅編織

籐椅

　　自己編製一張藤椅其實並不難，不妨試著做做看。

　　製作藤椅的材料是藤皮，藤是一種生長於婆羅洲、蘇門答臘島和馬來西亞叢林裡的藤本植物。等到長得夠長、夠粗時，藤就會被砍下集結，出口至各地。藤皮剝下後，會用機器裁切成各種寬度與厚度。品質最好的藤有一種光澤，其中一面又滑又亮，這樣的藤皮既強韌又有彈性，「藤眼」（原本連著枝葉的地方）即使被削得平滑，依然不易折斷。

　　編籐椅用的藤皮販售時，以「捆」為單位。每一捆的總長度約 300 公尺，可編織面積約為 4 平方英尺（0.37 平方公尺）。或許也能買到小捆的藤皮，總長度因供應商而異。

　　除了普通藤皮，你也需要一條封邊藤皮。封邊藤皮的寬度是普通藤皮的兩倍，長度是所需椅面周長的 1.5 倍。

　　以下是一般皮的尺寸資料：

藤皮尺寸	孔徑（粗估）	中心孔距（粗估）
極細	$\frac{1}{8}$" 以下	$\frac{5}{16}$" 至 $\frac{3}{8}$"
超細	$\frac{1}{8}$"	$\frac{3}{8}$"
微細	$\frac{3}{16}$"	$\frac{7}{16}$" 至 $\frac{1}{2}$"
細	$\frac{3}{16}$" 至 $\frac{1}{4}$"	$\frac{1}{2}$" 至 $\frac{9}{16}$"
窄版中等	$\frac{1}{4}$"	$\frac{9}{16}$" 至 $\frac{5}{8}$"
中等	$\frac{1}{4}$"	$\frac{5}{8}$" 至 $\frac{3}{4}$"
普通	$\frac{5}{16}$"	$\frac{3}{4}$" 至 $\frac{7}{8}$"

（1"=1 英寸 =2.54 公分）

▶ 手工編藤：六向編法

　　手編藤椅並不難，但確實需要細心與耐心。這是一項分階段完成的工作，一定要依照順序進行，因為每一個步驟環環相扣。

　　六向編法（譯註：與台灣的藤編「鳥仔目」相似）是一種傳統工法，用於舊藤椅與現代藤椅的修復。若不把封邊藤皮算在內，這種工法可使用單一尺寸的藤皮，也可使用兩種尺寸的藤皮來做。若使用兩種尺寸，請在前面四個步驟使用同一尺寸，後面兩個步驟使用另一種尺寸，也就是較粗的藤皮。這樣做出來的藤椅會比較堅固。

　　藤皮的粗細取決於孔眼的直徑與間距，請參考前面的表格。

工具
1 把小鎚子或木槌

1 把美工刀

1 把剪刀或邊刃尖嘴鉗

1 把尖錐或冰鑿

1 把清除工具

　　也可以用約 5 公分長的短螺絲起子，把頭切掉；或是小頭的 5 公分長釘子。

1 把圓嘴鉗（可有可無）

木樨

　　若沒有木樨，可暫時用高爾夫球座代替，但你還是需要可永久使用的木樨。你可以用軟木（松葉樹材）或木釘削製木樨，也可以買現成的。

1 塊石蠟（可有可無）

　　在藤皮底層塗抹石蠟，編起來會更滑順。

1 把鑽子或鑽頭（可有可無）

　　用來拆除舊的木樨。

1 條毛巾或破布

　　用來包裹待用的濕藤皮。

製作方法

步驟一

1. 拆除舊藤皮。沿著椅子的內框切割，切除椅面並清除孔眼裡的藤皮。

2. 用清除工具跟鎚子把木樨敲出來。如果木樨被膠或亮光漆黏住，可用鑽子把木樨挖出來。

3. 視需要修理損壞的地方。

4. 準備藤皮。把幾條藤皮浸泡在溫水裡約 10 分鐘，然後用微濕的布包起來，這麼做是為了使藤皮保持濕潤，方便編織。一次只取用一條，剩餘的藤皮仍用濕布包覆。

5. 找出椅面前框與後框上的中心孔眼，插入木樨做記號。如果孔眼的數量是雙數，就標記兩個中心孔眼。前框與後框的中心孔眼應該是彼此對齊。

6. 拿掉後框中心孔眼裡的木樨，藤皮由下往上穿出孔眼。如果有兩個中心孔眼，請選擇左邊的孔眼。藤皮穿出一半的長度時，再次插入木樨，此時穿過後框中心孔眼的藤皮在椅面上下的長度各半。請見圖 1。

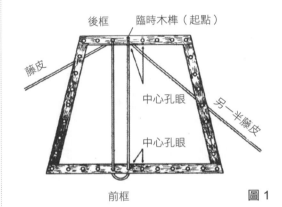

圖 1

7. 先從上半的藤皮開始：把藤皮拉向前框，移除前框上正對面的中心孔眼，把藤皮由上往下穿進去，一定要拉直，但不能拉得太緊。藤皮平滑的亮面朝上。注意藤皮不能扭到，若是扭到，之後將無法轉正。見圖 1。

8. 用木樨暫時固定藤皮。藤皮每次穿過孔眼都要插入木樨固定，以免藤皮在穿過下一個孔眼時鬆動。你可以一邊編藤皮，一邊移動木樨。只有第一根木樨不能移動，也就是仍留有下半段藤皮的中心孔眼。

9. 把剛才由上往下穿過前框中心孔眼的藤皮，從左邊的孔眼由下往上穿出，再拉向後框，由上往下穿入對應的孔眼。以此類推，直到後框上除了邊角的兩個孔眼之外，其他孔眼都已穿入藤皮。見圖1。

10. 如果前框還有多餘的孔眼，請參考圖2的作法穿入藤皮。每當藤皮快用完時，在正對面的孔眼裡穿入一條藤皮並用木樁暫時固定。你可在繼續編織藤皮時，拔掉這根木樁。椅面底下一定要留大約7.6公分長的藤皮。

圖2：非方形椅面的編織方式，邊角不穿入藤皮。

步驟二

11. 步驟二是橫向編織，方法與步驟一完全相同，藤皮疊在步驟一的藤皮上。同樣地，邊角的孔眼不要穿入藤皮。見圖3。

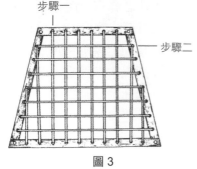

圖3

步驟三

12. 重複步驟一。藤皮疊在步驟二的藤皮

上。你可以一邊作業，一邊把步驟一的藤皮稍微往左移動，讓這兩層藤皮左右並排，而非完全重疊。這種排法，是為步驟四做準備。見圖4。

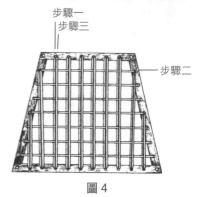

圖4

步驟四

13. 步驟四是橫向編織，方向是由前往後。正對椅面，從右邊開始，把一條藤皮穿進第一個孔眼。進行步驟四、五、六時，藤皮的背面塗蠟會比較容易編織。

14. 步驟四的橫向藤皮與縱向的藤皮交錯時，請疊在第一條藤皮上，然後從第二條藤皮底下穿過。步驟四的藤皮與步驟二平行，但是位置在步驟二的前面。不要一次穿過四組縱向藤皮，這樣很容易折斷。見圖5。

15. 抵達左框之後，藤皮由上往下穿過對應的孔眼。先用木樁固定，再由下而上從相鄰的孔眼穿出。你可以用尖錐幫孔眼清出一些空間。

16. 藤皮從左邊回到右邊，這次與縱向藤皮交錯時，要從第一條藤皮底下穿過，然後疊在第二條藤皮上。以此類推，直到除了邊角的孔眼之外，左右邊框的其他孔眼都已穿入藤皮。見圖

5。不要忘了，步驟四的藤皮要排在步驟二的前面。

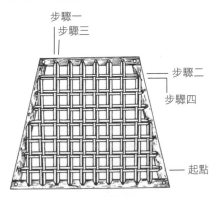

圖 5：步驟四構圖

步驟五

17. 這是第一道對角線。可使用與前面四個步驟一樣粗的藤皮，或稍粗一些。例如，若步驟一到四用的尺寸是「微細」，步驟五跟六可改用「細」。編織的同時，請用手指把藤皮拉直。不要讓藤皮在這個階段折到。

正對椅面，把一條藤皮穿入右前邊角上的孔眼。椅面底下留 7.6 公分長的藤皮。見圖 6。

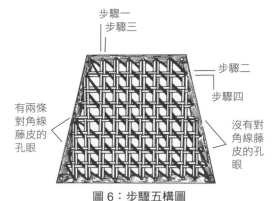

圖 6：步驟五構圖

18. 這條藤皮要從縱向的藤皮（步驟一與步驟三）底下穿過，但要疊在橫向的藤皮（步驟二與步驟四）之上。從右前邊角往左後邊角編織。除非椅面是正方形，否則這條藤皮十有八九不會剛好對準左後邊角。這道斜線抵達另一頭之後，會從左框或後框上的某一個孔眼穿出。見圖 6。

19. 在進入步驟五之前，除了邊角孔眼之外，所有的孔眼裡都已有兩條藤皮。步驟五與步驟六要編織對角線，因此邊角孔眼裡也會穿入兩條藤皮。前框與後框上的每一個孔眼都不能跳過，這一點很重要。若有必須調整的地方，應該在邊框上調整。如果是標準餐椅，其中一個邊框會有兩個孔眼沒有對角線藤皮，另一個邊框會有兩個孔眼穿了兩條對角線藤皮。見圖 6。若你的椅面邊角是圓弧形，穿過邊角孔眼的藤皮可能會超過一對，見圖 7。

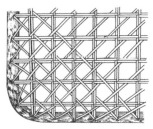

圖 7：圓弧形邊角的編法

20. 先編織半個椅面。如果你編織的方式沒有錯，最後藤皮會收尾在邊角兩側。接著再次從中間的對角線開始，完成另外半面。見圖 6。

步驟六

21. 步驟六跟步驟五完全反向。在左前邊角的孔眼裡穿入藤皮，往右後邊角的方向編織。藤皮要疊在縱向的藤皮（步驟一與步驟三）之上，從橫向藤皮（步驟二與步驟四）及對角線藤皮（步驟五）底下穿過。邊框上的調整也是反向。在步驟五跳過的孔眼，這次要穿入兩條藤皮，而步驟五穿入兩條藤皮的孔眼，這次要跳過。見圖8。

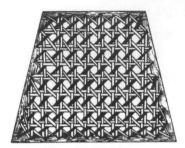

圖8：步驟六圖解

▶ 收尾

手編藤椅有兩種收尾方式。

第一種是在每一個孔眼裡插入木樺，很多老藤椅都是用這種方法製作。你需要能緊緊固定的木樺，長度比椅框的厚度略短。把木樺放進孔眼，用鎚子輕敲。敲擊時，可用清除工具輔助，使木樺頭稍低於椅框表面。

絕對不能用鎚子直接敲擊椅面，否則可能會造成損壞。所有的孔眼都敲入木樺之後，把椅面底下殘餘的藤皮剪掉，修到與椅面齊平。

第二種收尾方式，是用較寬的封邊藤皮覆蓋孔眼。

1. 用這種方式收尾，以跳格的方式將木樺插入孔眼，但邊角孔眼以及與它相鄰的兩個孔眼要留空。若孔眼數量是雙數，計算孔眼時一定要從邊角開始算。雙數孔眼的椅框會有兩個插入木樺的中心孔眼。見圖9。

2. 把椅面底下剩餘的藤皮末梢收進有標記的孔眼裡。作法是先把藤皮尾由下往上或是由上往下穿過沒有木樺的孔眼，再穿進有木樺的相鄰孔眼裡。若藤皮是由下往上穿過孔眼，要注意在插入永久固定的木樺時，椅框底下的藤皮不能形成一個環。

3. 當有標記的孔眼全都插入永久固定的木樺之後，把椅框上方與下方的藤皮末梢貼著椅框表面切除。

4. 準備四條封邊藤皮和一條長的普通藤皮。封邊藤皮的長度要比椅框略長。

5. 把約10.2公分長的普通藤皮，先由上往下穿入右框上緊鄰右後邊角的孔眼，再由下往上穿出邊角孔眼。現在這條藤皮較短的那段在邊角孔眼裡，較長的那一段在相鄰的右框孔眼裡。

6. 把較短的那一段蓋在右框孔眼上。

7. 取一條封邊藤皮，把其中一頭削得細一點。

8. 把削細的這一頭塞進邊角孔眼裡，疊在剛才較短的普通藤皮上。插入木樺暫時固定。見圖9。

9. 較長的普通藤皮繞過封邊藤皮，由上往下塞進同一個邊角孔眼裡。這麼做，能牢牢固定封邊藤皮。

10. 椅面底下的長段普通藤皮，沿著右框從距離最近的留空孔眼裡穿出來。接著先繞過封邊藤皮，再穿回同一個孔眼裡。你可以用尖錐幫孔眼清出一些空間。小心不要把孔眼裡原有的藤皮弄裂了。請參考圖9的椅框橫斷面。

11. 用這種方式編藤皮，直到抵達邊角為止。結束時，這條普通藤皮應該會停留在邊角孔眼的前一個孔眼裡。這時請在椅面底下讓藤皮切過邊角，由下往上，穿出與邊角相鄰的孔眼。請參考圖 9 的椅面右前邊角。

12. 把封邊藤皮的另一頭削細，塞進邊角孔眼裡。

13. 取一條新的封邊藤皮，把其中一頭削細一點，轉 90 度塞進第一條封邊藤皮剛才收尾的孔眼裡。在這個孔眼裡插入永久固定的木樁。請參考圖 9 的椅面右前邊角。

14. 新的封邊藤皮沿著前框覆蓋在孔眼上。它也應該蓋住剛才插入邊角孔眼的木樁。重複上述步驟，將封邊藤皮固定在前框上，在邊角孔眼收尾。左框與後框也用同樣方式固定封邊藤皮。

15. 完成後框並回到起點之後，拔除臨時

木樁。把普通藤皮的尾端由下往上穿出邊角孔眼，藏在最後一條封邊藤皮底下。

16. 把封邊藤皮的另一頭削細，塞進邊角孔眼裡。插入永久固定的木樁，這是椅面上唯一露出的木樁。

17. 每個月打濕椅面底部一次，放在溫暖的地方陰乾，這有助於維持椅面的強韌與緊繃。

現成藤面

這種藤編材料，通常用來修復沒有孔眼可供編織藤皮的現代家具。椅面四周有小凹槽，放上現成的藤面之後，用蘆桿壓條固定。

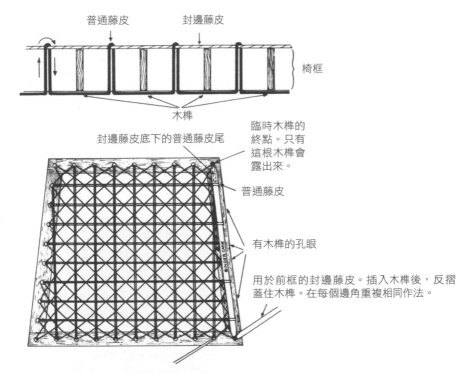

圖 9：封邊藤皮的椅框橫斷面與構圖

藤面的寬度從 30.5 至 91.4 公分不等，長度不限。若要判斷你需要多大的藤面，請從椅框最寬處的壓條外側開始測量，前後框與左右邊框都是如此。測量結果要加 1 英寸（約 2.5 公分），請預留壓入凹槽的份量。舉例來說，如果椅面是 30.5×30.5 公分，就要買 33×33 公分的藤面。

至於壓條的尺寸，請測量凹槽的長度與寬度。

工具

鎚子
比凹槽略窄的木工鑿刀
木製楔子
美工刀
細砂紙
白膠（Elmer's 或任何品牌水溶膠）

製作方法

1. 割除舊藤面。用鑿刀跟鎚子輕敲壓條的內側與外側，然後用鑿刀把壓條輕輕挖出來。小心不要損毀椅框。用砂紙磨除殘餘的木屑，這有助於新的藤面與壓條貼合椅框表面。見圖 10。

2. 裁切藤面，長寬都要比凹槽多出約 1.2 公分。

3. 藤面浸泡在溫水裡約 10 分鐘。從水裡取出藤面，使用前先讓藤面滴水 2 分鐘。壓條浸泡溫水約 20 分鐘。

4. 把藤面放在椅框上。橫向藤皮對齊前框的直邊。如果是椅框是圓弧形，把橫向藤皮對齊椅面與椅背的交界處。見圖 11。

5. 準備把藤面卡進椅框裡。先用楔子與鎚子把一段藤面敲進後框凹槽的正中央，長度約 10 公分。
   換到椅子的前方，把藤面拉平、拉緊。把大約 10 公分長的藤面，敲進前框凹槽的正中央。回到後框，再敲幾英寸。回到前框，重複相同動作。前後框交替敲擊，直到藤面完全被敲進前後框的凹槽裡。左右邊框作法相同。見圖 11。

6. 根據凹槽的長度裁剪壓條，兩端請多留大約 0.6 公分的餘裕。多出來的部分，等一下會剪掉。

7. 在已敲入藤面的凹槽裡，均勻塗上一道薄膠。

安裝現成藤面

圖 10：整理舊椅面

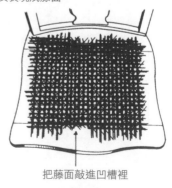

把藤面敲進凹槽裡

圖 11

8. 把壓條塞進凹槽，用楔子跟鎚子敲擊固定。邊角可剪成斜的，方便對接。

9. 小心切除多餘的藤面。

10. 等 24 小時讓膠乾了之後，才能使用椅子。如果 24 小時後，椅面仍不夠緊繃，可把藤面底部打濕，放在熱源旁邊或太陽底下曬乾。這麼做能使藤面繃緊。

11. 保養方法是每個月打濕藤面底部一次，放在溫暖的地方陰乾。也可以上著色劑、上油或是塗亮光漆。

▶ 海草藤與繩編椅面

海草藤椅面必須用在邊角突起的椅子上。

海草藤來自中國，是把海草搓捻成像繩子一樣的線材。成捲販售，有各種粗細跟顏色。繩子也是成捲販售，有各種粗細與顏色。只要夠強韌、不易拉伸，任何繩子都可使用。

工具
鎚子
85 公克或 113.4 公克的平頭釘
剪刀或美工刀
直徑約 1.2 公分的木棍，用來做張力桿。長度應超過椅面寬度
尺
鉛筆
彎針（upholsterer's needle）

製作方法
1. 準備好椅框。拆除舊椅面、釘子，清除塵土。修理損壞的地方。

2. 把幾條海藻藤或繩子捆成捲，方便待會使用。

3. 把張力桿放在椅框中央。見圖 12 的步驟 A。

4. 從經向開始，方向是由前往後。先將繩子的其中一頭打結，釘在左框內側。剩餘的繩子穿過前框底部。見圖 12 的步驟 A。

5. 繩子先從前框底部繞一圈，再從張力桿上方拉向後框。見圖 12 的步驟 A。

6. 在後框上繞一圈，把繩頭拉到左框與第一條經向繩中間。見圖 12 步驟 B。

7. 繩頭先繞過經向繩，再從後框底下穿過，在經向繩上面形成一個繩圈。繩頭由下往上繞過後框，然後穿過繩圈。見圖 12 的步驟 C。

8. 繩頭從張力桿上方拉向前框，然後繞到前框底下。經向繩一定要拉得很平整、很緊。每一條經向繩都應該拉得一樣緊。見圖 12 的步驟 C 與步驟 D。把繩頭拉到左框與第一條經向繩中間，由下往上繞過兩條經向繩，形成一個繩圈。見圖 12 的步驟 D。

9. 繩頭從前框底下再繞一圈。重複上述步驟。每個繩圈會套住兩條經向繩，而椅框上的每一對經向繩中間會夾著一段繩子。
如果需要加入一條新的繩子，一定要把繩結藏在椅框內側，以免露出。見圖 12 的步驟 D。

10. 經向繩編好之後，用彎針把繩頭穿進椅框內側的經向繩底下，然後用釘子固定在椅框內側。抽出張力桿。接下來方向換成左右，繼續編織。左框與

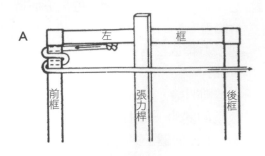

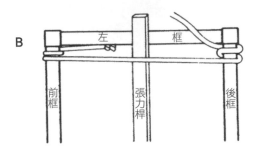

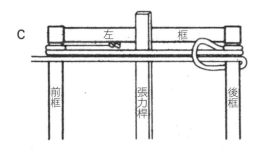

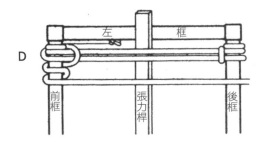

圖 12：經向繩：步驟 A － D

右框的編織方式，與剛才編織經向繩相同。

11. 參考圖 14 的 A、B 與 C，選擇一個圖案。A 是基本圖案，B 和 C 都是 A 的變化圖案。從右框的前方開始，由右至左編織圖案。每個方塊都代表一對經向繩或一對緯向繩。黑色的意思是蓋過經向繩，白色的意思是從經向繩底下穿過。

12. 取一捲新的繩子，其中一頭由上往下鑽到前框的經向繩底下。繩頭打個結，然後用釘子固定。

13. 繩子的另一頭從右框底下拉出來，在右框上繞一圈。見圖 12 的步驟 A 與圖 13。

14. 繩子在左框上繞一圈，拉起繩頭繞過緯向繩，然後由下往上繞過左框，再穿過繩圈。

15. 繩頭以一上一下的方式穿過同一對經向繩，返回右框後，先在右框上繞一圈，接著拉起繩頭繞過兩條經向繩，形成一個繩圈。繩頭在右框上再繞一圈，然後穿梭返回左框。請按照選定的圖案編織。

15. 圖案完成後，把繩頭穿到已編好的椅面底下，最後用釘子固定。

薄藤片椅面

　　薄藤片椅面通常用於邊角突起的早期美國設計。在殖民年代，薄藤片通常以手工的方式取自山核桃、櫟木或梣木等硬木。

　　現在市面上有多種現成的薄藤片，

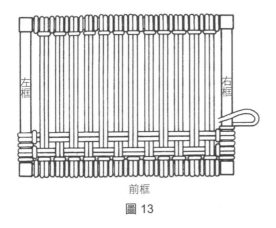

圖 13

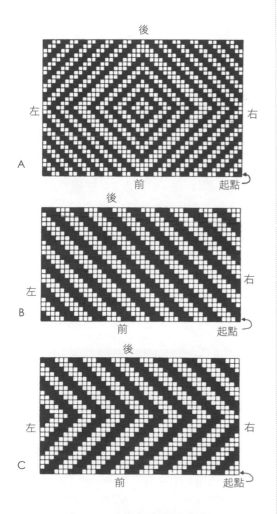

圖 14：海草藤與繩編椅面圖案

材料包括平蘆、圓蘆、梣木，還有合成的扁絲。

平蘆薄藤片是用機器裁切藤芯製成，兩面都是平的，但正面比背面平滑。這種薄藤片的長度通常超過 2.4 公尺，寬度有很多選擇。平蘆除了成綑販售，也有一束一磅的成束販售。若是寬 35.6 公分、高 30.5 公分的普通椅子，用一束就已足夠。

圓蘆的原料是藤蔓，背面是平的，正面是圓弧形。有各種寬度。除了成綑販售，也有一束一磅的成束販售。普通的椅子，用一束就已足夠。

梣木薄藤片的原料是精選次生木材，這種薄藤片的長度是 1.8 到 2.4 公尺。每家供應商提供的寬度選擇不一樣。除了成綑販售，也有一束一磅的成束販售或成捲販售。

若是普通的椅子，差不多需要一束或三捲薄藤片。梣木薄藤片特別適合用來修復骨董椅。

扁絲薄藤片是用堅硬等級的紙纖維製成，只適用於室內椅。販售單位是一束一磅（約 453 公克），普通的椅子用一束就已足夠。

工具
鎚子
85 公克或 113.4 公克的平頭釘
釘書機
彈簧夾
尺
極細砂紙（用於天然薄藤片）
一罐著色劑或是亞麻油與松節油 1：1 混

合，塗在天然藤面上；合成薄藤片可薄塗一層蟲膠漆。

製作方法
人字形圖案

1. 拆除舊藤片、釘子與訂書針。修理椅框損壞的地方。
2. 準備好薄藤片。一次浸泡4到6條在溫水裡，浸泡時間約0.5小時。從水中取出後，再浸泡下一批，這樣隨時都有潮濕、柔軟的材料可用。
   取一條泡過溫水的薄藤片，先找出正面與背面。判斷的方法是彎曲薄藤片，正面會維持平滑，背面會裂開。如果你使用扁絲薄藤片，則可跳過這個步驟。
3. 將薄藤片的一端用釘子固定在後框內側。在框上保留約10公分的薄藤片，見圖15-1。
4. 剩下的薄藤片由下而上從左框底部繞過。見圖15-1。
5. 把薄藤片拉向右框，從右框外側繞到右框下方，然後拉回左框，同樣由外側繞到左框下方。見圖15-2。
6. 用相同的方式來回纏繞左右框，直到這條薄藤片快到盡頭。經向的薄藤片應該又直又牢固，但是不能太緊，因為薄藤片乾了之後會縮小。見圖15-3。接新的薄藤片時，先把最後一段纏繞的薄藤片夾住，把新舊薄藤片的相連處用四、五個釘書針釘住。編織椅面一定要先從經向開始，在你的椅面上，經向指的是前後或左右。
7. 持續纏繞，直到薄藤片完整覆蓋左框與右框。把薄藤片的末端釘在前框內側，保留約10公分的長度。打濕椅面，使椅面保持柔軟。
8. 開始編織。若前框比後框長，你必須用薄藤片填空來維持圖案的完整。測量前框與後框的長度。如果不一樣長，把長度差除以2，然後在前框的兩端量出長度差的一半並做上記號。見圖16。
9. 取一條新的薄藤片，長度大約是椅面寬度的3倍，從左前邊角開始編織。蓋過第一條經向薄藤片，接著從三道

圖 15-1

圖 15-2

圖 15-3

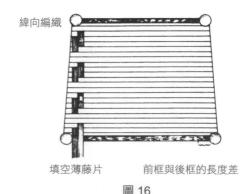

緯向編織

填空薄藤片　　　前框與後框的長度差

圖 16

經向薄藤片底下穿過,然後再蓋過三道(譯註:三上三下)。以此類推,直到抵達對面的邊角。拉一拉這條薄藤片,調整它的位置,使突出椅面兩端的長度約略相等。

突出椅面的薄藤片有多長,取決於椅面的長度。突出後框的薄藤片會在椅面底下。等到填空的薄藤片都就定位之後,再來處理突出的部分。普通的椅子通常一開始會用兩條薄藤片填空,最後用兩、三條收尾。實際用量因椅子而異。見圖 16。

10. 從前框出發,在第一條填空薄藤片旁邊編織第二條填空薄藤片。這次先蓋過兩條經向薄藤片,接著以三上三下的方式編織,直到抵達後框。像步驟9 一樣調整突出的部分。見圖 16。

11. 完成填空的椅面是完整的方形,這時請讓椅子側躺,把薄藤片突出的部分從底部編進椅面。圖案比照椅面的頂部。突出的兩段薄藤片應該直接交疊,長度也都跟椅寬相同。交疊可使薄藤片牢牢固定。

12. 左邊的填空薄藤片就定位之後,就可以繼續編織。在第二條填空薄藤片旁邊,開始編織第三條緯向薄藤片。這條薄藤片以前框為起點,在椅面底部開始作業。以三上三下的方式編織,抵達後框時先暫停,不要把薄藤片拉出後框。

13. 薄藤片的另一頭在椅面頂部作業,同樣以三上三下的方式編織。抵達後框時,薄藤片繞過後框繼續編織,如圖17-1。薄藤片即將用完前,在椅面底部把薄藤片剪到對齊前框內側邊緣。見圖 17-2。編織新的薄藤片時,直接疊在前一條薄藤片上,由前框往後框編織。交疊可將薄藤片兩端牢牢固定。剩餘的部分,請參考圖 17-1。

14. 如果你的椅面是正方形或長方形,可以直接開始編織。以左前邊角為起點在椅面底部作業,先蓋過第一條經向薄藤片,接著從三道經向薄藤片底下穿過,然後再蓋過三道。以此類推,抵達後框時先暫停。

接著換另一頭的薄藤片在椅面頂部作業,先蓋過第一條經向薄藤片,然後以三上三下的方式編織。抵達後框時,薄藤片繞過後框,換到椅面底部作業,先蓋過兩條經向薄藤片,然後以三下三上的方式編織。椅面頂部以

圖 17-1

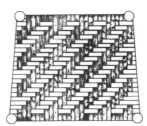

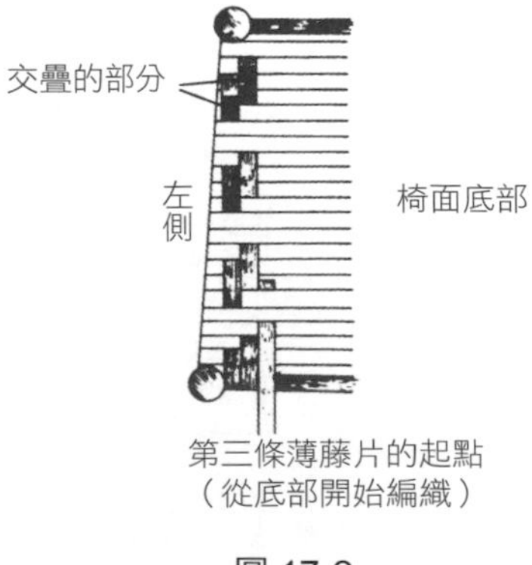

交疊的部分

左側　　椅面底部

第三條薄藤片的起點
(從底部開始編織)

圖 17-2

相同的方式編織。見圖 16。以左前邊
角第三條薄藤片的位置為起點，從那
裡開始編織。椅面上的圖案應該是三
上三下平均分布。

15. 後框覆滿薄藤片之後，把最後一段薄
藤片塞進椅面底部。如果需要填充薄
藤片，請比照先前左邊的作法。見圖
16 的步驟 9 到 10。

16. 若你使用天然薄藤片，請用剪刀跟砂
紙修整凹凸不平的椅面。給椅面 24
小時時間慢慢變乾，然後再塗著色劑
或上油。

17. 使用合成薄藤片，可薄塗二到三層蟲
膠漆。

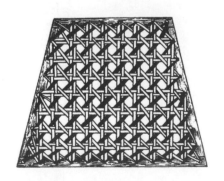

Chapter *20*

編織地毯

一如許多實用好物，編織地毯這項技藝源自於需求。美國早期的房子不夠保暖，人們發現可利用手邊的物品（如舊衣的「碎布」）來製作保暖的毯子，鋪在容易過風的地板上。

雖然織毯從未退「流行」（可說歷久不衰），但比起過往，今日我們有更多理由發揚光大這項歷史悠久的技藝，製作家裡需要的地毯。

除了細心與技術，編織地毯最重要的原料是回收布料。你當然會想用不太陳舊的羊毛製品當原料，否則最後的成品就不值得付出那麼多時間，或是不值得顧客花那麼多錢（如果當成商品販售的話）。

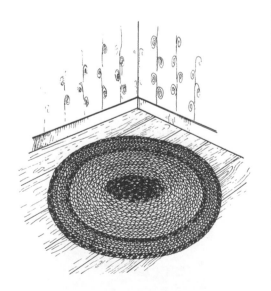

最佳的選擇是羊毛布料，或是羊毛與壓克力纖維或其他人造纖維混紡的布料。合成布料缺少羊毛的彈力與活力，而棉布雖然好看，但是太硬了，不適合編織，而且磨損得很快。

不適合的 布料

有許多羊毛衣物之所以被丟掉，都跟破損程度無關。你在選擇布料的時候，其實可以更挑剔。

舉例來說，以下這些布料都不適用：

1. 織法稀疏、粗糙的布料。這種布料可能會在編織時散開，若有磨損也會很明顯。
2. 破損的布料（如果只有手肘或膝蓋破損，其他地方完好無缺，可以剪掉破損的部分，剩餘部分仍可使用）。
3. 有很多接縫的布料：三角布拼接裙，有許多摺縫和小塊布料拼接的短外套。不過，這取決於個人喜好。如果這件衣物是免費的、布料很好，而且你有大把時間，不介意耗費大量心力縫接小塊羊毛布料，那就沒問題。
4. 男性西裝的硬面羊毛布料。這種布料只適合某些用途。如果整張地毯都是用這種薄的、沒有起絨的平織羊毛布料製作，這張地毯會很耐用。男性西

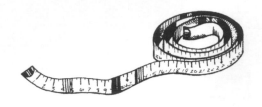

裝的顏色以灰、棕、黑、藍為大宗，所以成品的紋理會比色彩來得豐富。絕對不要把平織的硬面羊毛布料，跟柔軟的起絨布料混在一起編織地毯。織帶會歪七扭八，兩者的耐用程度也不一致。

好用的 衣物

很多舊衣都能變成珍貴的織毯材料，如羊毛浴袍（特別適合，因為能剪成漂亮的長布條）、過時的大衣、破掉的家居長褲、蟲蛀的毯子、縮水的裙子或不再合身的羊毛連身裙。你可以到處問一下，尤其是在秋季跟春季大掃除時，說不定能在親友不要的舊衣裡，為你的織毯找到適合的原料。

完成搜刮親友舊衣的大工程後，你也可以去義賣活動與二手商店尋找更多羊毛織物。義賣活動跟二手商店都能找到合理價格（甚至極低價格）的二手衣物。（小撇步：不妨邊買邊試穿。說不定在你把二手衣剪碎之前，你還想再多穿一陣子！）

很多人習慣把做地毯的二手衣先洗一遍。最簡單的作法是，把這些羊毛衣丟進洗衣機。熱水與激烈的攪動會導致某些羊毛織物縮水，反而會讓織物的結構變得更緊密，絲毫不會減損它們的實用性。

編織 用具

除了羊毛布料之外，你需要許多家庭常備的手工縫紉用具。就算你沒有這些東西，也很容易買到：

1. 銳利的裁縫剪刀
2. 縫線
   a. 縫合布條的高強線。
   b. 釦子與地毯用線，用來拼接織帶。注意：不要用尼龍線拼接羊毛織帶。隨著羊毛布料磨損，尼龍可能漸漸切穿羊毛。

3. 大眼粗針：一種扁平、鈍頭的「刺針」，用來拼接織帶。
4. 小刀或拆線刀。
5. 捲尺或碼尺。

開工

首先，剪開你準備好的衣物與二手衣。拆掉縫線，就能回收大部分的布料。

接下來，把布料剪成條狀，也可以用手撕成條狀。較厚的布料比較難撕，只能用剪的。若是輕薄或中等厚度的羊毛布料，可在布料的短邊每隔3英寸（7.6公分）剪一個缺口，然後一一撕成布條。

這是孩子們喜歡的任務。如果布料的縫線處有很多灰塵或毛球，可選擇在室外撕布條。

▸ 寬度差異

布條的寬度因布料的厚度而異。若是厚的羊毛布料，請剪2英寸（5公分）寬的布條（不能再短，否則布條的毛邊會外翻）。輕薄或中等厚度的布料，請剪3英寸（7.6公分）寬，因為摺疊後需要多一點布料增加份量。寬度不宜超過3英寸。需要那麼多布料來增加份量的布料就太薄了，不適合做織毯。

這些布條必須縫成一長條，再用三條長布條製作織帶。你可以在編織地毯前，先把同一種布料的所有布條都縫好，只是這樣在編織時很容易纏在一起。一次縫幾條會比較容易。

把縫好的布條捲成滾筒狀，末端用

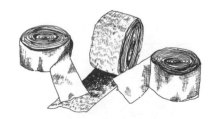

一根大頭針固定。一捲布條快用完時，末端再縫上新的布條。

準備好足夠的布條捲之後，建議把布條捲依顏色分類，粗略的分類即可。

▸ 斜接

布條一定是以對角線斜接的方式縫在一起，也就是斜斜地縫。如果用平接的方式把布條末端縫在一起，編織的時候接縫會鼓起來，很難處理。斜接能使接縫維持平整，讓織帶平順好編。

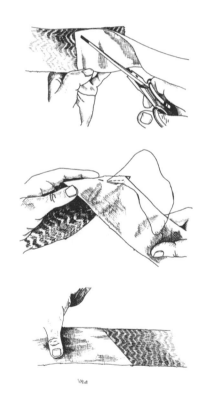

布條的對角線不難找，它跟布條的直邊成45度。

找出對角線的方法如下：把兩條布條的末端疊在一起（正面朝上），重疊的長度與布條寬度相同（例如寬度2

英寸〔5公分〕，就重疊 2 英寸〔5 公分〕），接著從其中一個布條末端的邊角剪向斜對角。布條的正面相對，剪成斜線的末端邊緣對齊，使布條以垂直的角度互相交疊，然後把末端邊緣牢牢縫在一起。可以用縫紉機，也可用迴針法手工縫接。若是手工縫接，請使用雙線，而且最好是高強線。雖然線的顏色不一定要跟布料一樣，但假設布料的顏色很淺，請避免使用黑線。

▸ 準備編織

可以開始編地毯了！編織地毯沒有固定的、絕對正確的方式。只要能夠編織出好看又耐用的地毯，方式不拘。

以下介紹的方式行之有年，效果絕佳。你可以從這裡出發，用自己喜歡的速度編織，累積經驗後即可自由發揮。

取三條布條，正面朝外，把布條摺成四等分。摺法是想像有一條中心線，把兩側的邊緣摺向中心線，再沿著中心線對摺一次，使原本對摺的兩邊疊在一起，形成一個有四層布料的布條或布管。當然，布條不會維持這個狀態太久。但只要一開始就把形狀摺好，編織時形狀就不會跑掉。一邊編織，還能一邊輕鬆整理和控制對摺的布條。

▸ 開始編織

編織地毯的起頭有好幾種方式。我最初學到的是傳統鄉村編織法：三條摺成四層的布條互相交疊，然後直接把末端縫在一起。還有一種方式比較講究，是把毛邊都包起來。

假設你想用三種顏色開始編織地毯，請以上述對角線斜接的方式把 A 色布條與 B 色布條縫在一起（布條 AB）。

將 C 色布條的毛邊往內摺，變成四層的布捲。

布條 AB 的毛邊摺向中心線。

C 色布條的末端插入 A 色與 B 色的接縫處，然後牢牢縫在一起。

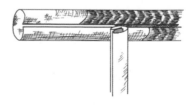

布條 AB 的上半段往下摺，蓋住 C 色布條的末端。現在三條布條形成一個 T 字型，C 色布條被夾在布條 AB 兩側的雙層結構中間。

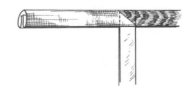

▶ 維持邊緣平整

　　無論你選擇用何種方式起頭，編織的方法都一樣。想像你在編辮子或編毛線，差別是你必須盡量維持布條的平整，不能讓邊緣歪七扭八。編織很容易，如果你不會，請參考圖示。你一定很快就能學會。如果你是新手，用三種顏色會比較簡單。

　　3 往左拉，蓋住 2。

1 往右拉，蓋住 3。

2 往左拉，蓋住 1。

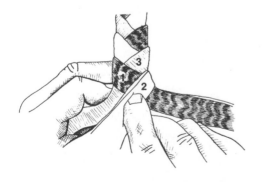

3 往右拉，蓋住 2。
1 往左拉，蓋住 3。
2 往右拉，蓋住 1。
3 往左拉，蓋住 2，以此類推。

　　儘管你過去曾編織過其他材料，多練習幾次也不錯，試著編織出緊實、飽滿、均勻的織帶。

▶ 拉緊織帶

　　編織地毯最開頭的幾英尺，織帶會有一種綿軟無力感。你必須想辦法拉緊織帶，才能使織帶維持平整。用針固定、綁緊它或是夾住它都可以，用窗戶或抽屜卡住織帶的末端也行，目的是讓你能夠一邊編織、一邊輕拉。這些作法能使織帶又直又整齊。

　　織了大約 2 至 3 碼（1 碼約為 91 公分）的長度後，就能開始把織帶縫成地毯。如果你的地毯很隨興，沒有嚴格的色彩規劃，你也可以把織帶編得長一點再縫。但是太長也不好，否則等到你要縫地毯的時候，織帶已經糾結到失控。

　　如果你想做一張結構嚴謹、配色講究的地毯，建議編織與縫製交替進行，而且間隔不要太長，方便判斷何時該變換顏色。

▶ 織帶要編多長？

　　如何決定起頭的織帶要編多長？計算一下就知道。地毯的預計長度剪掉寬度，就是第一條織帶的長度。假設你想做一張 7×9 英尺（約 2.1×2.7 公尺）的地毯，第一條中心織帶的長度就是 2 英尺（約 61 公分）。可以多留幾英寸的彈性，如起頭織帶每編 2 英尺（約 61 公分）就多留 3 英寸（約 7.6 公分）的長度，彌補縫接織帶造成的微縮效應。所以，若是 7×9 英尺（約 2.1×2.7 公分）的地毯，中心織帶的實際長度是 2 英尺 3 英寸（67.6 公分）。

▶ 纏繞織帶

在起頭織帶的末端用安全別針做記號，將織帶對摺，變成兩條織帶並排在一起。用力將兩條織帶壓平，對摺處變成圓弧形的轉角。縫接地毯時，一定要在堅硬平坦的表面上作業。

大眼粗針（鈍頭）穿上鈕扣與地毯用的粗線，使用雙線，線長約 1 碼（約 90 公分）。長於 1 碼的線不會比較省時，且肯定會纏在一起。線尾打結，從有安全別針的那頭開始，把大眼粗針從布條的皺褶之間穿過。先縫幾針固定粗線的位置的之後，以隔一個布圈穿一針的方式，由左至右把織帶縫在一起。右手用力拉線，左手壓著織帶，維持平整。

絕對不能把針穿進布料裡。針線要從布條與布條之間的縫隙穿過。這樣就算出錯了，還有機會重新修正。

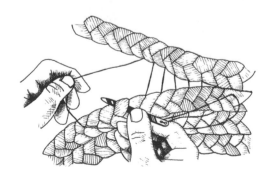

針線走到織帶轉角處的時候，技術的差別會顯現出來。如果轉角處縫得太緊，地毯會翹起來；縫得太鬆，會出現難看的空洞。如何維持織毯轉角處的平整，需要判斷力與常識。

沒有精確的標準，只有大原則。新織帶上的布圈位置，應該與地毯上的布圈配合。握著第一條織帶的轉角拿起織帶，就能看出哪裡需要調整。

▶ 保持平整

最開始的 6 到 10 圈（僅適用於轉角），地毯主體上的針腳必須比你正在縫接的針腳更密。當針線先穿過外層織帶上的布圈，再穿過地毯主體上的布圈之後，外圈織帶上的下一個布圈跳過不縫，改從它隔壁的布圈穿過（新織帶跳著縫，地毯主體不跳）。

這種縫法可以使新縫接的織帶「放鬆」一些，使它保持平整。不過，這種雙針腳縫法如果用得太多，地毯雖然不會隆起，反而會凹凸不平。因此，隨著地毯愈織愈大，轉角的角度會愈來愈平緩，你就無須像頭幾圈那樣，為了調整布圈的位置而頻繁「放鬆」外層織帶。縫接的過程很快就能上手。「好的開始是成功的一半」這句老話似乎所言不虛。

若是織圓毯，當然不需要計算起頭織帶的長度。一邊維持織帶的平整，一邊一圈一圈纏繞織帶；一開始用每隔幾英寸「跳縫」的方式持續修正新增面積，隨著地毯變大，後面改成每隔 1 英尺（約 30.5 公分）跳縫一次即可。

▸ 拆掉重來

若你發現地毯隆起或凹凸不平，只要拆掉縫線、在地毯尚未變得慘不忍睹之前重新來過就行了。除了多花一些時間，毫無損失。連縫線也可以回收使用。拆掉已經完成的東西雖然難過，但是成果不會令你失望。

織帶上的小坑或皺褶，可能是因為編織時張力不均，使用了厚度不一的布料，或是布條交疊得不整齊。

若要接上新的縫線，請把新縫線跟舊縫線綁在一起打個死結，兩段線尾各留 $\frac{3}{4}$ 英寸（1.9 公分），線尾可以塞進布圈裡。

▸ 收尾

地毯收尾前，請把織布的最後 6 到 8 英寸（15 到 20 公分）變細。

作法是把布條剪細一點，使布條末端的寬度約是原來的一半。一邊編織變細的布條末端，一邊小心地把邊緣捲進來，最後把變細的織布牢牢縫在地毯上。最後幾針可以重複數次，這樣更堅固。

保留 2 到 3 英寸（5 到 15 公分）縫線，用鉤針把它縫進織布與織布的縫隙裡，形成一個牢固而隱形的收尾。

▸ 方形地毯

除了傳統的圓形與橢圓形地毯，地毯也可以織成方形和長條形，適合用於樓梯或玄關。跟橢圓形的地毯一樣，製作方形或長方形的地毯之前，得先計算中心織帶的長度。

圓形地毯是在轉角處逐漸增加面積而慢慢變圓，但方形地毯的四個邊都要縫成直的，因此轉角處必須多摺一次，形成一個 L 型的接點，這樣地毯才會變成方形。縫接時，請跳過邊角的布圈。

把織帶平行地縫在一起，也可以製成長條毯或樓梯毯。製作這樣的地毯時，要預留至少 1 英寸（2.5 公分）的微縮長度，也要計算每一個樓梯踏板邊緣的額外長度。

Chapter *21*

製作特殊風格的窗簾

希望你也和我一樣期待看見自己親手製作的窗簾，會帶來哪些裝潢上的可能性，也希望你對親手製作窗簾有極高的興趣，想趕快著手進行！

▶ 工具與材料

筆記本與鉛筆

裁縫畫粉

捲尺：

　　最好可以準備一捲布尺和一捲金屬尺或碼尺

大頭針

裁縫機：

　　窗簾也可以用手縫製，但是會更加耗時

熨斗

燙衣板

銳利的剪刀：

　　最好是裁縫剪刀

大面積的裁布平面：

　　一片乾淨的硬木或油氈地板就很適合做裁布平面

布料與搭配的縫線：

　　數量將在內文中說明

增加硬挺效果的厚襯布（interfacing）或硬襯（buckram）僅適用於吊帶式窗簾！

▶ 名詞解釋

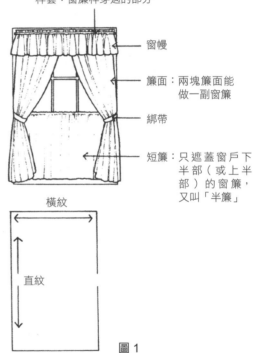

桿套：窗簾桿穿過的部分

窗幔

簾面：兩塊簾面能做一副窗簾

綁帶

短簾：只遮蓋窗戶下半部（或上半部）的窗簾，又叫「半簾」

橫紋

直紋

圖 1

布頭：從拉布窗簾反面的上邊緣完成的襯裡（完成的長度通常為 4 英寸）。

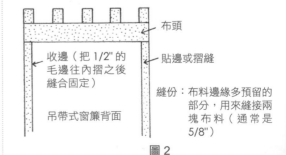

布頭

收邊（把 1/2" 的毛邊往內摺之後縫合固定）

貼邊或摺縫

縫份：布料邊緣多預留的部分，用來縫接兩塊布料（通常是 5/8"）

吊帶式窗簾背面

圖 2

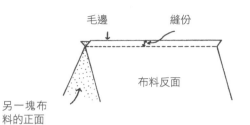

毛邊　　　縫份

布料反面

另一塊布
料的正面

硬襯或硬挺效果：用來為吊帶式窗簾的上半部（通常寬度 3-4"）增加份量，以碼為單位販售。

圖3

幾種簡單的傳統簾與吊帶簾樣式

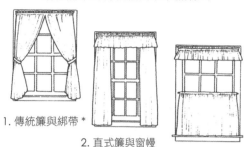

1. 傳統簾與綁帶 *

2. 直式簾與窗幔

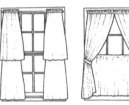 

3. 窗幔搭配短簾 *

4. 短簾搭配短簾　5. 傳統綁帶簾　7. 加長直式簾搭
　　　　　　　　　與短簾 *　　　配綁帶，拉出
　　　　　　　　　　　　　　　蓬鬆感

寬型窗戶的窗簾樣式

6a. 對開簾布，窗幔與　6b. 對開簾布搭配綁帶
窗戶同寬

* 吊帶簾也適用

圖5

準備開始

▸ 傳統窗簾與吊帶式窗簾

我家裡的窗簾樣式超過十種，全都由兩種基本設計變化而來：傳統直式窗簾與吊帶式窗簾。以下簡稱傳統簾與吊帶簾。

從圖示就能看出，兩者唯一的差別是在窗簾桿上垂掛的方式。傳統簾縫了用來穿窗簾桿的桿套，而吊帶簾的窗簾桿則是穿過銜接在簾布頂端的吊帶。

接下來幾頁將會一一介紹這兩種窗簾的製作步驟，既清楚又簡單。此外，你也會看到這兩種樣式的變化設計，肯定能為你帶來創意上的啟發。

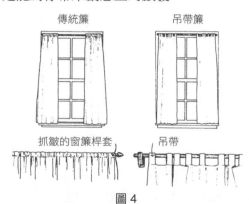

傳統簾　　　　吊帶簾

抓皺的窗簾桿套　　吊帶

圖4

▸ 窗簾桿的種類

標準伸縮桿或黃銅短簾桿，都能用來垂掛窗幔、傳統直式簾或短簾。吊帶簾也可以用短簾桿，不過在大部分的情況下，掛吊帶簾的時候，我覺得用木桿比較好看。

唯一的例外是，在「窗幔搭配短簾」的設計中使用吊帶簾。最後，如果窗檯很深，傳統簾也可使用伸縮桿，讓窗簾垂掛在以線板裝飾的窗框裡。

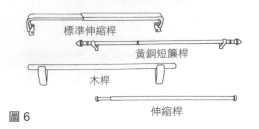

標準伸縮桿
黃銅短簾桿
木桿
伸縮桿

圖6

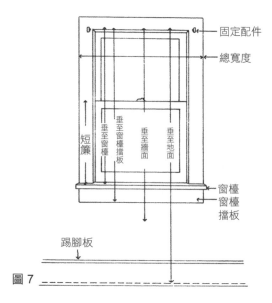

固定配件
總寬度
短簾
垂至窗檻
垂至窗檻擋板
垂至牆面
垂至地面
窗檻
窗檻擋板
踢腳板

圖7

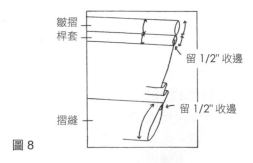

皺摺
桿套
留 1/2" 收邊
留 1/2" 收邊
摺縫

圖8

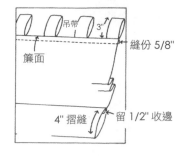

吊帶
3"
縫份 5/8"
簾面
4" 摺縫
留 1/2" 收邊

圖9

▶ 測量窗戶

窗簾款式與窗簾桿的種類決定好之後，接下來要做的是測量窗戶。（見窗戶圖示）

先決定窗簾桿要放在哪裡。若是長吊帶簾，3英寸（7.6公分）長的吊帶位在窗口上方最好看。若是傳統簾，窗簾桿應該在窗口上方1到2英寸（2.5到5公分）。如果你選用伸縮桿，建議位置是上窗框線板以下2英寸（5公分），為1英寸半（3.8公分）的皺褶保留空間。如果你想做大一點的皺褶，窗簾桿的位置必須做出相應調整。

接下來，你必須決定窗簾要垂到哪裡。例如垂到窗檻底下，多出來的布料拉出「蓬蓬」效果（見圖5-7）？或是讓窗簾底部剛好輕觸窗檻？或是輕觸窗框？窗簾的長度幾乎沒有限制，取決於品味與實用性。但是要避免遮蓋通風口或暖氣。

測量（用碼尺或金屬捲尺）從窗簾桿頂部到你預計的簾面底部有多長。記下這個數字，我們將用它來決定你需要多少布料。

至於寬度，請測量窗框線板的外側邊緣之間有多長。不用量得像長度那麼精確，因為窗簾的豐盈效果沒那麼嚴格。

▶ 調整長寬

接下來，我們要依據摺縫、貼邊與豐盈效果來調整長寬。（請見下頁表）

▶ 決定布料碼數

現在我們可以根據你的窗戶大小來

調整成品長度與寬度

這些數字會用來決定你需要多少布料，也為簾面的剪裁提供方向。

窗簾或簾面款式	調整長度	調整寬度
傳統直式簾面（也適用於短簾）：裁兩塊布（若是短簾搭配短簾，請裁四塊布）	成品長度＋9"*（多留9"給4"底部摺縫，$\frac{1}{2}$"收邊，1"窗簾桿與額外的$\frac{1}{2}$"，以及桿套上方$1\frac{1}{2}$"皺褶。見圖8）	成品寬度＋4"（多留4"給$1\frac{1}{2}$"貼邊，以及簾面兩側各$\frac{1}{2}$"收邊）
吊帶簾簾面：裁兩塊布（若是短簾搭配短簾，請裁四塊布）	成品長度＋$2\frac{1}{8}$"（$4\frac{1}{2}$"底部摺縫加$\frac{1}{2}$"收邊，剪掉3"吊帶，加上簾面頂布邊緣$\frac{5}{8}$"縫份。見圖9）	成品寬度＋4"
縫接在吊帶簾頂部的布頭（兩塊）	長度$6\frac{1}{4}$"	成品寬度＋3"
硬襯或襯布（兩塊）	長度3–4"	成品長度
吊帶布料（吊帶簾使用）**	長度$7\frac{1}{4}$"	寬度$4\frac{1}{4}$"
綁帶（兩塊）	長度22"	寬度$7\frac{1}{4}$"
窗幃（一塊）	設計長度（通常是10–12"）＋9"*	窗戶成品寬度的$1\frac{1}{4}$–3倍

* 想要的話，可以增加皺摺的布料。把你想增加的長度加倍，然後再加上9英寸（22.9公分）。
** 注意：若要預估一張簾面需要多少吊帶，請把成品寬度先除以$4\frac{1}{4}$，再乘以2，就能算出一副窗簾需要幾個吊帶。你無須一一裁剪縫製每一個吊帶，比較簡單的作法是把你需要的吊帶數量乘以$7\frac{1}{4}$英寸（18.4公分），然後裁剪出寬度4英寸（10.2公分）的布條（這塊布料全部用來做吊帶，能做多少就做多少）。先縫布料，再一一裁剪吊帶。細節稍後會有說明。這樣的尺寸能做出寬度$1\frac{1}{2}$英寸（3.8公分）、長度3英寸（7.6公分）的吊帶。寬吊帶適用於較長的窗簾，短簾則適合較窄的吊帶。碰到這兩種情況，你必須調整布料的裁剪尺寸。

決定要買多少布料（注意：若你是初次製作窗簾，我建議你不要選特別寬的窗戶，也就是所需布料寬度超過45至54英寸的窗戶）。如果你就是想幫特別寬的窗戶做窗簾，可考慮圖5-6a或5-6b的作法。

　　購買布料的原則很簡單：

傳統簾與吊帶簾

　　假設調整後的窗戶寬度小於布料寬度，請把這個數字乘以2，單位換成英尺之後再除以3，就是你需要的布料碼數（注意：如果是很小的窗戶，你或許可以用一塊布做兩塊簾面；調整後的窗寬必須小於或等於布寬的一半。把調整後的窗寬換算成碼數，就是你需要的布料碼數；1碼＝90公分＝3英尺）。

綁帶

　　做綁帶需要$\frac{1}{4}$碼的布料，或是用剩餘的布料來做也行（僅適用於全印花布料或單色布料），前提是調整後的簾面寬度至少比布料寬度少 $7\frac{1}{4}$ 英寸（18.4 公分）。

硬襯或襯布（僅適用於吊帶簾）

中厚至厚的布料，請使用硬襯。在多數的布料行，硬襯都是以碼為單位販售，寬度通常是 3 到 4 英寸（7.6 到 10.2 公分）。你需要買相當於兩倍窗寬的布料。除了硬襯，也可以用厚襯布，尤其是較輕盈的布料。一副窗簾大約需要 $\frac{1}{4}$ 碼。

吊帶

若使用全印花或單色布料，做六個吊帶需要 5 到 6 英寸（12.7 到 15.2 公分）長的布料，十八個吊帶需要大約半碼。若是單向圖案（例如直條紋），做十個吊帶大約需要 $\frac{1}{4}$ 碼，一個吊帶的成品長度約為 1.5 英寸（3.8 公分）。

窗幔

若要有豐盈效果，窗幔的長度最好是調整後窗寬的 1.5 至 3 倍。你有可能必須把兩、三塊布料接起來才夠長。

如果僅需一塊布，可多接 $\frac{3}{4}$ 碼；兩塊布可多接 1 碼半；三塊布可接 $2\frac{1}{4}$ 碼；以此類推。

布頭（一副吊帶簾兩塊）

如果成品寬度加上 3 英寸（7.6 公分）小於或等於半塊布料的寬度，你需要 $\frac{1}{4}$ 碼布料做布頭。若不是這種情況，你需要 $\frac{3}{8}$ 碼。

▶ 布料的購買小提示

如果你是第一次自己做窗簾，我建議你使用比較便宜的布料。零頭布就很理想，平均 1 到 4 美元就能買到 1 碼。當然，前提是能為你的窗簾買到足夠的碼數。平織綿布與棉布／聚酯的混紡布是另一種平價的選擇。

此外，中等厚度、中等厚實感的布料最為適宜。布料若是太硬或太厚重，窗簾的垂墜感會不太美。太軟或太輕薄的布料做的窗簾會顯得很沒精神。

我建議不要用格紋與單向圖案的布料。全印花或單色的布料比較好做，就算有小瑕疵也不那麼明顯，例如接縫不夠直，或是底邊有點歪。此外，也要避免結構鬆散或非常透明的布料。梭織布的毛邊很容易散開，所以不太容易處理；非常透明的布料不論是剪或縫都很麻煩。

現在大部分的布料都已水洗或上漿。原則上，我不建議你在做窗簾之前清洗布料。洗過的布料厚實感會變差，做出來的窗簾不像新布料那樣挺。但平織綿布或未上漿的純棉布應該先洗過，因為這兩種布很會縮水。如有必要，可以上漿恢復厚實感。

最後，如有餘裕，我建議你帶一些喜歡的布料樣本回家，把它們放在身邊考慮幾天再做最後決定。問問同住的其他人是否喜歡這些布料，畢竟他們也必須跟你做的窗簾生活在一起。

▶ 裁剪窗簾布

你想做窗簾的窗戶可能不只一扇。就算如此，我依然建議你一次只裁剪、縫製、垂掛一副窗簾。先完成一副，再做下一副。因為你搞不好會在測量窗戶時出錯，或是誤判窗簾要用的布料或款式。開工之後才發現出錯，只做一副窗簾能為你節省許多時間，挫折感也不會那麼強烈。

讓我們開始動手吧。在這個階段，你需要的工具是剪刀、大頭針、裁縫畫粉、布捲尺、筆記本與鉛筆、一塊裁布用的平坦地面，以及布料。若是布料皺了（或許是因為你決定先把布料洗一洗，或是這塊零頭布被摺起來堆放在角落太久），請先燙一燙。

這次我們不事先打樣，而是依序裁剪窗簾的各個部位。先從簾面開始。一扇窗戶需要兩塊簾布（短簾搭配短簾的設計需要四塊），傳統簾與吊帶簾的裁剪步驟一模一樣（見圖示）。

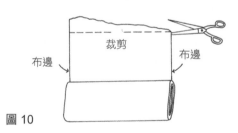

圖 10

步驟 1：確認布料的毛邊是直的。若不是，把它修直。

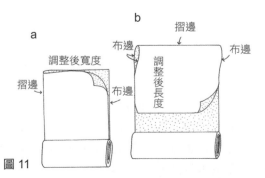

圖 11

步驟 2：a. 如果布夠寬，可以剪成兩塊簾面，直接把布料對摺，布邊對齊布邊。b. 如果不夠寬，把布料上下摺疊，量出調整後簾面長度的位置。從摺邊下刀剪開布料。

步驟 3：從頂部毛邊出發，用畫粉標示調整後的簾面長度。以此類推，在布料上重複測量並標示窗簾各部位的長度與寬度。

布料上會有很多畫粉做的記號，引導你裁剪出筆直的布邊。

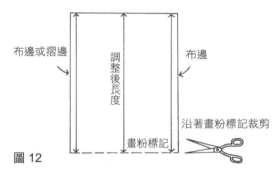

圖 12

步驟 4：在裁好的布料上標註調整後的簾面寬度，如果你用同一塊布做兩塊簾面，請量出布邊與布邊或摺邊之間的長度，然後裁剪布料。

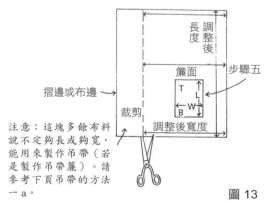

注意：這塊多餘布料說不定夠長或夠寬，能用來製作吊帶（若是製作吊帶簾）。請參考下頁吊帶的方法一a。

圖 13

步驟 5：在裁好的布料上註明

「長」、「寬」；若你使用單向圖案，請註明「頭」、「尾」。

　　選擇做直式傳統簾（沒有綁帶與窗幔）的人，現在就可以開始縫接窗簾，很厲害吧。製作步驟從頁 234 開始。做別種窗簾的人請繼續看下去。

其他 部位

▸ 綁帶

　　綁帶雖然是直式窗簾的簡單配件（吊帶簾與傳統簾均適用），卻能為窗簾增添不同的感覺。我認為那是一種「更柔和」的感覺（見圖 14）。

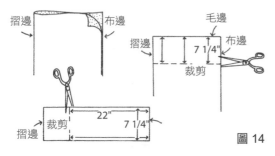

圖 14

　　裁布時，對齊布邊。從布料頂部的毛邊量 $7\frac{1}{4}$ 英寸（18.4 公分），做記號，然後裁剪。裁好之後，從布邊到另一側的摺邊量 22 英寸（56 公分），做記號，然後裁剪。在裁好的布料上註明部位。隨著你製作窗簾的經驗愈來愈豐富，以後你或許能用剩餘布料（例如裁完簾面之後的布）來做綁帶，尤其是全印花或單色布料。在你做窗簾的過程中，不要忘記類似這樣的節約作法和捷徑。

▸ 窗幔

　　步驟 1：把布料整個攤開，若成品長度是 12 英寸（30.5 公分）的窗幔，請裁剪 22 英寸（55.9 公分）的布。若你要做的窗幔較短或較長，或是想在窗幔上加皺褶，可做出相應調整。量好之後，做記號，然後裁剪。

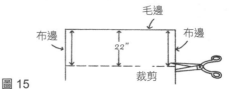

圖 15

　　步驟 2：如果你剛才剪的布寬至少是窗寬的 1.5 倍，用來做窗幔綽綽有餘。如果沒那麼長的布，可以把多塊布料接在一起做窗幔（作法同步驟 1），布寬是窗寬的 1.5 倍至 3 倍，長度取決於你想要多豐盈的窗幔。

▸ 吊帶

　　吊帶有兩種裁剪方式。如果你的布料是單向圖案（例如直條紋）、布料特別寬，或是窗戶特別小，請使用方式一。這樣在你裁剪完簾面之後，可用剩布製作長度 $4\frac{1}{4}$ 英寸（10.8 公分）（或其倍數）的布條。

　　若不是上述情況，我建議使用方式二會比較簡單。方式二捨棄了直紋布的裁剪原則（見圖示）。

方法一：

　　我們已決定一副窗簾需要多少布料來做吊帶。

　　a. 如果裁完簾面仍有足夠的布料做吊帶（見步驟 4），在布料的長邊以 $4\frac{1}{4}$ 英寸（10.8 分）為單位邊量邊做記號，然後裁剪布料。

能裁多少,就裁多少。在裁好的布料上註明部位。先縫布料,再把布料剪成一個個吊帶。

b. 其他情況,請把整張布料攤開(單張布料),從布邊開始每隔 $4\frac{1}{4}$ 英寸(10.8 公分)做一道記號。算一下一張布總共被分成幾個 $4\frac{1}{4}$ 英寸(10.8 公分)(吊帶數量)。用這個數字去除以你需要的吊帶數量(四捨五入,例如 $2\frac{2}{3}$ 進

位成 3),得到的結果就是你需要多少 $7\frac{1}{4}$ 英寸(18.5 公分)布條。

沿著布邊,每隔 $7\frac{1}{4}$ 英寸(18.5 公分)做一道記號。裁剪最後一道記號。再把同一塊布剪成 $4\frac{1}{4}$ 英寸(10.8 公分)寬的吊帶布條,在布條上註明部位。為求節省時間,吊帶先縫再裁。

方法一 a.
請參考簾面步驟 4 的「注意」。

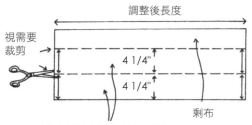

沿著布料直紋裁剪的吊帶布面

方法一 b.
圖示中的布以 $4\frac{1}{4}$ 英寸為單位可分成六塊,也就是這塊布的布寬能做六個吊帶。如果你需要十六個吊帶(16 除以 6,等於 2.7,四捨五入為 3),就在這塊布上量三段 $7\frac{1}{4}$ 英寸長的布條。

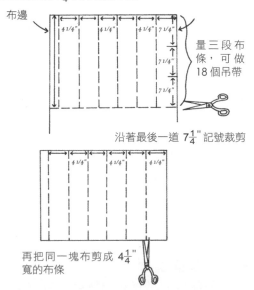

沿著最後一道 $7\frac{1}{4}$" 記號裁剪

再把同一塊布剪成 $4\frac{1}{4}$" 寬的布條

方法二:
我們已算出一副窗簾的吊帶數量,以及製作這些吊帶所需的布料長度。接下來要計算這塊布料要裁剪成幾塊(吊帶布面)。把長度除以數量,四捨五入成整數。

對齊布邊。從毛邊開始每隔 $4\frac{1}{4}$ 英寸(10.8 公分)做一個記號,然後沿線裁剪。

這塊吊帶布面可做為樣本,幫助你裁剪剩下的吊帶布面。

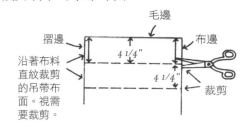

▶ 吊帶簾的布頭
你需要為吊帶簾裁兩塊布頭(短簾搭配短簾需要四塊),縫在簾面的頂端。

方法一
如果你能用同一塊布做兩塊布頭(也就是成品寬度加 3 英寸〔7.6 公分〕短於或等於布寬的一半),可直接對齊布邊,將布對摺。

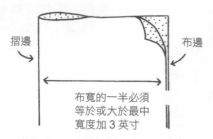

布寬的一半必須
等於或大於最中
寬度加 3 英寸

裁兩塊，兩片簾面各一塊

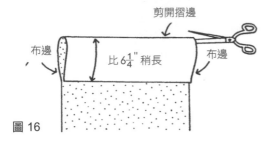

圖 16

方法二

　　如果布不夠長，可把兩塊布接起來，使長度達到 $6\frac{1}{4}$ 英寸。由上往下摺，然後裁剪。

　　步驟 1：從布料頂部的毛邊往下量 $6\frac{1}{4}$ 英寸，做記號，然後裁剪。

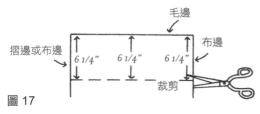

圖 17

　　步驟 2：裁剪下來的布料，從布邊往對面的布邊或摺邊的方向，量成品寬度加 3 英寸，做記號，然後裁剪。在裁好的布上註明部位。

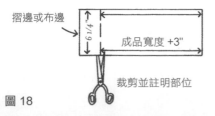

圖 18

▶ 硬襯或襯布（僅適用於吊帶簾）

　　中厚至厚的布料，請使用硬襯。多數的布料行都買得到，通常寬度在 3 到 4 英寸之間。不用硬襯，也可用厚襯布替代。較薄的布料建議使用厚襯布。

　　步驟 1：若你決定使用襯布，必須在毛邊的長邊量 4 英寸的長度，然後裁掉。若要使用第二塊襯布，請重複相同作法。

中厚至厚的布料，使用厚襯布。
薄的布料，使用中厚襯布。 圖 19

　　步驟 2：在硬襯或襯布上，測量兩段與成品寬度相同的長度，做記號，然後裁剪。在裁好的布料上註明部位。

硬襯（僅適用於吊帶簾，以及中厚至厚的布料）或襯布（若是較薄的布料，可用襯布取代硬襯）。

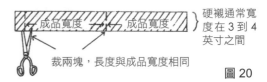

硬襯通常寬度在 3 到 4 英寸之間

裁兩塊，長度與成品寬度相同 圖 20

縫製 窗簾

　　我們已做好進入下一階段的準備。你將會需要剪刀、捲尺、顏色與布料相襯的線、熨斗、燙衣板，以及縫紉機。

　　把縫紉機擺好。調整車線張力，才能在窗簾布上車出夠緊、夠直的縫線。針距的設定值應為每英寸 10 針。

▶ 傳統簾的簾面

　　若你做的是直式傳統簾（沒有綁帶

或窗幔），只有這兩塊簾面需要打樣。為了清楚講解，我會一步步帶領你從頭做到尾。

不過，你會發現同時處理兩塊簾面比較簡單。如熨燙其中一塊簾面的摺縫時，何不順便把另一塊的摺縫也燙好？

▶ 貼邊

步驟 1：布料反面朝上，側邊反摺 $\frac{1}{2}$ 英寸（1.3 公分），用熨斗熨燙。

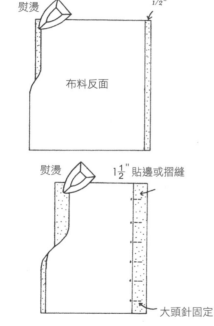

圖 21

步驟 2：側邊再反摺 1 英寸（2.5 公分），形成貼邊或摺縫。用熨斗燙過後，以大頭針固定。

嵌圖一

車縫的時候，一定要把起點與終點固定好，可使用縫紉機的反車（reverse）功能（如果有的話），用手縫的方式也可以。

同一道縫線來回縫三次（前進一次，反轉一次，最後再前進一次）。

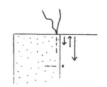

縫紉機前進車縫約 $\frac{1}{2}$"，在同一道縫線上反車 $\frac{1}{2}$"，最後再前進一次。另一頭重複相同作法。

圖 22

步驟 3：布料依然反面朝上，盡量靠近貼邊的內緣，車縫一道貫穿布料的縫線（縫線與內緣距離不超過 $\frac{1}{4}$ 英寸〔0.6 公分〕）。另一側貼邊用相同方式車縫。

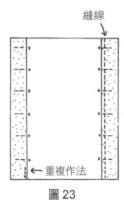

圖 23

▶ 頂部摺縫與桿套

步驟 1：裁掉頂部邊角，長度 $\frac{3}{8}$ 英寸（1 公分）。若使用全印花或單色布料，布料沒有頭尾之分。

步驟 2：布料反面朝上，頂部邊緣反摺 $\frac{1}{2}$ 英寸（1.3 公分）。

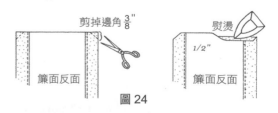

圖 24

步驟 3：頂部邊緣再反摺至少 2 英

寸,若想做大一點的皺褶,可以反摺多一點。用熨斗燙過後,以大頭針固定。

步驟 4:車縫時,盡量靠近頂部摺縫。一定要把縫線的起點與終點固定好。

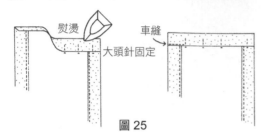

圖 25

步驟 5:在距離車好的縫線 1 英寸(2.5 公分)的地方做幾個記號,當作縫紉標示。沿著畫粉記號車縫。這道縫線的起點和終點一定要牢牢固定,因為這是窗簾桿的桿套,這道縫線承受的重量將高於其他縫線。你可以把這道縫線來回車縫兩次。

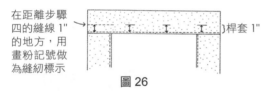

在距離步驟四的縫線 1" 的地方,用畫粉記號做為縫紉標示

桿套 1"

圖 26

▶ **底部摺縫**

現在,你可以確認一下你對窗簾的成品長度是否滿意。把簾面底部摺起 4 英寸(10 公分),用大頭針固定,再把窗簾桿穿入桿套,掛上窗簾確認長度。縮短長度非常容易,只要用畫粉或大頭針標註新的成品長度就行了。若你擔心新的摺縫會太寬,也可裁掉多餘布料。然後,照以下的步驟進行。

增加長度的極限是 1 英寸(2.5 公分)。用畫粉或大頭針標註新的成品長度,然後依照以下的步驟進行。不要忘記調整摺縫的寬度。想增加的長度超過 1 英寸(2.5 公分)會是個問題,因為你沒有足夠的布料做摺縫。建議考慮其他解決方式,例如在窗簾底部加一道皺摺。

步驟 1:簾面反面朝上,底部邊緣反摺 $\frac{1}{2}$ 英寸(1.3 公分),用熨斗熨燙。

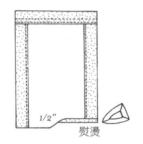

圖 27

1/2"　熨燙

步驟 2:再反摺 4 英寸(10 公分),或是反摺到適當的成品長度,熨燙後用大頭針固定。

步驟 3:盡量靠近摺縫邊緣,車縫一道貫穿布料的縫線。把縫線的起點與終點固定好。

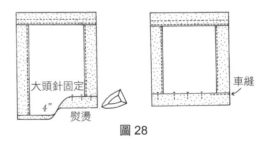

大頭針固定　車縫　4"　熨燙

圖 28

若一切順利,而且你也決定同時處理兩塊簾面的話,現在應已完成一塊簾面,或是兩塊都已完成。若尚未完工,請用相同作法處理第二塊簾面。掛上窗簾之前,先把線頭剪掉,用濕布拭去畫粉記號,再用熨斗燙過。甚至也可以噴一噴燙衣噴霧,看起來會更硬挺。掛上窗簾,調整一下窗簾桿上的布料,使窗簾優美垂墜。

注意：若你決定不要加綁帶或窗幔，這副窗簾到此已算大功告成。

▶ 綁帶

步驟 1：布料正面朝外，對摺，將 22 英寸（55.9 公分）長的布料邊緣對齊。對摺後變成反面朝外。用大頭針固定布邊。

圖 29

步驟 2：在距離布料邊緣 $\frac{5}{8}$ 英寸的地方車一道縫線。

步驟 3：短邊的其中一側，同樣在距離布料邊緣 $\frac{5}{8}$ 英寸（1.6 公分）的地方車一道縫線。在距離縫線與邊角各 $\frac{1}{4}$ 英寸（0.6 公分）的地方裁掉一角。

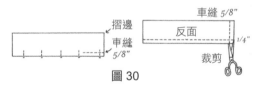

圖 30

步驟 4：把綁帶翻回正面，方法是把鉛筆（橡皮擦那一頭）或適合的細長、鈍頭物體穿過綁帶。把鉛筆的橡皮擦那一頭，插進有車縫線的短邊。小心地一邊推鉛筆，一邊把布料翻面，直到完全翻回正面。如有必要，可用大頭針把縫過的邊角挑出來，維持綁帶的形狀。

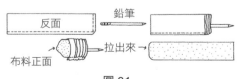

圖 31

步驟 5：在距離尚未縫合的布邊 $\frac{5}{8}$ 英寸的地方，用熨斗熨燙。接著把整條綁帶燙一次。開口處以手工劈針縫合，或是在盡量靠近布邊的地方用縫紉機車縫明線。如果你特別擅長縫直邊，可考慮把綁帶的布邊全都縫上明線。

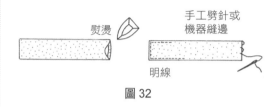

圖 32

▶ 窗幔

跟綁帶一樣，窗幔能為直式窗簾增添不一樣的感覺。窗幔完全可以單獨存在。我家廚房有一扇大大的窗戶，正對著我們家後院。為了充分利用光線與景色，我只在窗戶上方放了一條相當寬的窗幔。窗幔是絕佳的窗戶裝飾，而且價格低廉！

如果你的窗幔不是用一塊完整的布料製作，拼接窗幔有兩種作法。

作法一

把每一塊布料都視為獨立的窗幔。假設你判斷你的窗幔需要三塊布料，就做三塊窗幔。

三塊窗幔完成之後，把它們依序穿上窗簾桿，營造你想要的豐盈感。在大部分的情況下，如果中等厚度的布料製作的窗幔可呈現足夠的豐盈感，看不出窗幔是分開的。

這種作法的好處在於使用上的彈性。將來也可以把窗幔換到較小的窗戶上。

作法二

這種作法是先把布料縫在一起（或接在一起）。接起來之後，再把它當成一塊較長的布料來處理。

這種作法的好處是：無論窗幔豐盈與否，窗幔都不會有「斷口」，而且這個作法較省時間，不需要熨燙與車縫許多側貼邊。

（縫接多塊布料製作窗幔）

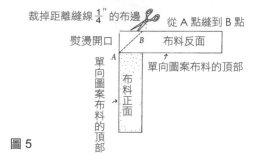

圖 5

縫接時，把兩段布料垂直疊在一起（正面朝下）。若使用單向圖案，須注意頂部與底部的圖案銜接。從 A 點縫到 B 點，裁掉距離縫線 $\frac{1}{4}$ 英寸（0.6 公分）的邊角，然後攤開熨燙。視需要重複以上過程，縫接下一段布料。

▶ 縫接窗幔

側貼邊

步驟 1：布料反面朝上，側邊反摺 $\frac{1}{2}$ 英寸，用熨斗熨燙。

35 圖

步驟 2：側邊再反摺 1 英寸（2.5 公

分），形成貼邊或摺縫。用熨斗燙過後，以大頭針固定。

圖 35

步驟 3：窗幔反面朝上，盡量靠近貼邊的內緣，車縫一道貫穿布料的縫線。另一側的貼邊、其他貼邊或窗幔布料（若適用）都用這種方式處理。

圖 36

頂部摺縫與桿套

步驟 1：頂部裁掉 $\frac{3}{8}$ 英寸（1 公分）的邊角。全印花或單色布料在車縫之前，沒有頂部與底部之分。

步驟 2：窗幔頂部邊緣反摺 $\frac{1}{2}$ 英寸（1.3 公分），用熨斗熨燙。

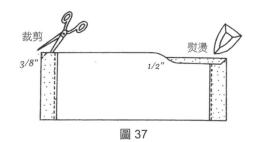

圖 37

步驟 3：再反摺 2 英寸（5 公分），若你打算做大一點的皺褶，可以反摺多一點。

用熨斗燙過後，以大頭針固定。

步驟4：車縫時，盡量靠近頂部摺縫。一定要把縫線的起點與終點固定好。

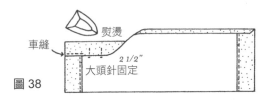

圖38

步驟5：在距離車好的縫線1英寸（102.5公分）的地方做記號，記號分布於窗幔頂部各處，當作縫紉標示。沿著畫粉記號車縫，固定縫線的起點和終點。

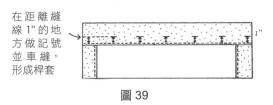

圖39

底部摺縫

步驟1：窗幔反面朝上，底部邊緣反摺 $\frac{1}{2}$ 英寸（1.3公分），用熨斗熨燙。

步驟2：再反摺4英寸（10公分），熨燙後用大頭針固定。

步驟3：車縫一道貫穿布料的縫線，固定縫線的起點與終點。

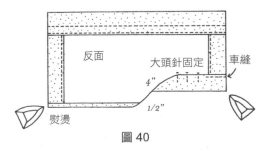

圖40

掛上窗幔之前，先把線頭剪掉，用濕布拭去畫粉記號，再用熨斗燙過。穿進窗簾桿，調整窗幔的抽褶，製造良好的垂墜感。這樣就行了，你親手製作的美麗窗幔大功告成！

無論你是否相信，我們已介紹完七種自製窗簾款式的基本作法。現在你已知道如何製作傳統直式簾、綁帶、窗幔，還會做短簾（也就是半簾）。短簾的簾面長度跟直式簾不一樣，但縫接的方式跟傳統簾一模一樣，只是一扇窗戶必須做四塊簾面。

我們只剩下一道工序尚未介紹，那就是縫接吊帶簾。學會以下幾個步驟之後，你應該就能對設計獨特鄉村風窗簾相當上手。我在前面說過，大部分的窗簾都是從這兩種款式變化而來。那我們就開始吧。

▶ 縫接吊帶簾
布頭

步驟1：布料反面朝上，側邊反摺 $\frac{1}{2}$ 英寸（1.3公分），用熨斗熨燙。

步驟2：側邊再反摺1英寸（2.5公分），以大頭針固定，盡量靠近貼邊的內緣車縫。

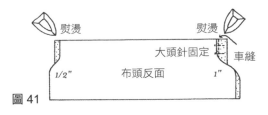

圖41

步驟3：布頭底部邊緣反褶 $\frac{1}{2}$ 英寸，（1.3公分）用熨斗熨燙。若使用全印花或單色布料，布料沒有頭尾之分。

步驟4：底部邊緣再反摺1英寸（2.5公分），用熨斗熨燙後以大頭針固定，

然後車縫。固定縫線的起點與終點。到
此可把布頭暫放一邊。

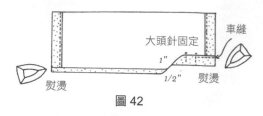

大頭針固定

車縫

1"

1/2"

熨燙

熨燙

圖 42

▶ 吊帶簾的吊帶

為了清楚講解,我會帶著你一次縫
接一個吊帶。你僅需重複相同過程,直
到每副窗簾所需的吊帶縫完為止,次
數視需要而定。

步驟 1:布料正面朝上,把布料的
長邊對褶,邊緣對齊。現在變成反面朝
外。用大頭針固定布邊。

步驟 2:車縫布邊,縫線距離邊緣
$\frac{5}{8}$ 英寸(1.6 公分)。固定縫線的起點
與終點。裁掉距離縫線 $\frac{1}{4}$ 英寸(0.6 公
分)的布邊。

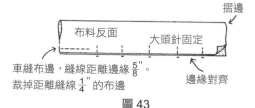

摺邊

布料反面

大頭針固定

車縫布邊,縫線距離邊緣 $\frac{5}{8}$"。
裁掉距離縫線 $\frac{1}{4}$" 的布邊

邊緣對齊

圖 43

步驟 3:在布料未縫合的其中一個
開口別上一枚大安全別針。把安全別針
穿過剛才車縫的布套中央,小心地一邊
穿一邊把布料翻面,直到完全翻回正面。

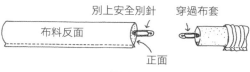

別上安全別針   穿過布套

布料反面

正面

圖 44

步驟 4:把布料燙平,再裁剪成 $7\frac{1}{4}$
英寸(約 18.5 公分)長的布條,一塊布
條做一個吊帶。裁剪後暫放一旁。

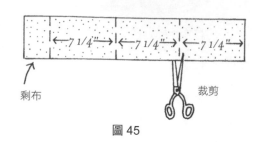

7 1/4"   7 1/4"   7 1/4"

剩布   裁剪

圖 45

依照上述步驟,處理之前裁剪的吊
帶布料。

▶ 簾面加入硬襯或襯布

布料反面朝上,簾面左上角量出 2
英寸(5 公分)的距離,做上記號。以此
處為界,把硬襯(或襯布)用大頭針固
定在布料反面。

簾面右側同樣保留 2 英寸(5 公分)
的空間。在距離頂部邊緣 $\frac{1}{2}$ 英寸(1.3
公分)的地方,以假縫的方式固定,可
以使用縫紉機最長的針距(通常是每英
寸 6 針)。

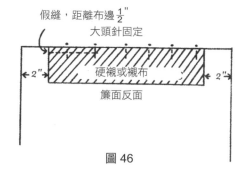

假縫,距離布邊 $\frac{1}{2}$"
大頭針固定

2"   硬襯或襯布   2"

簾面反面

圖 46

▶ 側貼邊

製作方法請見 238 頁。

▶ 縫接吊帶與簾面

步驟 1：布料正面朝上，取一個吊帶（對摺），用大頭針固定在簾面頂部的兩端。

步驟 2：找出兩個吊帶的中點，做上記號，取一個吊帶用大頭針固定在記號處。

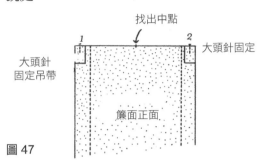

圖 47

步驟 3：找出右上吊帶與中央吊帶之間的中點，做上記號，取一個吊帶用大頭針固定在記號處。找出左上吊帶與中央吊帶之間的中點，做上記號，取一個吊帶用大頭針固定在記號處。

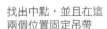
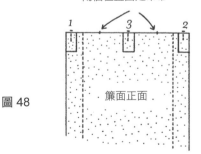

圖 48

步驟 4：重複相同作法，直到簾面頂端的吊帶平均分散，吊帶間隔約 3 至 5 英寸（7.5 到 12.5 公分）。

步驟 5：在距離頂部邊緣 $\frac{1}{2}$ 英寸（1.3 公分）的地方用機器假縫（使用長

針距），縫線貫穿簾面，藉此固定吊帶的位置。

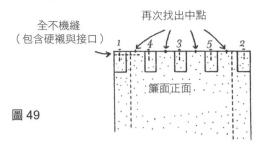

圖 49

▶ 縫接布頭

步驟 1：布料正面朝上（吊帶同），簾面頂部邊緣與布頭的頂部邊緣對齊（兩塊布料正面相對）。用大頭針固定。

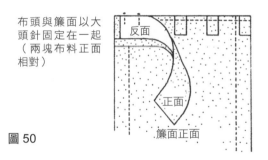

圖 50

步驟 2：車縫頂部邊緣，縫線距離邊緣 $\frac{5}{8}$ 英寸（1.6 公分），固定縫線的起點與終點。因為同時車縫好幾層布料（簾面、硬襯或襯布、布頭與吊帶），

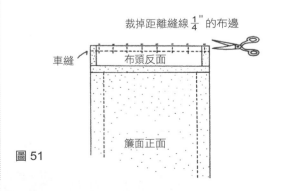

圖 51

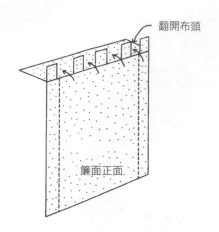

翻開布頭

簾面正面

圖 52

▶ **底部摺縫**

　　底部摺縫的作法請見頁 236。

　　完成一副吊帶簾之後，現在你可以為吊帶簾增加綁帶與窗幔。作法請見「傳統簾」底下的步驟講解。若你對成品感到滿意，可繼續裁布製作其他窗簾。

所以這道縫線車起來會有點卡卡的。

　　步驟 3：裁掉距離縫線 $\frac{1}{4}$ 英寸（0.6公分）的布邊。當然，同樣是裁掉好幾層布料。

　　步驟 4：布頭翻回正面，攤開熨燙。

　　步驟 5：用縫紉機在簾面頂部（吊帶底下）車縫明線，縫線盡量貼近布邊。（同樣地，這道縫線車起來會有點卡。）簾面的正面朝上，左側邊緣對齊布頭的左側邊緣。以大頭針固定，用縫紉機車縫明線，縫線盡量貼近布邊。接著換右側邊緣。

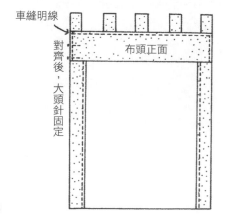

車縫明線

對齊後，大頭針固定

布頭正面

圖 53

PART 4

從戶外打造你的家園

Chapter *22*
最棒的圍籬

如何 規劃

室內規劃與戶外規劃各有四個基本步驟，能幫助你在建造圍籬時避免犯錯或計算錯誤。

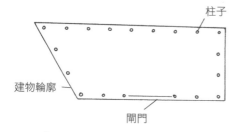

柱子

建物輪廓

閘門

1. 在 $\frac{1}{4}$ 英寸（0.6 公分）的方格紙上畫建物圖（$\frac{1}{4}$ 英寸代表 1 英尺）。
2. 用尺輔助，畫下圍籬大略的位置（比例無須精確）。
3. 先依據你預想的動線決定閘門的位置，依序標示閘門柱、角柱與圍籬柱。若你發現閘門柱與角柱之間的距離，無法用 8 英尺（244 公分）、6 英尺（183 公分）或你設定的間距整除，你有兩種調整方式可以選擇：
   a. 縮短間距，讓圍籬柱間維持等距。
   b. 縮短每一根角柱旁的距離。通常選第二種方式的人比較多，因為比較省時，也比較省材料。舉例來說，如果每一塊 8 英尺（2.4 公尺）的板子都要裁掉 $7\frac{1}{4}$ 英寸（18.5 公分），是非常花時間的

一件事。此外，短柱距能為角柱提供絕佳的支撐力。

4. 寫下各種距離，這或許是你這輩子第一次用「桿」（rod）這個長度單位。牧場的邊界經常以桿為單位，成綑的帶刺鐵絲也是用桿計算。別擔心，一桿等於 $16\frac{1}{2}$ 英尺（5 公尺）。

   根據上述數據，你可以為以下的問題計算答案：

   a. 你需要多少根角柱、支撐柱與圍籬柱？
   b. 你需要多少塊木板、多少根尖樁，或是多少綑鐵絲？
   c. 你需要多少閘門與閘門柱？

   畫好令你滿意的設計圖之後，走出戶外，用以下四個步驟將紙上的想法化為現實。

1. 在每一根閘門柱的位置插一根木樁。從閘門的兩側出發，以標準柱距為單位往邊角移動，這種作法能使閘門兩側維持完美對稱。圍籬若是不對稱或有其他缺點，在閘門附近最容易顯現出來。
2. 在角柱的位置插入木樁。
3. 清除完閘門柱與角柱附近的植物或障礙物後，在閘門柱與角柱之間牢牢綁上麻繩。
4. 沿著麻繩擺放木板、橫木或任何橫向

的「支撐材」，並以此找出每一根圍籬柱的位置，插入木樁標示。

在這個規劃階段可找人幫忙，不要害羞。家有美麗圍籬的人都對自己的作品相當自豪，也都願意給你詳細的建議和協助。如果你看見別人家的圍籬做得很棒，可直接詢問對方。

大部分的目錄購物量販店[10]在庭院用品或五金商品區，都會有一小塊圍籬專區。圍籬材料的價格通常不高，如果你喜歡尖樁（picket），此類材料通常很便宜。每一個售貨員能提供的圍籬資訊都不一樣。如果你想找人聊聊如何蓋圍籬，在地五金行的員工應是最好的人選，他們熟悉當地的土壤與天氣，也對在該區 DIY 會碰到哪些問題經驗豐富。

如果你在規劃或施工上需要專業協助，可查詢電話簿上的「園藝設計」、「承包施工」或「圍籬材料」等類別。就算只是協助規劃也沒關係，請對方提供所需時間與服務的報價。

確認圍籬的 合法性

首先，請確定圍籬會蓋在你的土地上。如果在別人的土地上蓋了圍籬，不但尷尬，甚至可能失去圍籬的所有權。參考你手邊的實測圖，或是到地政機關確認地界。了解一下有沒有建築法規上的限制，例如高度限制、退縮規定等等。

若你打算在地界上蓋圍籬，請先跟鄰居溝通。就算你擔心對方會拒絕，還是得這麼做。說不定鄰居願意跟你合作。對方的回應有多種可能。以下提供兩種極端情況的處理方式。

鄰居或許願意分擔施工與維護費用，等於反轉美國詩人羅勃特・佛洛斯特的詩句，變成「好鄰居造就好圍籬」[11]。如果你跟鄰居對施工過程的某些部分達成共識，請寫下來，以免細節隨著時間而有所扭曲。

如果你運氣沒那麼好，遭到鄰居回絕，一定要確定圍籬距離地界至少 1 英尺（30 公分），避免發生所有權糾紛。

除了限制蓋圍籬的法律，也有一些要求蓋圍籬的法律。常見的情況是，對兒童有吸引力的危險物品必須依法架設圍籬，例如游泳池與緊急疏散地。

圍籬柱 的問題

許多圍籬都需要每隔幾英尺架設一根圍籬柱，才能支撐橫向的木材或鐵絲。典型的維吉尼亞州之字圍籬是例外之一，若連接處的角度小於 135 度，就用不到圍籬柱。

儘管如此，圍籬柱確實是所有圍籬的共同問題。它會成為圍籬的基礎架構，因此需要細心挑選。好的圍籬柱應具備三個基本特色：穩定、耐用、筆直。

10　譯註：不展示商品，僅提供商品目錄供顧客選購的零售店。

11　譯註：此處援引佛洛斯特的詩作《修牆》，原句是「Good fences make good neighbors」（好的圍籬造就好的鄰居）。

▶ 穩定

大致而言，圍籬柱有三分之一的長度必須牢牢埋在地底。若你希望地面上的圍籬柱有 4 英尺（1.2 公分），請使用 6 英尺（1.8 公分）長的圍籬柱。挖柱洞之前，請先檢查幾件事：避開岩棚與岩石，電纜與水管，化糞池的瀝濾場及排汙系統。

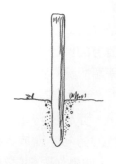

很多時候不需要挖柱洞也能架設圍籬柱。長鐵棒在同一個位置往下戳幾次，每一次都比上一次更深。當長鐵棒戳進地底 1 至 2 英尺（30 至 60 公分），深之後，雙手握住鐵棒，像巫婆攪拌大鍋裡的毒藥一樣攪動。接著，把削尖的圍籬柱插進土洞裡，敲擊固定。這樣就大功告成了，圍籬柱被壓緊的土壤牢牢固定，又無需把土壤回填到較大的柱洞裡。

敲擊圍籬柱

把圍籬柱敲進土裡時請小心。若你使用 16 磅（7.3 公斤）的長柄大鎚或楔頭大鎚，一定要確認鎚頭沒有鬆動，以及鎚頭下方的木柄沒有裂開。鎚頭敲擊柱子的位置，應大約與你的腰部同高。除非你身高超過 240 公分，否則你應該站在穩定的平面上敲擊圍籬柱，例如貨卡的車斗上。

面對柱子，雙腳打開（若是沒敲到柱子，鎚頭會落在雙腳中央的空間，而不是落在腳上），站穩之後看準你想要敲擊的那一點。不要眨眼，若你在敲擊時或敲擊前的瞬間閉上眼睛，有可能會敲裂柱子、敲裂鎚柄，或是敲裂幾根腳趾頭。敲擊時一定要張開雙眼，不要眨眼，而且一定要戴護目鏡。

埋設圍籬柱

若你無法用鐵棒戳出柱洞，可使用埋設的方式。挖柱洞雖然無聊，但是很容易。先用鐵棒鬆動土壤跟石塊，然後用鏟子挖一個洞。這個方法的好處是不需要削尖柱子，而且有助於排水，使柱子被石塊跟土壤牢牢卡住。就算結霜也不太可能使柱子隆起。

使用混凝土

若你想要非常堅固的圍籬柱，可在底部澆灌一圈混凝土。混凝土環繞柱子周圍，而不是在柱子正下方；在柱子隨著年歲縮水或腐朽的過程中，水分可沿著柱子流進土裡排放。不要像把蠟燭插在糖霜蛋糕上那樣，把柱子插進混凝土裡。這樣會在柱子周圍形成涵水空間，加速柱子的腐壞。

混凝土不要拌得太濕。水泥、沙子與粒料的比例是 2：3：5，至於水的比例，加到混凝土雖可流動但仍有硬度。

使用混凝土的柱洞洞口要挖 2 至 3 英尺（60 至 90 公分）寬，混凝土攪拌好之後，先將竹子就定位，再把混凝土倒在柱子周圍。為了加強柱子與混凝土接合，可先在柱子底部釘一些小凸緣或十字件再插入洞內。刮順混凝土的表面時，最高點必須在柱子旁邊，以便排水。在

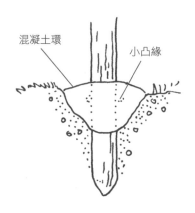

混凝土環　小凸緣

使用圍籬柱之前，建議先給混凝土 1 至 2
天的時間凝固。

▶ 耐用

　　若能找到永遠不會腐朽或生鏽的柱
子，那就太棒了。可惜這種東西並不存
在。圍籬柱通常會在地面的部分開始腐

朽，因為這個位置為真菌的生長提供了
食物、氧氣與水分。

　　木材腐朽的速度不一樣，這取決於
土壤以及抑制真菌的天然化學物質的含
量。這種化學物質在樹幹核心（心材）
的含量，高於其他部位（邊材）。

　　以下這張表列出各種心材的耐用程
度優劣。

　　圍籬柱的壽命可被延長。剝皮是其
中一種方法。也有些老派的人相信，上
下顛倒的圍籬柱腐朽得比較快。

　　「脆弱的」樹種，例如楓樹，可使
用幾種方法變得「強韌」。其中一個簡
單的方法把圍籬柱的下半部先用火燒過，
產生一層炭。

　　以前蓋圍籬的人會把柱子先泡過五
氯酚或雜酚油。現在美國環保局已限制

未處理心材的保存性

耐受力	樹種	壽命
極度抗腐	西方落葉松（western juniper）	20-30 年
	桑橙（Osage Orange）	
抗腐力適中	擦樹（Sassafras）	10 年
	白櫟（White Oak）	
	美國香柏（Red Cedar）	
	櫻桃木（Cherry）	
抗腐力不佳	樺樹（Birch）	2 年
	山毛櫸（Beech）	
	梣樹（Ash）	
	榆樹（Elm）	
	鐵杉（Hemlock）	
	山核桃（Hickory）	
	楓樹（Maple）	
	紅櫟（Red Oak）	
	楊樹（Poplar）	

這兩種藥劑的使用（以上兩種藥劑對人體有極大傷害性），只有上過安全處理有害物質課程的人才能購買並使用這些藥劑。

正因如此，我們必須建議你使用環烷酸銅。這種藥劑一直是庭院器材的推薦防腐藥劑，因為它不像另外兩種藥劑一樣會殺死植物。依照包裝上的指示使用。所有的木材防腐劑都一樣，若要得到最佳效果，浸泡好過塗抹，而且要在陰涼處處理，同時木材要保持乾淨，最好是未曾上漆。

▶ 筆直

圍籬柱一定要站得筆直，排列也要筆直。無論是外觀上還是實用上，這一點都很重要。尤其是鐵絲圍籬，因為歪掉的圍籬柱會承受巨大的壓力。若這根柱子倒下，整片圍籬都會隨之鬆動。

使用木工水平尺可讓每一根圍籬柱保持筆直。

若要讓每一根圍籬柱都站在同一條直線上，請在兩根角柱之間綁上兩根細繩，一根在底部，一根靠近頂部。架設圍籬柱時，每一根都要輕觸細繩，而且都要位在細繩的同一側。

支撐

要是你認為某一根柱子會承受較大的水平壓力，可為它提供額外支撐。角柱與閘門柱都應該額外支撐，角柱的支撐來自兩個方向，方法如下。

1. 支撐柱應該比其他圍籬柱粗，可以的話，埋設位置也要比較深。盡量使用

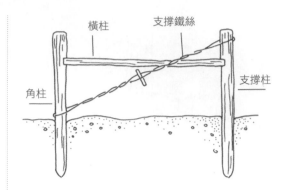

8 英尺（2.4 公尺）長的柱子，埋入大約 $3\frac{1}{2}$ 英尺（1 公尺）。

2. 在相隔 4 到 6 英尺（1.2 到 1.8 公尺）的地方埋設另一根支撐柱。

3. 在兩根柱子之間架設一根堅固的橫柱，位置是距離柱頂約 $\frac{1}{3}$ 的地方。這根橫柱應以嵌槽榫接固定，或至少加上木塊以維持穩定。

4. 在支撐柱的頂部與角柱的底部之間，用 11 號鐵絲纏繞兩次。把鐵絲的兩頭旋轉在一起，然後釘在柱子上。

5. 在鐵絲的中間插入一根木棍，像扭轉止血帶一樣扭轉鐵絲，使鐵絲繃緊。

6. 用鐵絲把支撐鐵絲綁在橫柱上。

7. 這套支撐系統的物理學原理其實很簡單。任何想把角柱往下拉的力量，都會間接地被同一根柱子穩固的底部分攤掉。堅固的橫柱與緊繃的鐵絲跟直立的柱子形成三角份量，把兩根簡單的柱子變成一套懸臂系統。記住，若鐵絲反向纏繞在柱子上（角柱頂部與支撐柱底部）是沒有用的。

選擇適當的 圍籬材料

圍籬材料的種類繁多，不亞於冰淇

淋。選擇的要素包括材料是否最容易取得，價格最便宜，以及能否好好完成任務。五道帶刺鐵絲圍籬或許適合用來圈養牛隻，卻不適合用於校園。以下這張表格介紹了幾個常見的圍籬種類。

▶ 維吉尼亞州之字圍籬

　　這種圍籬現在依然可見，是一種讚揚傳統圍籬之美的古老紀念碑，使我們懷念那個材料豐富、平價的年代。現在幾乎沒有人蓋之字圍籬，因為它們會消耗大量的昂貴材料，而且之字設計也很浪費空間。儘管如此，之字圍籬風格獨特，說不定符合你想要展現的個性。

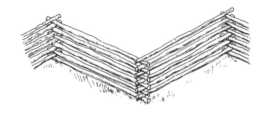

圍籬種類

需求	最受歡迎的選擇
裝飾	之字圍籬
柵欄	（雙橫柱）木板
擋風、擋噪音	實板
擋人	鏈條
家畜管理：	
牛	鐵絲：帶刺、通電或鐵絲網
馬	木板
綿羊、豬、山羊	鐵絲網或電圍籬

▶ 橫條木圍籬

　　有一種更加節省材料的方式，那就

是把木材劈成橫條木。兩根或三根橫條木的圍籬都很好看，也是很堅固的圍欄。不過，得在柱子上多費點功夫。圍籬柱上預計插入橫條木的地方，都必須挖洞或鑽洞。若是不想辛苦在柱子上挖洞，可以用兩根柱子，而不是一根。用銷釘或暗榫來固定橫條木，為兩根柱子提供水平連結。

　　這種圍籬比鐵絲網、帶刺鐵絲和電圍籬昂貴，除非你能自己做橫條木。

▶ 木板條圍籬

　　隨著加工木板與釘子愈來愈容易取得，木板條圍籬也變得更加常見。無論是否上過漆，木板條圍籬都堪稱是圍籬界的貴族。除了見於養馬的牧場，也可妝點莊園，猶如一幅大師之作的高雅畫框。馬場的圍籬必須高達 6 英尺（1.8 公尺），但木板條的數量不用那麼多。若是裝飾用途，則不需要蓋得那麼高。

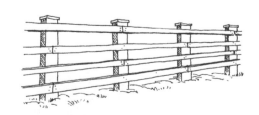

木板條圍籬的成本高於橫條木圍籬或電圍籬，但應該比鐵絲網圍籬低一些。

▶ 帶刺鐵絲圍籬

帶刺鐵絲是 19 世紀的重要發明。許多人認為這是約瑟夫・葛利登的功勞，但是在 1868 年率先取得專利的卻是麥克・凱利。葛利登找到一種簡單的製造方式，使帶刺鐵絲得以普及。

到了 1900 年，已至少有一千種巧妙的鐵絲網編法與尖刺設計。現在老鐵絲網的「刃口」（cuts，18 英寸長）是極為珍貴的收藏品。雖然過去有各式各樣的帶刺鐵絲，但時至今日，標準樣式只有不到六種。

牛隻主人最喜歡 16 號的雙刺鐵絲，通常是 3 到 5 道。這種樣式有效、經濟又耐用。帶刺鐵絲圍籬比橫條木、木板和鐵絲網圍籬便宜，但應該比電圍籬貴。

▶ 鐵絲網圍籬

鐵絲網是一種非常溫和、但阻擋效果很好的圍籬。

它只是一片鐵網，沒有銳利尖刺。適用於各種牲口，尤其是綿羊，因為沒有會勾住羊毛的尖刺。

貼近地面的密緻鐵絲網，用來限制豬隻等小型動物也很理想。

4 英尺（1.2 公尺）高的鐵絲網圍籬適用於牛隻與馬匹。鐵絲網不用電和尖刺來嚇阻動物，因此會比其他類型的圍籬承受更多壓力。

為了阻止大型動物靠在圍籬上壓倒圍籬，可在鐵絲網上綁一道帶刺鐵絲。

跟帶刺鐵絲一樣，架設鐵絲網圍籬有許多因素得考量。除了選擇鐵絲的粗細與保護塗層之外，還必須選擇網格樣式。你必須搞懂鐵絲網的代碼。最後兩個數字代表圍籬的英寸高度，頭兩個數字代表水平鐵絲的數量。例如：

Style 1155：圍籬高度 55 英尺（16.8 公尺），鐵絲數量 11 條。

Style 726：高度 26 英尺（7.9 公尺），鐵絲數量 7 條。

▶ 電圍籬

有很長一段時間，帶刺鐵絲是最經濟實惠也最受歡迎的牲口圍籬。跟帶刺鐵絲一樣，電圍籬也是在美國誕生之後走向全球。

它先在美國取得專利，然後於 1937 年出口到紐西蘭。諷刺的是，現在紐西蘭與澳洲反而成為美國電圍籬材料的主要進口國。

為達最佳效果，牲口應該學會尊重通電的鐵絲。把飼料放置在通電的鐵絲附近與下方，牲口被電到一兩次之後，就會知道將來要避開鐵絲。

▶ 柵欄圍籬

美國風的白色柵欄圍籬，就像白手套一樣給人俐落和正式的感覺。建造美麗的柵欄圍籬需要耐心、精準和注重細節，例如不斷確認微小的距離，並使用水平尺確認尖椿是否對齊。多數木材行都有販賣的現成尖椿，樣式相當有限。其實，只要多花一點功夫和想像力，你可以自己設計尖椿頂部，請木材行幫忙裁切。你也可以用 C 形夾和電動刀鋸親手做尖樁。

　　柵欄圍籬的建造成本，跟橫條木圍籬差不多。柵欄圍籬的主要功能是裝飾。低矮和開放的特性，使柵欄圍籬成為親切又美觀的邊界，能把漫步的寵物和行人阻擋在外，但是對刻意入侵的人沒有作用。柵欄圍籬還有另一個獨到之處，那就是它似乎能無限制的吸收你的各種創意。

如何選擇 工具

　　建造圍籬的工具中，有些雖然簡單，卻設計得很巧妙。你應該認識這些工具，才能使建造圍籬的過程更加輕鬆。

金屬柱打樁器

　　用大鎚敲擊金屬柱非常困難，因為柱頂面積很小。金屬柱打樁器是一個很重的管子，兩側焊上把手。打樁時，舉起打樁器，讓它落在圍籬柱頂端數次。如果你買不到現成的打樁器，可以請附近的鐵工做一個。

圍籬鉗／起釘鉗

　　這種工具的功能非常多元。可以抓住鐵絲、剪斷鐵絲，也可扭轉鐵絲。可以鑿出釘槍針，也可以把釘槍針敲進柱子裡。甚至可以用來拉緊鐵絲。

緊線器／接線鉗

　　跟鋼絲鉗相比，用緊線器拉緊鐵絲更好施力。一端接著鐵絲，另一端固定在樹幹上，或是為了拉緊鐵絲而架設的假柱上；若要接合兩條鐵絲，另一端會接在另一條鐵絲上。

手動絞盤

　　若你想一次拉緊鐵絲圍籬上的多條鐵絲，手動絞盤非常有用。用一個或兩個絞盤都可以。絞盤一頭接在假柱或樹幹上，另一頭接著被兩塊木板用螺栓夾住的鐵絲上。用兩個手動絞盤，更容易使圍籬頂部與底部之間的張力均勻分布，尤其是面積較大的鐵絲網圍籬。

接線鉗

　　這把簡單的工具能幫你輕鬆扭緊鐵絲。有的接線鉗提供多種直徑，適用於不同粗細的鐵絲。

釘子

　　蓋圍籬最常用的釘子叫「普通鐵釘」，或「箱釘」。普通鐵釘比較耐用。這兩種釘子都能鍍鋅防鏽。

木工水平尺

　　這種金屬工具至少有 1 英尺（30 公

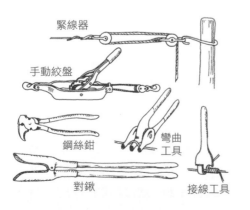

緊線器

手動絞盤

鋼絲鉗

彎曲工具

對鍬

接線工具

分）長，裡面有兩個互相垂直的氣泡小管，作為校準用。

鉛錘

這是懸吊在繩子上的金屬重物，用來確認物體是否與地面垂直。

緊線工具

彎曲鉗：這種看起來古怪的鉗子能改變鐵絲的形狀，藉此拉緊鐵絲。將筆直的鐵絲變得彎曲，就能使鬆弛的圍籬繃緊。但是彎曲造成的緊繃並不太持久，很快就會恢復原狀。

對承受不了彎曲或扭轉的老舊鐵絲來說，這種工具相當有用。

繞線棒：可將鬆弛的鐵絲纏繞在分岔的金屬棒上面，旋轉金屬棒直到鬆緊適中。這種堅固的金屬棒有許多尺寸，解決鬆弛的鐵絲圍籬又快又有效，但不適用於容易斷裂的老舊鐵絲。

釘槍針

這種ㄇ字型的釘子有各種長度與粗細。不同於一般作法，鐵絲不能被打入柱子裡，而是緊貼在柱身上，保留一些活動空間。若是非常堅硬的木柱（例如洋槐），請使用又短又細的釘槍針。

鉸鏈

這四種鉸鏈分別適用於輕、中、重與非常重的閘門。

平鉸鏈：主要用於較輕的閘門。平鉸鏈的葉片固定在閘門與閘門柱的交接縫上。

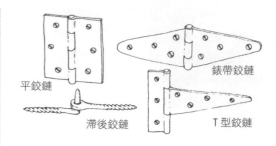

平鉸鏈

滯後鉸鏈

錶帶鉸鏈

T 型鉸鏈

錶帶鉸鏈：錶帶鉸鏈的設計適用於較重的閘門，通常是固定在閘門與閘門柱之上。

T 型鉸鏈：這是平鉸鏈與錶帶鉸鏈的綜合體。

滯後鉸鏈系統：這是最適合厚重閘門的鉸鏈。

門閂

鎖上閘門的方式很多，最常見的是拇指閂與橫閂。

手動地鑽

有了手鑽，單憑一兩個人也能挖掘完美的圓柱形坑洞。手鑽的工作原理跟紅酒開瓶器一樣。

電動地鑽

電動地鑽用馬力取代人力。雖然使用電動設備會使你暫時脫離拓荒者的身分，但是租一天電動地鑽能為你省下大把時間，還不會害你背痛。

對鍬

對鍬的構造是將兩把窄窄的鏟子連接在一起。同時握住兩根手柄，把對鍬插進土裡。鍬刃愈銳利愈好挖。接著張開手柄，把泥土卡在兩片鍬刃裡。稍微扭轉手柄，把抓住泥土的對鍬拉出來。重複幾次，直到挖出一個完美的圓柱形窄洞，深度約 2 英尺（60 公分）。現在你可以用長鐵棒加深柱洞，把長鐵棒插進洞裡攪動。這個作法的好處是不會鬆動周圍的土壤，柱子插進柱洞裡就能夯實土壤。

如何決定最適合的 建造工法

好的建造工法始於穩定、耐用的圍籬柱。不同的圍籬類型，有不同的建造步驟。

▶ 之字圍籬

1. 用木樁與細繩標示圍籬的位置。
2. 把底部橫柱放在平坦的岩石或混凝土平面上，不要放在地面上，這樣做能延緩橫柱的腐朽速度。
3. 在兩端約 1 英尺之處疊上相鄰的橫柱，交疊的角度為 130 度。
4. 繼續疊橫柱，一次一排。
5. 若圍籬不是圓形的，頭段與尾段可用扇形的方式放在地面上，卡在一根尾柱的榫眼裡，或是以暗榫固定在兩根尾柱上。

▶ 橫條木圍籬

劈開木材

蓋這種圍籬要掌握的第一項技術是劈開木材，製作橫條木。直徑 15 英寸（38 公分）的木材，通常可以輕鬆劈成

4 根橫條木。如果你能把這四根橫條木繼續劈成兩半，變成 8 根木條，那也更棒。如果你可以劈出 16 根，那你的圍籬就成了橫條木圍牆，而不是橫條木圍籬了。

1. 有些人建議在木材的尾端，用鏈鋸把你打算劈開的對角線鋸開。這不是必要作法，但確實有幫助。
2. 把鋼楔塞進木材裂口，直到木材開始分裂。
3. 塞進更多鋼楔，直到木材完全分裂。重複作法製作 4 根或 8 根橫條木。
4. 用相同作法處理剩餘的木材。

圍籬柱開榫眼

在圍籬柱上挖鑿讓橫條木穿過的洞，叫做開榫眼。這道工序應在架設圍籬柱之前完成。

雙橫條木圍籬最為常見，因此圍籬柱上要開兩個榫眼。

1. 在必須挖鑿的地方做記號。測量距離請從柱頂開始量起。
2. 使用 2 英寸（5 公分）鑽頭挖除榫眼裡大部分的木頭，剩餘的部分由槌子跟鑿刀挖除。
3. 在榫眼裡交會的橫條木可以垂直交疊，也可以水平交疊。

架設圍籬

1. 圍籬柱彼此之間的距離，應比橫條木的長度短 2 英尺（60 公分）左右。如

果你使用 8 英尺（2.4 公尺）的橫條木，柱距應為 6 英尺（1.8 公尺）。

2. 將一根圍籬柱牢牢固定，接著把第二根圍籬柱插入適當的深度，調整柱子的深度，使橫條木與地面平行。將兩根橫條木穿過兩根柱子並卡緊之後，敲擊第二根圍籬柱，使其牢牢固定在柱洞裡。

重複作業，每一次都是先把橫條木穿進第二根柱子之後，再將第二根柱子敲進柱洞裡。

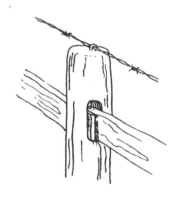

3. 大型動物會摩擦圍籬，使橫條木鬆動，最終被推倒。為了防止這種情況，可在最上面的橫條木頂部拉一條帶刺鐵絲。

▶ 木板條圍籬

1. 圍籬柱的距離，應為木板條的一半。如果你使用 12 英尺（3.7 公尺）的木板，柱距應為 6 英尺（1.8 公尺）。如此一來，每一根木板條會有三根柱子做為支撐。

2. 安排木板條的位置時，要讓同一根圍籬柱上既有木板條的中心點，也有兩根木板條的交點。

3. 在木板條頂部與圍籬柱交會的地方做記號。

4. 如同橫條木圍籬的作法，先把第一根圍籬柱牢牢固定，接著把第二根圍籬柱插入適當的深度，但是要等到木板條的位置都量好確定之後，再把第二根圍籬柱敲緊。

5. 木板條的位置，應該放於牲口的同側。如此一來，圍籬能獲得同時來自柱子與釘子的支撐力。

6. 釘上木板條。釘子的位置不要太靠近木板條的邊緣，否則很容易裂開。此外，釘子的位置要錯開，不要在同一條直線上，以免導致圍籬柱裂開。

7. 在木板條交會的地方，釘上一小塊補強木板，為圍籬柱提供額外的支撐與裝飾。

8. 木板條的頂部應裁切斜角，以方便排水。圍籬柱頂端可以再加上一小塊木材，或是多鋪設一根木板條在切了斜角的圍籬柱上，為圍籬柱提供絕佳的「屋頂」。

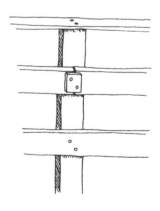

▶ 帶刺鐵絲圍籬

使第一根柱子到最後一根圍籬柱之

間的鐵絲維持筆直，然後把鐵絲固定在頭尾之間的每一根柱子上，是架設帶刺鐵絲圍籬最重要的工作。鐵絲的緊繃，與頭尾之間的圍籬柱無關；這些柱子的作用是讓鐵絲維持正確高度，以及在圍籬承受壓力時提供穩定。

1. 架設圍籬柱，柱距 8 英尺（2.4 公尺），為頭柱與尾柱提供支撐。若圍籬承受的壓力很輕微，柱距可增加至 16 英尺（4.9 公尺）。

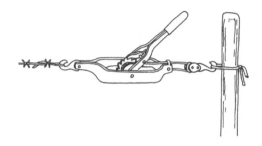

2. 先把鐵絲纏繞在第一根圍籬柱上，然後用接線鉗把鐵絲重複纏繞在鐵絲自己的身上。

3. 沿著圍籬柱的內側（靠近你的土地那側）張開鐵絲。兩個人一起做會比較容易：把鐵絲綑的中間空洞套在鐵撬的柄上，沿著圍籬柱往前走，讓鐵絲慢慢解開。

4. 走到尾柱時不要停下，繼續往前走到與圍籬柱對齊的假柱或樹旁邊。

5. 把緊線器綁在假柱上，另一頭套上帶刺鐵絲。

6. 小心地拉緊鐵絲。請不要使用機動車輛拉緊鐵絲。

7. 鐵絲有兩股。在距離尾柱約 2 英尺（60 公分）的地方，把其中一股剪斷，並移除尖刺。

8. 把這段鐵絲繞在尾柱上，然後繞在鐵絲自己身上。當你這麼做的時候，仍在緊線器上的那股鐵絲會承受整條帶刺鐵絲的張力。

9. 剪掉緊線器上的鐵絲，重複上述的纏繞工序。

10. 將鐵絲固定在圍籬柱上。釘槍針在圍籬柱上的位置要錯開，不要在同一條直線上，以免導致圍籬柱裂開。釘槍針時不要緊壓鐵絲，因為這樣會削弱鐵絲的承受力，也會破壞鐵絲的保護塗層。

▶ 鐵絲網圍籬

1. 架設有支撐的尾柱以及其他圍籬柱，柱距 8 英尺（2.4 公尺）。

2. 沿著柱子內側張開鐵絲網。

3. 網眼較小的部分，一定要放在圍籬柱的底部。

4. 每一根橫向鐵絲都要先圍繞在圍籬柱上，然後圍繞在鐵絲自己身上。

5. 從最上面的橫向鐵絲開始，接著處理最下面的橫向鐵絲，然後才是中間的橫向鐵絲。

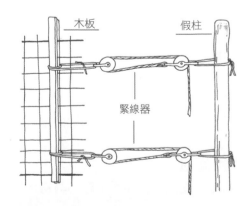

你或許得剪掉幾根直向的鐵絲，才有足夠的鐵絲能作業。鐵絲網牢牢固定在第一根柱子上之後，將鐵絲網慢慢張開。

6. 走到尾柱時不要停下，繼續往前走到與圍籬柱對齊的假柱或樹旁邊，綁上緊線器。其中一種作法，是用兩塊木板夾住鐵絲網，然後用螺絲鎖起來。再將這兩塊木板接上一個或兩個緊線器或手動絞盤，藉此拉緊鐵絲網。這兩塊木板能使鐵絲網上的張力分布得更均勻，避免拉斷鐵絲。

7. 小心地拉緊圍籬。大部分的鐵絲網都會在橫向鐵絲上內建扭結。扭結有助於維持緊繃。

當你拉緊圍籬時，請不要把扭結拉直。當扭結開始要被拉平的時候，就要停止施力。拉緊圍籬時，可將最上面的鐵絲用釘槍針零星地固定在幾根圍籬柱上，這麼做能將圍籬固定在正確的位置上。圍籬就定位之後，將它接在末端的支撐柱上，也就是最靠近緊線器的柱子。剪開正中央的橫向鐵絲，先纏繞在支撐柱上，然後纏繞在鐵絲自己身上。接著，剪開正中央橫向鐵絲與頂部鐵絲中間的鐵絲，重複相同作法。下一條是正中央橫向鐵絲與底部鐵絲中間的鐵絲。以這種方式重複作業，把頂部與底部的鐵絲留到最後。

8. 用釘槍針固定圍籬柱上的橫向鐵絲。

▶ 柵欄圍籬

1. 如前，先在紙上規劃距離與材料。

2. 在柱位上放木樁，柱距 6 英尺（1.8 公尺），然後開始挖柱洞。

3. 埋設柱子，深度 2 英尺（61 公分），倒入混凝土環。

4. 檢查各處是否對齊。

5. 兩、三天後再繼續施工，給混凝土時間凝固。

6. 最常使用的木柱尺寸是 4×4 英寸（10×10 公分）、長度 5 英尺（1.5 公尺），已經過防腐處理。

7. 等待期間，可裁切橫柱、支撐材與尖樁。傳統的尖樁尺寸是 1×3 英寸（2.5×7.5 公分）、長度 3 英尺（91 公分）。傳統的支撐材尺寸是 2×4 英寸（5×10 公分）。支撐尖樁的架構有幾種製作方式。有一種方式很簡單，不需要用嵌槽榫接或開榫眼，就是把支撐材頭尾相接的方式固定在柱子頂部，相接面以對角線斜接的方式固定。底下的支撐材則是以木塊與斜釘補強。

8. 將尖樁固定在架構上，以一根比尖樁略細的木板條做為間隔基準。如果尖樁寬 3 英寸（7.5 公分），這塊木板條的寬度應為 2 英寸（5 公分）左右。這塊木板條加了固定楔，把它掛在上面的支撐材上，確認尖樁的位置。請使用鍍鋅的釘子。釘尖樁的時候，可在圍籬柱之間放一根臨時的木板條，位置是柱子的底部。這根

木板條可令尖樁的頂部保持對齊。經常用水平尺確認尖樁是否對齊。

▶ 電圍籬

1. 設置有額外之稱的堅固角柱。
2. 若是平坦地面，圍籬柱的柱距為 150 英尺（45.7 公尺）。若地面不平，或是你知道某個區域必將承受動物施力，可縮短柱距。
3. 像旋轉餐桌盤一樣，把鐵絲捲放在地面上旋轉解開。若你打算通電的鐵絲不只一條，請一次處理一條，以免纏在一起。鐵絲愈細，動物就愈難看見鐵絲。可在鐵絲上綁鮮豔的塑膠彩帶，尤其是只用一條小 16 號的鐵絲。
4. 將鐵絲用終端礙子固定在角柱上。
5. 將鐵絲固定在圍籬柱上的所有礙子或是偏移支架上，確定鐵絲在每一個點上都能滑動。若你只使用一條鐵絲，請架設在距離地面 36 英寸（91 公分）的高度。若使用兩條，距離地面 7 英寸（18 公分）與 36 英寸（91 公分）各一條。
6. 若你想要，也可在鐵絲上裝彈簧。用緊線工具轉緊鐵絲，將彈簧的張力調整至 200 磅（90.7 公斤）左右。
7. 在閘門區使用彈簧加壓的塑膠把手。
8. 埋設接地棒。將控制器接在接地棒與鐵絲上。

如何建造實用的 閘門

無論你選擇哪一種圍籬，都至少需要一扇閘門。若是要進入草地設施，閘門寬度約為 4 英尺（1.2 公尺）。若是農場設施，寬度高達 16 英尺（4.9 公尺）。建造閘門時，有三件事必須特別注意，才能避免犯下大錯。

- 首先，支撐柱必須非常穩固。
- 支撐柱本身必須比圍籬柱更粗、更高，埋設得更深。6×6 或 8×8 英尺（1.8×1.8 或 2.4×2.4 公尺）、經過防腐處理的柱子，埋設深度至少 3 英尺（90 公分），用混凝土環加固，同時借相鄰的柱子取得額外支撐，這種作法並不少見。
- 閘門必須掛得很牢。下垂的閘門不但難看，而且難用。若閘門以錨定塊和鋼索支撐，你在把閘門固定在圍籬上的時候就不會太吃力。脆弱的鉸鏈、不適當的支撐結構和不整齊的排列，都可以輕鬆避免。
- 閘門本身的結構必須牢固。閘門必須愈輕愈好，但必須很堅固。正因如此，農牧業者特別愛用鋁製閘門。
- 木製閘門也是不錯的選擇，而且成本較低，但前提是使用優質、乾燥、強韌、經加壓處理的木材，使用正確的支撐工法，使用適當的五金配件，以及遵循以下的簡單步驟。

閘門 基本建造法

1. 如前所述，寬閘門（12 至 16 英尺〔3.7 至 4.9 公尺〕）一定要使用非常堅固的閘門柱。你可以使用很高的閘門柱，然後從柱頂拉一條鋼索到閘門門的那一側，用伸縮器拉緊。

2. 測量閘門開口，包括兩側從上到下的距離，兩根閘門柱頂部之間的距離、底部之間的距離，確定閘門將是一個真正的長方形。

3. 在平坦的表面上製作閘門框，水平距離要比上個步驟的測量結果短 1 英寸（2.5 公分），目的是讓閘門能夠擺盪順暢。用高壓處理過的 2×4 英寸（5×10 公分）木板，為邊角製作嵌槽或接榫。嵌槽或接榫請用木塊與大尺寸木螺絲補強。

4. 用一根堅固的木材，以對角線的方式支撐這個基本結構。這根支柱的位置正確與否非常重要。下端必須與閘門鉸鏈位在同一側，使上端能固定在閘門左側。若要加強支撐，也可加上鋼索與伸縮器，但它們必須跟支柱方向相反才能發揮效用。

使用上述的支撐方式時，閘門的邊角應該用三角形或長方形的木塊補強。

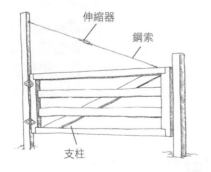

伸縮器

鋼索

支柱

5. 將尖樁、木板條或其他圍籬裝飾，以適當的圖案釘在閘門上，以求風格配合圍籬的其他部分。

6. 把閘門放在最終的位置上，以石塊暫時固定。如有需要，可先以鋼索固定位置。

7. 用大尺寸木螺絲鎖上鉸鏈，先鎖閘門上的葉片。你應該選擇能穿過鉸鏈孔、但不會穿透木材的木螺絲。平鉸鏈通常無法負荷閘門的重量，所以會使用錶帶鉸鏈。大型閘門需要更持久的支撐，會用滯後腳鏈加錶帶腳鏈。

8. 用相似的木螺絲，將鉸鏈葉片鎖在閘門柱上。

9. 解開鋼索，移除石塊。若有需要，可將閘門尾端修掉一點，使閘門擺盪順暢，方便門閂開關。

10. 裝上你選擇的門閂款式。

11. 在門閂後方的柱子上，放置一個「停止」標示。

如何 安全 施工

建造圍籬的材料與工具都可能造成危險。帶刺鐵絲的尖刺很銳利，電圍籬可能會電死人，一條拉緊的鐵絲若突然鬆開，力道之強足以致殘。以下是建造圍籬的基本注意事項。

▶ 嚴禁的行為

● 不可把釘槍針咬在嘴裡。

● 不可一個人用雙手扶著柱子，另一個人用長柄大鎚敲柱子。

● 不可穿著寬鬆衣物在電洞地鑽和帶刺鐵絲附近活動。

● 敲擊柱子時，雙腳和雙腿都不可停留在敲擊動作的擺盪路徑上，以防大鎚沒敲到柱子。

● 不可讓電圍籬的控制器發生短路。

● 不要在有閃電的風暴中處理圍籬材料。

- 不要用牽引機拉緊鐵絲。若拉斷鐵絲，你會有危險。
- 不要用火燒鐵絲圍籬底下的雜草跟矮樹叢。火焰會降低柱子的堅固程度，破壞鐵絲的鍍鋅外層。

▶ 必要的行為

- 一定要帶護目鏡，尤其是把釘槍針敲進非常堅硬的木材裡、用金屬鎚敲擊金屬柱子，或是破碎柱洞裡的岩石的時候。
- 一定要有心理準備，鐵絲可能會猛然鬆脫，尤其是在拉緊新鐵絲或是解開舊鐵絲的時候。
- 站在柱子旁邊時，一定要站在鐵絲的反側。
- 一定要避免讓加工處理過的圍籬柱上的化學藥劑觸碰到皮膚，或是跑進眼睛裡。
- 一定要沿著非電圍籬的某處埋設一根接地棒，除非你使用的是金屬圍籬柱。
- 一定要時時帶著手套。

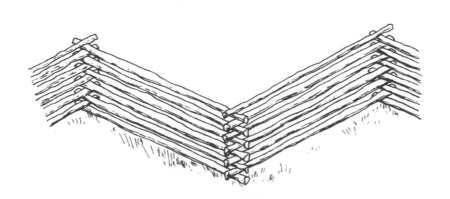

Chapter *23*

建造石牆

為什麼要 建造石牆 ？

為什麼用石頭？或許更好的問法是：為什麼不用？

無論是建築或造景，石頭都是最佳選擇。石頭不受天氣影響，不怕老鼠，不怕昆蟲，經久耐用。石頭散發寧靜的優雅，高貴的質感；無論是鄉村風還是正式的設計，石頭都是品味的象徵。

了解 石材

你應該根據環境來選擇適合的石材。你的石材，應當與周遭環境的石頭一樣。如果你找不到在地石材，請尋找盡量適合的其它石材。

▶ 砂岩與石英岩

砂岩與石英岩是用途最廣的建築石材。有些質地粗糙、硬度低、易碎；但也有密度高、紋理密緻的溪流石英岩，因為硬度極高，敲擊時會發出響聲。

砂岩是一種很好的學習材料，因為它很好切割，層次分明，多孔隙的特性使其在修整之後能快速熟成。砂岩跟沙子一樣色彩豐富：灰、棕、白、玫瑰、藍（但最常見的還是灰色與棕色），成因是沙粒在巨大壓力下融合為一。許多

砂岩紋理分明，很容易被劈開。因此砂岩最好平放，跟它成形的過程一樣。如果放在邊緣，它很快就會因風化而層層裂開。你買得到的砂岩，可能很軟或很硬，很脆弱或很堅固。若以砂漿堆砌，硬度至少應該跟砂漿相當。

在自然環境中，砂岩常會分裂成厚度差不多的石塊，所以關鍵的頂部與底部表面已自然成型。如有修整表面的必要，或許只要稍微修飾每顆石頭的表面，達到可接受的外觀即可。選擇石頭時，當然要選形狀好看、修整需求低的石頭。任何砂岩都能修整成你想要的形狀，但修整程度應有上限，若你把時間都用來修整石材，會嚴重影響工作效率。

▶ 石灰岩

石灰岩一直是最受青睞的建材。密度高卻不堅硬，幾乎能修整成任何形狀。在水泥塊發明之前（1900 年左右），石灰岩被視為標準商用石材。

剛切割好的石灰岩表面光滑，並不特別吸引人，但經過日曬雨淋之後，地表的石灰岩表面崎嶇、布滿裂痕與凹坑，散發奇趣。

▶ 花崗岩

花崗岩通常紋理粗糙，並非層層分

明。風化後的表面，成了適合地衣與苔癬生長的地方。

堅硬的花崗岩色彩豐富，美國東岸蘊藏豐富的淺灰色花崗岩。花崗岩的主要成分是長石與石英，經常用於造景；此外也有深藍、深綠、微綠，甚至是粉紅色的花崗岩。

若你想使用花崗岩，請盡量找原本形狀就符合需求的石頭，因為花崗岩很難修整。

通常花崗岩可以從地基、煙囪、廢棄房屋的地下室回收使用。

▶ 不建議的石材

頁岩、板岩，以及其他鬆軟、有層次的石頭，都不適合做為建材。古怪的石頭很難處裡，看起來也很不自然，例如堅硬又閃亮的石英岩。

混合石材

如果你能取得的石頭不多，可以把幾種石頭混在一起使用，為你的石牆增添豐富質感，使它在整體造景中維持視覺上的存在感。

最適合乾砌石牆的石材

乾砌石牆，也就是不使用砂漿砌牆，最適合的石材是砂岩與石灰岩，因為它們有均勻的分層。石頭本身的形狀愈像磚塊，就愈容易使用乾砌工法。隨著石頭縫隙中冒出植物，乾砌石牆歷時愈久愈好看。

尋找好的 石頭貨源

在你動工之前，你必須先取得材料。貨源取決於你的所在地。但是，無論你打算向石場買石頭，還是到自己的林地裡去收集石塊，有四件事一定要記住，這能幫助你事半功倍：

- 選石頭的條件之一，是盡量使用在地石頭，所以請從你家附近開始找起。
- 勘查的時候，請尋找形狀比較實用的石頭，例如有平坦的頂部和底部，外觀也符合你對石頭表面的要求。當你發現適合的石頭時，附近通常可以找到更多，因為在同一地區內，石頭通常會沿著相同的方向裂開。
- 若你不確定這顆石頭是否適合用來堆砌，可直接放棄它。只帶最好的石頭回家，你還會淘汰更多石頭。每一顆石頭都有它適合的位置，但它不一定會在你想找到它的時候被你發現。沒有必要花費額外力氣扛用不上的石頭回家。
- 如果你想尋找特定種類的石頭，可向州立的地質學或礦產機構求助。野外地質學家會記錄岩層，可以告訴你哪裡能找到特定的石頭。

▶ 向石材商購買

石場是很明顯的購買目標。大部分的石場開採當地石材的目的是製作拋石，以及擊碎石頭做為鐵路道渣。不過，石場通常也會進口野石與採石場開採的石頭，用途包括鑲板、路面、露臺與厚實的石作。

私有地的採石禮節

節錄自《天然石景》
作者：理察・杜貝與佛德列克・坎貝爾

私人土地上有很多石頭。但是，在你走進野外尋找石頭之前，有一些重要的禮節標準必須注意：

1. 不可擅入。先取得地主的許可，才可以探索對方的土地。
2. 先與地主溝通。告訴地主你想做什麼。他們了解得愈多，你愈有機會被准許進入他們的土地。
3. 離開別人的土地時，要把土地的狀態變得比之前更好。例如，消除車輪的痕跡。
4. 不要拿取超過所需的數量。
5. 不要用噴漆在石頭上做記號。用粉筆或可移除的記號，例如緞帶。
6. 千萬不可移動可能會引發或加速水土流失的石頭。
7. 支付合理價格。價格差異取決於地區與石頭的稀有程度。關於價格是否合理，你可以請教當地的石材商、採石場或石材仲介（仲介買石頭批發給石匠、石材商與園藝公司）。

拆除舊石牆的時候，盡最大的努力注意和避免打擾石牆裡的居民。

剛開採出來的石頭很新，也很呆板，而且會維持這副模樣很多年。在地表上找到的野石已經過風化，通常覆蓋著地衣，有一種歷經風霜的神態。

▶ 在野外尋找

田野與鄉間小路，樹林與鄉村的路旁，都可在地面上找到大量石頭。石場的野石通常也是這樣找來的。直接去找，但是要記住，你找到的石頭是有主人的。先跟地主確認，獲得允許才能拿走。你需要一輛貨卡（若是搬運大型石塊，甚至需要平板拖車），並且視石材大小需要一至兩位幫手。

自己找石材，比向石場購買來得便宜。雖然比較費工夫，但這樣你就有藉口走入鄉間。在貨卡車的車斗上鋪一塊合板做為保護，開心地去找石頭吧。

請注意：拿取公有地的石頭之前，一定要取得當地的林務或公園管理機構許可。

處理石材的 工具 與 方法

儘管我們活在高科技的年代，大部分的石匠還是得用雙手搬運、裝載、堆疊、挑選、修整與擺放石材。光是一位

錯誤的搬運姿勢

正確的搬運姿勢

石匠在一天之內搬動的石材就可多達 1 英噸（9 千公斤），一次一塊，而且其中有許多石材經過重複搬動。

▶ 搬運石材

　　像石頭這樣危險的東西，適當的搬運方式是極為重要的一件事。請練習蹲下後用腿的力量把石頭抱起來。如果你沒辦法用這種方式搬運石頭，就不要搬運石頭。碰到你懷疑自己搬不動的石頭，直接使用重型機具。

　　你認為自己搬得動的石頭，搬運的方法很簡單。

　　用正常的姿勢抓著石頭，然後臀部往下蹲 60 公分。用緊抱石頭的方式把它拿起來。這樣做，背跟手臂承受的壓力會小很多。

　　搬運中小型石頭，獨輪手推車最好用。手推車側臥，把石頭滑進車斗，然後靠自己的力量把手推車拉起來推走（抵達目的地要放置石頭的時候，可能需要協助）。在崎嶇或陡峭的地面上，車斗裡的石塊要放得離手推車的把手近一點，你會多費點力氣，但車輪碰到障礙物時會走得順一點。若重量都在車

若要搬運大石頭，讓手推車側臥，把石頭滑進去，再把手推車拉起來。

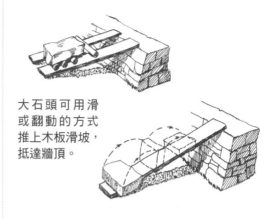

大石頭可用滑或翻動的方式推上木板滑坡，抵達牆頂。

輪上，推起來會比較難，就連路上的一顆小石頭也能成為阻礙。

　　若要搬運大石頭，讓手推車側臥，把石頭滑進去，再把手推車拉起來。

　　你也可以用簡單的木板「滑坡」，把沉重的石頭從地面推到卡車貨斗裡，或是推到牆頂。木板的底部一定要牢牢固定，以較低的角度把木板頂部靠在目標位置上，用翻動的方式把石頭推上木板。若是底部平坦的大石頭，你甚至可以在石頭跟木板之間放幾根滾柱，這樣你只要把石頭滑上去就行了。

▶ 搬運大型石材

　　巨大的石頭（兩人以上才搬得動）建議使用器械。例如，簡單的鐵撬、滑輪、手動絞盤，或是電動絞盤、裝在卡車上的液壓吊臂、液壓千斤頂、有鏟斗的牽引機等等。

　　使用哪一種器械，取決於你所在的地點以及作業空間大小。大型工地都有平坦通暢的道路，但大部分的採集與放置石頭的地方並非如此，通常附近會有

樹木,地面傾斜,或是四周有牆,幾乎沒有作業空間。

　　搬運和裝卸大型石材的設備,種類繁多而且設計巧妙。若你在樹林裡找到石頭,通常手邊不會有重型設備,但是你自己做一個三腳架,這就算附近沒有樹也辦得到。這個三腳架要高一點,把兩根 2×4 英寸(5×10 公分)的木材接在一起,長度約 12 英尺(3.7 公尺)。在三根腳架交會的頂點纏繞鐵鍊,再用 20D 的長釘固定鐵鍊。把鐵鍊接在手動絞盤上,再把另一條鐵鍊綁在石頭上。三腳架的三隻腳距離要夠寬,以便貨卡車待會倒車到三腳架底下。先把石頭吊起來,再把貨卡車倒車到石頭下方,然後放下石頭。這個過程不會太快,但是一顆大石頭能涵蓋的空間比好幾顆小石頭加起來更多,而且也比較美觀。

　　可架式在貨卡車角落的小型旋轉吊臂,是最簡單的裝卸工具之一。簡單的液壓吊臂能舉起的重量,超過一般貨卡車能承載的重量。你可以車尾保險桿底下放置障礙物,再用這種小型起重機把大石頭吊進車斗裡。但是,要注意吊臂底座螺絲與支架的承重上限。

　　你不是非用大石頭不可。但石匠有句諺語說:「堆砌一顆小石頭的時間,跟一顆大石頭一樣。」這句話與事實八九不離十,而且大石頭很漂亮。以你的石牆來說,用兩人合舉的石頭就很好看了,差不多是 2 英尺(60 公分)寬、6 英寸(15 公分)厚。

　　你在處理各種石材的過程中,一定會自己想出創新的搬運方式。大致而言,

如果只是要搬運少量石頭,花在架設器械的時間可能跟你徒手搬完石頭差不多。如果你體況良好,在不過度疲勞的前提下,用獨輪手推車跟貨卡車就能完成任務;如果你有很多事要做,不妨考慮借助器械。不過,石匠跟垂釣的人和技工很像,他們都喜歡收集各種鮮少使用的工具,但除非你打算經常處理石頭,否則沒必要投資昂貴器械。

▶ 保持安全

　　一定要有安全設備。戴堅硬的頭盔、護目鏡、手套,穿鋼頭鞋,處理石材時要戴防塵口罩。周遭一定會有沙子、木屑跟粉塵。無論你有多謹慎,一定要戴護目鏡。石頭碎屑很可能會直接飛向你的臉。

　　手套能防止手部擦傷,卻無法防止手指被壓斷。(穿上鋼頭鞋,腳趾比較安全。)不戴手套,雙手會變粗,冬天容易龜裂、脫皮、流血,擦再多乳液也沒用。

護目鏡與結實的工作手套是石匠的必須裝備。

裁切與修整石材

　　優秀的石匠在處理野石的時候會忠於原味,也就是只修整石材的水平面或垂直面,不會改變石材的形狀。長三角面的石頭可能會被削掉邊角,以便配合

其他石材。圓弧形的邊緣可能會被拉直，以便配合層疊排列。厚石材或許得劈成兩半，成為飾板；幸運的話，一塊石材能讓你買一送一。

我們一貫的建議是只做最小程度的修整，因為新切割的石材在一面老石牆上會顯得非常突兀。新切面得花很多年才能融入其他石材，所以盡量避免在太明顯的地方使用它們。

▸ **鎚子與鑿刀**

若要削掉石頭的邊角，把石頭放在能吸震的柔軟物體上。例如沙盒，或是鋪了舊地毯的桌面。工作區的高度最好跟櫃檯差不多高（36 英寸）。彎腰在地面上作業很辛苦。

用鎚子與石鑿在你想要削掉的地方，輕輕地鑿出連續小孔做為記號。沿著這條虛線再次敲擊，但這次要更用力。差不多在敲了第三次之後，把石頭翻面，用同樣的方式做記號。重複相同作法，力道逐次加重。若你敲擊的地方靠近石頭邊緣，請微微傾斜鑿刀，往石頭主體的方向敲擊（垂直敲擊比較容易鑿出坑洞，而不是鑿穿石頭）。

記住，往邊緣的方向輕敲容易鑿出坑洞；用力一點敲擊，能造成更深層的斷裂，通常也會更接近你的目標位置。有時候石頭就是會向邊緣碎裂，使邊緣的石面如山脊般突出。鑿刀以差不多剛好能切進石材表面的大角度傾斜，貼著表面在突出部位的附近敲擊。兩面都敲掉一些碎屑，直到達成充分的修飾效果為止。理想狀態是石材的兩面都會沿著

記號斷裂，但如果一開始試了幾千次都不是這樣，實屬正常。

碎石大鎚的鎚頭有一邊是刀刃，能把大石頭劈成小石頭。如果無法直接使用大石頭，請用 12 磅（約 5.4 公斤）的大鎚。跟使用鑿刀一樣，一開始輕敲記號線，再加強敲擊力道。你仍須用鎚子與鑿刀把斷面修平滑，因為大鎚只能劈出大致成品。若你的準頭很好，用大鎚劈開沉積岩（如砂岩與石灰岩）會很快。這跟劈開木材很像，但比較花時間。

▸ **專屬的「完美接合」**

用石頭鑿出完美接合的榫眼與接榫，一直是石匠的美好夢想。這種作法幾乎不值得花費時間，而且即使完工了，通常幾小時後石頭就會斷掉。試著以有創意的方式利用石頭之間的空隙，不要每次都追求緊密接合。如果一塊石材旁留有空隙，你可以塞入填隙片或碎片。

外表貌似乾式堆疊而需要更緊密的接合，因此修整的需求也比較高。乾式堆疊仍用砂漿接合石材，只是從外觀看不到砂漿，所以很像緊密堆疊的乾砌石牆。有時候可塞入較多碎片和填隙片，但有時候沒辦法。若必須使用大型石材，有兩種解決方法：找更多石材，或是增加修整幅度。

為了讓邊緣緊密接合，你或許得處理凹凸不平的地方。作法是立起石頭，用鑿刀或石錐修掉凸出之處。鑿刀最好用。它能一點一點削掉你不要的部分。雖然很慢，但使命必達。

修整石材一定要記住一件最重要的

事：除非必要，否則不要這麼做。如果你有很多剩餘石材，或許能夠找到剛好吻合的石材，就算要用兩塊以上也無所謂。鑿切石材容易令人感到洩氣，所以能免則免，就算是容易修整的砂岩也一樣。如果你使用的石材硬度更高，例如花崗岩，還是尋找適合的形狀吧。

乾砌石牆

　　獨立的乾砌石牆，是你所能建造的最簡單、也最美麗的石造建物。不用打基礎，不使用砂漿，不會因為結冰而裂開。若你使用地表岩石，石頭表面本來就覆蓋著地衣，散發陳舊感。雖然是新砌的石牆，看起來卻彷彿有數百年歷史。

　　乾砌石牆的基本工法是把石頭層層堆疊，搭配一些合理的限制條件（例如：如果石頭倒了，那它就不是一面牆）。獨立的乾砌石牆裡的石頭，每一個表面都應該向內傾斜、互相依靠。可能的話，每一顆石頭都應在受控的情況下對相鄰的石頭施加推力，卻又不會真的推動彼此。因此，乾砌石牆裡的石頭不需要砂漿也能固定，因為固定它們的是重力與摩擦力，前提是以適當的方式堆砌。

▸ 材料與工具

　　若要建造一道高度 3 英尺（90 公分）、厚度 2 英尺（60 公分）的獨立石牆，你需要的東西如下：

材料

　　1 英噸（1 公噸）相對平坦（頂部與底部）的石頭，寬度 6 至 24 英寸（15 至 60 公分），厚度 2 至 6 英寸（5 至 15 公分），此用量適合長度 3 英尺（90 公分）的石牆

工具

石鑿

圓鼓鎚（striking hammer）

石匠鎚（mason's hammer）

膠帶

4 英尺（1.2 公尺）水平尺

鐵撬（直的或彎的都行）

▸ 石材重量與體積

　　1 英噸（1 公噸）石材，約可砌築長度 3 英尺（90 公分）、高度 3 英尺（90 公分）、厚度 2 英尺（60 公分）的石牆。你可以在石場或居家修繕量販店買到 1 英噸（1 公噸）石材。如果你在野外收集石材，1 英噸石材的體積約為 17.5 立方英尺（3.5×5×1 英尺〔1×1.5×0.3 公尺〕）；或是放在標準尺寸的貨卡車斗裡，深度約為 6 英寸（15 公分）。

▸ 步驟一：在底部挖一條溝

　　乾砌石牆的穩定度來自重力。石材藉由互相依靠來固定彼此。該怎麼做，才能讓石頭全都向內傾斜？把底部的表土挖出一條寬 24 英寸（60 公分）、深 4 至 6 英寸（10 至 15 公分）的淺溝，這條底溝應微微內凹呈 V 形。中心點比兩側深 2 英寸（5 公分）左右。這條底溝必須維持水平。若地面不平，調整溝的深度使其維持水平。

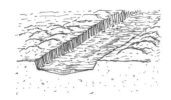

底溝應微微內凹呈 V 形

如果地面是斜的，底溝應做成階梯狀，好讓第一層（以及接下來各層）的每一顆石頭都能維持水平。

▶ **步驟二：鋪設第一層石材**

　　石牆分層建造。鋪設第一層石材時，先沿著溝底一次放置兩顆石頭，每顆石頭都要向中心點傾斜。挑選外側邊緣相對平整的石頭，以及差不多剛好頂到中心點的石頭。如果一顆石頭超出中心點 2 至 3 英寸（5 至 7.5 公分），調整土壤的位置，並且在它的對面使用較短的石頭。若中心點的兩顆石頭都很短，可用碎石填滿中心點的縫隙。

　　用表面不平整的石頭鋪設第一層，視需要把石頭重新挖出來。盡量維持頂部表面平滑，並且令第一層的石頭維持相同高度。

第一層的表面盡量維持平滑。

▶ **步驟三：鋪設剩餘石層**

　　用類似的石頭開始鋪設第二層，一

計算大約厚度

厚度與高度的比例，取決於石頭的「好壞」。好的石頭指的是頂部與底部都很平坦，不但能乖乖躺平，也能支撐最大重量。有好的頂部與底部，石頭就能夠文風不動，即使石牆厚度為高度的一半也依然穩固。也就是說，4 英尺（1.2 公尺）高的石牆，厚度可以是 2 英尺（60 公分）。

邊鋪一邊幫忙遮住第一層的裂縫。假設你已在這條寬度 24 英寸（60 公分）的溝裡，右邊放一顆 15 英寸（38 公分）的石頭，左邊放一顆 9 英寸（23 公分）的石頭，鋪設下一層時要對調。如果用長度 12 英寸（30 公分）的石頭，沿著牆的長邊鋪完第一層，第二層要改用較短或較大的石頭。這麼做是為了避免出現連成一線的接縫。盡量在每一層使用厚度（高度）不同的石頭。若是無法做到，可把兩顆薄的石頭跟一顆厚的石頭放在一起，讓它們維持差不多的高度。

　　鋪設這一層時，石牆的寬邊每隔 4

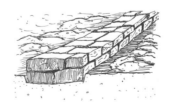

第二層的石頭鋪在第一層的石頭接縫上，避免出現連成一線的接縫。

填隙片

填隙片有助於恢復固定石材的傾斜角度

英尺（1.2 公尺），就放一顆 24 英寸（60公分）的石頭做為加固條石（見下方BOX）。這種作法每隔兩層進行一次，位置不拘。

　　因為加固條石在牆面的兩側都看得到，因此要選頭尾較筆直的石頭。如有需要，可用槌子與鑿刀修飾石頭表面。

　　加固條石不太可能那麼巧中央剛好凹陷，因此你必須在下一層重建 V 形斜坡。尾端逐漸變細的石頭是明顯的選擇，但你也可以用碎片或填隙片抬高石頭的外緣。不過，填隙片本身不可以是尾端

使用加固條石

若將獨立石牆的橫向剖開，你會看見兩道牆互相依靠。但是，這樣的平衡並不穩定，這兩道牆隨時可能散開。因此石匠在石牆的各處使用加固條石，這顆石頭橫跨牆寬，提供穩定與支撐。

加固條石必須完全平放，不然會隨著結冰與解凍而下滑。加固條石是重要的牆頂構造（稱為頂石〔capstone〕），既能把石材固定在一起，也能為石牆遮雨。雨水會結冰，破壞石牆結構。頂石也能阻擋灰塵、落葉和其他殘骸吹進石牆，為牆縫裡的種子提供養分。若允許樹根在牆縫裡發芽，這道牆肯定會分崩離析。

加固條石

加固條石分散放置，橫跨牆寬。

頂石

頂石是鋪設在牆頂的加固條石。

逐漸變細的形狀，否則依照乾砌石牆收縮與滑動的特性，填隙片會慢慢從石牆裡鬆脫。你可以在之前修整石材的碎屑中，找出長方形薄片來使用；或是敲碎薄石塊製作填隙片。石頭擺放在恰當的位置上，用填隙片卡住固定，石頭就能不動如山，就算被當成階梯、經常互相推擠，也不會受到影響。

▶ 步驟四：鋪頂石

　　你可以垂直完成牆面（A）；若地面是斜坡，牆頂維持水平，視覺上延伸至斜坡裡（B）；做成階梯，逐步降階至地面（C）。頂層盡量使用加固條石。放在頂層的石頭叫

A

B

C

頂石。頂石如果不夠大、不夠重，會很容易鬆脫。請把最好的石頭留下來做頂石，因為用小石頭拼湊而成的頂層並不穩固。

砂漿石牆

　　砂漿石牆防水，樹根不易入侵，不

乾砌石牆的五個成功訣竅

1. 維持牆面平整

   石牆表面一定會參差不齊，但如果你一邊堆砌一邊調整位置，就算牆面上的石頭有的突出、有的內縮，看起來仍是錯落有致。如果你砌牆時有特別注意對齊外緣，那麼加固條石的末端雖然外觀互異，也不會給人一種衝突感。

2. 把斜坡改成階梯

   若在斜坡上建造乾砌石牆，移除表土挖底溝時可將斜坡做成階梯狀（見前頁），讓石材維持水平。頂石同樣做成階梯狀。傾斜或非平放的石材會隨著時間滑動。滑動不會立即發生，但你當然不希望石牆倒塌，所以一開始就要處理好。

底部呈階梯狀的石牆，頂部也要做成階梯狀。

3. 石頭漂亮的那一面朝外

   稍微有斜度的石頭，請把漂亮的那一面朝外。如果石牆因此中間有空隙，可用碎石（也就是被淘汰的石塊）填補空隙。比較有可能發生的情況是，邊緣漂亮、形狀整齊的石頭很少或甚至沒有，所以你必須至少修整其中一面。

4. 選擇薄的石頭

   建造乾砌石牆用薄的石頭比較容易施工。薄的石頭容易搬動，也比厚的石頭容易修整。

5. 避免連成一線的接縫

   石頭緊鄰彼此排列，頂部與地面平行，每一塊石材都要蓋在前一層的接縫上。如果沒有這麼做，會出現連成一線的接縫，或是垂直石縫，嚴重削弱石牆的強度。如果只有兩層石材的接縫連成一線尚能接受，但應盡量避免。

垂直石縫會削弱石牆的強度與耐久性，應盡力避免。

會隨著天氣變化而明顯變形，所以比乾砌石牆堅固許多。把石牆適當地架設在基座上，石縫內縮 $\frac{1}{2}$ 至 1 英寸（1.3 至 2.5 公尺），讓石材顯得更立體，這樣的砂漿石牆很美。

　　砂漿石牆不只是乾砌石牆加點水泥而已，因為砂漿石牆不能變形，所以必須架設在延伸至霜線以下的基座上。基座可以與地面同高，也可以比地面低 6 英寸（15 公分）。基座比石牆寬，以較大的面積分散石牆重量，減少石牆的向下壓力。

　　各地的建築法規都不一樣，但通常需要建造基礎（基座也是基礎）的建物都需要申請建照。

　　高度 3 英尺（90 公分）的砂漿石牆，可以做得比相同高度的乾砌石牆更窄。寬度 12 英寸（30 公分）就能為一道直立石牆提供足夠的穩定度。基座寬度應為牆寬的兩倍。

▶ 材料與工具

若要建造一道高度 3 英尺（90 公分）、厚度 1 英尺（30 公分）的獨立砂漿石牆，你需要的東西如下：

材料

1 英噸（1 公噸）厚度與長度不同的石頭，寬度不超過 12 英寸（30 公分），最後盡量使用形狀方正、表面平坦的石頭。此用量適合長度 6 英尺（1.8 公尺）的石牆。

混凝土：每 1 英尺（30 公分）石牆使用的混凝土約為 2.5 立方英尺，或是每 10 英尺（3 公尺）使用 1 立方碼。若你選擇自己拌混凝土，每 10 英尺（3 公尺）石牆會用到 1 立方碼粒料、$\frac{2}{3}$ 立方碼沙子與 9 包水泥。

砂漿：每 12 至 15 英尺（3.6 至 4.6

水泥的儲存建議

拌合與澆灌水泥都需要時間，而且你一次只會處理一小批混凝土，所以你不會一次用完砌築石牆需要用到的水泥。沒用到的水泥絕對不能放在地上，而且要用塑膠布包好，或是存放在有屋頂的地方。塑膠布不可以固定在地上，否則地面濕氣會凝結在塑膠布裡，把水泥弄濕。水泥不可存放超過一個月。空氣中含有的水分足以啟動凝固水泥的化學反應，你當然不希望在蓋好石牆之前發生這種事。

公尺）石牆使用 3 包水泥、1 包熟石灰、1 英噸沙子、水。

若石牆蓋在斜坡上，你需要 8×30×1 英寸（20×76×2.5 公分）的木板來做擋土板。

直徑 $\frac{1}{2}$ 英寸（1.3 公分）鋼筋：市售鋼筋的長度通常是 20 英尺。鋼筋兩條一組，裝設在石牆的基座裡，需涵蓋石牆的完整長度。

鋼筋等級支柱：每隔 4 英尺（1.2 公尺）用一根，需涵蓋石牆的長度。

工具

兩根 48 英寸（1.2 公尺）木棍（直徑 $\frac{3}{8}$ 英寸（1 公分），插在石牆兩端，中間綁細繩，以確定石牆保持筆直）。細繩、石鑿、獨輪手推車、圓鼓鎚、十字鎬、石匠鎚、鏟子、鐵橇、鋤頭、4 英尺（1.2 公尺）水平尺、大鏝刀、膠帶、鋼絲刷

▶ 步驟一：幫混凝土基座挖一條底溝

在製作基座之前，你需要挖一條 24 英寸（60 公分）寬的底溝，深度低於當地霜線。建築檢查人員會要求你在底溝裡埋設鋼筋等級支柱，用來確定基座的厚度。每隔 4 英尺（1.2 公尺）左右埋一根，頂端對齊，高度是混凝土灌入後的高度。這項工作請使用 4 英尺（1.2 公尺）水平尺、穿繩水平儀、水平儀或是經緯儀來輔助。檢查人員會希望看見這些支柱，還有擋土板與平順、堅固的溝底與俐落的邊角，確認後才會允許你灌水泥。

▶ 步驟二：計算基座的深度

　　基座混凝土的深度或厚度主要由你決定。假設牆高 3 英尺（90 公分），深度至少要超過 6 英寸（15 公分）。地面以下的基座上不放石頭，而是以水泥塊取代，這種作法很常見。反正看不見，所以不要浪費好石材。

　　以我們的情況來說，比較便宜的作法是買預拌混凝土灌進底溝裡，填滿至與地面齊平。其他作法都更需要花費更多力氣與材料，太過昂貴。

　　但是，如果石牆位在混凝土攪拌車

礫石基座

有一種基座成本低廉許多，但是壽命較短、強度較低，那就是礫石基座。挖溝同樣挖到霜線底下，但是寬度與石牆厚度相同。接著把礫石或碎石倒入底溝裡，深度至少 6 英寸（15 公分），但依然低於霜線。把礫石表面整理一下，然後開始鋪設石材。

這種作法的原理是水不會流進石牆裡結冰，因為水被砂漿擋住了。水沒有在石牆底下結冰，導致石牆變形，原因是水穿透礫石流到霜線底下。因為水透過礫石迅速排走，所以石牆能維持穩定。

但是這種基座有兩個缺點：它無法分散石牆的重量，石牆可能因此下沉和龜裂。等到泥土被沖入礫石縫裡，導致水無法滲透礫石，這道石牆就等於站在泥土之上。此外，樹根很容易鑽進這種石牆底下，造成更嚴重的破壞。儘管如此，礫石基座的壽命已經算很長了。考慮到混凝土基座的成本，礫石基座或許是個選擇。

到不了的地方，所以你徒手或是用攪拌機攪拌混凝土，作法也可以變通，尤其是長長的石牆，因為要填滿長石牆的底溝本來就會耗費太多混凝土。如果你有很多漂亮的石頭，可以把沒那麼漂亮的石頭藏在地面以下。但是千萬要記住，這些醜石頭一定要埋在混凝土裡才有辦法支撐石牆。

　　材料清單裡列出的混凝土份量，可填滿深度 18 英寸（46 公分）的底溝。當然在地面以下的基座上，你也可以用 12 英寸（30 公分）的水泥塊或石塊取代混凝土。

　　不過前面也提醒過，用混凝土填滿底溝比較快，成本也不是太貴。

▶ 步驟三：拌和混凝土

　　大部分的建材行與園藝店都有賣預拌混凝土，但是會比自己拌稍微貴一點。這是成本與便利之間的選擇，請自行決定。若你決定自己拌混凝土，基本的比例如下：

　　1 份水泥
　　2 份沙子
　　水

3 份粒料，顆粒大小 1 英寸（2.5 公分）以下（砂石場稱為 6 至 8 分石）

　　動手前，先計算基座體積。若是寬度 2 英尺（60 公分）、深度至少 6 英寸（15 公分）的基座，每英尺至少需要 1 立方英尺的混凝土。以長度 50 英尺（15 公尺）的石牆來說，你至少需要 50 立方英尺（0.42 立方公尺）的混凝土（階梯底座需要的量更大），若將溢出與凝固

小撇步

若石牆蓋在斜坡上，用階梯的方式令石牆保持水平。階梯的高度因石牆而異，但因為水泥塊是常見的基座材料，所以通常每一階的段差是 8 英寸（20 公分）。用「擋土板」來固定階梯，在底溝兩側土壁上挖鑿能讓擋土板卡入的凹槽，再用短鋼筋支撐。

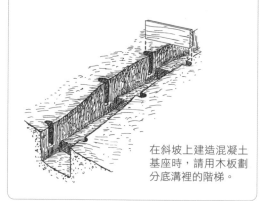

在斜坡上建造混凝土基座時，請用木板劃分底溝裡的階梯。

等因素考慮在內，這表示你需要的粒料大約是 2 立方碼（2.8 立方公尺）。

若用貨卡搬運得跑好幾趟，所以不妨請砂石場幫忙運送。雖然你也可以自己收集溪石，但砂石場的碎石通常比圓潤的溪石堅硬。此外，你需要的沙子份量是粒料的 $\frac{2}{3}$，以及至少 13 立方英尺（0.37 立方公尺）的袋裝水泥。

攪拌基座混凝土採少量多次進行，以免混凝土乾得太快，來不及澆灌。若你有獨輪手推車，一次請攪拌 1 立方英尺（0.03 立方公尺）。如果你有中小型的攪拌機，一次可以攪拌 2 到 3 立方英尺（0.06 到 0.08 立方公尺）。先把 4 鏟沙子與 2 鏟水泥攪拌均勻，然後加水，攪拌至拌和物濕潤鬆散。水量有很多變

因，但關鍵因素是原本的沙子有多乾燥。最後把大約 6 鏟的料，分次少量加入拌和物裡。

攪拌好的混凝土不應太濕，你鏟起混凝土所形成的小山尖應能維持形狀；但是也不應太乾，當你用鋤頭晃動時，它應能慢慢變平。如果拌和物上出現積水，就表示太濕了。若水分過多，混凝土乾了之後會形成氣穴，削弱混凝土的強度。

混凝土拌和物應有足夠的硬度，拉起時形成小山尖。

▶ 步驟四：澆灌與加固

基座需以鋼筋加固，常見的鋼筋直徑是 $\frac{1}{2}$ 英寸（1.3 公分）。鋼筋能強化水泥。

若不加固，底溝底部的弱點（基岩與土壤的交會處）可能會沉降，進而導致石牆破裂。

在基座一半厚度的地方放置鋼筋。不要用磚頭或石塊支撐鋼筋，這樣會形成細微裂紋，若水分滲入將導致鋼筋生鏽。先灌入 4 英寸（10 公分）高的混凝土，接著在寬度 3 英尺（90 公分）的底溝正中央放置兩根鋼筋，相距 1 英尺（30 公分）。兩根鋼筋對齊，末端都突出底溝 6 英寸（15 公分）。將剩餘的混凝土灌入基座。

若你在混凝土基座上直接鋪設石材，基座表面維持大致平坦即可。若是擺放水泥塊，基座表面必須處理得更加

小撇步

拌好的混凝土盡量一次倒完。如果第一批混凝土灌好之後，在第二批澆灌之前有多達 1 小時的凝固時間，就會產生「冷縫」（cold joints）。水會滲入冷縫，削弱混凝土的強度。

平順。將獨輪手推車裡的混凝土倒入底溝，然後用鋤頭刮平就可以了。處理基座表面時，可以用鋤頭找一下鋼筋等級支柱的頂端，做為水平表面的基準。

給混凝土 2 天的凝固時間。

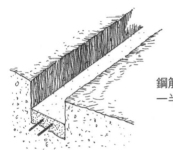

鋼筋放在基座厚度一半的地方。

▶ 步驟五：規劃配置

2 天後，抽出擋土板（若有）。無論你的基座使用了混凝土、水泥塊還是礫石，現在你都要開始鋪設地面上的石材了。

這是石牆成敗的判斷基準，所以不能出錯。為維持石牆的強度，水平鋪設是最佳選擇。相同大小的石材太多會顯得單調，所以要經常變換尺寸。別忘了在可行的範圍內，時時回頭整理石材的水平配置。

先堆疊長度 3 至 4 英尺（90 至 122公分）的石牆，不加砂漿，石材外側表面保持均勻，頂層保持水平。確定每塊石材都有固定好。視需要用鎚子與鑿刀修整石材。

石材之間保留約 $\frac{1}{2}$ 英寸（1.3 公分）距離。石牆厚度 12 英寸（30 公分），你可用兩塊石材達到相同長度。

在用砂漿固定位置之前，先確認石材的排法。

▶ 步驟六：攪拌砂漿

大台獨輪手推車很適合用來攪拌砂漿。你可以先把它推到存放水泥與熟石灰的砂堆旁，再把它推到施工地點。石牆砂漿的基本比例如下：

9 份沙子
2 份水泥
1 份熟石灰
水

把水泥與熟石灰加進沙子裡，加完後，手推車斗應該還不到半滿。用中等大小的鏟子做為比例基準，攪拌出來的砂漿份量會很剛好。

加水前先以鏟子、鋤頭或兩種一起攪拌。接著將拌好的乾沙推到手推車斗的一邊，另一邊倒入約 1.9 公升的水。

用鋤頭把乾沙一片一片「切」進水裡。一片濕透之後，再切一片。水用完之後，把砂漿推到一邊再開一個洞，加水後重複相同過程。一定要注意角落有沒有尚未拌和的乾沙。攪拌到手推車斗

把乾沙一片一片的「切」
進水裡，一次攪拌一片。

的另一頭時，應該就差不多了。小心不
要一次加太多水，否則砂漿會太濕。拉
起時應可形成小山尖。

　　如果沙子本就被雨淋濕，拌和時只
需要加少許的水。攪拌近尾聲時，每次
加入的水量不能多。1 杯水的量，就足以
導致砂漿太乾或太濕。砂漿的質地應該
是充分濕潤，但不到流動或滴淌的程度。
若砂漿太濕，依比例加入沙子、水泥與
熟石灰，直到硬度夠硬。

　　你也可以多等 20 分鐘：多餘的水會
浮到表面，直接舀掉就好。底下的砂漿
軟硬適中，只要把太軟的部分刮到旁邊，
先用底下的就行了。

　　在你使用砂漿的過程中，它會愈來
愈乾。若砂漿太濕，它會漸入佳境。若
砂漿太乾，你必須加水維持最佳比例。
砂漿拌好之後，要在兩小時內用完。

▶ 步驟七：用砂漿固定石材

　　請遵循乾砌石牆的原則：盡量減少
砂漿用量，同時做好防水，建造堅固的
石牆。若你想做看不見砂漿的仿乾砌石
牆，接下來任務艱鉅。石材之間保留 $\frac{1}{2}$
至 1 英寸（1.3 至 2.5 公分）的接縫，內
縮要深一點（1 英寸〔2.5 公分〕左右），
才不會看見砂漿。使用大量砂漿的接縫

會牢牢砌合，防水性較好，也比較不會
受到石材排列不齊的影響。

　　在混凝土基座上鋪一層 $\frac{3}{4}$ 英寸（1.9
公分）厚的砂漿，一邊鋪，一邊移動或
替換先前試排的石材。稍微搖動每一塊
石材，消除氣穴。如果砂漿被推到外面，
請用勾縫鏝刀刮掉表面的砂漿，再刮接
縫。不要讓砂漿停留在石材表面，否則
很難清除。把砂漿填入石材縫隙裡，用
勾縫鏝刀刮下水泥抹刀上的砂漿，填進
縫隙裡。朝外接縫的砂漿往內推至少 $\frac{1}{2}$
英寸（1.3 公分）。第一層可以盡量鋪得
長一點，然後再鋪第二層。砂漿維持濕
潤至少 2 天。

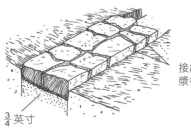

接縫的砂
漿往內

$\frac{3}{4}$ 英寸

朝外接縫的砂漿往內推至少 $\frac{1}{2}$ 英寸

　　重複先預排石材、再用砂漿黏合的
過程，視需要攪拌新的砂漿，直到完成
整道牆。

　　斜坡上的石牆要做成階梯狀，除非
石材很厚，否則一律水平擺放，不要垂

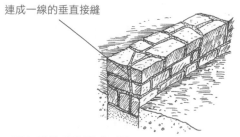

連成一線的垂直接縫

避免接縫垂直連成一線！

直擺放。水平堆砌完整寬度的石牆，這樣可以同時處理前方與後方的朝外牆面。你可以一次往前堆砌幾英尺，砌完一層，再砌下一層。

從第二層開始，要注意避免在牆內與牆面上堆砌出連成一線的垂直接縫，這一點與乾砌石牆相同。砂漿石牆也需要加固條石。但我們這道牆很薄，中心大概不需要填入碎石。小縫隙填入砂漿提高強度。用勾縫鏝刀壓實砂漿，消除氣孔。

▶ 步驟八：刮接縫

抹上砂漿 4 個小時之內，用勾縫鏝

砂漿石牆的七個成功訣竅

1. **鎖住末端**

   如果你的石牆末端是獨立的垂直面（沒有靠著其他建物，或是延伸至斜坡），請交錯堆疊長短石材，讓盡頭看起來均勻平整，而每一層石材又緊緊相扣。就好像磚牆的盡頭都會用半塊磚來收尾。堆疊石材時，請放在前一層兩塊石材的接縫之上。

2. **保持牆面筆直**

   大部分的石匠使用拉緊的細繩來保持牆面的筆直。

   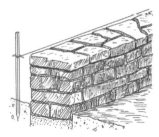

   你可以用一條引導繩協助維持牆面筆直。把兩根長木棍插進土裡，中間拉一條細繩，並且視需要調整細繩的高度。

3. **試排石材**

   先試排幾塊石材，不用試排太多，因為抹上砂漿後，位置會有變化。一次用砂漿黏合五、六塊石材，刮除接縫裡的多餘砂漿，接著後退一步，欣賞你的大作。

4. **用碎石填補接縫**

   用形狀適當的碎石填補較寬的接縫。修整石材會產生很多碎石，但這些碎石幾乎不可能找到形狀完全吻合的歸處。所以請使用近乎剛好的石材，然後用碎石來補足缺陷。

5. **避免連成一線的接縫**

   石頭緊鄰彼此排列，每一塊石材都要蓋在前一層的接縫上。如果沒有這麼做，會出現連成一線的接縫，或是垂直石縫，嚴重削弱石牆的強度。如果只有兩層石材的接縫連成一線尚能接受，但應盡量避免。

6. **預先準備明天的工作**

   收工時，牆面尾端不要排成垂直狀，而是做成階梯狀，下次接著堆砌石材會比較容易。

7. **砂漿保持潮濕**

   水分是砂漿凝固的關鍵，這個化學作用會持續好幾天。若砂漿乾得太快，凝固作用隨即結束，幾乎沒有強度可言。因此，用砂漿砌好的石材一天要潑水四次。若天氣炎熱，可在上面蓋一塊塑膠布保濕。兩天後就沒什麼關係了，凝固作用會自然減緩。

刀把接縫裡的砂漿刮到水泥抹刀上，以便重複利用。刮過的接縫應維持相同深度，也就是至少 1 英寸（2.5 公分）。無論你希望砂漿接縫被壓得有多深，維持一致的深度就行了。

砂漿的量不太可能每次都算得剛剛好，所以你一定每天都得刮掉一些。這時候砂漿還滿濕的，沒清除乾淨會變得髒髒的，所以還不能收工。

▶ 步驟九：清潔接縫與表面

抹上砂漿 4 小時之內，用勾縫鏝刀刮除接縫裡的砂漿，維持相同深度。

當砂漿乾到不會弄髒牆面時，用鋼絲刷清潔牆面，把砂漿弄髒的地方刷乾淨。用鏝刀刮砂漿會留下小溝、坑洞、凹凹凸凸的

鋼絲刷和水能去除牆面上的砂漿漬。

表面，但鋼絲刷能撫平這些瑕疵。當你確定砂漿夠乾、不會流下牆面的時候，可以用任何你喜歡的方式把砂漿打濕。

再次用鋼絲刷加強清潔。噴水或潑水，維持砂漿潮濕至少 2 天。通常 1 天潑水 4 至 5 次就夠了。

▶ 步驟十：鋪設頂石

因為會用砂漿黏合固定，所以頂石不一定非要又大又重。但是砂漿接縫一定要緊密，才不會有水滲進去結冰。若真的滲水結冰，石材會從牆上脫落。

斜坡上的砂漿石牆牆頂不一定要做成階梯狀。每一層都應該是水平的，若使用了形狀不規則的石材，一定要回頭調整。若牆頂不是階梯狀、而是斜坡狀，就必須使用傾斜的石材（一側較厚，一側較薄），把這些石材平放在牆頂上。

不同於乾砌石牆，在斜坡上蓋砂漿石牆時，雖然底溝是階梯狀，但牆頂不一定做成階梯狀。

Chapter *24*
林地管理

隨著樹木等可再生能源的需求上升，以及公有地開採木材的法規日趨嚴格，林業預估未來將轉向小型林地購買「林產品」。這意味著木材價格將會升高，業者遊說政府減免林地稅的行動也會更加積極。

如果你擁有的林地面積小於 10 英畝，以生產木材做為管理林地的目標可能不太務實。但是，你可以種植更健康、生長速度更快的樹種，為你的火爐增添柴薪。

此外，若你的林地上有幾棵價值非凡的硬木老樹，或許也值得請人來一棵一棵搬走，帶來些許收益。

大部分的林地都呈現過度擁擠的狀態，樹種之間競爭激烈，導致生長速度只有正常狀態的一半。林地若缺乏妥善管理，不但會減少遊憩的機會，也無法孕育足夠的野生動植物。

有人說走進林地時應該放輕腳步，以免打擾森林裡的自然平衡。這些人還會告訴你，只要從林地採收需要的量就行了，大自然會自己照顧自己。如果人類沒有出現在地球上，用這種方式管理森林應該沒問題，但大部分的林地自然平衡早已被嚴重破壞，若想恢復平衡需要花費一番功夫。

等待樹木生長、提高價值，是一段大家都想跳過的漫長過程，但你的林地若只是用來種柴火自用或賺小錢，無異於為了煮晚餐把餐桌椅拿來當柴燒。妥善規劃林地是一件值得做的事。

你需要 種多少樹 ？

就算是面積較小的林地，也能為你家供應用之不竭的木柴。至於你需要多大的林地，這取決於能源效率和你家的面積，以及你家火爐的效率。過去木材充足，通風的大房子使用效率低落的火爐跟壁爐，一年燒掉的木柴多達 10 到 15 考得（cord）[12]。時至今日，一棟處於北方氣候的普通房屋僅需 3 至 8 考得就能供暖一年。

▶ 每英畝生長率

大部分的林地，每英畝生長率為每年 $\frac{1}{4}$ 至 $\frac{3}{4}$ 考得。氣候、土壤、樹種與管理程度都會影響生長率。以東方為例，林地的木材量每 10 到 20 年就會翻一倍。

12　譯註：考得（cord）林業使用的材積單位，用來測量整齊堆疊的乾燥木材。一考得木材的體積為 128 立方英尺（3.62 立方公尺）

若使用集約化管理技術，同一塊林地每12 到 15 年就能有豐厚的採收量。大部分的林業業者都說，只要妥善管理，美國絕大多數的林地都有可能產量翻倍。林地管理技術包括疏伐（thinning）、擇伐（selective cutting）、栽種生長較快的樹種，以及在樹木「過熟」而生長趨緩之前採收。

很多樹會從根株發芽，在既有的根系上快速生長。通常這種樹芽不會長成又高又直、適合當木材的大樹，但它們是絕佳的木柴。

簡言之，若悉心管理，面積 5 英畝以上的林地就能滿足你一整年的暖氣與烹飪需求。

若你的林地面積更大，說不定會有足夠的木材能當木柴販售。若面積超過10 英畝，建議尋求專業人士或政府協助，考慮以生產木料為管理目標。但是，在你決定如何處理林地之前，請先了解一下自己的林地。

林地調查

確認你砍伐的每一棵樹都屬於你，是林地調查的重要工作。如果你還沒確認這件事，可邀請鄰居一起沿著兩塊地的邊界繞一圈。許多林地的地界是以金屬棒或小石堆做為標記。在邊界的樹上塗漆標示界線，請使用快乾琺瑯漆或嵌縫膏（caulking compound）。噴漆會使樹木腐壞。只有即將砍伐的樹可使用噴漆標註。邊界轉向的地方需要特別標註。美國農業部水土保持局能提供地圖或空照圖，使你大致了解林地的形狀以及有哪些樹種。

土壤圖能告訴你這塊地有多適合種樹。你可以在電話簿裡找到當地的農業推廣單位，請對方告訴你如何取得上述的地圖與照片 [13]。

▶ 盤點樹種

接下來要說的是盤點樹種。你最需要的林地專業技能，是辨別樹種的能力。樹木圖鑑是必備的工具書，最為詳盡的是《奧杜邦學會北美樹木圖鑑》[14]，分為美東與美西兩個版本。

硬木是最適合燃燒的木材，大部分的闊葉樹（落葉樹）都是硬木，通常冬天會落葉。

軟木之中有針葉樹（常綠樹）也有落葉樹，也可做為燃料，但是軟木的燃燒特性比不上硬木。

雖說晚秋與初冬是砍柴的主要時節，但盤點樹種比較適合在春夏進行。這是因為大部分的樹上仍有葉子與果實，辨認起來比較容易。樹皮的顏色、質地與氣味，樹葉、果實與小樹枝的差異，整棵樹的形狀與大小等等，都是分辨樹種的方式。

13　台灣地區可向各地地政事務所申請鑑界，藉以劃分彼此的界限。

14　作者是艾伯特・利托（Elberetg L. Little）。台灣地區樹種可上環境保護署、林務局等相關網站查詢。

你可以在春季與夏季觀察種子與樹葉辨認樹種。

火炬松

北美紅櫟

美西側柏

鵝掌楸

美國櫻

美國
白蠟樹

花旗松

紅樺

美國椴木

這是一棵黑胡桃樹。請注意它的鱗狀樹皮、複葉、樹枝上的互生芽，以及黑胡桃樹特有的果實與花朵。

以木柴為目標的 林地管理

　　以木柴為目標的林地管理，關鍵在於該砍哪些樹，以及何時砍樹。

　　擇伐指的是仔細挑選要砍哪些樹；皆伐（clearcut）剛好相反，指的是不分樹種全部採收。伴隨皆伐而來的是同齡林管理（even-aged management），這是因為當林分（stand）[15] 重新造林時，栽種的每一棵樹都是相同年齡。

　　擇伐使你的林地有各種年齡的樹木。同齡林管理在某些情況下確實有好處，但是在大部分的情況下，樹齡互異的林地比較不會受到疾病與蟲害的影響，視覺上也更加趣味盎然。

▶ 擇伐

　　你應該砍掉長得亂七八糟的暴長木，以及太瘦弱、太畸形的樹。此外，你或許也得砍掉幾棵長得特別好的樹，也就是「優勢樹」。優勢樹的枝葉覆蓋在其他樹木的枝葉之上，是享有生長優勢的樹。優勢樹的距離需要精心安排，才能提高森林的整體生長。

　　距離公式：若要判斷兩棵優勢樹是否距離太近，先以英寸為單位算出兩棵樹的平均直徑（相加除以 2），然後加上 6（常數），得出的數字就是這兩棵優勢樹之間的適當距離，單位是英尺。舉例來說，直徑分別為 12 英寸（30 公分）與

15　譯註：林分（stand）為森林之一部分，有許多樹木聚生在一定面積之林地上，其樹種或樹齡之構成等皆成均齊狀態，足能與森林中之其他鄰接地區之森林區別。（資料來源：《森林測計學》）

優勢樹

平均直徑 =10 英寸

14 英尺距離太近！

直徑 12 英寸　　　　　　直徑 8 英寸

要判斷兩棵優勢樹是否距離太近，先以英寸為單位算出兩棵樹的平均直徑，然後加上 6，得出的數字就是它們的適當距離，單位為英尺。若你想生產木柴，請砍掉較大的樹。若你想生產木材，請砍掉較小的樹。

20 英寸（51 公分）的**優勢樹**，應該相距 23 英尺（7 公尺）（12 ＋ 22 除以 2 之後再加 6，等於 23）。

話雖如此，仍請善用你的判斷力。有些樹冠特別大的樹需要更多空間，有些則不需要。硬木通常比軟木需要更多空間。如果生產木柴是你的管理目標，當你在林地裡發現兩棵又高又直的樹比鄰而居時，請砍掉大的那一棵。如果你的目標是生產木材，請砍掉小的那一棵，把大的那一棵留待以後採收。

決定要砍掉哪棵樹的同時，兩棵樹之間的其他樹無須全部砍除。有些較小的樹應該留下。小樹與大樹的砍伐數量應大致相同，為光照和養分留下足夠的空間。

這不一定表示，你應該立刻把該砍的樹全部砍掉。若一次砍掉太多樹，會導致林地土壤變乾，或是遭到灌木入侵；更多風吹進林地，同樣容易導致土壤變乾。樹種之間的競爭有助於天然脫枝（self-pruning），也就是得不到光照的樹枝自動脫落。筆直的高樹在經過天然脫枝後，樹節會變得很少。

▶ 皆伐

如果林地裡有一部分受到嚴重破壞，生長出糾結混亂的小樹群，你可以考慮皆伐。你或許聽說過濫砍濫伐很糟糕，但小範圍的皆伐是健康的伐木方式。你可以藉此種植你想要的樹種。

科學家已研發出生長速度很快的燃料樹種，如混種楊樹只需 5 到 8 年，直徑就能長到 1 英尺（30 公分）。若是種植在美國東北部的林場，木柴產量幾乎可以增加一倍。若是以生產木柴為由，美國有些州以低廉價格提供混種樹苗。若想進一步了解皆伐與造林，可諮詢郡立推廣單位或州立林務局。

▶ 林地主人必備工具

決定好哪些樹該砍、哪些樹該留之後，你必須準備砍樹與處理木柴的工具。這項作業有三個基本步驟：伐木、造材（把樹裁切成小於 4 英尺〔1.2 公尺〕的原木），以及劈柴。你需要幾種特殊工具，但我在這裡列出的工具，你不一定全部都需要。在你投資數百、甚至數千美元購買設備之前，先計算你每年會砍多少樹。較貴的設備，說不定用租的會更便宜也更簡單。以下是你或許想要的工具：

- 鏈鋸
- 橫切鋸
- 伐木楔（材質包括塑膠、鋁或鎂）
- 斧頭

- 弓鋸
- 鉤棍
- 劈柴鎚斧與鋼楔

如果你劈柴的數量很大，可以買一台劈柴機，劈砍木柴的力道是 1 萬 5 千 psi。劈柴機的價格超過 1 千 5 百美元，你也可以租一台，兩天就能處理好幾考得木柴。

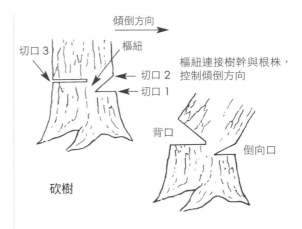

砍樹

▶ 服裝

使用鏈鋸時，適當的服裝能保護你的安全。請穿著緊身的衣服，而且啟動鏈鋸之前，一定要把圍巾塞進衣服裡！戴上護目鏡或眼鏡，以及安全頭盔。在森林裡走動，建議戴上安全頭盔，尤其是強風時期或旱季。

鏈鋸的聲音遠高於安全標準。請購買射擊用的耳塞或是機場跑道工人用的耳罩。只要森林裡作業，都應該穿上厚重的鞋子。買伐木工用的護膝，會傷到膝蓋的鏈鋸意外高達一半。

砍樹

你對鏈鋸應抱持適度的尊重，對鏈鋸要砍伐的樹也一樣。選擇在晚秋砍樹，安全是其中一個考量：葉子落盡，較容易判斷樹幹傾斜的方向，並依此決定砍樹方式。

動手砍樹前，先用樹枝剪或手鋸清除周圍的灌木。

先想好樹要倒在哪個位置：你應該根據樹冠傾斜的大致方向以及樹幹的角度，來決定樹該往哪裡倒下。但你可以

「瞄準」傾倒的位置，以免樹掛在另一棵樹上，或是砸壞樹苗。最後，規劃好逃生路徑並且預先走一遍。樹要倒下時，你不會希望自己被意外絆倒。

第一個缺口叫做倒向口，切在樹要倒下的那一側。先切一個與地面平行的切口，深度介於樹幹的 $\frac{1}{4}$ 與 $\frac{1}{3}$ 之間。接著從上方斜切，做出 45 度角的倒向口。在有多根樹幹的暴長木上切倒向口時要小心，樹幹可能會在剛切好的時候就立刻倒下。

背口：接著要切的是背口，背口應與倒向口的底部平行，位置在倒向口上方約 3 英寸（7.5 公分）的地方。重點是製造一個樞紐來控制樹的傾倒過程，防止樹在倒下時反轉或翻滾。讓樞紐一邊寬、一邊窄，就能稍微控制傾倒的角度。這叫做「穩住斜角」（holding a corner）。樹會倒向切口較深的那一側。

切背口時不要一下子切得太深，但鋸子可開全速。切到半途稍微加重施力，在鋸子能承受的範圍內以最快速度鋸切。這能加快傾倒的速度，也能預防樹倒下時掛在另一棵樹上。碰到這種情況，有

幾種解決方式，建議你找有經驗的朋友幫忙，這種危險的情況最好交給專家。

若鋸子鋸樹途中卡住，立刻關閉開關，把一、兩個（或三個）楔子卡在背口裡，位置是鋸子的後方。樹通常會朝著楔子尖端的方向傾倒，所以楔子要小心瞄準。恢復鋸樹之後，記得偶爾用斧頭或鎚子把楔子敲深一點。

▶ 砍伐暴長木

暴長木很難處理，就算開了倒向口也不一定聽話。砍伐暴長木要考慮樹的形狀、大小與樹榦的延伸方向。如果枝葉非常接近地面，建議一次鋸一根樹幹，讓樹幹原本傾斜的方向墜落。在距離枝岔上方幾英尺的地方下鋸子，以免鋸掉另一根樹幹。如果枝岔太高，那你只能在枝岔下方鋸樹。

切記，每一根樹幹都像一棵獨立的樹，但你處理這根樹幹也可能影響其他樹幹。你可能無法切出適當的背口。或許你的背口只能開在側面，靠楔子的位置來控制傾倒角度。如果樹幹都不算太粗，你可以用手推倒樹幹。先從細的樹幹下手，然後依序處理較粗的樹幹。

造材 與 劈柴

樹倒下之後，應先清除枝葉（修剪），然後再把原木裁切成小塊（造材）。先確定樹已確實落在地面上。接著修剪分枝，但暫時保留樹冠。處理較大的樹枝時，鋸子要先由下往上，最後再由上往下。

裁切原木時，木柴長度要比你家的柴火爐短 4 英寸（10 公分）左右。如果你打算販售木柴，可裁成 4 英尺（1.2 公尺）的長度。直徑大於 3 英寸（7.5 公分）的樹枝也要裁成小段。從樹頭開始往樹冠的方向裁切，把樹冠當成支點。造材最簡單的作法是由上往下鋸，直到鋸子好像卡住不動，接著用鈎棍翻轉原木，翻面後鋸斷原木。若是較粗的樹，先由上方鋸入原木直徑約 $\frac{1}{4}$，然後再從下方鋸斷原木。可以的話請架高原木，保護鏈鋸。

直徑小於 3 英寸（7.5 公分）的樹枝可不予理會。把殘餘的枝葉撒在林地上，任其腐爛。不要把枝葉堆置在樹底下，可能會引發火災。不過，一小堆樹枝是很棒的動物棲息地。

▶ 劈柴

原木大部分的水分會從末端流失，但劈開後會乾燥得更快。直徑超過 8 英寸（20 公分）的原木至少劈成四等分。

有些樹種比較容易劈開，例如櫟樹、梣樹與山毛櫸。山核桃、榆樹與鐵木則是特別硬的樹種。大部分的原木還是生材時會比較容易劈，所以樹砍下來之後要盡快劈柴。

使用斧鎚劈柴時，立起木柴並瞄準中心位置。順著紋理劈砍，善用木柴上原本就有的裂痕。

▶ 乾燥

可能的話，請在樹林裡劈柴並就近乾燥木柴。乾燥的木頭比新鮮木材輕很多，容易搬運。木柴應乾燥到僅剩 20% 左右的水分，才適合當成燃料。這需要半年至一年的時間。

等到木柴樹皮脫落，末端有深深的裂縫，就乾燥得差不多了。燃燒木柴之前，一定要仔細檢查。燃燒太生的木柴，會導致煙油在煙囪內堆積，造成可怕的煙囪火災。

「日曬乾燥法」能加速木柴乾燥，其實就是把一塊厚厚的透明塑膠布鋪在木柴堆上方。面向盛行風的那一側不要蓋住，以利通風。縱向排放木柴，為木柴堆打底。

像小木屋那樣堆疊木柴，是乾燥效率最高的堆疊方式，也就是每一層木柴都與前一層垂直。若沒有蓋上塑膠布，堆疊時請讓樹皮朝上；若有蓋上塑膠布，請讓切面朝上。

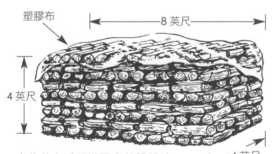

木柴蓋上透明塑膠布乾燥得比較快。側面不要蓋住，以利通風。本圖示的材積為 1 考得。

販售 木柴

如果你的林地生產的木柴自用仍綽綽有餘，你或許可以考慮賣掉部分木柴。隨著木柴價格飆漲，你可以一次砍掉許多不要的樹，快速打造自己想要的森林。

▶ 不要把木材當成燃料販售

打電話給推廣中心，尋求關於「木材林分改良」免費諮詢（或甚至財務協助）。他們的建議可能很有用，因為你在觀察木料市場的時候，第一件要確定的事就是你有沒有誤把高價的木材當成木柴販售。木柴價格再怎麼高，也比不上木材。若你發現有些人向你買木柴的真實用途，可能會很驚訝。

問問當地的紙漿廠與製材廠收購哪些樹種，價格如何。各州的合作推廣中心都可查詢木柴、木漿用材、鋸材、去皮與單板原木、木片、桿材、枕木、燃料殘餘物與標準尺寸木料的價格。你可以打電話去郡立推廣單位或州立林務局，瞭解價格查詢服務。

▶ 木柴市場

你可以透過零售商或仲介販售木柴。當然，一定要先確定木料的價值。可能的話，在州立木柴燃料供應商名冊裡登錄自己的資訊。不是每個州都有供應商名冊，但愈來愈多州正在這麼做。

最簡單的販售方式是宣傳「自己砍柴」，讓客人自己來把木柴搬走。在你想要砍掉的樹上做記號。幾季之後，應該就能找到熟客。這種販售方式的單價獲利不會太高，能有裁切加上運送的木柴價格的 $\frac{1}{5}$ 就算不錯，請客戶處理完木柴之後，把林地收拾乾淨。

如果你沒辦法或不願意處理自己要用的木柴，可以請朋友以「抽成」的方式來幫你處理，例如每一批木柴你抽取 $\frac{1}{3}$ 做為貨款。在你宣傳自己提供「自己

什麼是考得？

1 考得（cord）是長 8 英尺（2.4 公尺）、寬 4 英尺（1.2 公尺）、高 4 英尺（1.2 公尺）的木堆，體積 128 立方英尺（3.6 立方公尺）。但木堆有空隙，所以約有 20% 的體積是空氣。雖然不同的木料重量互異，但平均而言，1 考得的重量約為 $1\frac{1}{2}$ 英噸，由大約 35 根直徑 10 英寸（25 公分）、長度 16 英寸（40.5 公分）的木料構成。相當於 10 棵直徑 8 英寸（20 公分）的小樹，高度差不多到你的胸口（若把枝葉算在內，一棵中等大小的樹約能生產半考得木料）。1 考得木料能產出的熱能相當於 166 加侖（628 公升）2 號燃油，$\frac{3}{4}$ 英噸（$\frac{3}{4}$ 公噸）硬煤，或 5 千度電力。

砍柴」服務之前，請先確認當地的法律規定。如果有人在你的土地上受了傷，你或許得負法律責任。

美國有愈來愈多州要求業者提供明確的木柴體積。許多地區逐漸開始禁用「一堆」或「一批」這樣的木柴單位，因為這些單位量詞不夠明確。另一個有爭議的單位量詞是「拋擲」考得（"thrown" cord），意思是把木料拋進容積 144 立方英尺（4 立方公尺）的卡車貨斗裡。緬因州接受「拋擲考得」為標準單位，但是新罕布夏州的 1 考得等於 128 立方英尺（3.6 立方公尺）緊密堆疊的木料。請致電州立林務局確認你所適用的法規。許多政府部門明定燃料木柴

等級、可使用的樹種與尺寸，以及州政府表單、木柴狀況、裁切尺寸等等。州政府林務局也能協助你了解木柴的價格行情[16]。

有些州允許木柴商以「面積考得」（face cord）為販售單位，同樣是 4 英尺（1.2 公尺）寬、8 英尺（2.4 公尺）長，但高度在 4 英尺（1.2 公尺）以下。為了配合火爐而裁切成特定長度的木柴，以面積考得為單位會很方便。不過，常有粗心的買家不小心上當。如果你以面積考得為販售單位，一定要告知買家「面積考得」小於「標準考得」。

緊密堆疊木柴，但要有 1 考得的體積可大可小的心理準備。1 標準考得的木柴體積介於 60 與 100 立方英尺（1.7 與 2.8 立方公尺）之間，差異取決於樹種、木料的長度與厚度，以及堆疊方式。體積最小的堆疊方式，是木柴一根根對齊。體積最大的堆疊方式是交錯堆疊，較小的木柴塞進夾縫裡，而且木料的長度較短。如果你以卡車做為販售單位，一定要確定木柴的體積。1 考得原木的價格，應低於 1 考得裁切木料。

最後一項建議跟運送木柴有關：使用好的卡車，不要超載。

1 考得硬木重量超過 2 英噸（2 公噸）是家常便飯。如果你想把販售木柴當成常態業務，請不要用轎車送貨！為了運送木柴壓壞車軸很不值得。放慢車速，停車時千萬小心。卡車裝滿貨物時，煞車的效率會降低。

16   台灣木柴銷售相關資訊，請參考「台灣木柴網」https://www.taiwanwood.org.tw/。

人類不能單靠 燃料 而活

森林有許多用途都比生產木柴來得更有價值。最重要的用途是木材,問問當地的製材廠,了解一下你所在的地區有哪些樹種被製成木材販售。隨著房市需求上升,可以說,木材價格上漲的速度並不亞於其他作物。

不過,若你的林地很小(不到 10 英畝〔4 公頃〕),伐木業者是否值得花力氣來砍伐如此少量的木材?你費力販售木材是否值得?答案取決於這塊小林地上有什麼樹。一棵巨大無瑕的黑胡桃樹可能價值數千美元(據說曾有活的黑胡桃樹以一棵 3 萬美元賣出)。

考慮賣樹之前,先向政府尋求協助。郡立或州立林務局會告訴你,你的林地上有沒有木材可賣,以及如何獲得販售方面的協助。簡單一句話:請教他人。如果你沒有販售木材的經驗,很可能會既毀了樹林又虧錢。

判斷你有沒有可賣之材的方式之一,是在自己的林地上進行非正式的「巡察」或盤點,看一下林地裡有什麼樹。在巡察的過程中,你可以評估一下你必須砍掉多少樹才能讓剩餘的樹林欣欣向榮。然後,你可以請林務員來幫忙估算一下砍掉這些樹能得到多少錢,以及這些樹適合當木柴還是其他用途。就算你只對生產木柴感興趣,也別忽略將來你想要改賣木材的可能性。

▶ 採樣調查

若想評估得砍掉多少樹才能提升樹林整體健康,最好的方法是採樣調查。首先,在你不想砍掉的樹上做記號。考量的因素包括經濟價值、美觀、對動物的貢獻或補植新樹的可能性。

做記號時,可在樹的底部塗上一抹漆,或是在樹幹上綁一條緞帶。在林地選定一小塊具代表性的區域(如果有這樣的區域可選的話),面積約為 $\frac{1}{10}$ 英畝(405 平方公尺)。半徑 37 英尺的圓形區域,面積就差不多是 $\frac{1}{10}$ 英畝(405 平方公尺),你可以用一條 37 英尺(11 公尺)的繩子畫出一塊圓形的採樣區。

在你測定的採樣區內,選 10 棵好樹留下來,再點一點剛才做了記號的樹。如果林分裡有好的軟木,就在大約 20 棵樹上做記號。你做記號的樹,應該是最筆直、看起來最健康的樹。葉子應該幾乎看不到疾病造成的瑕疵。若有自然掉落的樹枝,傷口應該已經收合乾淨。

接下來,要從尚未做記號的樹裡,選出你想砍掉的樹。這將決定你有多少木柴可以使用或販售。如果你覺得你不要的「廢樹」可能有其他用途,請諮詢林務局。把廢樹的數量乘以 10,就能約略算出每英畝地有多少棵樹可做為木柴。檢查一下你做了記號的樹,可以的話,請林務員來看一下。它們有做為木材的價值嗎?

在採樣區裡,你是否得苦苦尋找才能挑出 10 棵好樹?若是如此,你或許得請教別人,考慮換一種管理方式。皆伐 1 英畝(0.4 公頃)林地,補植生長快速的樹種,或許是其中一種解決方法。說不定林務員會教你如何管理以木漿用材為生產目標的林地。挑選好樹時，要注意別選距離太接近的樹。砍伐優勢樹，請參考頁 279 的距離公式。

上述的盤點方式，僅適合用來幫助你決定林地的管理方向。如果你的林地上有非常多高大的、生長緩慢的、健康的樹，你可能現在就能販售木材。若是如此，請郡立推廣中心建議幾位優良的林務顧問協助販售。

不過，美國絕大多數的小型林地都亟需修復。大部分的小型林地都已被「擇優砍伐」摧殘，也就是最有價值的樹都已砍伐，留下劣等樹種在林分自然補植。在許多情況下，最好的作法與擇優砍伐恰恰相反：砍掉最沒價值的樹，留下好樹繁衍後代。

在燒柴火爐大流行之前，砍伐「不值錢」的樹並不划算。但現在這些樹可以賣錢，提高了林分的獲利能力。你可以先生產木柴，幾年之後會有更多木材可採收。不過，木柴的利潤不一定高到值得聘用專業顧問。在這樣的情況下，你可以自己調查林地，判斷何時該砍伐那些樹。

以 製材 為目標的管理方式

如果初步調查後發現，你的林地有製材樹種，建議把你打算留下的樹做個記號。

▶ 尋找木材

從距離林地邊界或樹林邊緣 10 到 20 英尺（3 到 6 公尺）的地方出發。在主伐木上做記號。主伐木是筆直高大、將來可做為木材的樹，暫時不砍伐。就像你在採樣區裡標註的樹一樣，主伐木應該沒有內在疾病的徵象：樹幹腫脹，樹皮有裂縫或破損，有開放的傷口，或是癒合不佳的枝節。

標註第一棵樹之後，沿著與林地邊界或樹林邊緣平行的方向，往前走 20 英尺（6 公尺）。標註距離最近的主伐木，或是有機會成為主伐木的樹。如果在 5 到 7 英尺（1.5 到 2.1 公尺）的範圍內沒有樹，就往前多走幾步再試一次。

繼續前進，走到林地或選定的區域盡頭時，轉直角，繼續往前走 20 英尺（6 公尺）。選一棵主伐木，做記號，然後轉身沿著與第一條路平行的方向走。重複相同作法，標註林地上的每一棵主伐木。

▶ 販售木材

林務顧問會把你想販售的木材數量寫成企劃。私人林務顧問也會擬定一份銷售合約，寄給至少六位潛在買家。出價最高的買家，或是伐木計畫最吸引人的買家，就能獲得為你伐木的機會。這種販售木材的方式叫做「活樹販售（on the stump）」。

好的林務顧問除了能幫你標註要砍哪些樹（政府的林務員偶爾也會免費提供這項服務），也能確保伐木方式不會破壞環境。

把你的想法如實告訴林務顧問。如果你想保留一棵美麗的老樹，在合約寄出前就要說出來。如果你不希望某一道老石牆為了給伐木設備讓路而拆除，一定要盡早提出。事實上，你應該在聘用顧問之前就先把這些事都想好。這樣政府人員才能幫你評估，花錢找顧問是不是值得。

　　販售木材的利潤，至少要能夠支付顧問費用與稅金。如果你想把生產木材當成事業，當地的木材公司或許願意提供免費諮詢，做為率先出價的交換條件。

　　如果你願意，也可以直接把木材賣給製材廠。有些製材廠會請你把原木堆在路邊，等他們來收貨。你自己裁好的木材，價格當然會比較高，但這麼做需要一定程度的專業技術與設備。有些地主會自己做原木「堆疊機」，用來堆疊去除枝葉的樹幹。幾個卡車零件和一台舊絞盤，就能完成堆疊任務。一輛堅固的四輪傳動車加上木頭用鏈條與絞盤，就能把原木拖到指定地點。

　　不要像木柴那樣堆置一段時間。製材廠與窯廠都很貴，所以你最好趁原木新鮮時賣過去。

　　品質未達製材標準的樹可以用來做木漿。木漿是紙張、瓦楞紙箱、塑合板與許多化學物質的原料。直徑 4 到 10 英寸（10 到 25 公分）的樹通常是木柴的絕佳原料。但也有些筆直高大的樹種適合用來做成圍籬柱與桿材。以洋槐與梣樹為例，它們雖然是很好的燃料，卻也非常適合做成圍籬柱，數十年不會腐壞。巨大的硬木樹有時會被個別砍下製成飾板，價格高昂。這種原木經常外銷去德國或日本，切削成百分之一英寸的薄片。松樹，尤其是美國南方的松樹，可以用來製作松脂。比起木柴，松樹更適合用來製作木漿。但別忘了，在你考慮販售木料之前，先找一位好的林務顧問提供建議。

以 遊憩 為目標的管理方式

　　你不需要砍樹，也可以利用林地賺錢：收取遊憩費用。

　　許多地主不歡迎遊客，其實是有原因的。遊客的某些行為令人討厭，例如亂丟垃圾、不關閘門、破壞圍籬、射擊標示、越野車留下車轍等。更糟的是，有時候還會有遊客意外受傷，地主因此必須負擔法律責任（無論地主知不知道自己的土地上有遊客）。

　　不過有句話說，正向思考就能扭轉逆境。你可以販售使用許可給負責任的遊客，與這些遊客建立直接的聯繫。

▶ 遊憩費用

　　遊憩費用有幾種收取方式。最常見（利潤最高）的是打獵和釣魚。住在你的林地裡的野生動物不屬於你，而是屬於政府所有。

　　但是，你擁有接觸這些野生動物的途徑，這是可以收費的。你可以寫信給政府的魚類和野生動物管理單位，索取當地的相關規定。

　　你不需要花很多錢，就能打造終年均可使用的露營區，接受遊客付費使用。設置小木屋、水管、戶外廁所與垃圾收集站雖然得花費不少工夫，但是遊憩帶來的收入可能比伐木更豐厚。

　　根據美國內政部天然遺產保育與

遊憩管理局（Heritage Conservation and Recreation Service）的數據顯示，美國發展最快速的運動是越野滑雪。在美國東北部的某些地區，城市居民積極尋找人不多的滑雪道，因為這樣的地方愈來愈少。如果你擁有一、兩條蜿蜒數英里的滑雪道，可以出租使用權。如果你的滑雪道通往鄰居的土地，或許可以跟鄰居聯合出租。地主各自為在自己土地上的滑雪道負責。

　　當然，簽約之前一定要確認保險理賠範圍與當地的責任法規。

以 野生動物 為目標的管理方式

　　許多林地主人除了生產木柴之外，只有另一個管理目標，那就是吸引野生動物。再怎麼小的林地，只要適當管理，就能吸引並供養數量遠高於現在的動物。你可以請州政府的魚類和野生動物管理單位提供建議，例如怎麼設置巢箱，以及如何栽種植物吸引野生動物。有些州會以非常低廉的價格把獵禽賣給林地（對以為自己什麼都不缺的林地主人來說，一打鵪鶉是一份很棒的禮物）。

　　採收樹木時，可保留野生動物的活動範圍。例如，看到一棵死掉的老樹，先別急著砍掉，雖然它腐朽到不能當燃料，卻可能是林地野生動物的樂園。腐木裡的昆蟲是啄木鳥和其他鳥類的食物。浣熊、松鼠、貓頭鷹、蛇跟其他動物，可以把它當成小窩。美國國家森林局花了很多經費，確保國家森林大部分的土地在採收木材之後，林地中仍有少量的枯立木。

　　最適合野生動物居住的森林，是涵蓋各種樹齡的森林。這樣的森林也會有苗木或萌芽林的小區域，稱為開闊地（openings），分布在較高大的遮蔭樹木與樹冠之間。你可以用小範圍的皆伐開闢開闊地。如果除了天然食物之外，你也想為動物補充其他食物，一定要不間斷提供食物。有對夫妻每年冬季都會為鹿留下燕麥，但有一年他們沒到鄉下過冬，許多鹿因此餓死。

Chapter *25*

建一個木柴棚架

要讓一塊木柴徹底發揮熱值非常容易。只要把木柴晾乾就行了,最好是花兩年的時間(乾燥時間因氣候而異。沙漠氣候,木柴乾燥得比較快速。濕冷地區可能花 2 年以上的時間乾燥)。

在這 2 年期間,新鮮木柴以不同的速度乾燥。大部分的水分會快速蒸發,在乾燥的頭 3 個月就已蒸發一半。當木柴完全乾燥之後,熱值可達到 90%(溫度與濕度也會影響蒸發)。在接下來的 6 到 9 個月,木柴會變得相當乾燥。2 年後可到達乾燥巔峰。

如果你已投資時間、精神與金錢設置木柴火爐,燒柴時使用新鮮木柴實在太不划算。

乾燥木柴一點也不費工夫,還能增加木柴的熱值。木柴會變得更輕、更容易點燃,也更不容易產生煙和火花。

以下將介紹加速乾燥過程的幾種方法,包括零成本的堆疊方式,以及如何打造成本低廉的木柱棚架。

▸ 儲存木柴

樹砍下之後,裁切成適當的長度,然後劈開。新鮮的樹劈起來最容易,尤其是冰凍狀態。

直徑小於 6 英寸(15 公分)的樹不劈也行。若直徑較大,劈開有助於防腐和乾燥。木頭順著紋理乾得比較快,所以必須打破防水的樹皮來幫助乾燥。劈開木柴也會增加接觸空氣的表面積,加速乾燥。

樺樹與赤楊必須劈開,否則會腐壞。不用擔心,大膽劈下去。太細的可以當成引火柴。劈柴也能減少木柴的體積,火爐燒直徑小於 6 英寸(15 公分)的木柴會燒得更乾淨、更有效率。

▸ 露天堆疊

室內或地下室的儲藏空間,似乎是用來乾燥木柴最合理的地方,但是有灰塵跟昆蟲的問題。若將木柴存放在戶外,在地下室或密閉的外廊擺放一週的用量方便取用,問題會比較少。

將木柴倚著房屋外牆堆放在戶外不僅位置便利,也不用抱著木柴上下地窖的樓梯。

這種作法也能把灰塵和昆蟲隔絕在室外,但缺點是外牆會阻礙通風,沿著房屋流下的水可能會滴在木柴堆上,導致木柴乾燥得很慢,或甚至晾不乾。

如果你家有混凝土露台,可以把木柴堆置在那裡。否則的話,請把木柴放在離房子有一段距離的地方。但距離太遠,冬天時取用不便;距離太近,昆蟲、消防、通風都是問題。

堆置在門廊上晾乾的木柴。

木柴不可放置在潮濕或凹陷的地方，這種地方容易在雨後或春季逕流期間積水。鬆軟的土壤乾得最快，黏土乾得最慢。木柴應盡量接觸陽光與風，最時宜的地方是山丘頂或圓丘，空氣比較流通。

盛行風也是考量因素，木柴堆最長的那一面應迎向夏季盛行風。

在地面水平架設兩根木柱（直徑 3 至 4 英寸〔7.5 至 10 公分〕），木柱與木柴堆的長邊等長。用你手邊容易取得的材料（石頭、2×4 英寸〔5×10 公分〕木柱、金屬管）架高木住，使木柴堆離地面 4 英寸（10 公分）左右，防止木柴腐爛。支柱相距約 1 英尺（30 公分），為木柴堆之間保留充足的空間。

木柱長度不限，但如果你不清楚自己的木柴數量，應使用 8 英尺（2.4 公尺）長的木柱。木柱兩端釘入木樁，防止木柴堆傾倒。

木樁釘入地裡之後，地面上的高度

為 4 英尺（1.2 公尺）。把劈好的木柴跨放在木柱上。

木柴堆若在隆冬時節翻倒會很麻煩。為了預防萬一，建議每一排的最後兩根木柴改成橫放，而且稍微傾斜抵住木柴堆，提供更多支撐力。

若想加快風乾速度，排完第一層之後，第二層的方向與第一層垂直，以此類推，排到木柴堆的高度極限。垂直堆疊的木柴堆風乾三個月之後，就能以平行的方式重新堆疊。

沒有樹皮的木柴乾燥得比較快，但是因為這樣就削除樹皮有點不切實際。不過，榆樹削掉樹皮可防止荷蘭榆樹病（Dutch elm disease，DED）[17] 的擴散。削掉的樹皮應該燒掉，否則一旦天氣回暖，甲蟲仍會繼續傳播病菌。

若木柴放在戶外毫無遮蔽，水分含量會隨著季節與濕度劇烈變化。在某些地區，木柴在五月跟六月乾得很快，七月和八月重新吸收水分，九月再次變乾，到了十月又吸收水分。

若頂層的木柴是樹皮朝上擺放，木

木柴放在架子上可加速乾燥。

17　是一種由子囊菌導致的疾病。它由樹皮甲蟲傳播，會影響榆屬和櫸屬植物輸水導管的功能，導致其枯萎及死亡。於 1920 年首報於荷蘭，所以稱為「荷蘭榆樹病」。

柴堆可稍微獲得保護。樹皮可阻擋雨水。但更好的作法是在頂層鋪透明塑膠布、防水布、錫片或其他不透水的遮蓋物，它們能在惡劣天氣時保護木柴。

▶日曬乾燥法

有一種保存木柴更持久的方式，而且還能加速乾燥，那就是日曬乾燥法。

準備四根木柱，其中兩根比木柴堆高1英尺（30公分），另外兩根比木柴堆高3英尺（90公分）。四根木柱固定在木柴堆的四個角落，距離木柴堆6至12英寸（15至30公分），短木柱設置在迎風面。把厚度4絲的透明塑膠布蓋在木柴堆上，四角綁在木柱上，形成棚頂般的結構。

木柴堆較高的一側頂上保留通風的空間，塑膠布不要碰到木柴堆，也不要碰到地面，因為木柴堆的底部與頂部必須保持空氣流通。

如果空氣無法流動，木柴所散發出來的水蒸氣會凝結在塑膠布上，重新被木柴吸收。

晴天時，塑膠布裡面的溫度會上升，比外面溫度高出許多。高溫不但會解決甲蟲與昆蟲的問題，也可在3個月內使木柴完全風乾。

日曬乾燥法的缺點是夏季豔陽會使塑膠布劣化。因此，日曬乾燥法最適合在春天、秋天與冬天用來保護木柴堆。夏季時分，塑膠布可能必須更換。

▶屋側棚架

有些房子可以增建儲存木柴的空間，或是在蓋房子的時候直接設計這樣的空間。與主屋相連的木柴棚架不但有門方便進出，冬天時也不用為了取木柴穿上厚重衣物。

棚架必須每星期補充木柴，或是重新排列木柴的位置。而且一定要確定門能完全密合。

棚架緊鄰主屋，經由主屋的小門可將木柴直接放進木柴箱裡。

獨立 棚架

露天風乾的木柴可減少14至25%的水分，有棚架遮蔽可再減少10至15%，放置於室內陰乾再加5至15%。因此，乾燥木柴最好的作法是先在戶外風乾1年，再放置於棚架內1年，然後取用1週份量放置於室內陰乾備用。

這意味著若要解決儲存與乾燥木柴的問題，認真使用木柴的人應該考慮蓋一座固定式的獨立棚架。木柴放在棚架裡可減少昆蟲與灰塵，也能享有理想的乾燥環境。

▶位置

木柴放在哪裡最好，就在哪裡蓋棚架。既然木柴可能會先露天乾燥1年才移至棚架內，這兩個地點最好不要相距太遠。燒柴要用的木柴取自棚架,因此棚架不能離房子太遠。棚架跟房子的距離近一點,冬天取用比較方便。

在選擇棚架位置時,應考慮雨水逕流和土壤結構。鬆軟的土壤乾得最快,能為支柱的穩固基礎。

棚架的開口應該迎向日光與風。在寒冷地區,長邊應該放在南北向,以便從早晨與下午的日光吸收最多熱能。可能的話,長邊與較開放的那一側應面向夏季暖風,較封閉的那一側面向冬季寒風,因為冬季寒風會帶來雨和雪(建物、樹木、山丘或其他屏障,都可為棚架提供遮蔽)。通常棚架應該面向南方或西南方。如果北面沒有屏障,可以種樹,或是把北面封住。

棚架的位置如何挑選,取決於盛行風的風向和許多與地點相關的變因。

▶ 準備工作

用木柱建造儲存木柴的棚架,是最便宜、最簡單也最適合的方式之一。柱洞是唯一的挖掘工事。不需要挖地基,也不需要鋪混凝土板。木柴堆必須架高通風,所以會增加不必要的開銷。木柱結構懸吊於埋嵌在地裡的承重構件上,因此不需要蓋承重牆,也不會削弱結構強度。跟傳統的建造工法比起來,這種工法可減少木材用量。

因為工法單純,木柱結構可以蓋得很快,幾乎不需要任何木工技巧。架設與鉛測木柱需要兩個人,剩餘工作任何沒有木工專長的工人都能完成。木柱結構蓋起來容易,維護也很簡單而且便宜。

木柱結構的初始成本很低,如果你能自己搜集部分材料,可把成本壓得更低。你也可以向電信公司購買二手木柱。金屬屋頂可以向穀倉或淘汰舊屋頂的人家討要。

木柱棚架

▶ 木柱

角柱可以是末端直徑至少6英寸(15公分)的木柱,或是4×4英寸(10×10公分)的木柱。角柱相距8英尺(2.4公尺),埋設深度應低於霜線。角柱發揮框架的作用,所以必須注重防腐。昆蟲、潮濕、細菌和真菌都會導致木頭腐壞。為了延緩腐壞,可先在木材上噴殺真菌劑,再用防腐劑做高壓防腐處理。你或許也可以自己幫木柴浸泡雜酚油。不過,浸泡的深入程度比不上高壓處理,所以木材依然會慢慢腐朽。

圓柏與鐵杉天生就比其他樹種更加抗腐,但壽命仍是比不上經過高壓防腐處理的木材。電信公司經過高壓處理的木柱壽命可長達40到50年。

▶ 棚架大小

棚架的大小取決於你需要多少木柴,以及你打算用什麼方式乾燥木柴。

新鮮的木柴比較便宜，所以你應該提早
1 年購買。也就是說，你需要至少能夠儲
存 1 年份木柴的空間（如果你打算先風
乾木柴 1 年，再把木柴移入棚架的話）。
若你不想搬動木柴，棚架應可容納 2 年
份木柴。

　　完全依靠木柴供暖的農舍 1 年需要 7
至 10 考得的木柴。空間狹小且隔熱良好
的小型房舍，1 年僅需 2 至 3 考得即可。

木柴測量單位

　　木柴的材積單位叫「考得」，1 考得
是長 8 英尺（2.4 公尺）、寬 4 英尺（1.2
公尺）、高 4 英尺（1.2 公尺）的整齊木
柴堆，體積為 128 立方英尺（約 3.5 立方
公尺）。

　　但由於堆疊木柴不可能沒有縫隙，
所以這 128 立方英尺（約 3.5 立方公尺）
的木柴堆裡，木柴僅佔 60 至 110 立方英
尺（1.7 至 3.1 立方公尺）（通常 1 考得
木料中的實木約為 80 至 90 立方英尺（2.3
至 2.5 立方公尺），跟劈過的木柴堆相
比，原木堆的縫隙會比較少）。

　　鮮少有人家的壁爐長達 4 英尺（1.2
公尺），而且很多人都沒有能把 4 英尺
（1.2 公尺）木料裁切成火爐規格的設備。
因此，常見的木柴販售單位包括「面積
考得」，或是配合壁爐規格（20 英寸〔51
公分〕）或火爐規格（12 至 16 英寸〔30.5
至 40.6 公分〕）裁切木柴。「面積考得」
是整齊堆疊的木料，長 8 英尺（2.4 分
尺）、高 4 英尺（1.2 公尺），寬度不限。
長度 16 英寸（40.6 公分）的木柴，英文
裡也會用「rick」代稱。

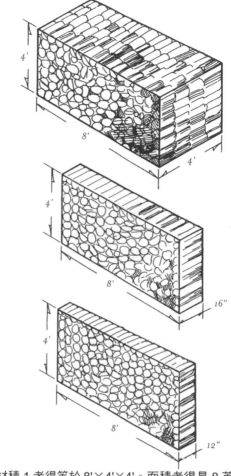

材積 1 考得等於 8'×4'×4'。面積考得是 8 英尺
長、4 英尺高，寬度取決於木柴長度，例如 12
或 16 英寸。

　　一「排」（run）也是面積考得，材
積大小取決於木柴的長度。例如，長度
24 英寸（61 公分）的木柴意味著 1 考得
裡有兩排。長度 16 英寸（40.6 公分）意
味著 1 考得裡有三排。長度 12 英寸（30.5
公分）意味著 1 考得裡有 4 排。還有更
複雜的，$\frac{1}{25}$ 考得（2 英尺 ×16 英寸 ×2
英尺〔60 公分 ×40.6 公分 ×60 公分〕）
也是一種單位，代表能放進休旅車或汽
車行李箱的木柴數量。

購買木柴時，熟悉這些材積單位尤其重要，才能確定自己沒有上當受騙。這些單位也能幫你估算自己得準備多少木柴才能度過需要供暖的季節。

你需要多少 木柴 ？

若你以前從未用過火爐，你算得出多少木柴能滿足你家的供暖需求嗎？

威斯康辛大學推廣中心的刊物《住家供暖木柴》建議了一種計算方式：

計算供暖季節需要多少燃料木柴，最簡單的方法是把目前的燃料消耗量換算成木柴數量。

以下用數字幫助換算。1 標準考得是 4×4×8 英尺（1.2×1.2×2.4 公尺）木柴堆，其中包含 80 立方英尺（2.3 立方公尺）的實木。

若是較重（較好）的硬木，風乾後 1 考得的重量約為 3 至 4 千磅（1.36 至 1.8 公噸），你可以折衷用 3 千 5 百磅（1.6 公噸）來計算。

　　1 加侖 2 號燃油 =22.2 磅木柴

　　1 克卡（100 立方英尺）天然氣 =14 磅木柴

　　1 加侖丙烷 =14.6 磅木柴

　　1 磅燃煤 =1.56 磅木柴

以 2 號燃油為例，燃燒 1 千加侖燃油的熱能，換算成木柴重量為：1,000×22.2=22,200 磅。22,200 除以 3,500，也就是你需要的木柴數量是 $6\frac{1}{3}$ 考得。」

你可以根據你去年使用的供暖燃料，算出下一個冬季需要多少木柴，然後換算成考得。

如果你打算在棚架裡儲存 2 年份的木柴，就把木柴數量乘以 2。

但兩倍儲存空間意味著你必須蓋一個很大的棚架。假設你一年需要 10 考得木柴，你的木柴棚架必須是 8×8×40 英尺（2.4×2.4×12 公尺），也就是 2,560 平方英尺（69 平方公尺）。若是一年 3 考得，兩年份木柴需要的棚架是 8×8×12 英尺（2.4×2.4×3.6 公尺）。

有一種方法能讓你不需要那麼大的棚架。把今年冬季需要的木柴存放在棚架裡，明年的木柴則是存放在塑膠布底至下一年。

這個方法唯一的缺點，是你必須把木柴從塑膠布底下搬到棚架裡。

8×8×8 英尺（2.4×2.4×2.4 公尺）的棚架很實用，能存放 4 考得木柴。就算你的木柴需求小於 4 考得，也不要縮減這個棚架尺寸，充分使用木柱棚架。

▶ 充足空間

在決定棚架尺寸時，一定要設計夠大的空間才能輕鬆儲存木柴。舉例來說，如果你拿不到高處的木柴，要考慮若木柴堆高度不到 6 英尺（183 公分）也能容納所有木柴的棚架應該多大。

這裡提供的建造工序是 8×8×8 英尺（2.4×2.4×2.4 公尺）。若你需要更多空間，改成 8×8×16 或 8×8×24 英尺（2.4×2.4×4.9 公尺 或 2.4×2.4×7.3 公尺）都很簡單。

增加長度，高度與寬度維持不變，增加高度，堆疊木柴會成問題；增加寬度，木柴堆的通風會變差。

材料清單

木材

數量	尺寸	用途
2	4"×4"×12'（高壓防腐處理）	角柱（前）
2	4"×4"×10'（高壓防腐處理）	角柱（後）
木柱可用桿材取代，高度相同，末端厚度約6英寸。一定要經過高壓防腐處理。若需要較長的木柱，請參考埋設深度。		
4	2"×6"×12'	椽條 3[18]
2	2"×8"×8'	縱樑
7	2"×4"×8'	桁條 4[19]
1	2"×4"×12'	龍門板（可使用廢木材）
4	1"×6"×10'	龍門板（可使用廢木材）
廢木材（1"×2"木條或墊條〔furring strips〕）		

五金配件

$6\frac{1}{3}$ 磅（2.9 公斤）10d 釘子

$\frac{1}{2}$ 磅（226.8 公克）16d 釘子

工具

捲尺	手鋸
尼龍繩	穿繩水平儀
28 英尺梯子	地鑽
鉛錘	鐵橇（可省）
墨斗	手鏟
鎚子	組合角尺
4 或 2 英尺水平尺	

建造 工序

▶ 預備場地

　　木樁相距 8 英尺（2.4 公尺），頂部釘入釘子，約略標示出棚架的 4 個邊角。觀察木樁範圍內的地勢狀態。若是很斜的斜坡，可能需要整平。天然的凹地會累積雨雪逕流，或許得填平。盡可能避開這些不方便的地形。

　　大致確認邊角位置後，用測量對角線的方式確定棚架是否方正。調整木樁的位置，直到兩條對角線長度一致。

　　在四個角樁外側架設龍門板。把 3 根 2×4 英寸（5×10 公分）木柱插進土裡，相距 4 至 5 英尺。將 2 塊 1×6 英寸×5 英尺（2.5×15 公分 ×1.5 公尺）的木板釘在這 3 根木柱上，兩塊木板呈直

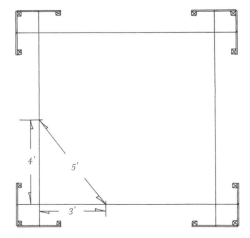

使用龍門板與尼龍繩確認四個邊角的位置。為了確保棚架方正，在邊角的兩個垂直側邊分別測量 3 英尺與 4 英尺的距離並做記號，若邊角是真的直角，兩個記號距離應為 5 英尺。

18　譯註：「椽」是斜架在屋樑上，銜接屋頂與屋簷的木材。

19　譯註：「桁」是屋樑上的橫木，與屋脊平行。

角。木板應距離地面約 10 至 18 英寸（25 至 45.7 公分）。

▶ 確認邊角位置

將拉緊的尼龍繩綁在龍門板之間，尼龍繩交會的地方，就是棚架外側的邊角。從尼龍繩交會的地方放下鉛錘，對準角柱上的釘子，確認邊角的精確位置。尼龍繩可能需要調整。

還有一種確認棚架是否方正的方式：使用 3-4-5 原則（畢氏定理）。選定一個邊角，在距離邊角 3 英尺的邊線上用木樁做記號。從同一個邊角出發，在與剛才的邊線垂直的邊線上測量 4 英尺（1.2 公尺），並同樣用木樁做記號。兩個記號之間應相距 5 英尺（1.5 公尺）。做出相應調整，確定邊角的正確位置。也可使用這組數字的倍數。如果你要蓋的棚架比較大，使用 6-8-10 英尺會更正確，因為你用更長的距離來確認邊角的位置。

用鋸子在每一塊龍門板上鋸一個切

調整柱距。如圖示，移動角柱使縱樑稍微突出，椽條將固定其上。

口，用來固定尼龍繩的準確位置。挖柱洞時可將尼龍繩暫時取下，待需要確認柱洞位置時再將尼龍繩綁在切口上。

確認尼龍繩是否水平，方法是將水平尺放在尼龍繩上面，也可以使用穿繩水平儀。你或許必須調整龍門板上的切口，以便維持尼龍繩的水平。

▶ 調整柱距

柱距的安排，最好能配合標準尺寸木材。尼龍繩標註的是棚架的外圍邊線。挖柱洞前，應先標註角柱的中心點。角柱的中心點位置，取決於你使用的是圓柱還是 4×4 英寸（10×10 公分）木柱。「中心點」應配合縱樑的位置調整。把角柱往棚架中央移動 $1\frac{1}{2}$ 英寸（3.8 公分）（見圖示），因此每一根角柱上方的縱樑都會突出 $1\frac{1}{2}$ 英寸（3.8 公分）。屋頂末尾的椽條會靠在角柱上。

把格局圖畫在紙上，確定各處距離都沒有算錯。

▶ 埋設深度

原則上，4×4 英寸（10×10 公分）木柱碰到劣質土的埋設深度應為 4 英尺 4 英寸（1.3 公尺），中等土質的埋設深度是 3 英尺 6 英寸（1.1 公尺），優質土則是 2 英尺 8 英寸（0.8 公尺）。如果你的土壤很鬆或屬於砂質土，角柱埋設在混凝土裡會比較牢固。大致而言，若土質相對穩定，而且底部的土壤或砂石經過搗實，深度 3 英尺（90 公分）應該就很牢固。

拆除尼龍繩。用地鑽挖柱洞。鏟子

會過度攪動土壤。若角柱入洞後會跟土壤或砂石一起搗實，柱洞直徑應為角柱的兩倍。若角柱將埋設在混凝土裡，地鑽傾斜入土挖洞，把底部挖大一點；深度要增加 6 英寸（15 公分），為砂石保留空間。這麼做是為了方便排水，防止角柱尾端泡在水裡。

如果你有背部問題，或是需要挖掘的柱洞超出負荷，可以租一台燃燒汽油的電動地鑽。地鑽每隔一段時間就得拉起來清除泥土。若鑽到石塊，請立刻關閉電源，拉出地鑽，用鐵橇或十字鎬鬆動石塊。

▶ 埋設與對齊角柱

埋設與對齊角柱，是建造棚架最重要的步驟，因為角柱將承受整個結構的重量。你會需要一、兩個幫手。

在柱洞裡填入幾鏟砂石，然後放置一塊平坦石塊，用來支撐角柱。先從棚架後方的兩根 10 英尺（3 公尺）角柱開始，它們比較輕。兩個人或三個人一起握著木柱，把木柱抬高到垂直地面。盡量不要攪動土壤。

在木柱底下部位放一塊 1×4 英寸（2.5×10 公分）木板能幫助你抬高木柱靠著木板，而不是靠在柱洞壁上。

角柱就定位之後，在角柱的兩側各插入一根木樁，例如北側與東側。在木樁上釘入一根 1×2 英寸（2.5×5 公分）支撐木條，長度要足以在木樁與角柱之間形成一條對角線。

在支撐角柱之前，請仔細確認角柱的方向，要讓最方正的那一面正對著屋

簷，方便之後用釘子把椽條與角柱固定在一起。

把 2 英尺（30 公分）或 4 英尺（60 公分）的木工水平尺靠在角柱上，在支撐木條的那一側使用鉛錘。於此同時，請幫手把支撐木條釘在角柱上。接著，把鉛錘移到另一根支撐木條的一側，然後固定支撐木條。

角柱的臨時支撐力

兩根 10 英尺（3 公尺）角柱都有了支撐之後，就可拆除尼龍繩，但得先測量尼龍繩到柱頂的距離。這個距離在兩根角柱上應該是一樣的。

若地面不平，可藉由改變柱洞的深度來調整，例如增加或減少砂石來微調高度。若需要較大程度的調整，可以把柱洞挖深一些。甚至可在角柱埋好後，再用鏈鋸把角柱切到適當的高度，不過這種做法比較危險，得在梯子上進行。

接著埋設 12 英尺（3.6 公尺）的角柱，對齊，用鉛錘校正，釘上支撐木條，然後確認高度。尺寸大於 8×8×8 英尺（2.4×2.4×2.4 公尺）的棚架，必須在角柱之間增加中柱。在角柱之間綁一條尼龍繩，距離地面約 6 至 12 英尺（1.8

至 3.6 公尺），以鉛錘校正木柱的位置，木柱應與尼龍繩對齊。請幫手沿著尼龍繩仔細檢查，確定木柱與尼龍繩垂直。

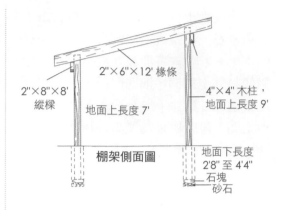

2"×6"×12' 椽條

2"×8"×8' 縱樑

地面上長度 7'

4"×4" 木柱，地面上長度 9'

棚架側面圖

地面下長度 2'8" 至 4'4"

石塊

砂石

▶ 固定角柱

一個人固定角柱的時候，要有另一個人反覆確認角柱是否垂直。鏟一層泥土填入柱洞，用鋤頭或鐵橇搗實泥土。重複填土與搗實的過程。柱洞填平時，用靴子的鞋跟把土踏得愈緊實愈好。泥土在柱洞頂部形成一個小土丘，搗實之後，視需要填入更多泥土，完成後每一根角柱底下應是一個小土丘。小土丘很重要，可使逕流轉向，不會流進洞裡。

若你打算把角柱埋設在混凝土裡，建議水泥、沙子與粒料的混合比例是 1：3：5。挖好柱洞，填入混凝土，在柱洞頂部形成一個小土丘。小土丘邊緣應壓平，將逕流導向他處。

混凝土變乾之前，應確認角柱是否垂直並視需要調整。等待 24 小時後，移除支撐木條。

▶ 建造框架

棚架的前後各釘上一根縱樑，尺寸為 2×8 英寸 ×8 英尺（5×20 公分 ×2.4 公尺），用來支撐椽條。如果你的計算結果正確無誤，縱樑的兩端應該會突出 1½ 英寸（3.8 公分），椽條將靠在突出的縱樑上。

釘縱樑時，你需要兩把 8 英尺（2.4 公尺）高的梯子與一位幫手。縱樑不能擋住 2×6 英寸 ×12 英尺（5×15 公分 ×3.6 公尺）的椽條，須讓椽條頂部越過

角柱，否則角柱會影響屋頂的鋪設。

如果角柱的高度沒有對齊，可以趁現在調整。縱樑的一端靠在高角柱上約 5 英寸（12.5 公分）的地方，將一根 16d 釘子釘入一半。

請幫手拿著縱樑的另一端，梯子移動到縱樑中央，用 2 英尺（60 公分）或 4 英尺（1.2 公尺）長的水平尺調整高度，確定縱樑維持水平。

如果此時你確定角柱上有足夠的空間能固定椽條，可以直接將縱樑釘死在角柱上。每根角柱使用 5 根 16d 釘子。為降低角柱裂開的風險，釘子應分散釘入，不要釘在同一條木紋裡。

大於 8×8 英尺（2.4×2.4 公尺）的棚架，縱樑尾端應突出角柱 1½ 英寸（3.8 公分）。但兩根縱樑在中柱上交會的地方必須做對接處理。縱樑末端應維持平整，才能對接得更緊密。

▶ 椽條

8×8 英尺（2.4×2.4 公尺）的棚架會使用四根 2×6 英寸 ×12 英尺（5×15 公分 ×3.6 公尺）的椽條。棚架長度每增

加 8 英尺（2.4 公尺），就需要增加三根橡條。

橡條的間距請見圖示。請注意，左邊兩根橡條的間距是 $30\frac{1}{2}$ 英寸（77.5 公分），但第二與第三、第三與第四根橡條之間的距離都是 32 英寸（80 公分）。

正對棚架，從左側的前縱樑開始，測量 $30\frac{1}{2}$ 英寸的距離，做記號，請使用組合角尺測量。在記號線右側畫一個「X」記號。沿著縱樑重複作業，測量接下來的兩個 32 英寸間距。

後縱樑也是相同作法，記仕一樣是由左至右，在記號線右側畫一個「X」記號。先固定其中一根末端的橡條，在低側屋簷突出 $1\frac{1}{2}$ 英寸（3.8 公分）。這根橡條應靠在 2×8 英寸（5×20 公分）的縱樑上。把這根橡條用釘子固定在角柱上，或是以斜釘的方式用三根 10d 釘子釘入縱樑。

中間的兩根橡條也必須釘牢。以斜釘的方式用兩、三根 10d 釘子固定，兩側都至少一根。

▶ 棚架屋頂

傳統屋頂會以合板或企口板覆蓋，然後釘上油氈紙，最後鋪上屋頂材料或瀝青瓦。金屬屋頂可鋪在固定座與油氈紙上。不過，有更容易安裝也更便宜的金屬屋頂。桁條與橡條垂直，釘在橡條中央 24 英寸（60 公分）的地方，然後將屋頂釘在桁條上。這種作法既省時，又省材料。

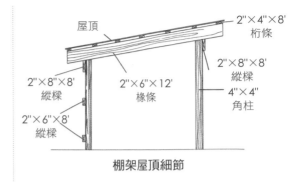

棚架屋頂細節

金屬屋頂重量很輕，防火，而且在正常情況下比傳統屋頂更持久耐用。金屬屋頂鋪設容易，對沒有保溫需求的棚架或車庫來說，金屬屋頂是最佳選擇。

▶ 桁條

為了支撐金屬屋頂，屋頂橡條增加了與其垂直的 2×4 英寸（5×10 公分）桁條。把桁條固定在 24 英寸（60 公分）的中央。從低側屋簷開始，測量 24 英寸（60 公分）的距離。用組合角尺測量，畫「X」做記號。從這條線出發，測量 24 英寸，畫一條直線，然後畫「X」記號。在棚架另一側重複相同作法，一定要讓「X」記號落在直線的同一邊（固定桁條之前，先確認屋頂材料製造商的鋪設步驟）。

不同的屋頂材料會有不同的間距需求，從 16 英寸到 24 英寸〔40 到 60 公分〕不等）。

有個幫手，固定桁條會更容易。在棚架兩側各放一把 8 英尺（2.4 公尺）高的梯子，將第一根桁條對準橡條。用兩根 10d 釘子把桁條釘在橡條上。釘子不要對齊，以免釘在同一條木紋上。

放置下一根桁條。檢查椽條間距，確認「X」記號落在直線的同一側。（間距應為 $20\frac{1}{2}$ 英寸〔52 公分〕。）用相同的方式固定 7 根桁條。

金屬屋頂材料

金屬平板屋頂與浪板屋頂，都是用榫接或焊接的方式固定。這種屋頂材料成捲販售，必須鋪設在固定座之上，因為金屬有彈性，桁條無法為它提供足夠的支撐力。

農舍常用的屋頂是鍍鋅鋼板或鋁板屋頂，樣式包括肋板、波浪板與 V 角浪板，棚架也建議使用。波浪能增加金屬的剛性，所以可買低厚度的金屬板，28 號就已足夠。金屬板有各種長度，從 6 至 32 英尺（1.8 至 9.7 公尺）；寬度最高可達 4 英尺（1.2 公尺）。因此，大面積也可迅速覆蓋。

我們的棚架請購買長度 12 英尺（3.6 公尺）的肋板或波浪板。通常扣掉側邊搭接的重疊部分，一塊金屬板的寬度是 24 英寸（60 公分）。你需要 4 塊長度 12 英尺（3.6 公尺）的金屬板。若寬度是 4 英尺（1.2 公尺），只需要買兩塊。

金屬板屋頂有多種搭接方式：V 角浪板、基本角浪、雙角浪、寬角浪與波浪板，材質包括鍍鋅鋼或鋁。

▶ 配件

大部分的製造商都有賣符合產品規格的配件，例如釘子、封簷板、墊片與密封膠等等。依照使用說明，從頭到尾使用相同風格與類型的屋頂材料。不要混合使用。

若有需要裁掉之處，可使用金屬剪。配備金屬切削刀片的圓鋸或線鋸也可以。若要裁掉長邊，可用美工刀劃一道刻痕，然後直接從刻痕處折斷金屬板。

▶ 波浪板屋頂

有些鍍鋅鋼波浪板的寬度是 26 英寸（66 公分），浪高 $1\frac{1}{2}$ 英寸（3.8 公分）。有些則是板寬 $27\frac{1}{2}$ 英寸（70 公分），浪高 $2\frac{1}{2}$ 英寸（6.3 公分）。但是當波浪板搭接在一起之後，有效寬度都是 24 英寸（60 公分）。波浪愈深，金屬板就愈堅固。浪高 1 英寸（2.5 公分）的金屬板上波浪數量較多，但強度比不上浪高 2 英寸的金屬板。

鋁製波浪板的浪高分為 $1\frac{1}{4}$ 英寸（3 公分）與 $2\frac{1}{2}$ 英寸（6.3 公分）。

順著盛行風的方向，垂直安裝屋頂金屬板。如此一來，風雨霜雪會從金屬板搭接處的上方吹過，而不是下方。鍍鋅鋼板能抗鏽蝕，用墊圈密封釘孔止漏。

▶ 如何下釘

鋁製波浪板請使用鋁釘，釘頭下放置合成橡膠墊圈。

釘子應從波浪頂部進入。確定釘子夠長，才能把屋頂牢牢鎖在桁條上。釘子穿入 2×4 英寸（5×10 公分）木條時，深度應至少 1 英寸（2.5 公分）。波浪板厚度再加 1 英寸（2.51 公分），就是釘子應有的長度（ $1\frac{3}{4}$ 英寸〔4.5 公分〕或 2 英寸〔5 公分〕應該夠用）。

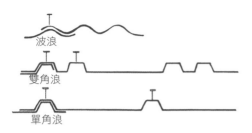

波浪

雙角浪

單角浪

如何用釘子固定不同的屋頂波浪板

屋簷上方，每隔一道波浪下釘。中間的桁條上，每隔兩道波浪下釘。

不要釘得太淺，否則釘子可能會鬆動。不要釘得太深，否則會把墊片壓壞，並且導致波浪板凹陷或是被壓平。

若要避免釘子沒釘入桁條，波浪板的上下都要對齊並壓好。在波浪板 2 英尺（60 公分）中心用墨線做記號。請一位幫手在桁條上拿著墨線的另一端。拉出墨線，在桁條中心輕彈，畫出中心線。中段的桁條每一根都要畫。

若釘子不小心沒釘入桁條，把釘子拉出來，用一根金屬板螺絲或製造商建議的橡膠密封膠封住釘孔。若你發現釘孔被撐得太寬，也應採取相同作法。

▶ 角浪金屬板

有二至三道溝的 V 角浪金屬板搭接時，應扣住一道溝。五溝角浪板搭接時，應扣住兩道溝。五溝角浪板的防水作用，優於只扣住一道溝的重疊波浪板。

角浪金屬板有單角浪，也有雙角浪。用屋頂釘將製造商提供的封簷板釘在屋簷側邊，釘子間隔 12 英寸（30 公分）。屋簷應釘上橡膠條。穿過金屬波浪板的釘子會固定橡膠條。

從距離盛行風最遠的那一端開始鋪設屋頂，防止雨雪滲入金屬板的接縫。金屬板應修剪平整，釘在兩側屋簷與中段的桁條上。最後一道波浪不要上釘，等搭接下一塊波浪板之後再上釘。雙角浪與單角浪金屬板，重疊時都是扣住一道溝，請依照製造商的使用說明施工。

用帶釘頭與橡膠墊的螺絲釘或環紋釘，鋪設金屬屋頂板。

▶ 金屬屋頂的維護

鍍鋅鋼板是鍍了一層鋅的鋼板，在鋅磨損之前不會生鏽。這種鋼板的壽命取決於鍍鋅層，鋅鍍得愈厚，壽命愈長。鋼板厚度與鍍鋅層厚度無關，這裡使用 2 盎司（56.7 公克）鍍鋅鋼板，是鍍鋅層較厚的等級。鍍鋅層較厚的鋼板上會有「品質標章」。若你住在氣候極度惡劣的地方，或是工業區、海邊等空氣較具腐蝕性的地區，請購買有「品質標章」的鋼板。

鍍鋅鋼板應暴露在天氣裡至少 1 年再塗裝。事實上，鋼板應在使用多年之後才需要塗裝。雖然也可以馬上塗裝，但使用正確塗料時，風化對塗料的附著力有幫助（但非必須）。

請購買鋅含量高的塗料，而且只能購買頂級塗料，至少第一層塗料是如此。鋅粉塗料的附著力最好，不要使用含鋁塗料，這兩種金屬不相容，一起使用會滲色。兩層塗料好過一層，但第二層可以是普通的房屋或裝飾漆。

塗裝不用等太久，最好的時機是鏽蝕開始出現的時候。上漆之前，先把屋頂徹底清乾淨，先用硬刷或鋼絲刷清除泥土灰塵，再用溶劑擦掉油汙，最後用水和刷子把屋頂刷洗一遍。檢查釘子，有些地方可能需要重釘。

選擇天氣溫暖乾爽的時候塗裝屋頂。用刷子、高壓噴霧罐或長柄油漆滾筒刷，塗上含鋅塗料。

鋁板不需要上漆。鍍鋁或鋁鋅的鋼板可以省略塗裝。

▶ 損壞修理

金屬屋頂很好修理。有時候搭接處會翹起來，只要拔掉釘子，重新釘牢就行了。如果釘子無法固定屋頂，請用金屬板螺絲把兩塊金屬板鎖在一起。在金屬板重疊的波浪頂部鑽一個小孔，使用 12 或 14 號金屬板螺絲，在距離 1 英寸（2.5 公分）的地方釘入一根新的釘子，被撐大的釘孔用這種方式填補，釘孔周圍補上新的釘子。

滲漏處可用屋頂水泥塗料或焊接的方式處理。若破洞較大，可用相同的金屬板來補（補鋁板可用玻璃纖維板，因為鋁板無法焊接。塗了瀝青或水泥塗料的屋頂，也可用玻璃纖維板補丁）。裁一塊比破洞長至少 2 英寸（5 公分）的板子，剪掉邊角，邊緣反摺 $\frac{1}{2}$ 英寸（1.3 公分），將反摺的邊緣磨到發亮。補丁的板子與它要補的地方塗上助焊劑，然後將板子蓋在破洞上，用磚塊或石頭壓住，用電焊槍加熱補丁板的邊緣，直到實心焊料熔化，流進補丁板與屋頂金屬板相接的地方，四個邊緣都用相同方式焊接。將殘餘的焊渣擦拭乾淨。

▶ 風暴損壞

若嚴重風暴損壞了部分屋頂，把壞掉的金屬板拆掉，用相同的搭接方式換上新板。拔釘子的時候，要小心不要弄壞還能用的金屬板。

記住鋁板與鍍鋅鋼板不能並用，亦即鍍鋅鋼板屋頂不能用鋁板修復，反之亦然，因為這兩種金屬會互相侵蝕。

如果兩塊板子搭接的地方都會漏水，應該填縫。可使用製造商推薦的丁基橡膠或填縫化合物。用螺絲起子鬆開搭接處的釘子，把上面那層金屬板撬開，把填縫化合物如一條串珠般擠在兩塊板子重疊的地方。再重新固定釘子，並且小心封住釘孔，若有被撐大的釘孔，用密封膠或金屬板螺絲填補，然後在距離 1 英寸（2.5 公分）的地方重新上釘。

堆疊 木柴

維持良好通風的木柴堆乾得比較快。若空間不是問題，可用每層交叉的方式堆疊（6 個月後改成平行堆疊），加快乾燥速度。若儲存空間沒那麼大，或是你不打算重新堆疊木柴，可以直接將木柴平行堆疊在棚架裡。記住，排得愈長，乾燥的時間就愈久，而且下層的木柴可能還沒完全乾燥就已腐朽。

堆疊木柴時，不能讓木柴接觸地面。可在地上擺放木柱，間距約 1 英尺（30.5 公分），然後把木柴堆疊在這些木柱上。若買得到木製棧板，也可以將棧板鋪在地上。

堆疊時，尾端的木柴可交叉擺放，

並且稍微向木柴堆的中心傾斜。你甚至可以在木柴堆的中央交叉擺放一組劈過的木柴，增加穩定度。尾端可使用支撐木，但並非必要。如果木柴不容易堆疊，或是木柴堆的某一端坍塌了，可以使用支撐木。

木柴堆應沿著棚架的長邊放置，每一排應保留空隙，以利通風。

乾燥的木柴熱值優於新鮮木柴，所以請詳細記錄每一批木柴的位置，尤其因為木柴的儲存時間很長，先劈的木柴先用。腐朽會大幅降低木柴的熱值，沒有劈過的木柴仍留有樹皮，容易潮濕腐爛，因為樹皮會阻礙水分蒸發。樺樹腐朽得很快；山核桃、山毛櫸與糖楓容易腐朽，也容易長真菌；圓柏、櫟木、洋槐、黑胡桃樹是最耐用的木柴。

你或許會想把硬木和軟木分開存放。軟木比硬木容易點燃，燒得也更快，因此很適合當引火柴。

在棚架裡保留一個空間，做一個木箱來放引火柴、小樹枝、樺樹皮、木屑、松果、玉米芯、柑橘皮、木板條、貯木場廢料，或是一年來你收集到適合做火種的其他物品。它也可以專門用來裝你裁切木料時產生的木屑。

▶ 如何檢查木柴

就算有儲存木柴的棚架，你依然有可能因為用光木柴而不得不使用今年剛砍的新柴。由於木柴的新鮮程度不同，辨識新鮮木柴是實用的能力：劈開就知道。新鮮木柴的裡面看起來濕濕亮亮的，乾燥木柴則很暗沉，而且鋸痕較不明顯。

新鮮木柴的重量，幾乎是乾燥木柴的兩倍。若拿兩塊新鮮木柴互敲，聲音

木柴的約略重量與熱值

	重量／考得		熱能（百萬 BTU[20]）	
	新鮮	乾燥	新鮮	乾燥
梣樹	3840	3440	16.5	20.0
白楊	3440	2160	10.3	12.5
山毛櫸	4320	3760	17.3	21.8
紅樺	4560	3680	17.3	21.3
榆樹	4320	2900	14.3	17.2
山核桃（麟皮）	5040	4240	20.7	24.6
紅花槭	4000	3200	15.0	18.6
糖楓	4480	3680	18.4	21.3
紅櫟	5120	3680	17.9	21.3
白櫟	5040	3920	19.2	22.7
北美喬松	2880	2080	12.1	13.3

20　譯註：英熱單位（British thermal unit），簡稱 BTU，約等於 1,055 焦耳。

聽起來會悶悶的。新鮮木柴比較難拿，不容易點燃，而且燒得很慢，它的熱值大多消耗在加熱，甚至消耗在蒸發多餘水分。

木柴在乾燥的過程中，水分自然蒸發，體積漸漸縮小（風乾的木柴仍保有 20 至 25% 水分）。由於木柴乾燥不均，所以會出現裂痕與裂縫。陳舊的末端與裂痕都是乾燥木柴的特徵，裂痕會像車輪的輻條一樣從心材向外輻射。

新鮮木柴可用來降溫過熱的火焰，或是用來維持火焰整夜不熄滅。新鮮木柴產生的煙比較多，所以容易累積煙油跟煙灰。

若你必須使用新鮮木柴，請在白天火焰溫度最高的時候使用。

更科學的作法是木柴剛劈好的時候先拿去秤重，9 個月後再秤一次，算出減了多少重量。若用烤箱烘乾木柴，你對水分減少的情況會更有概念，先秤重，然後將木柴放進烤箱用低溫烘烤，幾個小時後，你應該就能算出木柴輕了多少。

▶ 乾燥後的木柴

為了減少燃燒新鮮木柴的機會，你必須建立一套存放木柴的標準作法，用來加快木柴燃料的乾燥速度。木柱棚架簡單又實用，能幫助你充分利用木柴的熱能。

此外，這種作法也能提升火爐的燃燒效率，降低煙囪失火的機率。

Chapter *26*
簡易堆肥自己來

堆肥最基本的形態就是分解作用，而且在人類刻意製作堆肥之前，分解作用早就已經開始。只要有足夠的時間與適當的條件，有機物質就會分解。

「製作堆肥」這個現代名詞，指的是加強與加速天然分解作用的一套系統。既然有機物質無論如何都會分解成堆肥，我們能做的就是主動選擇把過程簡單化或複雜化，並確保每次都能成功。

為什麼要使用 堆肥容器 ？

雖然不一定要使用容器才能堆肥，但使用容器有幾個好處。

第一，比較整潔。在開放空間堆肥比容器內更難掌控，尤其是維持堆肥集中，並適當地透氣與加水。經常翻動能加快堆肥的成熟速度，容器裡的堆肥比較容易翻動，不會搞得亂七八糟。

堆肥「作用」時，容器能幫助蓄熱，提高雜草種子與病菌被殺死的機會。如果你打算把堆肥用在花園或菜園裡，這一點尤為重要。

還有一個好處跟動物有關。過去自製堆肥的名聲不好，動物是僅次於臭味的第二大原因，而容器能輕鬆解決這兩個問題。

其實，只需花最少的力氣，規劃與管理得當的堆肥完全不會招來動物，就是這麼簡單。

常識告訴我們，都市住宅區的堆肥在沒有圍籬的情況下，應有防止動物的措施，尤其是寵物與鼠患。基於鼠患風險，美國有些州要求都市的堆肥容器必須有防鼠裝置，如果你打算在都市用廚餘製作堆肥，防鼠堆肥桶是必備工具。但其實防鼠堆肥桶在哪裡都很好用，寵物（尤其是狗）偶爾會「探勘」無人看管堆積物。有些園藝愛好者用封閉容器裝廚餘，把庭園廢棄物放在開放的容器裡。把廚餘埋在庭園裡也是一種堆肥方式，深度至少 8 英寸（20 公分）。

若你碰到動物問題，你的堆肥可能用錯了原料（也就是脂肪、油脂、肉、骨頭或乳製品），或是翻動得不夠頻繁（於是產生「誘人」氣味），或是容器無法阻擋有害動物。

堆肥桶 與 堆肥箱 的規劃

以下提供的堆肥容器規劃，適合各種堆肥方式與地點。有些規劃針對尺寸與材料提供精確規格，但其實可以把這些規劃當成大原則即可。想製作堆肥的人，似乎也會想要回收並利用手邊的材料，我的鄰居從一條舊的強化橡膠輸送

堆肥系統一覽

類型	優點	缺點
緩慢戶外堆肥	容易開始與添加原料，維護需求低。	分解作用可能花費至少 1 年。養分因滲液而流失。可能會散發氣味，吸引動物跟蒼蠅。
高溫戶外堆肥	快速分解。殺死雜草種子與病菌。養分較多，因為滲液少。比較不會吸引動物跟蒼蠅。	需要經常翻動、透氣與整理。適合立刻就有大量堆肥原料的人，不適合一次加入一點原料。
堆肥桶與堆肥箱	外觀整潔。比戶外堆肥容易蓄熱。阻擋動物。蓋子能擋雨。翻動可加速分解作用。	製作堆肥容器很花時間，購買現成的得花錢。
堆肥滾筒	自成一體，而且整潔。可快速製作堆肥。轉動滾筒就能透氣，相對簡單。氣味通常不是問題。養分不會滲入地裡。	價格昂貴。容量相對較小。適合一次加入全部原料。
堆肥坑	快速，簡單，無須維護。完全不用花錢。	僅需照顧少量的有機物質。
層狀堆肥	可處理大量有機物質。不需要容器。改良大範圍土壤的好方法。	得花力氣把堆肥原料犁進土裡。分解作用得花好幾個月。
塑膠袋或垃圾桶	一整年都可使用。小空間也能操作。不花體力。	大致上是厭氧分解，所以氣味是個問題。可能會吸引果蠅。必須注意碳／氮比，否則會變得黏答答。
蠕蟲堆肥	簡單。無氣味。可在室內進行。可持續加入原料。養分豐富，可當肥料。分解廚餘的好方法。	加入原料與移除蠕蟲褪下的舊皮時稍微費力。必須保護蠕蟲不受極端溫度影響。可能會吸引果蠅。

帶上，剪下 15 英尺（4.6 公尺）的長度再分段裁剪，然後把這幾段輸送帶拼接起來，做成堅固又好用的堆肥桶。也有人把塑膠或木製的防雪柵欄圍成一圈，就勇敢去實驗、改造、發揮創意吧！

以下介紹西雅圖耕作協會（Seattle Tilth Association）的堆肥規劃（感謝他們的愛用），因為這些規劃考慮周詳，所以自然很受歡迎。或許有些人會覺得這些容器太高（尤其是身障人士），很難處理和攪拌容器裡的堆肥；或是把堆肥桶舉起來搖晃透氣很麻煩。較高的容器適合高溫堆肥，但較矮、較寬的容器也可以用來堆肥。

很多人喜歡用高壓防腐處理過的木材來製作戶外堆肥容器（「複合材質固定式三箱系統」有詳述用法）。你或許會懷疑，用這種木材來裝可能會跟蔬果接觸的堆肥是否安全。這一點目前尚無定論，但有些專家相信這種木材裡的有

鐵絲網堆肥桶

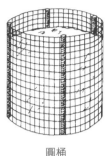

圓桶

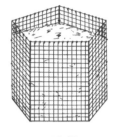

五角桶

材料

圓桶（直徑 $3\frac{1}{2}$ 英尺〔1 公尺〕）

長度 $12\frac{1}{2}$"，寬度 36"，網目 1" 龜甲網、網目 $\frac{1}{2}$" 鋼絲網或 18 號包塑金屬絲網

4 根金屬或塑膠夾，或是紅銅線

3-4 根 4 英尺（1.2 公尺）木柱或金屬柱，用來支撐鋼絲網桶

五角桶

15 英尺 24 英寸（4.6 公尺 60 公分）寬，12-16 號包塑金屬網

20 根金屬或塑膠夾，或是包塑紅銅線

工具

鐵絲剪或鐵皮剪

老虎鉗

鎚子或金屬銼刀

工作手套

製作方法

圓桶：

攤開龜甲網、鋼絲網或包塑金屬網，裁剪 $12\frac{1}{2}$ 英尺（3.8 公尺）。若使用龜甲網，裁切邊的鋼絲往內折 3 至 4 英寸（7.5 至 10 公分），使邊緣更堅固、整齊，容易固定，不會戳到人或勾破東西。把金屬網捲成圓筒狀，邊緣用夾子或銅線牢牢固定。在圓桶的內側架設木柱或金屬柱，一邊將柱子敲進地裡，一邊用柱子繃緊金屬網，為金屬網提供支撐。

若使用鋼絲網，把鋼絲末端修齊後往回折，以免鋼絲刺傷或擦傷雙手。用銼刀磨平切口，這樣開關圓桶時更加安全。將鋼絲網彎曲成圓筒狀，邊緣用夾子或紅銅線綁在一起。將圓桶就定位，準備堆肥。鋼絲網圓桶應可獨立站穩，不需要支撐柱。包塑金屬網也用相同方式製作，不過包塑金屬網比較厚，彎曲時比較費力。此外，切口用磨的可能會弄破塑膠皮。用鎚子敲擊鋼絲末端幾次，就能敲平尖銳的末端。

五角桶：

裁剪 5 塊 3 英尺（90 公分）長、24 英寸（60 公分）寬的金屬網。剪開下一排網目的頂部，讓每一塊金屬網都有長度 1 英寸（2.5 公分）的金屬絲伸出裁切的邊緣。這道邊緣會在五角桶的頂部。用鉗子把金屬絲折彎，在把金屬絲牢牢卡在邊緣上。如此一來，當你將庭園廢棄物倒入五角桶內時，就不用擔心刮傷手臂。用夾子或紅銅絲金屬網把金屬網綁在一起。

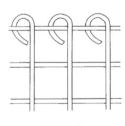

頂部邊緣

毒化合物不會滲出並影響植物。我個人選擇不讓高壓防腐處理過的木材靠近我的堆肥桶和菜園。如果你想使用高壓防腐處理過的木材，可針對用途詢問製造商最新的相關安全資訊。

雖然堆肥容器的製作過程相當簡單，但不能因此忽略安全。攤開金屬網時一定要小心：包裝好的鋼絲網通常會像彈簧一樣「彈開」。使用鋼絲網或龜甲網，一定要注意成品不能有鋼絲突出。可以的話，用木板蓋住鋼絲邊緣。最後，施工時一定要戴適當的護耳與護眼裝備。

又快又簡單的 堆肥系統 ，適合金屬網堆肥桶

1. 架設金屬網容器。選一個排水良好的地方，最好有樹蔭，不要離房子或庭園太遠。若能靠近水源更佳。你也可以先把容器底下的土稍微鋤鬆一點，幫助排水。
2. 先鋪第一層。在容器底層撒上樹葉、乾草、麥稈或其他適合做堆肥的原料，厚度約 2 英寸（5 公分）。
3. 加入蛋白質。在第一層原料上撒一大把苜蓿粉，或其他富含蛋白質的粗粉。要鋪滿整個表面。
4. 重複步驟。再做一次步驟 2 與步驟 3，撒上相同數量的有機物質與粗粉。
5. 灑水。把原料徹底打溼。「作用」不好的堆肥，多是因為太乾或太溼。原料應保持潮濕，而不是泡在水裡，在天氣溫暖乾燥時，每隔 3 至 4 天就得灑水一次，為堆肥提供良好環境。

6. 中心保持鬆軟：不可以把堆肥的中心壓實。原料變身成堆肥，需要讓空氣、水與催化劑都完全接觸到原料。通風良好是必要條件，好的堆肥是三個條件達成平衡：空氣、原料與水分各占三分之一。
7. 填滿容器。有原料可用時，重複步驟 2 到 6，直到容器填滿為止。維持堆肥鬆散，絕對不可以壓得密實。
8. 1 星期後翻動堆肥。如無出錯，這時候溫度應在 2 至 3 天內達到攝氏 60 至 65 度。堆肥經過 1 星期左右的升溫與分解，就可以翻動。翻動的方式是舉起金屬網容器，放在堆肥旁邊，再把堆肥重新耙回容器裡。把原本堆肥外圍比較乾的原料，放在新堆肥的中央。如果原料太乾，請灑水。堆肥將再次升溫。15 天之後雖然堆肥還很粗，但應該已可使用。

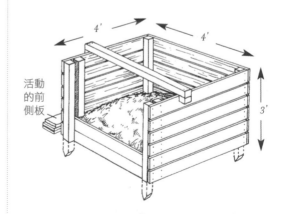

活動的前側板

紐西蘭 堆肥箱

紐西蘭堆肥箱的設計者是亞伯特・霍華德爵士，他是一位有遠見的英國園藝家，在二次大戰的年代發明了堆肥系

統。霍華德是講求精確的人，他的堆肥法相當明確具體，連如何製作堆肥箱都描述得鉅細靡遺。

這款堆肥箱需要 2 塊 10 英尺（33.5 公尺）長的 2×2 英寸（5×5 公分）木條，以及 12 片 8 英尺（2.4 公尺）長的 1×6 英寸（2.5×15 公分）木板。將木條裁切成 6 根長度 39 英寸（99 公分）的木條，1×6 英寸（2.5×15 公分）木板裁切成 24 片，長度 48 英寸（1.2 公尺）。如圖示組裝上述木材，要注意每塊側板之間保留半英寸（1.3 公分），方便通氣。用鍍鋅螺絲（較佳）或釘子固定木材。直立的木材應壓進地面約 3 英寸（7.5 公分）（視需要將土壤翻鬆）。前側板（或許需要裁切才能精準放入滑軌）是活動的，方便添加原料和清空堆肥。

理想的堆肥系統是兩個堆肥箱放在一起。最好在堆肥箱頂上加一根橫木，增加側板的穩定度。

堆肥箱塗上底漆與乳膠漆會更耐用，若你不介意堆肥原料接觸到防腐處理過的木材，也可使用防腐處理過的木材。有些人建議用較長的直立木材，增加堆肥箱的高度。如果你會經常拿到大型原料，這不失為一個好建議。

霍華德爵士的堆肥系統叫做印多爾（Indore）堆肥法，印多爾是個地名，位在印度，這是他研究堆肥法的地方。這種方法可製作優良堆肥，但老實說，多數人不是那麼有條理。如果你做了這款堆肥箱，說不定你剛好是堆肥界的純粹主義者，也願意嚴格遵照霍華德爵士的作法。

印多爾堆肥法以綠肥與糞肥 3：1 的比例，層層堆疊原料：

- 第一層：6 英寸（15 公分）綠肥（野草、樹葉等等）
- 第二層：2 英寸（5 公分）糞肥、垃圾或其他高氮原料
- 第三層：少量的土壤（加上石灰石粉與磷礦粉）

原料層層堆疊，直到高度達 4 至 5 英尺（10 至 12.5 公分）。每疊一層就灑一次水，濕度應該跟擠乾水的海綿差不多。用棍子在堆肥上戳洞，輔助通氣。6 個星期後翻動原料，3 個月後就可使用。

水泥磚堆疊型 堆肥箱

無庸置疑，堆疊水泥磚是我最喜歡的快速堆肥箱，這種堆肥箱比較貴，但是永遠用不壞。除了耐用之外，使用起來很方便，因為沒用砂漿固定在一起，所以能排成各種形狀，可針對不同的個人堆肥風格快速改造。

泥磚堆肥箱

堆疊水泥磚一定要選擇平坦地面。堆肥箱底層的水泥磚要放在穩固、平坦的地面上，這一點尤其重要，因為水泥磚並未用砂漿黏合在一起。層層交錯堆疊，維持水泥磚的穩固；若只是把水泥磚隨便堆疊，可能很容易傾倒。如果以磚孔垂直的方式堆疊水泥磚，可以每隔幾塊磚插入一根鐵管或木棍，也可以把鐵管或木棍插進地裡增加穩定度。

複合材質固定式三箱系統

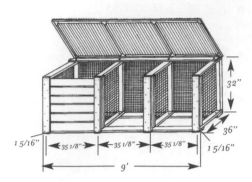

材料

2 根防腐處理過的 2"×4" 木條，長度 18 英尺（5.5 公尺）

4 根 2"×4" 木條，長度 12 英尺（3.6 公尺）；或 8 根，長度 6 英尺（1.8 公尺）

2"×2" 木條，長度 9 英尺（2.7 公尺）1 根，長度 6 英尺（1.8 公尺）2 根

1 塊 2"×6" 圓柏木板，長度 16 英尺（4.9 公尺）

9 塊 1"×6" 圓柏木板，長度 6 英尺（1.8 公尺）

寬度 36"、網目 $\frac{1}{2}$" 鋼絲網，長度 22 英尺（6.7 公尺）

12 枚 $\frac{1}{2}$"、長度 4" 馬車螺絲

3 磅（1.4 公斤）8d 鍍鋅窗扉釘（casement nails）

250 枚龜甲網釘，或使用釘槍與 1" 釘槍針

4oz. 玻璃纖維瓦楞板，12 英尺（3.6 公尺）與 8 英尺（2.4 公尺）各一塊

3 條波浪線腳，長度 8 英尺（2.4 公尺）

40 枚墊圈鋁釘，用來固定玻璃纖維瓦楞板屋頂

2 個 3" 鍍鋅鉸鏈，用於蓋子

8 個 4" 平角撐

4 個 3"T 型角撐

工具

手鋸或電動圓鋸

$\frac{1}{2}$" 與 $\frac{1}{8}$" 鑽頭的電鑽

螺絲起子

鎚子

鐵皮剪

捲尺

鉛筆

$\frac{3}{4}$" 套筒扳手或雙頭扳手

角尺

（釘槍與 1" 長鍍鋅釘槍針，非必須）

護目鏡與護耳罩

製作方法

製作隔板：用 12 英尺（3.6 公尺）的 2×4 英寸（5×10 公分）木條，裁兩根 31 英寸（78.7 公分）和兩根 36 英寸（91 公分）的木條。把這 4 根木材的

末端以釘子相接

末端相接，釘成一個 35×36 英寸（89×91 公分）的方框。重複相同步驟，再做 3 個框。裁剪 4 塊 37 英寸（94 公分）長的鋼絲網，邊緣往內折 1 英寸（2.5 公分）。把鋼絲網放在方框上，確認方框是否方正，在方框邊緣上每隔 4 英寸（10 公分）用釘槍釘一針。架設隔板：平行擺放隔板，間距 3 英尺（91 公分）。測量並標註兩塊內側隔板的中心點。把兩根 18 英尺（5.5 公尺）的 2×4 英寸（5×10 公分）木條，裁切成 4 根 9 英尺（2.7 公尺）長的木條，其中 2 根做為底板，先放置在隔板頂部，並量出兩塊內側隔板的位置。在 4 根 9 英尺（2.7 公尺）的木條上標註每塊隔板的中心線。把四塊隔板都放在中心線上，將底板與隔板的外緣對齊。從內

側邊緣量 1 英寸（2.5 公分），在底板與隔板相接的地方鑽一個 $\frac{1}{2}$ 英寸（1.3 公分）的孔。用馬車螺絲固定底板，但先不要鎖緊。把整個框架翻倒，右側朝上，以相同步驟裝上 9 英尺（2.7 公尺）的頂板。用角尺或捲尺測量對角線距離，確認堆肥箱結構方正之後，把所有的螺絲鎖緊。將一張 9 英尺（2.7 公尺）長的鋼絲網放在堆肥箱背面，每隔 4 英寸（10 公分）用釘槍釘一針，牢牢固定鋼絲網。

前側板與滑軌：36 英寸（91 公分）長的 2×6 英寸（5×5 公分）木板裁成四塊，做前側板的滑軌。其中兩塊直鋸成寬度 $4\frac{3}{4}$ 英寸（12 公分），釘在分隔板跟底板外側，對齊頂部和外側邊緣。剩下的部分用來做後滑軌。完整寬度的兩塊木板放在內側隔板中央，對齊頂部邊緣並用釘子固定。把剛才沒用完的 2×6 英寸（5×15 公分）木板裁切成 34 英寸（86 公分）的長度，然後直鋸成

四等分，寬度 $1\frac{1}{4}$ ×2 英寸（3.2×5 公分）。後滑軌與前滑軌平行，釘在隔板的側邊上，中間保留 1 英寸（2.5 公分）寬的凹槽，供木板滑動。把 1×6 英寸圓柏木板全部裁成 $31\frac{1}{4}$ 英寸（79 公分）的長度。

玻璃纖維蓋：用最後的 2×4 英寸（5×10 公分）木條做蓋子的背部。2×2 英寸（5×5 公分）木條裁成 $32\frac{1}{2}$ 英寸（82.5 公分）的長度 4 根，9 英尺（2.7 公尺）的長度一根。在地上擺好這些木條，確認形狀是否方正。方框底部鎖上角撐與 T 型角撐。方框蓋上堆肥桶，有角撐的面朝下，鎖上鉸鏈。配合蓋子前後的 9 英尺（2.7 公尺）木條裁切波浪線腳。用 $\frac{1}{8}$ 英寸（0.3 公分）鑽頭在線腳上預先鑽孔，再用 8d 窗扉釘固定。裁切纖維玻璃，使玻璃對齊前後邊緣。玻璃相接時，至少重疊一道波浪。玻璃纖維與線腳都預先鑽釘孔。每隔兩道波浪，在波浪頂部使用墊圈釘固定。

製作堆肥箱之前，先計算你想要的大小。差不多 50 塊水泥磚就能做出大小適中的堆肥箱，不過你到底需要多少水泥磚取決於堆疊方式。接下來，你能以磚孔橫向的方式堆磚，增進通風；也可以讓磚孔垂直，但堆疊時保留空隙。因為水泥磚是交錯堆疊，磚牆前緣可用半磚騎在前一層的縫隙上。水泥磚堆肥箱很容易擴建成雙箱或三箱系統：只要加長後牆，再加上一道或兩道側牆就行了。

空心水泥磚製作的堆肥箱只有一個缺點：無法阻擋動物，所以不適合都市。若要阻擋動物，廚餘箱需要四面實心的牆，但這樣會使添加原料與翻動堆肥更加困難。這款堆肥箱需要一個蓋子，可用 2×4 英寸（5×10 公分）木條釘一個木框，再釘上龜甲網或鋼絲網就行了。掀開蓋子就能處理堆肥。

堆肥桶

若空間有限，或是需要快速製作小型堆肥桶，可以直接改造垃圾桶或鋼桶。如果你擔心老鼠，而且你家不會有大量堆肥原料，這種堆肥桶很適合你。

鍍鋅金屬桶或厚一點的聚乙烯桶都很好用，我喜歡蓋子能上鎖的聚乙烯桶。若蓋子不能上鎖，就必須用其他方式固

定，如將橡皮鬆緊帶綁在一邊把手上，繞過蓋子之後綁在另一邊把手上。

這款堆肥桶製作快速，而且很安全。在桶子的底部、桶身和蓋子上鑽 $\frac{1}{4}$ 英寸（0.6 公分）的小孔以利排水和透氣。把堆肥桶放在磚塊或水泥塊上，幫助排水。往堆肥桶裡添加原料時，每撒一層原料就要撒一層土。這種作法很保水，但偶爾仍需灑水。為了防止臭味，請偶爾翻動原料。這種堆肥桶的自然透氣不如其他堆肥容器。

通常要等至少 2 個月才能產出可用的堆肥。完全成熟的堆肥會沉澱在底部，你必須移除上面的原料，使用底下的完成品。

建議使用 2 個堆肥桶。一個裝滿原料之後，再開始裝另一個。當第二個堆肥桶滿了的時候，第一個堆肥桶的原料已完全成熟。

選擇 堆肥地點

選擇堆肥地點的基本原則，是把原料堆放在三面圍起來的地方，如果原料是從側面放入，開口要朝向南方。在各種選擇之中，直接把原料放在平坦地面上似乎效果最好，優於先把堆肥架高，然後放在水泥基座或塑膠布上。但你可以自己實驗看看，或許你有理想的自然地點，或是不適用於這些建議的新方法。

從陽光充足到完全沒有日照的地方，幾乎任何地點都可以堆肥。我住在新英格蘭北部，有部分日照的地方對我來說效果最好。在氣候較涼爽的地區，日照有助於加速堆肥作用。不過，在氣候溫暖的地方，大量日照會導致堆肥快速變乾，需要更常灑水才行。

想想堆肥原料來自哪裡。如果原料大多來自廚房，堆肥地點就要方便往來廚房。我一直都是在距離房子 25 至 35 英尺（7.6 至 10.7 公尺）的地方堆肥。雖然我喜歡堆肥，但這個距離對我來說剛剛好。

記住，如果你住的地方冬天會下雪，得為通往堆肥的路剷雪。還有，翻動堆肥的次數愈少，堆肥就會散發愈多臭味。所以要是你懶得翻動堆肥，堆肥就得離房子（與經常活動的區域）遠一點。

靠近水源是另一個堆肥考量。我很少幫堆肥灑水（我很懶惰），但是某些氣候經常灑水是必要工作，尤其是你希望快點成熟的堆肥。

堆肥離庭園近一點或許也很重要。距離近比較省力，說不定因為堆肥使用起來很方便，你因此可以為堆肥找到更多用途。

最後，請考慮堆肥的體積。我發現適中的體積（例如面積 3 至 5 平方英尺〔0.28 至 0.46 平方公尺〕，高度 3 至 4 英尺〔0.9 至 1.2 公尺〕）最容易管理。小一點溫度上不去，所以分解緩慢。大一點較難管理，因為需要經常翻動才能充分通氣。此外，體積愈大，容器也愈大。我認為管理兩、三堆中等體積的堆肥，比管理體積巨大的一處堆肥要輕鬆許多。

堆肥原料：哪些合適，哪些不合適？

要讓堆肥順利成熟，必須要有好幾層的催化劑。催化劑是氮與蛋白質的來源，能幫助各種微生物和細菌分解原料。

苜蓿粉是最便宜、效果最快的催化劑。如果你的庭園或飼料店都無法取得苜蓿粉，可以去超市買除臭貓砂，這種貓砂是用 100% 苜蓿粉做的。每次加入新的原料，都要撒一層苜蓿粉跟灑一點水。苜蓿粉是絕佳的氮和蛋白質來源。苜蓿粉的原料是苜蓿乾草，蛋白質含量是 14 至 16%。

其他的催化劑有包括廄肥，天然的骨粉、棉籽粉、血粉，以及肥沃的庭園土壤等等。每次加入新的堆肥原料，都要撒一點催化劑。

▶ 尋找其他堆肥原料

雖然家裡跟庭園產生的堆肥原料，對多數人來說都已相當足夠，但有許多從事園藝或種菜的人需要去更遠的地方尋找數量更多的原料，例如以下舉出的外來原料。

家裡以外，最近的來源是鄰居。人們通常都很樂意送出落葉，這樣就不用費力送去掩埋場。除草之後的草屑也是一樣。此外，壁爐與火爐的灰燼富含磷與鉀。

若你住在海邊，海草富含微量元素，是方便取得的有機物質。

住在鄉下的人，有時候可以幫鄰居的馬廄、雞舍或豬舍清理糞便，以此為條件低價購得糞肥。

就連理髮院也是庭園堆肥的來源，人類毛髮的氮含量為 12%，能幫助庭園裡的有機物質加速分解。若你不但提供容器，而且經常去收回，理髮師說不定願意為你保留毛髮，免費提供乾淨、輕盈、營養豐富的有機物質。

你家附近的製造業者也值得注意，製鞋廠會有大量皮革廢棄物，氮含量豐富的皮革會在堆肥裡迅速分解。榨蘋果汁剩下的蘋果渣富含鉀與磷，是植物需要的基本養分。啤酒廠的廢料也含有豐富的鉀。

堆肥配方

要讓堆肥裡的有機物質適當分解，最好的原料混合比例是碳與氮 30：1。不一定要這麼精確，但是要記住碳的比例太高（例如樹葉），溫度很難上升；氮的比例太高會產生氨，導致氮無法發揮作用。

以下列出的數字，是氮為 1 的碳含量：

麥稈	150-500
玉米芯粉	50-100
木屑	150-500
松葉	60-110
櫟樹葉	50
嫩雜草	30
草屑	25
有墊料的糞肥	25
蔬菜剩料	25
動物糞便	15
豆科植物	15

堆肥原料建議

「你可以用慢火煮法式蔬菜燉肉的方式製作堆肥，」一位園藝家如此形容她的堆肥成品。
「做得愈有趣、愈有變化愈好。」

多發揮一點想像力，主動收集原料。現在多花點時間製作堆肥，能讓你在盛夏時分少花點
力氣，也能享有豐碩成果。

下列物品是堆肥的基本原料，都很容易取得：

蘋果渣（蘋果汁的副產品）	廚餘（蔬果外皮、剩料、蛋殼、咖啡渣、茶葉等等）
鳥糞	皮革廢料與粉塵
啤酒廠廢料	樹葉
蕎麥殼	糞肥（馬、牛、山羊、豬、兔子、禽類）
罐頭廠廢料	酸掉的奶類
蓖麻子渣	木質素、羊毛、絲與毛氈的工廠廢料
粗糠	堅果殼
乾白脫牛乳清	燕麥殼
可可豆殼	橄欖渣
玉米芯、玉米殼	花生殼
棉籽殼與廢料	松葉
吸塵器收集到的垃圾	池塘雜草
常綠樹的樹葉	稻殼
羽毛	鹽乾草（Salt hay）
毛氈廢料	鋸木屑與樹皮屑
庭園廢料（枯萎的植物與藤蔓，甜菜與胡蘿蔔的葉子、玉米梗等等）	海藻、海帶、鰻草
動物膠加工廢料	麥稈
葡萄渣（葡萄酒的副產品）	甘蔗
草屑	鞣料渣
毛髮	菸葉莖與粉塵
乾草	碎木片與腐木

雞肉加工廠的羽毛含有 15% 的氮，蛋殼的氮含量約為 1%。羊毛與棉布廠的碎布和線頭也有適合當肥料的元素。

罐頭廠的廢料也是有機物質的良好來源，青豆與豆莢、馬鈴薯皮、玉米芯、花生殼等等，都能使土壤變得更肥沃。

超市的垃圾是寶藏，能找到免費的有機原料。超市的農產品會為了賣相而

草屑：庭園土壤的最佳改良劑

現在有許多人在除完草之後，會讓草屑留在原地分解。不過，總是會碰到必須清除草屑的時候，只要經過適當處理，草屑可能成為絕佳的土壤改良劑。

不要把新鮮的草屑收集成堆，這樣很快就會變成一堆發臭的枯草。如果你把草屑拿來當覆蓋層，不要把草屑鋪得太厚，否則也會有一樣的問題。

以下是使用草屑的幾種方法：

● 加入堆肥裡。草屑含有堆肥「分解」所需的氮。將草屑與其他原料充分攪拌，例如雜草、樹葉或乾草。

● 撒在庭園各處，然後翻進土裡。草屑是很棒的綠肥。

● 薄薄地鋪上一層新鮮草屑，或是等草屑乾了之後再撒進庭園，草屑是最好的覆蓋層。

修剪，但丟掉的部分仍很新鮮。這些廢料通常免費，可向超市討要。建議自己準備容器，定期向超市收集廢料。賣不掉的垃圾能回收變成肥料，藉由土壤孕育出的蔬菜，比市場裡賣的蔬菜更棒。

鋸木屑也有機原料，可免費或以低廉價格取得。請記住木材廢料大多缺氮，你必須加入一些營養素幫助木料加速腐爛。為了延長鋸刀的壽命，大部分的鋸木廠會先用去皮機削掉原木的樹皮以及卡在樹皮裡的泥土跟石頭。樹皮很粗糙，或許應該先加入大量的氮才能做堆肥。完成後，把無機的碎塊挑出來。

1立方英尺（0.03立方公尺）的鋸木屑要價幾美分，因為鋸木屑仍有其他

用途，如牲口的墊料。除非你的庭園土壤已經非常肥沃，否則應避免把鋸木屑摻進土壤裡，因為植物生長需要的氮會在鋸木屑腐爛的過程中被固定住，若使用鋸木屑當覆蓋層，這種固定作用較不可能發生。鋸木屑是很好用的覆蓋層，不但能均勻覆蓋植物周圍，也能讓庭園變得更美觀。如果植物生長速度變慢，葉子開始變黃，可能是因為缺氮，施用高氮肥料應可改善。

▶ 不適合堆肥的東西

並非所有的有機材料都適合做堆肥。動物的骨頭與其他動物廢料就不適合，油脂也不適合，因為它們需要花很長的時間才能分解，而且會吸引有害動物。下水道汙泥可能含有重金屬，不能用來種菜。

雞屎營養豐富，卻有燒壞作物的風險。另一方面，鋸木屑含碳量高，因此

腐葉土（LEAF MOLD）

在講求高速的世界，幾乎沒人想要製作腐葉土。樹葉的含氮量極低，因此分解速度慢，若不加入高氮原料，溫度無法升高。

樹葉分解需要2年的時間，但若在堆置之前先用機器打碎樹葉，可加入分解速度。用金屬網圍住樹葉堆，以免樹葉飄回草坪上。把樹葉堆壓一壓。樹葉分解成可使用的腐葉土時體積會減半。

堆置1年後翻動腐葉堆，並且盡量搗碎和攪拌腐葉。此時腐葉已可用來當覆蓋層，也更受庭園裡的蚯蚓喜愛。

有人建議將鋸木屑零星撒在堆肥裡，還有若要用鋸木屑施肥，一定要先用氮「加強」一下。但是，鋸木屑加上雞屎是理想的堆肥組合：酸性的鋸木屑中和鹼性的雞屎。不過要記住，高壓防腐處理過的鋸木屑絕對不能用。

木料分解的時間很長，不適合堆肥，除非先將木料切碎；無法用鏟子邊緣輕鬆切碎的原料，都不適合堆肥；桉樹不行，桉樹含有一種抑制植物生長的油；木蘭葉也不適合，因為它們不容易分解。百慕達草、香附、牽牛花、毛茛、常春藤與其他有害雜草或難以消滅的頑強植物，都要避免。

生病的庭園植物不宜加入堆肥，應該燒掉，就算你認為堆肥的溫度夠高，足以殺死任何病菌，也不要把它們加進去。何必冒險？

木頭的灰燼可以加，但煤灰的鐵跟硫含量太高，可能會傷害植物。木炭球不適合，因為不會分解。

有些專家說報紙可以當堆肥（但色紙不行），我自己從沒試過，但我認為沒必要這麼做，因為現在很多社區都在回收報紙。

此外，或許因為我以前當過報社記者，看到堆肥裡有報紙感覺很奇怪（我知道這種想法很好笑，但堆肥也得堅持某些原則）。有些印刷品上的墨水可能有毒，雖然現在很多報紙改用黃豆與其他可生物分解的墨水，我還是認為沒必要冒這個險，如果你真的很想用報紙堆肥，可以打電話去報社詢問他們使用的墨水能否安心用於堆肥。

最後，不要把貓砂、貓屎或狗屎丟進堆肥裡，它們可能含有病菌。

使用 堆肥

當堆肥看起來像鬆軟的黑土、散發甜甜的「泥土」味時，就表示已經成熟。堆肥成熟後，最好在幾個月之內用完，放得愈久，分解和流失的養分就愈多。堆肥具有改良土壤的特性，但隨著堆肥逐漸分解，這些特性也會漸漸消失。

堆肥不能取代肥料，但它能使土壤變得更肥沃。最適合為庭園大規模施加堆肥的季節是秋天。可以簡單地撒在地上，但更好的作法是把堆肥拌進土裡。也可在春天栽種之前，用相同的方式施加堆肥。許多在庭園種菜的人堅信，種番茄、甜椒、茄子與各種甘藍菜之前，植穴裡加一鏟堆肥是最佳作法。養分豐富的堆肥能讓甜瓜、黃瓜與各種南瓜長出健壯又健康的爬藤。

堆肥也可用來幫飢餓的作物追肥。堆肥過篩之後拌入苗床，或是一邊播種一邊撒在種子上。篩過的堆肥也可在春季與秋季時，直接撒在草地上。堆肥與培養土用 1：2 的比例混合，可使培養土更加肥沃。別忘了製作及使用大量的堆肥茶，你的植物會很開心。

CIRCLE 7

CIRCLE 7